"十三五"高等职业教育核心课程规划教材 · 机电大类

工程材料及热处理

主　编　祝溪明
副主编　郭　英　翟　上
参　编　姜　冰　王家华

内容简介

《工程材料及热处理》全书共分8个授课单元，内容包括工程材料的性能、工程材料的组织结构、金属的热处理、工业用钢与铸铁、非铁合金与质量检验、非金属材料、工程材料的合理选用、零件毛坯成形基础等。

本书知识点全面，详尽，可供高等职业院校机电类专业作为教材使用，也可供从事相关工作人员的参考用书使用。

图书在版编目(CIP)数据

工程材料及热处理/祝溪明主编．—西安：西安交通大学出版社，2018.8(2021.9重印)
ISBN 978-7-5693-0758-0

Ⅰ.①工… Ⅱ.①祝… Ⅲ.①工程材料-高等职业教育-教材 ②热处理-高等职业教育-教材 Ⅳ.①TB3 ②TG15

中国版本图书馆CIP数据核字(2018)第162251号

书　　名 工程材料及热处理
主　　编 祝溪明
责任编辑 雷萧屹

出版发行 西安交通大学出版社
(西安市兴庆南路1号 邮政编码 710048)
网　　址 http://www.xjtupress.com
电　　话 (029)82668357 82667874(发行中心)
(029)82668315(总编办)
传　　真 (029)82668280
印　　刷 西安日报社印务中心

开　　本 787mm×1092mm 1/16 **印张** 17 **字数** 413千字
版次印次 2019年1月第1版 2021年9月第3次印刷
书　　号 ISBN 978-7-5693-0758-0
定　　价 39.80元

读者购书、书店添货，如发现印装质量问题，请与本社发行中心联系、调换。
订购热线：(029)82665248 (029)82665249
投稿QQ：850905347
读者信箱：850905347@qq.com

前　言

本书是西安交通大学出版社组编的十三五高职高专规划教材之一。本教材在编写过程中，总结多年的实践教学经验，遵照高职教育特点与规律，综合高职高专机械类及近机类的专业要求，以材料的理论为重点、材料的选用为主线，深入浅出的讲解了工程材料及热处理相关理论知识、有针对性的介绍了常用的非金属材料、新型工程材料等内容。

全书共分八个项目单元，包括工程材料性能、工程材料的组织结构、金属的热处理、工业用钢与铸铁、非铁合金与质量检验、非金属材料、工程材料的合理选用及零件毛坯成型基础。

教材主要特色为：

(1)思维导图形式：材料学知识内容枯燥复杂，为了降低学习难度，以思维导图形式为每一个项目单元重要知识点进行总结，便于读者能对学习内容全面掌握；

(2)项目引导形式：每个教学单元都有实际案例进行知识内容的引导，使读者能理解即将学习知识的用途，同时提高学习兴趣；

(3)最新国家标准：书中力学性能指标内容采用最新国家标准，同时提供新旧标准的对照与注释；

(4)丰富的资料形式：本书提供丰富的学习资料用于教学和自学，便于读者对材料理论的理解与把握。

本书可供各高职高专院校机械类、近机类专业作为教材使用，也可供从事相关工作的人员作为参考用书使用。

本教材由沈阳职业技术学院祝溪明主编。沈阳职业技术学院的郭英、翟上任副主编，黑龙江交通职业技术学院王家华、华北电力大学的姜冰老师也加了本书的编写工作。感谢在编写过程中我的家人、朋友对我的支持与帮助，在此表示由衷的感谢。

由于编者的理论水平、实践经验水平有限，书中难免有疏漏及欠妥之处，肯请读者将意见和建议及时发送给我们，以便进一步完善本教材的建设工作。

所有意见和建议请发往 zhuximing2005@163.com

联系电话：024－88251722

编　者

2018 年 8 月

目　录

绪　论

工程材料是指一般工业和工程领域所说的材料，常应用于机械、车辆、船舶、建筑、化工、能源、仪器仪表、航空航天等工程领域的材料。

工程材料的发展历经各个社会发展阶段：石器时代、青铜器时代、铁器时代及正在进入的人工合成材料的新时代。工程材料的发展推动了社会进步，是人类进化的里程碑。在科学技术高速发展的今天，工程材料也是各个领域的发展的先导和基石，材料质量直接影响着产品的质量和品质。

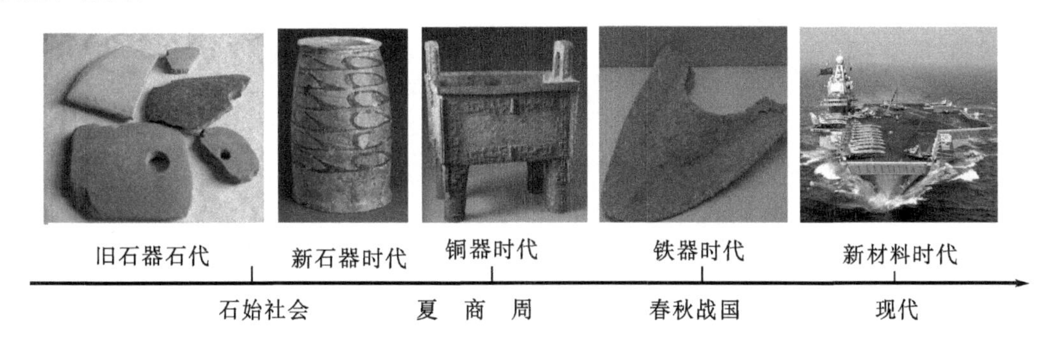

图 0-1　工程材料的发展

工程材料常用的分类有三种方法：

(1)按化学组成分　金属材料、有机高分子材料、陶瓷材料、复合材料等；

(2)按使用性能分　结构材料、功能材料等；

(3)按使用领域分　信息材料、能源材料、建筑材料、机械材料、生物材料等。

工程材料是与工程实践紧密结合的课程，是机械类等工程专业必修课程，具有较强的理论性及实用性。我们需要完成以下课程任务：

①了解材料的组成成分、组织结构、性能之间的关系；

②掌握各种工程材料(重点是金属材料)的基本特征和应用范围及其强化改性的途径、原理与方法；

③初步具有正确确定一般机械零件的热处理方法、工艺参数及其工序位置的能力；

④初步具备选用常用材料的能力。

课程主要内容可以归纳为：一条线、两张图、三材料、四把火。

①一条线是指从始至终贯穿本课程的主线，即材料的“化学成分——组织结构——性能——应用”之间的相互关系及变化规律。

②两张图。铁碳合金相图：反映铁碳合金在缓慢加热和冷却时其成分、组织与温度之间的关系。奥氏体等温转变曲线图：反映冷却时温度与冷却速度对材料组织及性能的影响。

深刻理解和掌握这两张图，可以了解钢在不同温度和不同冷却方式下的性能特点，合理确定热处理方法与工艺参数，使材料发挥其最大作用。

③三材料。是指金属材料、非金属材料和复合材料。不同材料有各自不同的性能特点与应用范围。通过掌握常用工程材料的牌号、成分、强化改性方法、性能特点及适用范围，做到合理选材。

④四把火。是指最常见的四种热处理方法，即退火、正火、淬火和回火。四把火是其他热处理方法的基础，是材料强化改性的重要手段，集中体现了材料成分、组织结构、性能与热处理工艺之间的关系。需要掌握根据材料及性能要求正确制定热处理的工艺参数，合理安排其工序位置。

项目 1　工程材料的性能

【教学基本要求】

1. 知识目标

(1)了解金属材料的力学性能指标的实验原理及方法；

(2)掌握材料力学性能指标强度、塑性、硬度、冲击韧性、疲劳强度、断裂韧性的含义。

2. 能力目标

(1)掌握金属材料力学性能指标的用途；

(2)具有实际测量金属硬度的能力。

【思维导图】

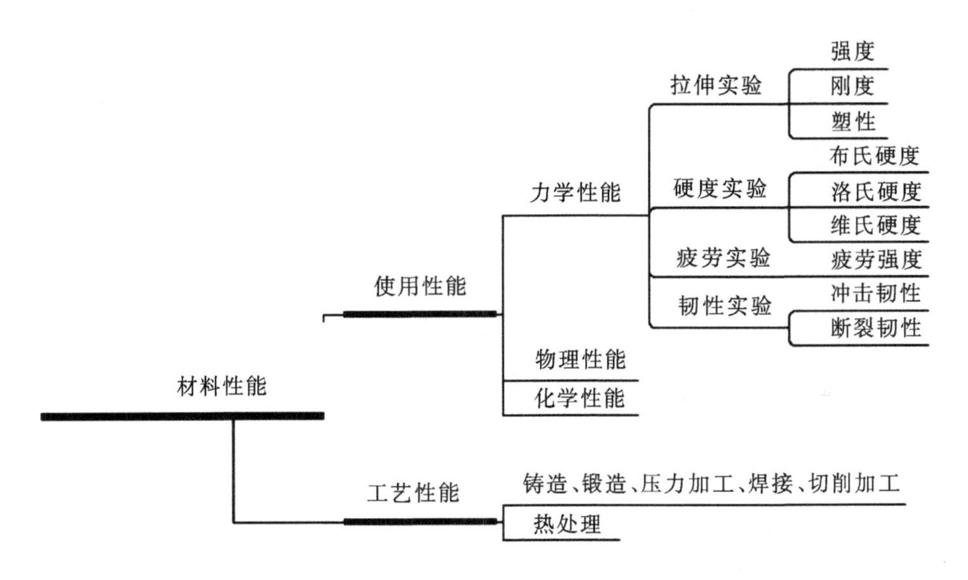

图 1－1　工程材料性能思维导图

【引导案例】

实例 1　螺栓的强度和塑性

螺栓连接是最常用的紧固连接方式，用于紧固连接两个带有通孔的零件。在拧紧螺母时，螺栓受到拉伸，当外力超过其本身抗力时，会导致螺栓发生变形，甚至断裂，如图 1－2、1－3 所示。这是因为为螺栓的强度较低或塑性较差造成的。

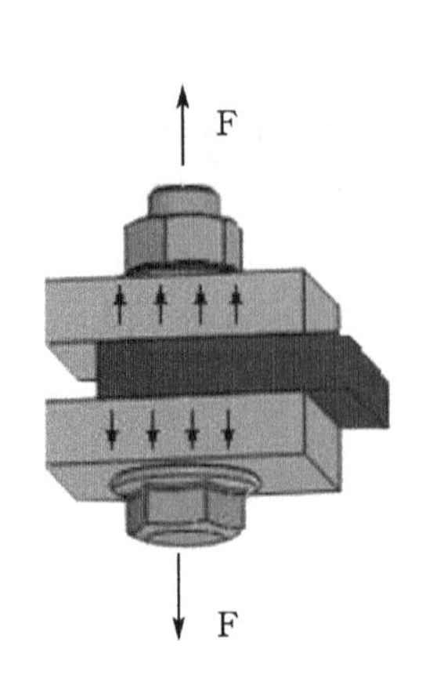

图 1-2　螺栓连接

图 1-3　螺栓的变形和断裂

为避免螺栓在使用过程中出现变形或者断裂的现象，在使用前首先要确定螺栓的强度和塑性是否能够满足使用要求。强度和塑性指标通过拉伸试验来测定，如图 1-4 所示。

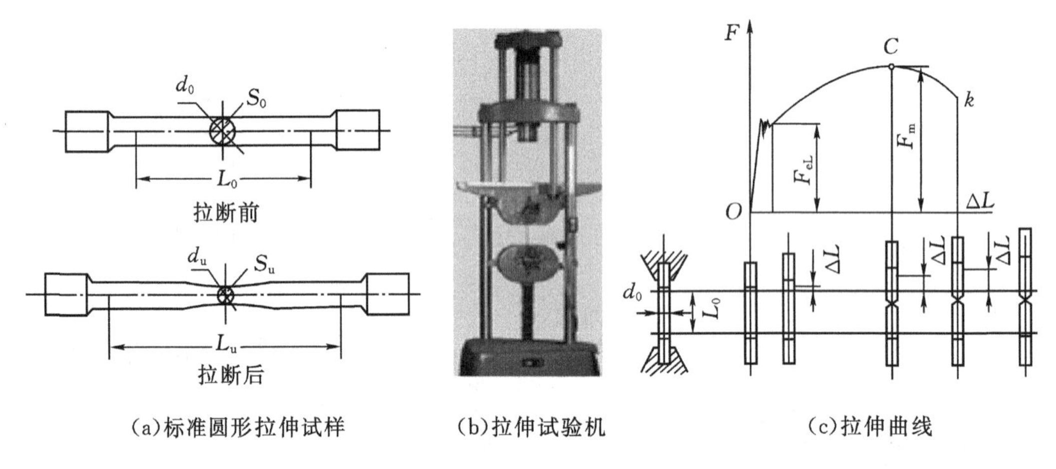

(a)标准圆形拉伸试样　　(b)拉伸试验机　　(c)拉伸曲线

图 1-4　螺栓拉伸试验过程

【螺栓测试结果计算】已知 $d_0 = 10\text{mm}$，$L_0 = 100\text{mm}$，$F_{eL} = 21\text{kN}$，$F_m = 34\text{kN}$，$d_u = 6\text{mm}$，$L_u = 130\text{mm}$，求 R_m、R_{eL}、A、Z。

根据计算结果可确定螺栓的承载能力。零件在工作中所承受的应力不允许超过抗拉强度，否则会产生断裂造成事故。

螺栓性能等级：螺栓性能等级分为 3.6、4.8、5.6、5.8、8.8、9.8、10.9、12.9 八个等级，其中 8.8 级以上(含 8.8 级)螺栓材质为低碳合金钢或中碳钢并经热处理(淬火+回火)，通称高强度螺栓，8.8 级以下通称普通螺栓。

螺栓性能等级标号有两部分数字组成，分别表示螺栓材料的公称抗拉强度值和屈强比值。例如：

性能等级 4.6 级的螺栓，其含义是：

①螺栓材质公称抗拉强度达 400MPa；

②螺栓材质的屈强比值为 0.6；

③螺栓材质的公称屈服强度达 400×0.6=240MPa。

螺栓性能等级的含义是国际通用的标准，相同性能等级的螺栓，不管其材料和产地的区别，其性能是相同的，设计上只选用性能等级即可。

实例2 力学性能的表现

金属材料的力学性能是指材料在各种载荷作用下表现出来的抵抗变形和断裂的能力。它取决于材料本身的化学成分及其微观组织结构。常用的力学性能指标有：强度、塑性、硬度、冲击韧度及疲劳强度等，它们是衡量材料性能和决定材料应用范围的重要指标，如图 1-5 所示。

(a)柱被压缩，梁被弯曲

(b)液压缸经得住油压的抗拉强度

(c)传动轴需要抗扭强度

(d)铁轨的表面是硬的

图 1-5 力学性能示例

不只限于机械，静止不动的建筑物，其梁、柱的不同部位，有的受拉力、有的受压力，还有的受弯曲力。而且当有风或地震时，所受的力会变得更大。运转的机械受到各种作用力的同时，还受到冲击力，而反复受同样力的部位还会产生疲劳。

金属材料在加工和使用过程中所受到的外力称为载荷。对所有的机械零件来说，总是受到载荷的作用。

(1)静载荷 逐渐而缓慢作用在工件上的力。如机床主轴箱对床身的压力，钢索的拉力、梁的弯矩和剪切力等。

(2)动载荷 包括冲击载荷和交变载荷。突然增加或消失的载荷为冲击载荷，在墙上钉钉子，钉子所受的力；空气锤锤头下落时锤杆所承受的载荷；冲压时冲床对冲模的冲击作用等。周期性的动载荷为交变载荷，如机床主轴就是在交变载荷的作用下工作的。

载荷下的变形：随外力消除而消失的变形称为弹性变形；当外力去除时，不能恢复的变形称为塑性变形。

实例3 数显硬度计

数显硬度是精密的机械结构和微机控制闭环系统的光、机、电一体化产品，如图 1-6 所示。数显硬度计仪器取消了砝码，采用电动加卸试验载荷，由压力传感器进行反馈，CPU 控制并能对试验中损失的试验载荷进行自动补偿。能在 LCD 显示屏显示压痕的硬度值,可实现不同硬度(布氏、洛氏、维氏、里氏、肖氏)间的相互转换及硬度与抗拉强度间的相互转换,也可以当前设置状态下的试验范围。如内置打印机则可进行数据输出。

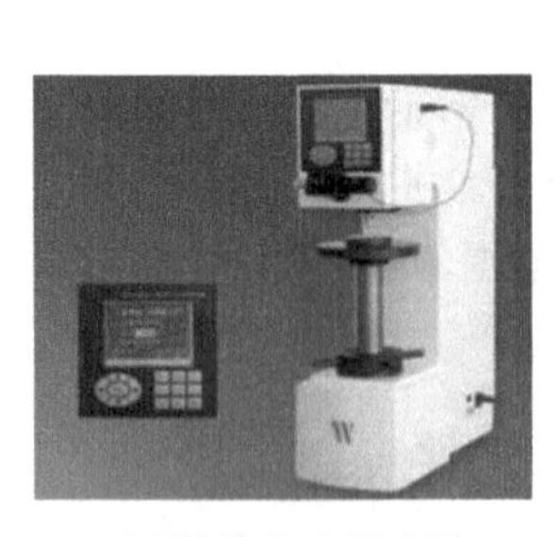
(a)数显布氏硬度计

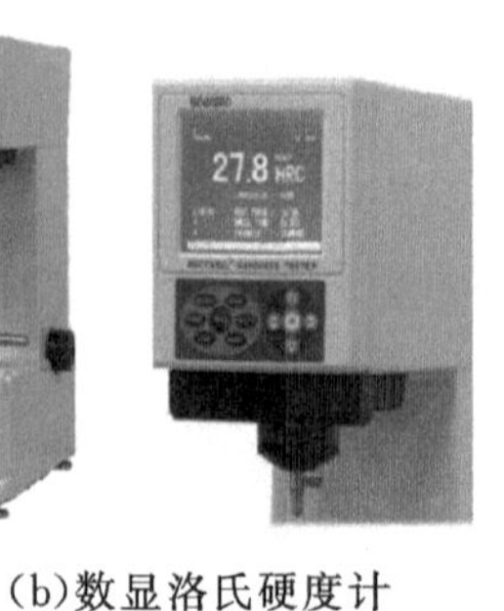

(b)数显洛氏硬度计

(c)数显里氏硬度计

图 1-6　数显硬度计

任务1　金属材料力学性能指标

工程材料的性能是指材料在外界条件作用下表现出来的行为。非金属材料的性能指标及测试方法与金属材料大多相同或相近,所以这里主要介绍金属材料的性能。

金属材料的性能包括使用性能和工艺性能两个方面:

(1)使用性能　为了保证零件、工程构件及工具等的正常工作,材料所应具备的性能。包括力学、物理及化学等性能。金属材料的使用性能决定了其应用范围、可靠性和使用寿命。

(2)工艺性能　反映材料在被制作成各种零件、构件、工具的过程中,适应各种冷热加工的性能。主要包括铸造、锻造、压力加工、焊接、切削加工和热处理等方面性能。

1.1　强度、刚度、塑性指标

1. 强度

强度是指材料在载荷作用下抵抗塑性变形和断裂的能力。根据外力的作用方式,有多种强度指标,如抗拉强度、抗弯强度、抗剪强度等,其中以拉伸实验所得的强度指标应用最为广泛,广为应用的有:屈服强度、抗拉强度和规定残余伸长强度等。强度的大小通常用应力表示,符号为 R ,单位为 MPa。

根据 GB/T228—2010 规定,静拉伸实验是把一定尺寸和形状的金属试样装夹在试验机上,然后对试样逐渐的施加拉伸载荷,直到把试样拉断为止,如图 1-7 所示。静拉伸实验可以测得材料的强度、刚度和塑性,基本全面揭示了材料在静载荷作用下的变形规律。

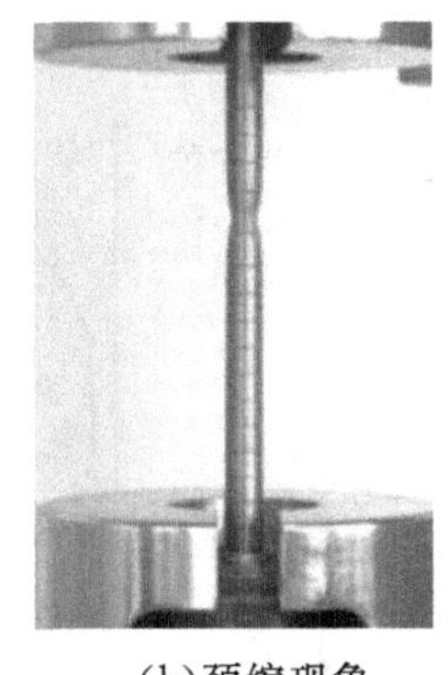

(a)拉伸低碳钢试样　　(b)颈缩现象　　(c)标准的断裂面

图 1-7　拉伸实验

拉伸试验机可以自动记录拉伸力与相对应的伸长量，得到的是力一伸长量曲线称为拉伸曲线。拉伸载荷 F 除以试样的原始横截面积 S_0 所得为应力，用 R 表示；试样伸长量 ΔL 除以试样原始标距长度 L_0 得到为应变，用 ε 表示，得到图 1-8 为应力一应变曲线。

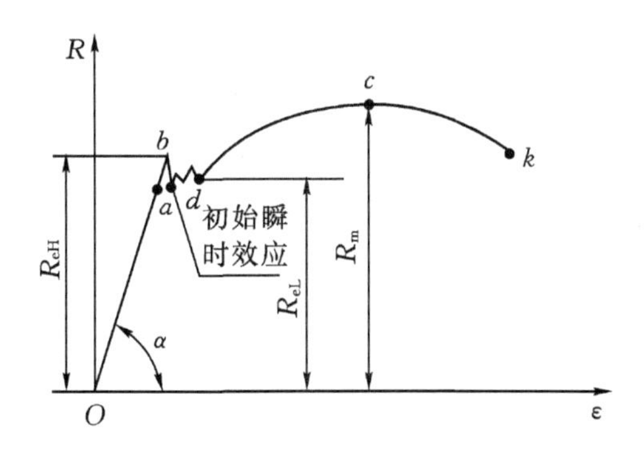

图 1-8　应力一应变曲线

从拉伸试验及其曲线中可以看出，试样从开始拉伸到断裂，共经过弹性变形、屈服、形变强化、颈缩与断裂四个阶段。如图 1-9 所示。

拉伸试验中图 1-8 所示，oa 段中应力与应变成比例变化，这时试样产生的是弹性变形，去除外力后，材料可以自行恢复原状。而当应力达到某一值，材料将不会自行恢复原状，这一应力值，称为弹性极限。

(1)屈服强度 R_{eL}　如图 1-8 所示，应力超过 a 点时，试样产生塑性变形。当应力达到 b 点后开始下降，并产生微小波动，此时不增加载荷试样仍快速伸长，这种现象称为“屈服”。试样屈服时的应力称为材料的屈服强度，包括上屈服强度和下屈服强度。上屈服强度用 R_{eH} 表示，是指试样发生屈服并且外力首次下降前的最大应力；下屈服强度用 R_{eL} 表示，是指不计初始瞬时效应时，屈服阶段的最小应力，如 d 点所示。由于材料的下屈服强度数值比较稳定，所以一般用它表示材料对塑性变形抗力的指标。即

$$R_{eL} = \frac{F_{eL}}{S_0} \tag{1-1}$$

式中：F_{eL} ——试样的下屈服力，N；

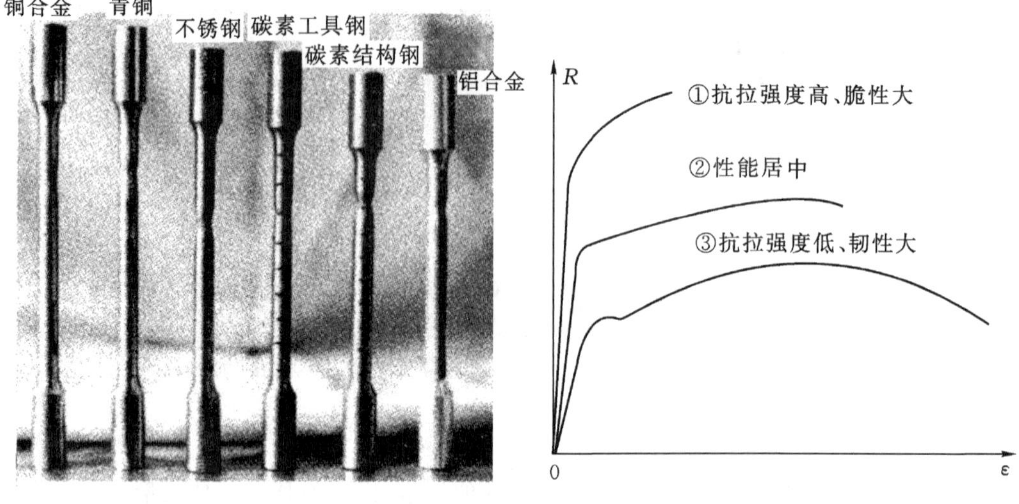

(a)不同试样在拉伸实验中的伸长量　　(b)材料、应力与应变曲线的关系

图 1－9　不同试样在拉伸实验中的表现

S_0 ——试样的原始横截面积，mm^2 。

(2)规定残余伸长强度 $R_{r0.2}$　如图 1－8 所示，有些材料没有明显的屈服现象，如大多数的合金钢、铜合金及铝合金；有些材料甚至在断裂前也不发生塑性变形，如铸铁、镁合金等，此时工程规定用残余伸长强度 $R_{r0.2}$ 来表示该材料的屈服强度。$R_{r0.2}$ 表示试样残余延伸率为 0.2%时的应力值，通常写成 $R_{0.2}$ 。

$$R_{r0.2} = \frac{F_{r0.2}}{S_0} \tag{1-2}$$

式中：$F_{r0.2}$ ——残余延伸率为 0.2%时的载荷，N ；

S_0 ——试样的原始横截面积，mm^2 。

(3)抗拉强度 R_m　试样在屈服时，由于塑性变形产生加工硬化，所以只有应力继续增大时变形才继续增加，直到增至最大应力 R_m 。这一阶段，试样沿整个长度均匀伸长，当到达 c 点时，试样在某个薄弱部分形成“颈缩”，如图 1－8 所示。此时不增加应力，试样也会在到达 k 点时发生断裂。试样承受最大载荷 F_m 时的应力为抗拉强度，用符号 R_m 表示。抗拉强度是工程上最常用的强度指标。即

$$R_m = \frac{F_m}{S_0} \tag{1-3}$$

式中：F_m ——试样在屈服阶段后所能抵抗的最大载荷，对于无明显屈服的金属材料，为试验期间的最大载荷，N ；

S_0 ——试样的原始横截面积，mm^2 。

一般工程零件实际都在弹性状态下工作，不允许产生微小的塑性变形，所以在工程零件设计时，用 R_{eL} 或 $R_{r0.2}$ 为强度指标，并加上适当的安全系数。由于 R_m 相对测定方便，数据准确，所以有时可直接采用，但需要加上较大的安全系数作为设计计算的依据。

工程上把 R_{eL} / R_m 称为屈强比。屈强比值越大，越能发挥材料的潜力，减小结构的自重；值越小，零件工作时的可靠性越高，其值太小，材料强度的有效利用率降低。屈强比一般取值

在 0.65～0.75 之间。

2. 刚度

材料受力时抵抗弹性变形的能力称为刚度。它表示一定形状、尺寸的材料产生某种弹性变形的难易程度。

弹性模量可以理解为在弹性范围内应力 R 与应变 ε 的比值，此关系服从胡克定律，$R = E\varepsilon (\tau = G\gamma)$，近似为图 1-8 中的 oa 拉伸曲线的斜率，即 $\tan\alpha = E$。

E 越大，材料的刚度就越大，越不易发生弹性变形。E 的大小取决于金属键，与金属显微组织关系不大。基体金属确定后，E 值也基本确定。材料不变时，只有改变零件的截面尺寸或结构才能改变其刚度。表 1-1 中列出了常用金属的弹性模量。

表 1-1　常用金属的弹性模量

金属种类	弹性模量 E/MPa	切变模量 G/MPa
铁	214000	84000
镍	210000	84000
钛	118010	44670
铝	72000	27000
铜	132400	49270
镁	45000	18000

3. 塑性

塑性是指材料在载荷作用下断裂前发生不可恢复的永久变形的能力。塑性常用的性能指标有断后伸长率和断面收缩率。在静拉伸实验中，把试样拉断后将其对接起来进行测量得到。

(1)断后伸长率 A　断后伸长率是指试样断后标距长度的伸长量与原始标距长度的百分比，用符号 A 表示。即

$$A = \frac{L_u - L_0}{L_0} \times 100\% \tag{1-4}$$

式中：L_0 ——试样原始标距长度，mm；

L_u ——试样断后标距长度，mm。

断后伸长率的数值和试样标距长度有关。长试样(试棒的原始标距等于 10 倍直径)的断后伸长率用符号 $A_{11.3}$ 表示，短试样(试棒的原始标距等于 5 倍直径)的断后伸长率用符号 A 表示。同种材料的 A 大于 $A_{11.3}$，所以用相同符号的断后伸长率才能进行比较。

(2)断面收缩率 Z　断面收缩率是指试样拉断后颈缩处横截面积的最大缩减量与原始横截面积的百分比，用符号 Z 表示，即

$$Z = \frac{S_0 - S_u}{S_0} \times 100\% \tag{1-5}$$

式中：S_0 ——试样原始横截面积，mm^2；

S_u ——试样拉断后颈缩处最小横截面积，mm^2。

断面收缩率不受试样尺寸的影响，比较准确地反映了材料的塑性。一般 A 或 Z 值越大，材料塑性越好。塑性好的材料可以进行轧制、锻造、冲压等方法进行加工成形。塑性好的零件在工作时若超载，因其塑性变形可避免突然断裂，提高了工作安全性。

必须指出，塑性指标不能直接用于零件的设计计算，需要根据经验选择。一般当伸长率达

到5%或断后收缩率达到10%的具有高收缩率的材料可以承受高的冲击吸收功。需要按使用条件选择。

1.2 硬度指标

硬度是指材料抵抗局部变形，特别是表面局部塑性变形、压痕或划痕的能力，它是衡量材料软硬的重要指标。硬度实验设备简单、操作简便、迅速，一般不需要破坏试件，而且从硬度值可以估算出材料的其他如抗拉强度等性能指标。因此，硬度被广泛应用于检验原材料和热处理件的质量、鉴定热处理工艺的合理性以及作为评定工艺性的参考。

机械制造中应用广泛的是静载荷压入法硬度实验。在规定的实验载荷下，将压头压入材料表层，然后根据载荷的大小，压痕表面积或深度确定其硬度值大小。根据实验方法和适用范围不同，硬度可分为布氏硬度、洛氏硬度、维氏硬度等。不同方法测得的硬度值含义不同，数值也不同，一般不能进行相互比较。

1. 布氏硬度 HBW

(1)测试原理与方法　布氏硬度试验方法是用规定直径的硬质合金球，以一定载荷压入所测材料表面，如图1-10所示，保持规定时间后，卸除试验载荷，测量表面的压痕直径，然后按下式计算硬度。

$$\mathrm{HBW} = 0.102\frac{F}{A} = 0.102\frac{2F}{\pi D(D-\sqrt{D^2-d^2})} \tag{1-6}$$

式中：F——试验载荷，N；

A——压痕表面积，mm^2；

D——球体直径，mm；

d——压痕平均直径，mm。

(2)特点　一般 d 越小，布氏硬度值越大，材料硬度越高。在实际应用中，布氏硬度一般不用计算，只需根据测出的压痕平均直径 d 查表即可得到硬度值，见附录2。布氏硬度试验优点为测量结果较准确，数据重复性强；缺点是试验压痕面积较大，有一定破坏性。

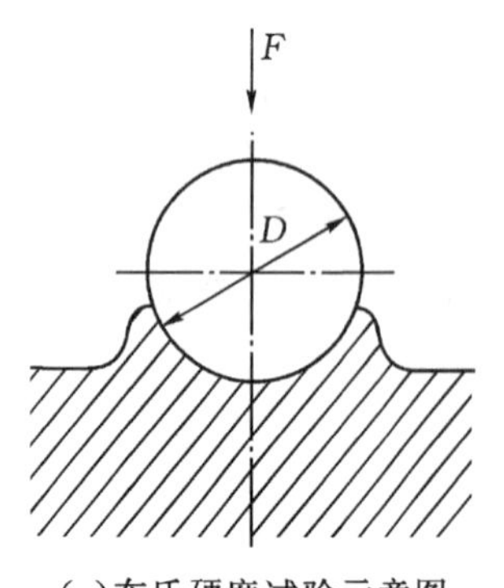

(a)布氏硬度试验示意图

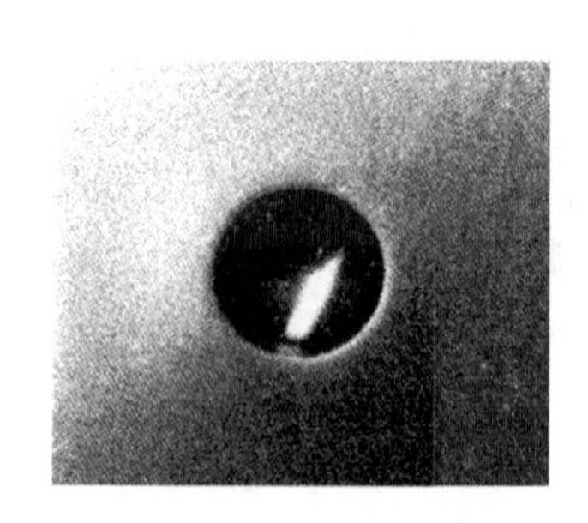

(b)用压头压出的凹痕

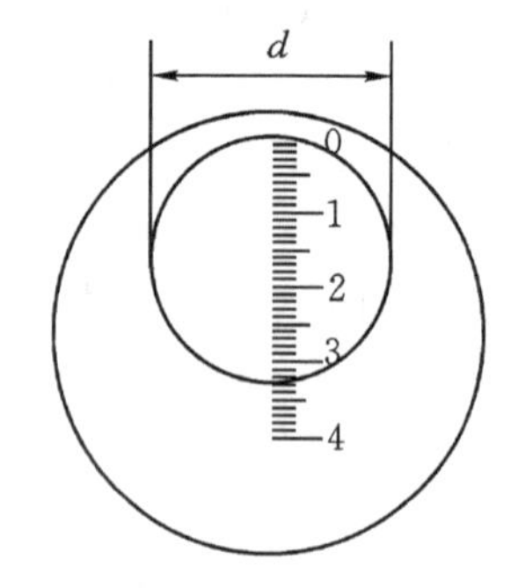

(c)读数显微镜测量压痕直径

图1-10　布氏硬度试验

(3)表示方法　布氏硬度是在符号HBW之前用数字标注硬度值，符号后面依次用数值表示试验条件。例如：500HBW5/750表示用直径5mm的硬质合金球压头在7.35kN试验载荷作用下保持10～15s(不标注)所测得的布氏硬度值为500。

(4)应用　布氏硬度适合于测量铸铁、铸钢、非铁金属及其合金,各种退火、正火或调质的钢材等。不宜用来测成品,特别是有较高精度要求配合面的零件及太小、太薄,太硬的材料。

(5)实验规范　布氏硬度试验时需要根据金属材料的种类、试样的硬度范围和厚度,按表1-3的规范选择试验载荷 F 、压头直径 D 和保持时间。

表1-3　布氏硬度试验规范

材料种类	硬度范围 HBW	球直径 D/mm	$0.102F/D^2$	试验力 F/N	试验力保 持时间/s	备　注
钢、铸铁	≥140	10 5 2.5	30	29420 7355 1839	10	压痕中心距试样边缘不应小于压痕平均直径的2.5倍 两相邻压痕中心距离至少为压痕平均直径的3倍 试样或实验层厚度应不小于残余压痕深度的15倍
	<140	10 5 2.5	10	9807 2452 613	10～15	
非铁金属材料	≥130	10 5 2.5	30	29420 7355 1839	30	
	35～130	10 5 2.5	10	9807 2452 613	30	
	<35	10 5 2.5	2.5	2452 613 153	60	

2. 洛氏硬度 HR

(1)测试原理与方法　洛氏硬度试验方法是在试验压头上,先加初载荷压入试件1位置,再加主载荷压入试件2位置,经规定保持时间后,卸除主载荷,恢复到初载荷时,试件弹性变形恢复到3位置,测量前后两次初载荷下压痕的深度差 h ,根据 h 来确定洛氏硬度值,如图1-11所示。实际测试时,硬度值的大小可直接从硬度计表盘上读出。洛氏硬度试验压头有直径为1.588mm的淬火钢球和顶角为120°金刚石圆锥体。

为适应人们习惯上数值越大、硬度越高的观念,人为地规定了(1-7)式的计算方法。K 为常数,使用球压头时,K 取0.26,使用金刚石压头时,K 取0.2。

$$\mathrm{HR} = \frac{K-h}{0.002} \tag{1-7}$$

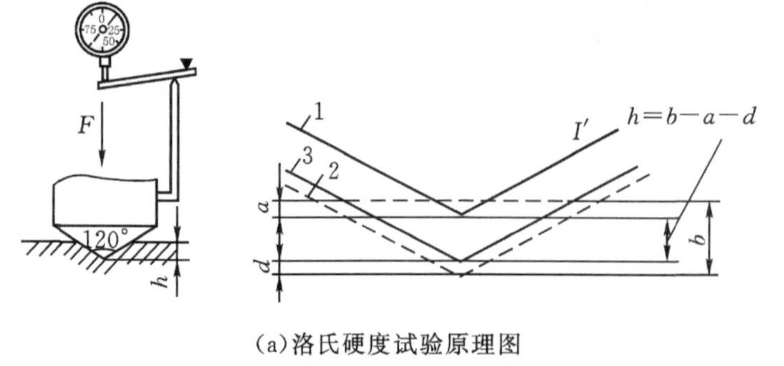

(a)洛氏硬度试验原理图

(b)球压头和金刚石压头

图 1-11　洛氏硬度试验

(2)特点　洛氏硬度试验是是目前应用最广的硬度试验方法，主要因为其操作简便，迅速，测量硬度值范围大，压痕小，它采用直接测量压痕深度来确定硬度值。金属越硬，h 值越小，如图 1-12 所示。

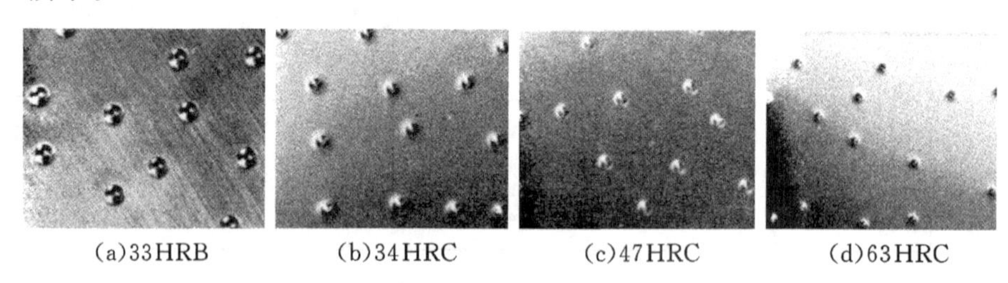

(a)33HRB　(b)34HRC　(c)47HRC　(d)63HRC

图 1-12　洛氏硬度与压痕深度的关系

(3)表示方法　洛氏硬度符号 HR 前面为硬度数值，HR 后面为使用的标尺。我国常用的洛氏硬度标尺有 HRA 、HRB 、HRC 三种，实验条件及应用范围见表 1-4。如：50 HRC 表示用 C 标尺测定的洛氏硬度值为 50。

表 1-4　常用洛氏硬度标尺的实验条件及应用

洛氏硬度标尺	硬度符号	测量范围	初实验载荷 F_0/N	主实验载荷 F/N	主实验载荷 F/N	压头类型	应用举例
A	HRA	20～88	98.07	490.3	588.4	金刚石圆锥	硬质合金、表面淬火层、渗碳层等
B	HRB	20～100	98.07	882.6	980.7	ϕ1.5875mm 球	非铁金属、退火钢、正火钢
C	HRC	20～70	98.07	1373	1471	金刚石圆锥	调质钢、淬火钢

(4)应用　洛氏硬度试验可直接测成品和较薄的工件，特别是热处理后的零件，不宜用来测定极薄工件及氮化层、金属镀层等的硬度。

(5)实验规范　洛氏硬度试验由于压痕小，对内部组织和硬度不均匀的材料，测定结果波动较大，故需在不同位置测试三点的硬度值取其算术平均值。洛氏硬度试验无单位，各标尺之间没有直接的对应关系。

3. 维氏硬度 HV

为了更准确地测量金属零件的表面硬度或测量硬度很高的零件，常采用维氏硬度，符号用HV表示。维氏硬度的试验原理与布氏基本相同，不同点是用一个相对夹角为136°的金刚石正四棱锥体压入试样表面，如图1-13所示。维氏硬度也是以单位压痕面积所承受的载荷作为硬度值，其计算公式为

$$HV = 0.102\frac{F}{A_V} \approx 0.1891\frac{F}{d^2} \tag{1-8}$$

式中：F——试验载荷，N；

A_V——压痕表面积，mm^2；

d——压痕两对角线平均长度，mm。

(a)维氏硬度金刚石压头

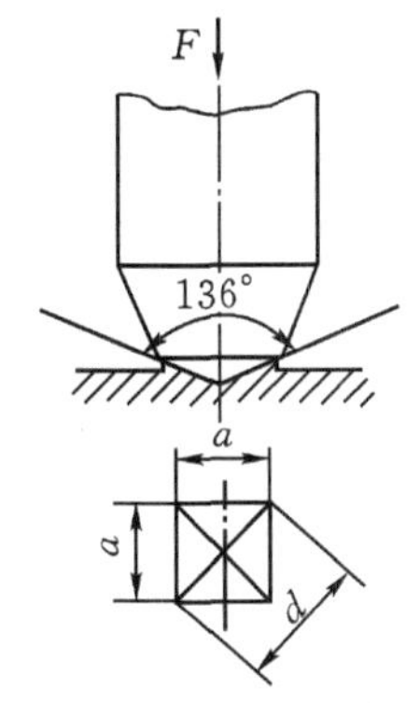

(b)维氏硬度试验原理

(c)维氏硬度压痕

图1-13　维氏硬度试验

1.3　韧性指标

1. 冲击韧度 a_K

冲击韧度是指金属材料在冲击载荷作用下抵抗破坏的能力。冲床的冲头、锻锤的锤杆、发动机的转子等零件，是在冲击载荷作用下工作的，不仅要满足在静载荷作用下的性能要求，为防止材料发生突然的脆性断裂，也需要材料具备足够的韧性。冲击韧件好的材料在断裂过程中能吸收较多能量、不易发生突然的脆性断裂，材料的安全件较高。

夏比冲击试验是常温下的摆锤式一次冲击试验，将一定形状和尺寸的标准试样放在支座上，试样的缺口背向摆锤冲击的方向，将具有一定质量的摆锤举至高度，然后释放，利用其冲击载荷将试样冲断，如图1-14所示。通过测定金属断裂时所需的功，来判断材料在使用中的可靠程度。

摆锤一次冲断试样所消耗的能量即为试样在被冲断过程中吸收的功，称为冲击吸收功，用A_K表示，其值可从冲击试验机刻度盘上直接读出，单位为J，即

$$A_K = mgh_1 - mgh_2 = mg(h_1 - h_2) \tag{1-9}$$

将冲击吸收功 A_K 除以试样缺口横截面积 S_0，所得的值 a_K 称为材料的冲击韧度，单位是 J/cm^2，即

$$a_K = \frac{A_K}{S_0} \tag{1-10}$$

试验表明，A_K 值随温度降低而减小。在某一温度范围内，材料的 A_K 值急剧下降，表明材料由韧性向脆性转变，此时的温度称为韧脆转变温度，如图 1-15 所示。韧脆转变温度越低，材料的低温抗冲击性能越好。选择金属材料时，应使材料的韧脆转变温度低于其工作环境的最低温度。

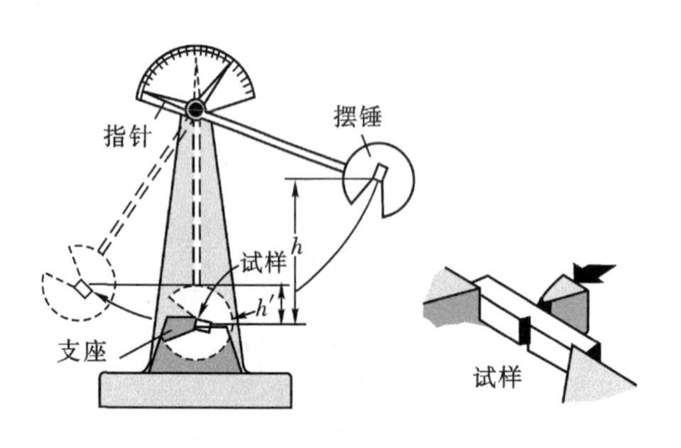

图 1-14　夏比冲击试验

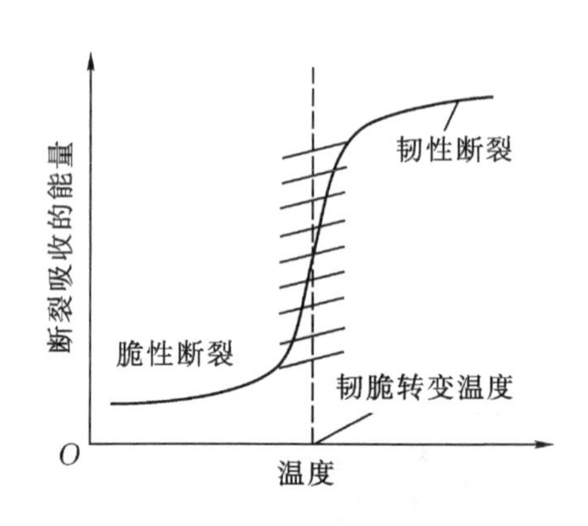

图 1-15　钢的脆性转变温度

对一般常用钢材来说，所测冲击韧度 a_K 越大，材料的韧性越好。长期实践证明 a_K 还与试样形状、尺寸、表面粗糙度、内部组织和缺陷等有关，能灵敏的反应材料品质、宏观缺陷和显微组织的微小变化，因而冲击实验是生产上用来检验冶炼和热加工质量的有效办法之一。

注意：承受冲击载荷的零件很少受一次大能量的冲击而破坏，几乎都是受小能量多次冲击后才失效破坏。抵抗一次大能量冲击的能力取决于材料的塑性，抵抗小能量多次冲击的能力取决于强度。a_K 值过高会降低材料的强度，导致材料在使用过程中因强度不足而过早失效，所以设计零件时不能片面的追求高的 a_K。

2. 断裂韧度 K_{IC}

实际的材料组织中会存在各种微裂纹、夹杂、气孔等宏观缺陷，这些缺陷可以看成是材料的裂纹。当材料受外力作用时，这些裂纹尖端附近会出现应力集中，当应力集中达到某一临界值时，裂纹将会发生失稳扩散，导致构件断裂。材料的断裂韧度，用 K_{IC} 表示。

断裂韧度是用来反映材料抵抗裂纹失稳扩散，即抵抗脆性断裂能力的性能指标。它主要取决于材料的成分、内部组织和结构。常见工程材料的断裂韧度值 K_{IC} 见表 1-5。

表 1-5　常见工程材料的断裂韧度值 K_{IC}　　（单位：$MPa \cdot m^{\frac{1}{2}}$）

材料		K_{IC}	材料		K_{IC}
金属材料	塑性纯金属(Cu、Ni)	100～350	高分子材料	聚苯乙烯	2
	低碳钢	140		尼龙	3
	高强度钢	50～150		聚碳酸酯	1.0～2.6
	铝合金	23～45		聚丙烯	3
	铸铁	6～20		环氧树脂	0.3～0.5
陶瓷材料	Co/WC 金属陶瓷	14～16	复合材料	玻璃纤维（环氧树脂基体）	42～60
	SiC	3		碳纤维增强聚合物	32～45
	苏打玻璃	0.7～0.8		普通木材(横向)	11～13

1.4　疲劳强度

一些机械零件，如轴、弹簧、齿轮、叶片等都是在随时间作周期性变化的循环应力长期作用下工作的。零件所受应力低于抗拉强度、甚至低于屈服强度，经过较长时间工作后会产生裂纹或突然发生完全断裂，这种现象称为金属的疲劳。机械零件断裂失效中有 80%以上是属于疲劳破坏。

金属材料的疲劳过程，首先是在其薄弱部位（应力集中或划伤、夹杂、显微裂纹等缺陷部位）产生微细裂纹，即疲劳源。随着载荷循环次数的增加，裂纹逐步扩展，即形成疲劳扩展区。当扩展区达到一定的临界尺寸时，零件会发生突然的疲劳断裂，最后的脆断区成为最终破断区。疲劳断口的特征如图 1-16 所示。

(a)汽车后轴的疲劳断口

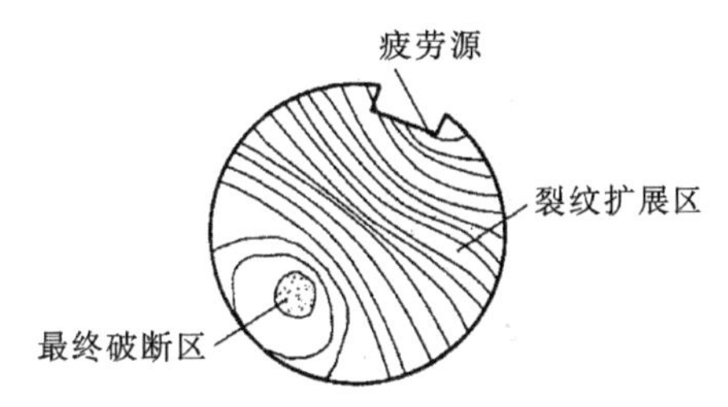

(b)疲劳断口示意图

图 1-16　疲劳断口的特征

测定材料的疲劳强度时要用较多的试样，在不同循环应力下进行试验，绘制疲劳曲线，如图 1-17 所示。疲劳曲线反映材料所受的交变应力 R 与材料断裂前的应力循环次数 N 的关系曲线，R 越低，断裂前的循环次数 N 越多；当 R 降低到某一值后，曲线近似为水平线，这表示当应力低于该值时，材料可经受无数次应力循环而不断裂。我们把试样承受无数次应力循环或达到规定的循环次数才断裂的最大应力作为材料的疲劳强度。

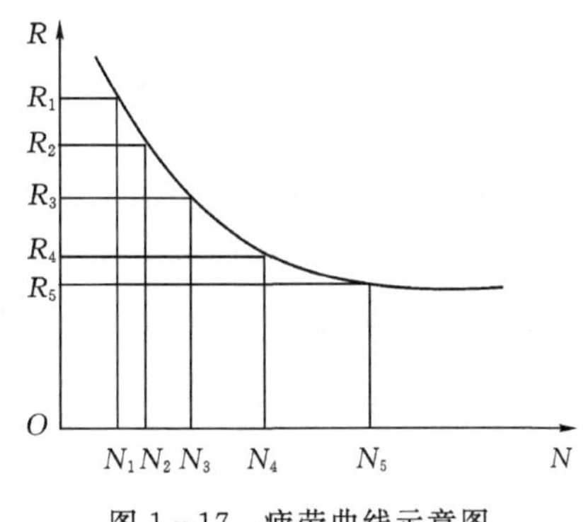

图 1-17　疲劳曲线示意图

通常规定钢铁材料的循环基数为 10^7 ；非铁金属的循环基数为 10^8 ；腐蚀介质作用下的循环基数为 10^6 。

影响疲劳强度的因素很多，除材料成分和组织等因素外，因疲劳源一般产生在零件表面，所以零件表面状态很重要。减小零件应力集中，改善零件表面粗糙度、强化表面（渗碳、渗氮、喷丸、表面滚压等）是提高疲劳强度的有效方法。

任务 2　工程材料的物理、化学及工艺性能

2.1　物理性能

材料的物理性能是指在重力、电磁场、热力（温度）等物理因素作用下，材料所表现出来的性能或固有属性。金属材料的物理性能主要包括密度、熔点、导电性、导热性、热膨胀件、磁性等。

1. 密度

同一温度下单位体积物质的质量称为密度，单位 g/cm^3 或 kg/m^3 ，与水密度之比叫相对密度。根据相对密度的大小，可将金属分为轻金属和重金属。轻金属相对密度小于 4.5 ，如 Al 、Mg 等及其合金；重金属相对密度大于 4.5 ，如 Cu 、Fe 、Pb 、Zn 、Sn 等及其合金。在非金属材料中，陶瓷的密度较大，塑料的密度较小，常用的聚乙烯、聚丙烯、聚苯乙烯等塑料的相对密度为 0.9 ～ 1.1 。

2. 熔点

材料在常压下缓慢加热时，由固态转变为液态并有一定潜热吸收或放出时的转变温度，称为熔点，单位是℃或 K。

3. 导电性

材料传导电流的能力称导电性。以导电率 γ 表示，单位 s/m（西门子/米）。金属中 Ag 的导电性最好，其次是 Cu 和 Al 。

4. 导热性

材料传导热量的能力称导热性，用导热率 λ 表示，单位 $W/(m \cdot K)$ 。λ 越大，导热性越好，内外温差越小，越有利于热加工。纯金属导热性比合金好。纯金属中 Ag 和 Cu 的导热性最好，Al 次之。非金属中金刚石的导热性最好。

5. 热膨胀性

材料因温度变化而产生个体积变化的现象称热膨胀性，一般用线膨胀系数 α 来表示，单位 1/℃ 。常温下工作的普通机械零件不需要考虑热膨胀性，但在一些特殊场合则需要考虑。例如工作在温差较大的场合的火车导轨，精密的仪器仪表的关键零件，它们的热膨胀系数要小。工程中也常利用材料的热膨胀性来装配或拆卸配合过盈量较大的机械零件。

6. 磁性

材料在磁场中能被磁化或导磁的能力，称为导磁性。用磁导率 μ 来表示，单位 H/m 。具有显著磁性的材料称为磁性材料。目前应用的磁性材料有金属和陶瓷两类：金属磁性材料也叫铁磁材料，常用的有 Fe 、Ni 、Co 等及其合金；陶瓷磁性材料通称为铁氧体。

2.2　化学性能

化学性能是指材料抵抗周围介质侵蚀的能力，主要包括耐蚀性和热稳定性。

1. 耐蚀性

金属材料在常温下抵抗周围介质侵蚀的能力称为耐蚀性。例如:海洋设备及船舶用钢,需耐海水和海洋大气腐蚀;贮存和运输酸类的容器、管道需要有较高的耐酸性。

2. 热稳定性

材料在高温下抵抗氧化的能力称为热稳定性。在高温、高压下工作的锅炉、各种加热炉、内燃机中的零件都要求有良好的热稳定性。

2.3　工艺性能

工艺性能是指材料适应加工工艺要求的能力,它的好坏直接影响制造零件的工艺方法、质量和经济性。机械制造过程中的各种工艺如图 1-18 所示。

1. 铸造性能

金属材料铸造成形获得优良铸件的能力称为铸造性能,通常有流动性、收缩性和偏析三种性能指标。

(1)流动性　熔融材料的流动能力称为流动性。流动性好的材料容易充满型腔,能获得外形完整、尺寸精确、轮廓清晰的铸件。

(2)收缩性　铸件在凝固和冷却的过程中,体积和尺寸减小的现象称为收缩性。收缩性越小越好,因为它除了影响尺寸,还会使材料产生缩孔、疏松、内应力、变形和开裂等缺陷。

(3)偏析　铸件凝固后,内部化学成分和组织的不均匀现象称为偏析。偏析严重的铸件各部分的力学性能会有很大差异,降低产品的质量。

一般,铸铁比钢的铸造性能好,金属材料比工程塑料的铸造性能好。

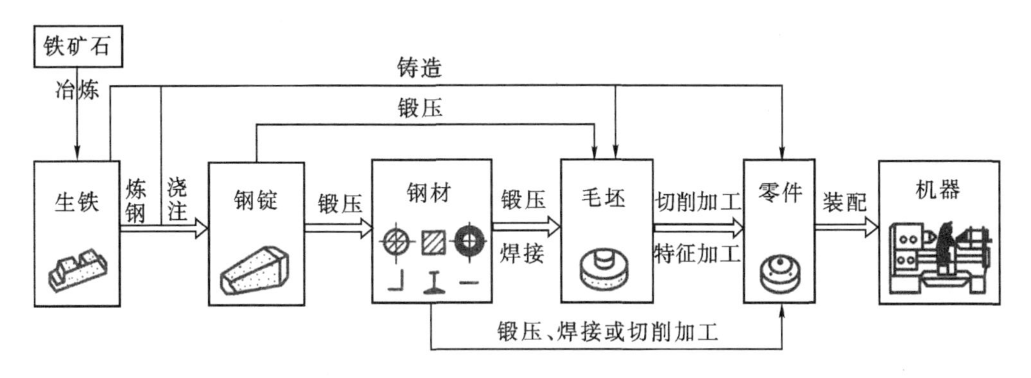

图 1-18　机械制造过程中的各种工艺

2. 锻造性能

金属材料用锻压加工方法成形的适应能力称锻造性能,它主要取决于金属材料的塑性和变形抗力。塑性越好,变形抗力越小,金属的锻造性能越好。铜合金和铝合金在室温状态下就有良好的锻造性能。碳素钢在加热状态下锻造性能较好。铸铁锻造性能差,不能锻造。

3. 焊接性能

两块材料在局部加热至熔融状态下,能牢固的焊在一起的能力称为材料的焊接性能。碳质量分数是焊接性好坏的主要因素。含碳量和合金元素含量越高,焊接性能越差。

4. 切削加工性能

工件材料进行切削加工时的难易程度称为材料的切削加工性能。不同的工件材料，加工的难易程度也不相同。如切削铜、铝等有色金属时，切削力小，切削很轻快；切削碳钢就比合金钢容易些；切削不锈钢和耐热合金等困难就很大，刀具磨损也比较严重。切削加工性能一般用切削后的表面质量和刀具寿命来表示。

5. 热处理工艺性能

热处理工艺性能反映钢热处理的难易程度和产生热处理缺陷的倾向，主要包括淬透性、回火稳定性、回火脆性及氧化脱碳倾向性和淬火变形开裂倾向性等。其中主要考虑其淬透性，即钢接受淬火的能力。含锰、铬、镍等合金元素的合金钢淬透性比较好，碳钢的淬透性较差。

练习 1

一、填空题

1. 材料的力学性能的主要指标有__________、__________、__________、__________、__________等。

2. 屈服强度表示的是材料抵抗________的能力；抗拉强度表示的是材料抵抗_______的能力；刚度表示的是材料抵抗________的能力。

3. 常用的测试硬度的方法有________、________、________。

4. HBW600～650 应改为______________；70～75HRC 应改为___________。

5. 屈服强度用符号____表示；抗拉强度用符号____表示；断后伸长率用符号____表示；断面收缩率用符号____表示；洛氏硬度用符号____表示；布氏硬度用符号____表示；维氏硬度用符号____表示；冲击韧度用符号____表示。

6. 材料常用的塑性指标有_________和_________两种。其中用________表示塑性更接近材料的真实变形。

7. 材料的物理性能包括______、______、______、______、______、______等。

8. 材料的工艺性能包括________、________、________、________及________等。

二、名称解释

1. 金属材料的力学性能

2. 强度、硬度、塑性

三、分析讨论

1. 比较下列几种硬度值的高低。

50 HRC　　200 HBW　　65 HRB　　75 HRA　　480 HV

2. $R_{r0.2}$ 的含义是什么？为什么低碳钢不用此指标？

3. 反映材料冲击韧的性能指标有什么？疲劳破坏是怎样形成的？

4. a_K 代表什么指标？为什么不用于设计计算？

项目 2　工程材料的组织结构

【教学基本要求】

1. 知识目标

(1)掌握金属晶体结构特点、实际金属晶体缺陷、合金相结构;

(2)掌握金属结晶的基本规律、结晶后获得细晶粒的方法;

(3)掌握金属发生冷、热塑性变形后性能的变化及冷塑性变形金属加热后的回复与再结晶;

(4)掌握二元合金相图的类型,明确材料成分、组织、结构、性能之间的关系;

(5)理解并掌握铁碳合金相图及其应用。

2. 能力目标

(1)正确使用金相显微镜的能力;

(2)运用金相显微镜观察和分析常见铁—碳合金显微组织的能力。

【思维导图】

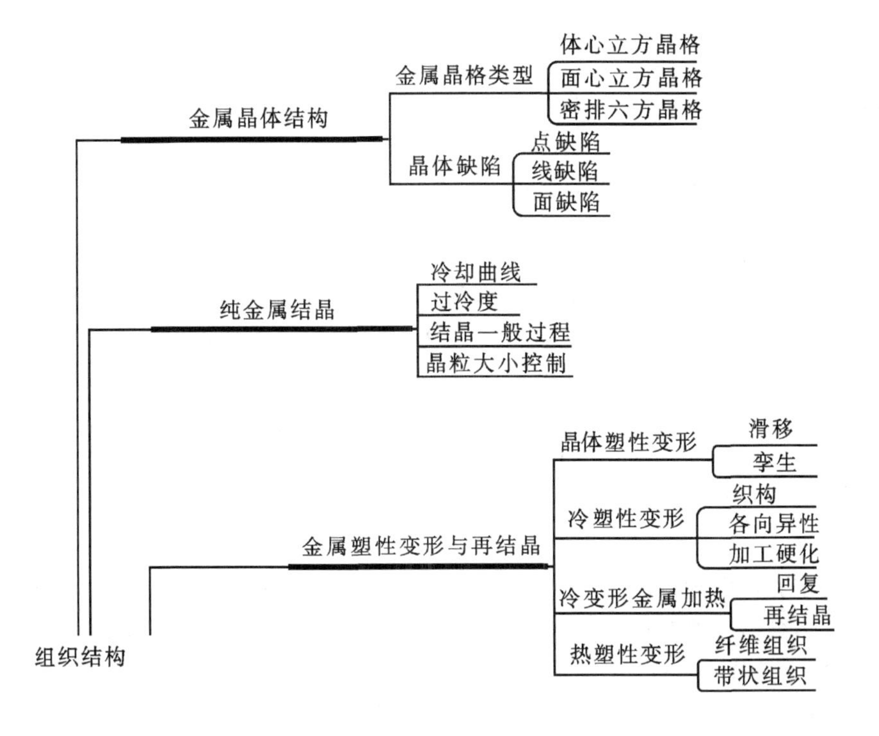

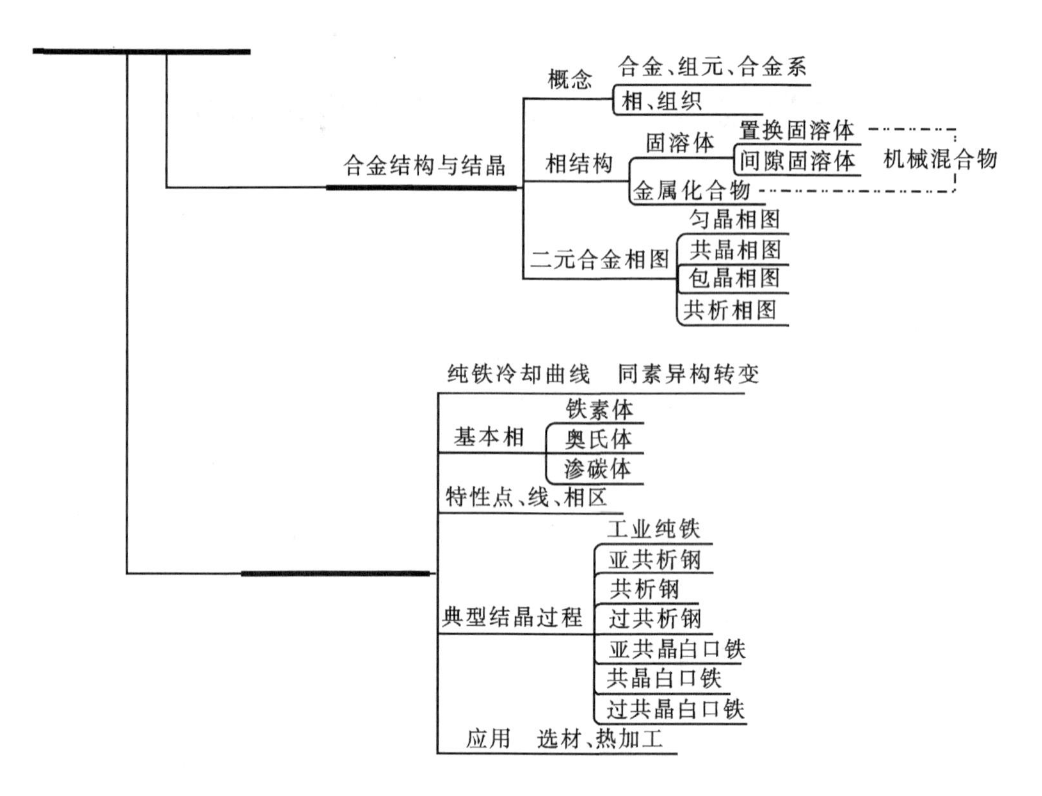

图 2-1　金属材料组织结构思维导图

【引导案例】

实例 1　截点法金属材料晶粒度测量

晶粒度是指晶粒大小的量度。通常使用长度、面积、体积或晶粒度级别来表示不同方法评定或测定的晶粒大小，而使用晶粒度级别数表示的晶粒度与测量方式和计量单位无关。

一般情况下晶粒越细小力学性能越好，因为晶粒越小，晶界越多。晶界处的晶体排列顺序是不规则，晶面犬牙交错，相互咬合，因而加强了金属间的结合力。一般晶粒越细小，金属材料的强度和硬度越高，塑性和韧性也越好。材料的晶粒度很大程度的影响着材料的力学性能，在实际生产中常通过改变晶粒度从而改变金属材料的性能。

常规的步骤为：取样→研磨→抛光→浸蚀→观察，通过多次反复的抛光、浸蚀后，才能使晶粒晶界显现出来。

晶粒度测定方法中截点法是应用最广，最高效的测试方法。截点法测平均晶粒度是通过计算一条或更多条至少能获得 50 个截点长度的直线与晶粒的截点数获得的。为了获得合理的平均值，应任意选择 3～5 个视场进行测量，直到获得要求的精确度，如图 2-2 所示。截距与截点数的比值即晶粒间的平均截距，再对照 GB/T 6394—2002 中的评级表便可进行晶粒度评级。

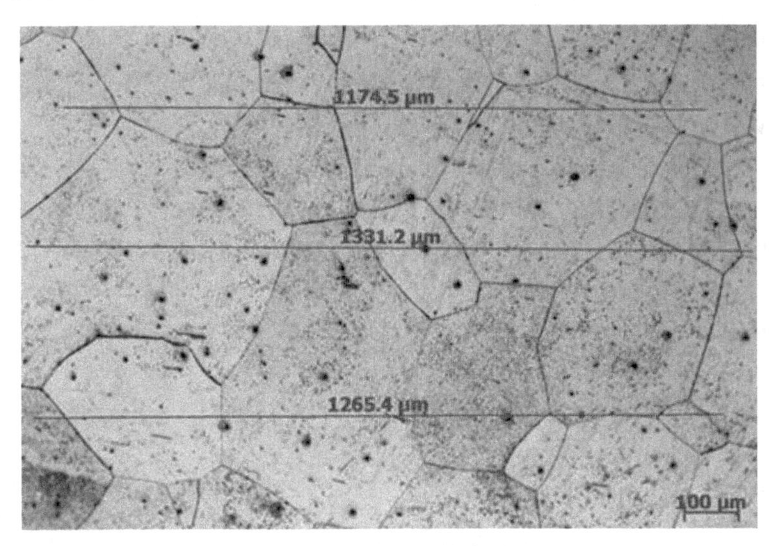

图 2-2　截点法晶粒度测量

测试中需根据晶粒度测试的相关标准，如 ASTM E112—2012 平均晶粒度测定的标准方法、GB/T 6394—2002 金属平均晶粒度测定方法等，减小误差，做到测试高效、准确。

实例 2　显微金相组织分析——确定 42CrMo 轴的断裂原因

显微金相组织分析主要用于检查金属材料微观的组织构成、评判热处理质量。应用范围为：铸铁、钢、铜合金、铝合金、镁合金、镍合金、钛合金等。

常规的测试步骤为：取样→清洗→镶嵌→研磨→抛光→微蚀→观察。依据相应的国家标准（可见电子资源）进行。

如图 2-3 所示，对使用 4 年、材质为 42CrMo 的轴的断口进行切片处理，抛光腐蚀后发现轴表面与心部组织具有不同组织，界限明显，确定轴承装配位置存在补焊操作，断口位于补焊边缘的热影响区，将图中不同组织区域依次标记为 A、B、C，针对 A 补焊熔融区、B 轴热影响区、C 轴基材区进行金相观察，确定显微组织。

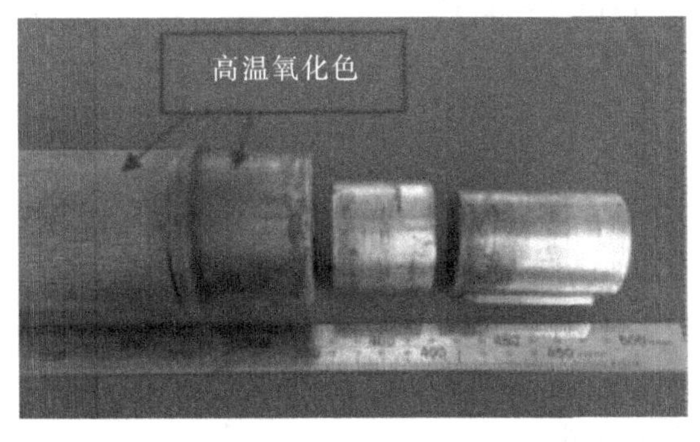

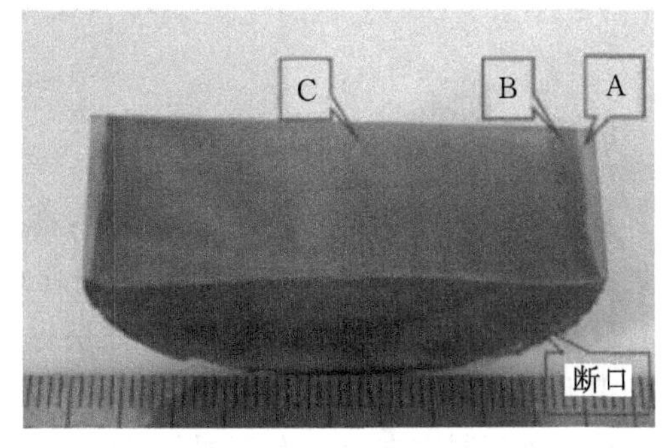

图 2-3　42CrMo 轴的断口金相观察

金相观察后得到金相组织为：

A 区为网状、粗针状铁素体＋粒状和针状马氏体＋针片状魏氏体，按 GB/T1329—1991 评定魏氏体组织为 B 系列 5 级；

B 区为少量粒状体铁素体基体珠光体；

C 区为少量针状魏氏体＋保留马氏体位向的针状索氏体，心部带状组织明显，按 GB/T1329－1991 评定带状组织级别为 C 系列 5 级。

如图 2－4 所示，金相分析确定断裂起源于表面的未焊合的缺口，也是补焊后的热影响区。熔融区存在较多的魏氏体组织，心部也存在少量魏氏体组织和和较严重的带状组织，魏氏体组织塑性差、韧性低，会明显降低轴的强度，也是热应力残留较高的特征之一。可见电机轴在补焊后未能消除热应力影响，是断裂的主要原因。

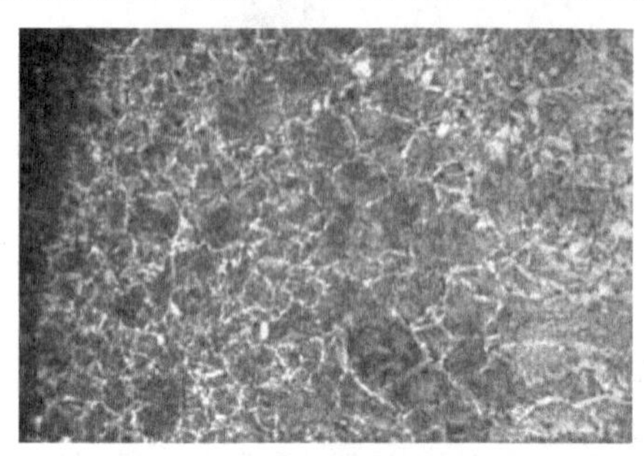

(a)A 补焊熔融区金相检查(500X)

(b)B 轴热影响区金相检查(500X)

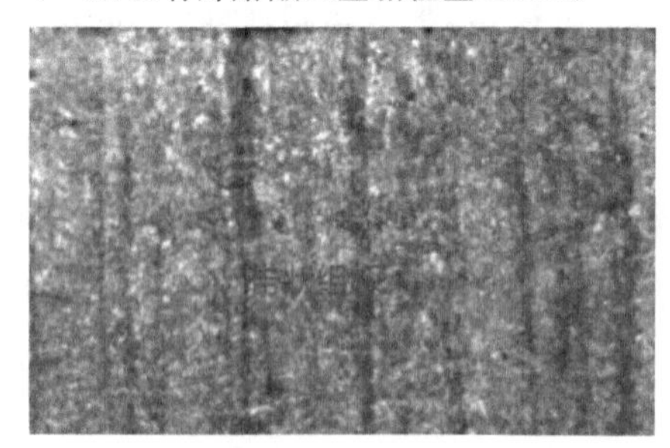

(c)C 轴基材区低金相检查(100X)

(d)心部金相检查(500X)

图 2－4　显微金相观察

任务 1　金属的晶体结构

能力知识点 1　晶体结构

自然界中的一切固态物质，根据其内部原子(或分子)的聚集状态，可分为晶体和非晶体两大类。原子在三维空间作有规律的周期性重复排列的物质称为晶体，如雪花、食盐、纯铝、纯铁。原子呈无规则堆积的为非晶体，如松香、沥青、石蜡、普通玻璃。晶体不同于非晶体，性能差异很大，但在一定条件下可以相互转化，晶体具有固定的熔点、规则的几何外形及各向异性。同一种物质不同方向上具有不同的性能，称为各向异性。

晶体结构是指晶体内部原子排列的方式及特征，它有助于从本质上揭示金属性能的差异及变化的实质，如图 2－5 所示。

1. 晶格

为便于分析晶体中的原子(严格说是正离子)排列规律，可将原子近似看成抽象的一个点，并用假想的直线将各原子中心连接起来形成空间格子，叫做晶格。晶格直观地表示了晶体中原子的排列规律。晶格中直线的交点称为结点。

2. 晶胞

晶体中原子的排列具有周期性，可从晶格中选取一个能够完全反映晶格特征的最小几何单元来研究晶体结构，这个最小的几何单元称为晶胞。

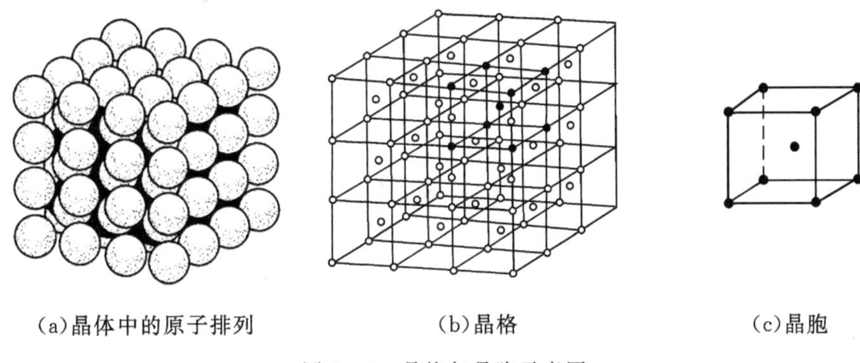

(a)晶体中的原子排列　　(b)晶格　　(c)晶胞

图 2-5　晶格与晶胞示意图

3. 晶格常数

晶胞的大小和形状可用晶胞的三条棱边的长度 a 、b 、c 及三条棱边的夹角 α 、β 、γ 来描述。晶胞的棱边长度 a 、b 、c 称为晶格常数，单位为 Å(埃)，换算为 $1Å = 1 \times 10^{-8}$ cm 。如图 2-6所示，晶胞 $a = b = c$ ，$\alpha = \beta = \gamma = 90°$。

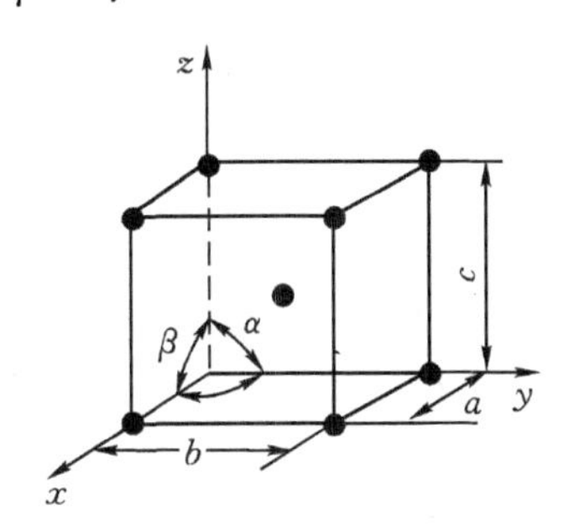

图 2-6　晶格常数表示法

能力知识点 2　金属的典型晶格

由于金属键没有方向性和饱和性，结合对象的选择性不强，所以金属原子呈现规则而紧密的排列。在已知的金属元素中，除少数具有复杂的晶体结构外，大多数金属都具有简单晶格，如体心立方晶格。

1. 体心立方晶格

体心立方晶格的晶胞为立方体，其八个顶角各排列一个原子，立方体的中心有一个原子，如图 2-7 所示。晶格常数相等，通常只用一个 a 表示。属于这种晶格类型的金属有 α—Fe（α—铁）、Cr（铬）、W（钨）、Mo（钼）、V（钒）等。

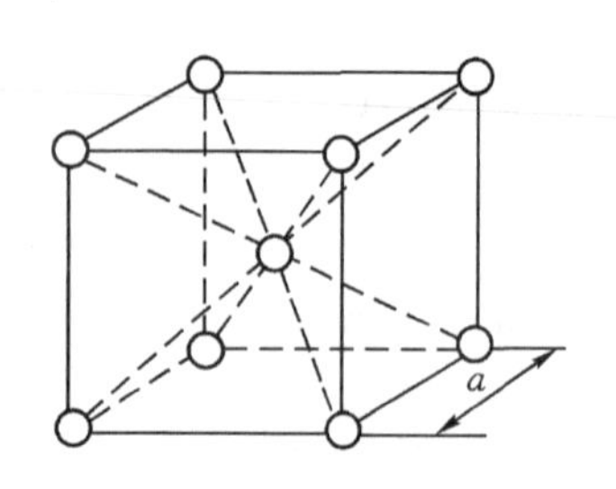

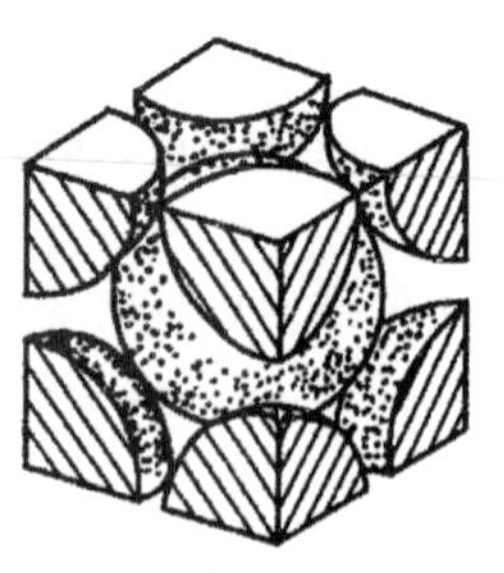

图 2-7　体心立方晶格的晶胞示意图

2. 面心立方晶格

面心立方晶格的晶胞也是立方体，其八个顶角和六个面的中心各排列着一个原子，如图2-8所示。也只用一个 a 表示晶格常数。属于这种晶格类型的金属有 γ－Fe(γ－铁)、Al(铝)、Cu(铜)、Ni(镍)、Au(金)、Ag(银)等。

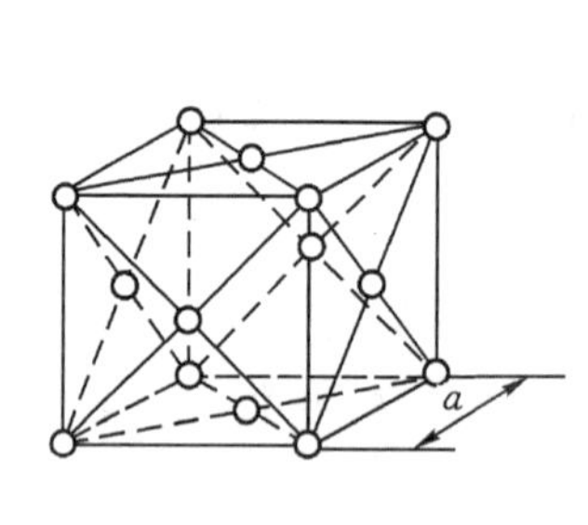

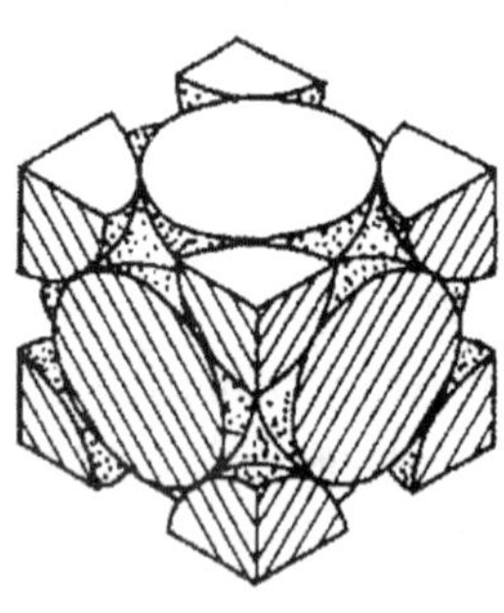

图 2-8　面心立方晶格的晶胞示意图

3. 密排六方晶格

密排六方晶格的晶胞是六棱柱，其十二个顶点和上、下面中心各排列一个原子，六方柱体的中间还有三个原子，如图 2-9 所示。用正六棱柱的底面边长 a 和柱体的高度 c 来表示。属这种晶格类型的金属有 Mg (镁)、Zn (锌)、Be (铍)、α-Ti 等。

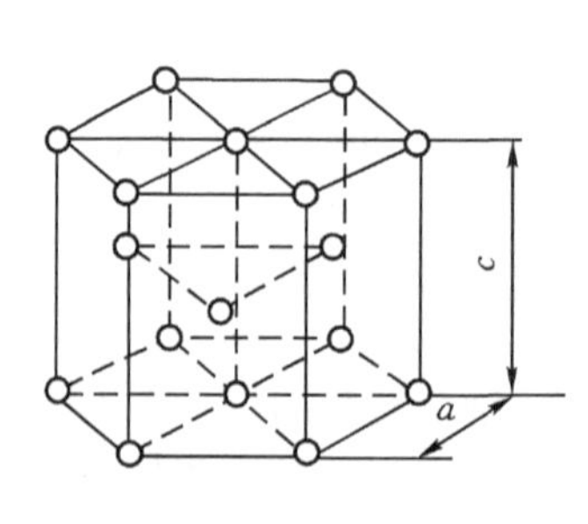

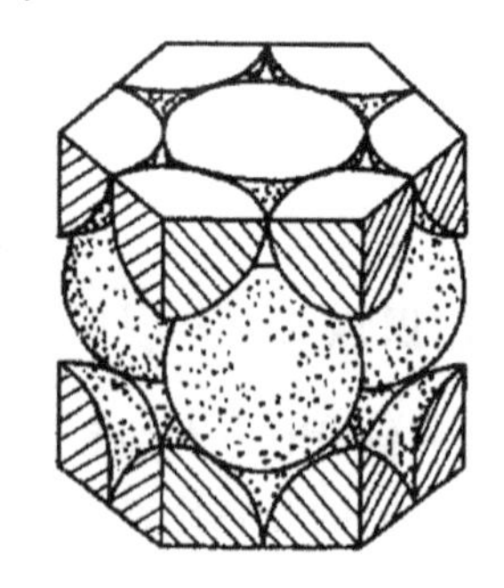

图 2-9　密排六方晶格的晶胞示意图

能力知识点 3　实际金属的晶体结构

1. 多晶体结构

金属内部的晶格位向完全一致的晶体称为单晶体。单晶体在自然界几乎不存在，但可以用人工的方法来制成，如单晶硅、单晶冰糖。

实际金属材料都是多晶体，如图2－10所示。多晶体是指一块晶体材料中包含着许多类似多边形的小晶体，这些小晶体称为晶粒。每个晶粒内的晶格位向一致，而各晶粒之间彼此位向不同。多晶体材料中晶粒之间的界面称为晶界。由于多晶体中的晶粒位向是任意分布的，晶粒的各向异性互相抵消，因此整个多晶体呈现出无向性。

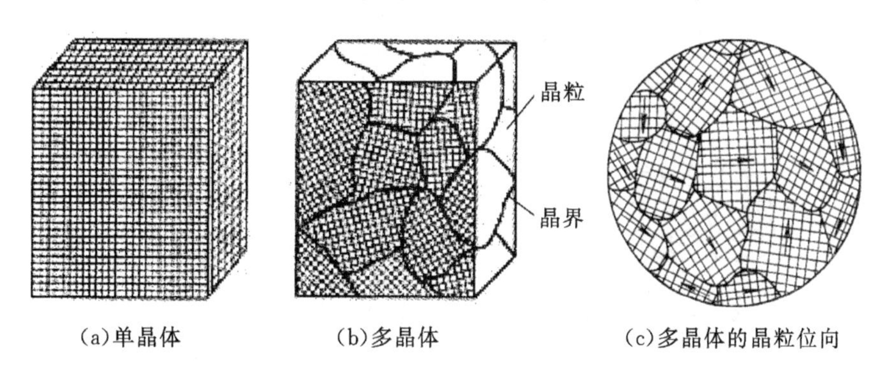

图2－10　金属晶体结构示意图

2. 晶体缺陷

金属的实际晶体结构不会像理想晶体那样规则和完整，总是不可避免地存在着原子不规则排列的局部区域，这些区域称为晶体缺陷。晶体缺陷按几何形态特征分为三类：点缺陷、线缺陷和面缺陷。实际晶体缺陷对材料的物理、化学、力学性能影响很大，特别对强度、塑性和硬度起决定性作用。

(1)点缺陷　点缺陷是指长、宽、高尺寸都很小的一种缺陷。常见的点缺陷有包括晶格空位、间隙原子和置换原子三类，如图2－11所示。空位指晶格中某个原子脱离了平衡位置，形成了空结点。间隙原子指个别晶格间隙上出现的多余原子。异类原子取代了结点上原来原子的位置，称为置换原子。

点缺陷原子周围的晶格偏离了理想晶格位置，发生靠拢或撑开，产生“晶格畸变”，提高了材料的强度和硬度。点缺陷是动态变化的，它是造成金属中物质扩散的原因。其中空位或间隙原子的运动，是化学热处理时原子扩散的重要方式。

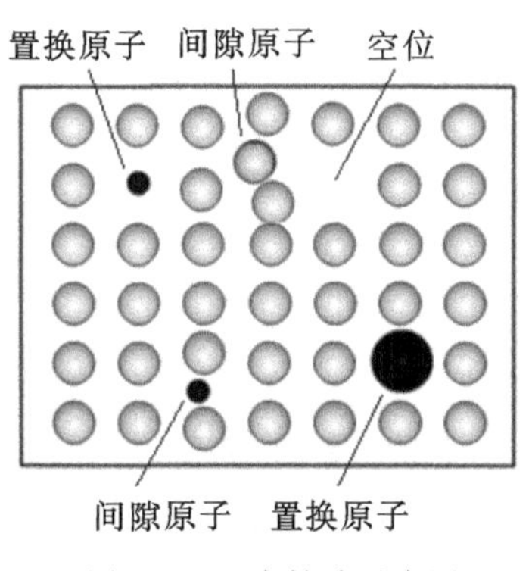

图2－11　点缺陷示意图

(2)线缺陷　线缺陷是在晶体的某一平面上，沿着某一方向伸展呈线状分布的缺陷。常见的线缺陷是各种类型的位错。位错是指在晶体中某处有一列或若干列原子发生有规律的错排现象,这种错排现象是由晶体内部局部滑移造成的。根据局部滑移方式不同,可以分为刃型位错和螺型位错。最常见的是刃型位错如图 2-12 所示。在 *ABCD* 晶面上方,垂直插入一个原子平面 *EFGH* ,它像刀刃一样切至 *EF* 线,使 *ABCD* 晶面上下两部分原子排列数目不同,即原子产生错排现象,称为刃型位错。刃型位错常用符号 ⊥ 表示。*EF* 称为为刃型位错线。

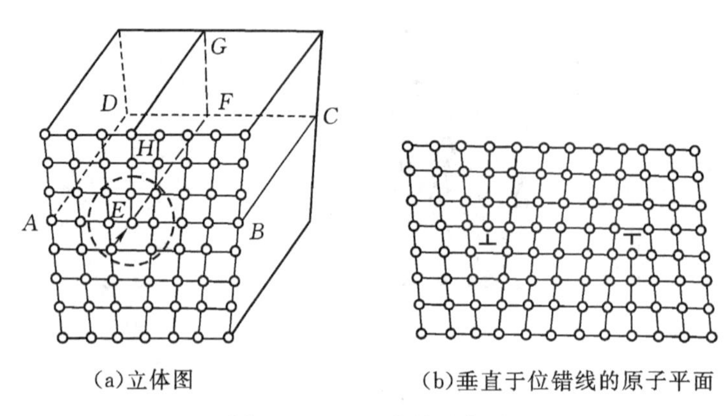

(a)立体图　　(b)垂直于位错线的原子平面

图 2-12　刃型位错示意图

螺型位错如图 2-13 所示,晶体上下两部分的原子排列面在某些区域相互吻合的次序发生错动,使不吻合的过度区域原子排列呈螺旋形,称为螺型位错。

位错的特点是易动,在位错附近区域产生晶格畸变,使金属的强度提高,塑性、韧性下降。

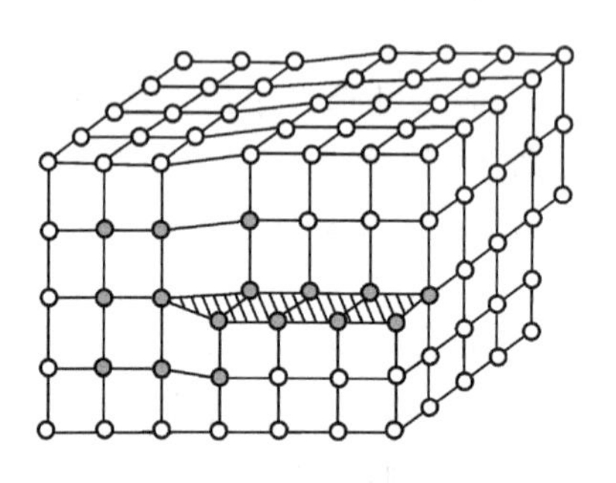

图 2-13　螺型位错

在实际晶体中含有大量的位错线。晶体中的位错数量可以用位错密度来表示,符号 ρ ,单位 cm^{-2} ,即

$$\rho = \frac{L}{V} \tag{2-1}$$

式中:L ——位错线的总长度, cm ;

V ——晶体的体积, cm^3 。

位错密度对金属材料的强度有着重要影响,如图 2-14 所示。根据原子结点计算出的理想晶体的强度理论值很高。实验制造的含缺陷极少的晶体称为金属晶须,它的的强度接近理论强度。当金属材料处于退火态时的位错密度为 $1\times10^5\sim1\times10^8$ cm^{-2} ,强度最低。而冷变形可以提高金属强度,此时金属材料的位错密度达到 $1\times10^{11}\sim1\times10^{12}$ cm^{-2} 。

(3)面缺陷　常见的面缺陷主要是晶界和亚晶界。多晶体中,相邻两晶粒间的位向一般相

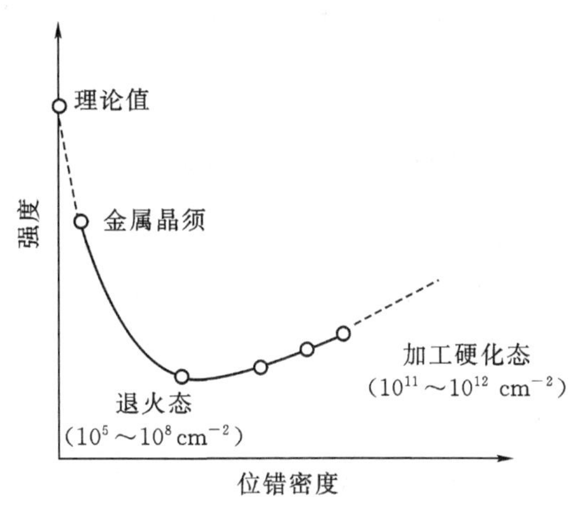

图 2-14　金属强度与位错密度的关系

差几度至几十度。晶界是相邻两个晶粒间不同位相的过渡区，原子排列不规则且处于不稳定状态，如图 2-15 所示。

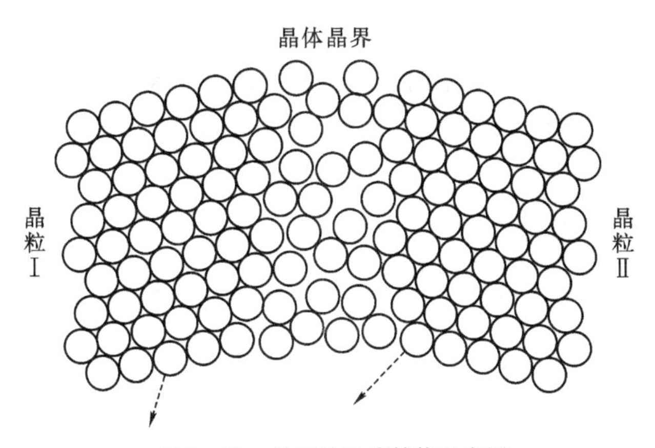

图 2-15　晶界的过渡结构示意图

如图 2-16 所示，在电子显微镜下观察晶粒可以看出，晶粒是由一些小晶块组成，这些小晶块称为亚晶粒，图(a)中亚晶粒间由一些刃形位错构成的位相差特别小(一般是 $5'$ ～ $2°$)的晶界，称之为亚晶界。

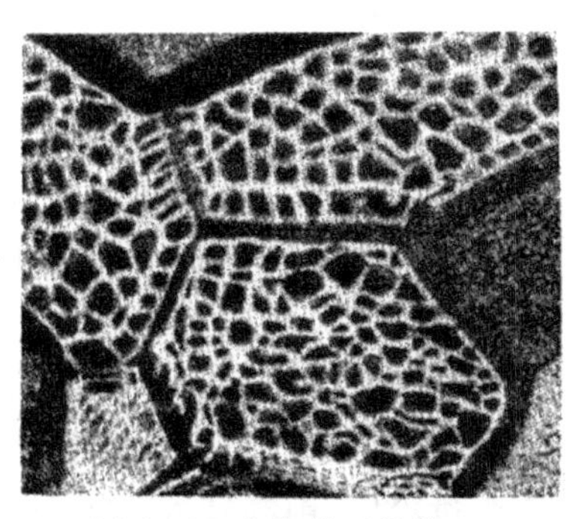

(a)Au-Ni 合金的亚晶粒

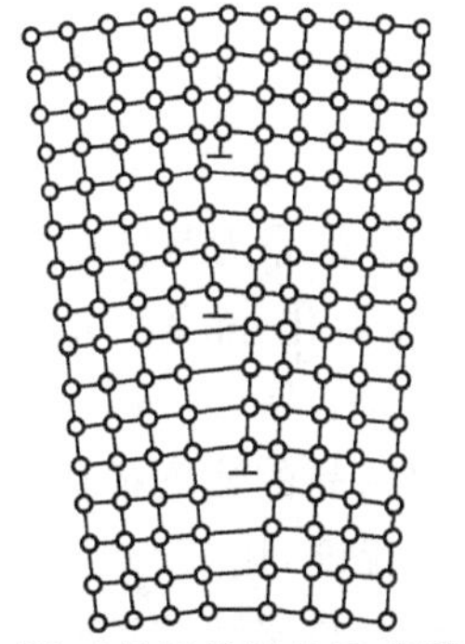

(b)亚晶界的结构示意图

图 2-16　亚晶粒与亚晶界

面缺陷同样使晶格产生畸变，提高材料的强度、塑性，细化晶粒，增加晶界总面积，是强化金属的有效手段。

任务 2　纯金属的结晶

一般金属材料的生产都经过熔炼，金属材料由液态凝固为固态晶体的过程称为结晶。结晶过程使金属原子由不规则排列的液体转变为规则排列的固体。研究金属的结晶过程对改善金属的内部组织及性能具有重要意义，直接影响金属结晶获得的铸态组织，锻、轧等各种性能。

能力知识点 1　冷却曲线与过冷度

纯金属都有一个固定的熔点(或结晶)温度，所以纯金属的结晶是在一个恒定的温度下进行，这个温度可以用热分析实验的方法来测定。

如图 2－17 所示，热分析法是将纯金属加热熔化成液体，然后缓慢冷却。在冷却过程中，每隔一定时间测量并记录一次温度，最后将记下来的数据绘制在温度—时间坐标中，得到一条金属在冷却过程中温度与时间的关系曲线，这条曲线称为冷却曲线，如图 2－18 所示。液态金属随着冷却时间的延长，温度不断下降，当冷却到某一温度时，曲线上出现一个水平线段，其对应的温度为金属的结晶温度。金属结晶时释放出结晶潜热，补偿了冷却散失的热量，从而使结晶在恒温下进行。结晶完成后，由于散热，温度又继续下降。

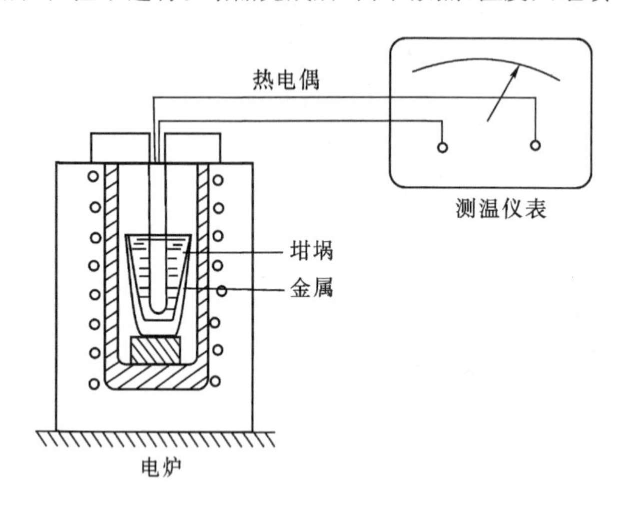

图 2－17　热分析实验装置示意图

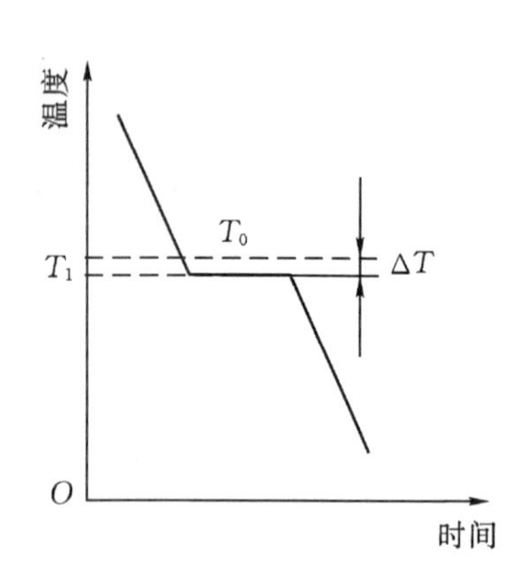

图 2－18　纯金属的冷却曲线

液态金属在无限缓慢冷却时得到的结晶温度称为理论结晶温度，用 T_0 表示。在温度为 T_0 阶段，液体中的原子结晶为晶体的速度与晶体上的原子溶入液体中的速度相等。从宏观上看，这时即不结晶也不熔化，晶体与液体处于平衡状态。因此，只有当温度低于理论结晶温度 T_0 时，才能有效地进行结晶。

实际生产中金属结晶的速度都很快，金属总是在理论结晶温度下某一温度开始进行结晶，这个温度为实际结晶温度，用 T_1 表示。实际结晶温度总是低于理论结晶温度的现象称为过冷现象。理论结晶温度与实际结晶温度之差，称为过冷度，用符号 ΔT 表示，即$\Delta T=T_0-T_1$。

过冷度不是一个恒定值，它与金属结晶时的冷却速度有关，冷却速度越快，过冷度越大，实际金属的结晶温度越低。实际金属总是在过冷的情况下结晶的，过冷是金属结晶的必要条件。

能力知识点2　结晶的一般过程

纯金属的结晶过程是在冷却曲线平台所经历的时间内发生的，它的实质是晶核形成和晶核长大的过程。

液态金属到达结晶温度时，首先形成一些极细小的微晶体，即晶核。随着时间的推移，液体中的原子不断向晶核聚集，使晶核长大；与此同时液体中会不断有新的晶核形成并长大，直到每个晶粒长大到相互接触，液体消失为止，如图2-19所示。

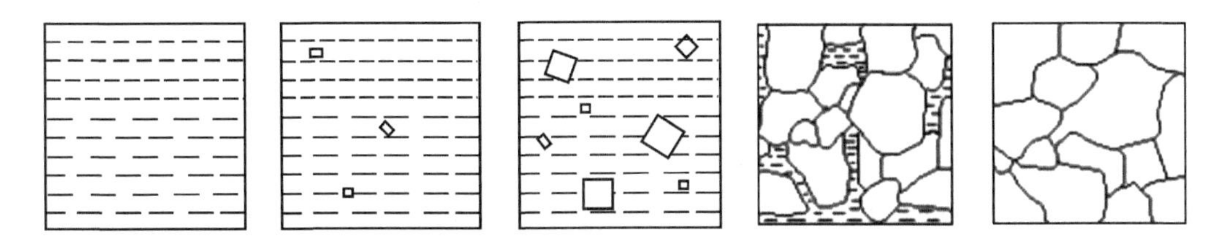

图2-19　纯金属结晶过程示意图

在一定过冷条件下，仅依靠本身的原子有规则排列而形成晶核称为自发形核。液态金属中总是存在着各种固态的杂质微粒，依附于固态杂质微粒表面而形成的晶核，称为非自发形核。自发形核与非自发形核同时存在于金属液中，但非自发形核往往比自发形核更重要，实际金属结晶大多数是非自发形核。

晶核形成之后立即开始长大。晶核长大可以理解为液相中的原子向晶核表面迁移、堆砌结合的过程。在晶核开始长大的初期，其外形比较规则，随着晶核的长大，晶体棱角处的散热条件优于其他部位，因而得到优先成长，如树枝一样。先长出枝干，再长出分支，直至把晶间填满，获得多晶体结构，如图2-20所示。这种晶体称为树枝状晶体，简称枝晶。实际金属结晶过程中，金属液体补充不足，在铸锭表面或缩孔处可以看见明显的枝晶。

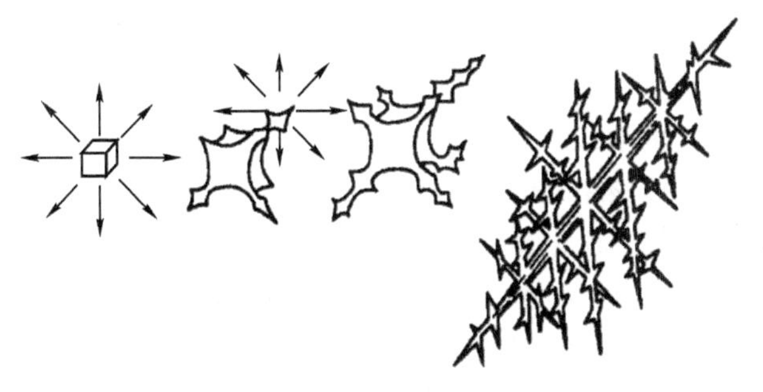

(a)晶体树枝状长大示意图

(b)锑锭表面的枝晶

图2-20　晶体树枝状长大

工业上应用的零部件由合金在一定几何形状与尺寸的铸模中直接凝固而成，称为铸件；通过合金浇注成方或圆的结构称为铸锭，如图2-21所示，断面晶粒较粗大，通常是宏观可见。铸锭需要再开坯，通过热轧、热锻等方法再加工成零部件。

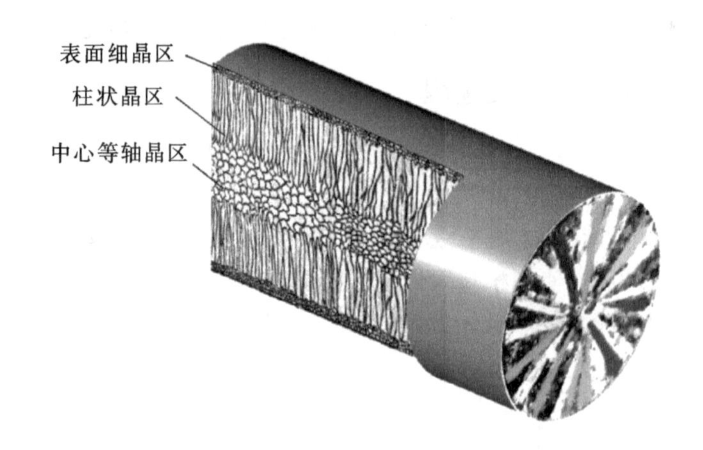

图 2-21　铸锭结构示意图

铸件或铸锭的组织结构是不均匀的，当液态合金注入锭模中后，直接与型壁接触的熔液产生强烈过冷，以型壁为非均匀形核的基底，立刻形成大量的晶核，同时这些晶核迅速长大，形成由细小的、方向杂乱的等轴晶粒组成的表层细晶区。

随着"细晶区"壳形成，型壁被熔液加热而不断升温，使剩余液体的冷却变慢，并且由于结晶时释放潜热，使与细晶区接触的液体过冷度减小，形核变得困难，使现有的晶体向液体中心生长。在此情况下，只有一次轴(即生长速度最快的晶向)垂直于型壁(散热最快方向)的晶体才能得到优先生长，而其他取向的晶粒长大收到阻碍。因此，这些与散热相反方向的晶体择优生长而形成柱状晶区，各柱状晶的生长方向相同。

柱状晶生长到一定程度，由于前沿液体远离型壁，散热困难，冷却速度变慢，而且熔液中的温差随之减小，这将阻止柱状晶的快速生长，当整个熔液温度降至熔点以下时，熔液中出现许多晶核并沿各个方向均衡长大，就形成中心等轴晶区。

能力知识点 3　晶粒大小及其控制

金属结晶后晶粒的大小对金属的力学性能有重要的影响。在常温下工作的金属零件，往往晶粒越细小，其强度、硬度越高，塑性、韧性越好。高温下工作的金属零件，晶粒过细，易发生蠕变、腐蚀。因此，晶粒的大小应根据使用性能的要求而定。

晶粒的大小主要取决于形核速率 N (简称形核率)和长大速率 G (简称长大率)。形核率是指单位时间内在单位体积中产生的晶核数；长大率是指单位时间内晶核长大的线速度。如图 2-22 所示，金属形核时，随着 ΔT 的增加，N 、G 均增加，但增加速度有所不同。

控制晶粒的大小最重要的是控制晶核的形核率和长大率。凡是促进形核率，抑制长大率的因素，都能细化晶粒。生产中为细化晶粒，提高金属的力学性能，常采用如下方法：

(1)增大过冷度可以细化晶粒　冷却速度越大，过冷度越大。因此控制金属结晶时的冷却速度就可以控制过冷度，从而控制晶粒的大小。实际生产中，常通过降低浇注温度，采用蓄热大、散热快的金属铸型，局部加冷铁等方法来增加金属结晶时的冷却速度达到细化晶粒的目的。

(2)变质处理　是在浇注前，向液体中加入变质剂，促进非自发形核或抑制晶核的长大速率，从而达到细化晶粒的目的。生产中常在浇注高锰钢时加入锰铁粉；在浇注灰铸铁时加入石

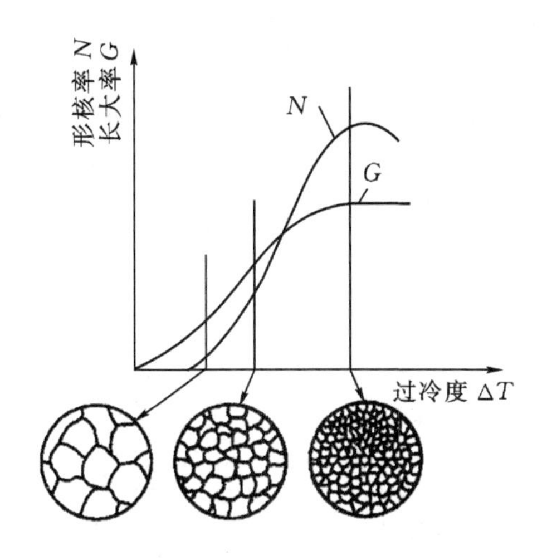

图 2-22　形核率 N、长大率 G 与过冷度 ΔT 的关系

墨粉;向铝液中加入 TiC、VC 等作为脱氧剂,都是使形核率增大;在 Al－Si 合金中加入钠盐,为降低 Si 的长大速度。

(3)在液态金属结晶过程中,也可以采用机械振动、超声波振动、电磁振动等措施,使正在长大的晶粒破碎,从而细化晶粒。

任务 3　金属的塑性变形与再结晶

工业生产中,经熔炼而得到的金属铸锭,大多要经过轧制、冷拔、锻造、冲压等压力加工,使金属产生塑性变形而制成型材或工件,如图 2-23 所示。

金属材料经压力加工后,不仅改变了外形尺寸,而且改变了内部组织和性能。研究金属的塑性变形,对于选择金属材料的加工工艺、提高生产率、改善产品质量及合理用材等都具有有重要意义。

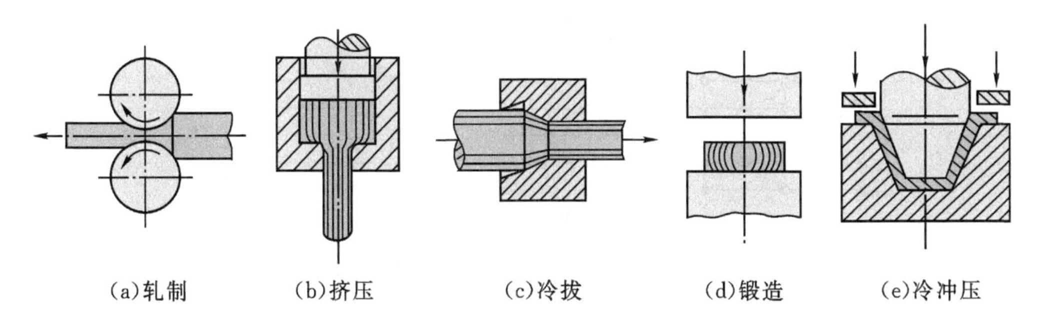

图 2-23　压力加工方法

能力知识点 1 金属的塑性变形

金属在外力作用下的变形过程由弹性变形、弹塑性变形、塑性变形和断裂几个连续阶段组成。当外力消除后,发生弹性变形的金属能恢复到原来形状,组织和性能不发生变化。发生塑

性变形的金属的组织和性能发生变化,不能完全恢复原状,较弹性变形复杂得多。

1. 单晶体的塑性变形

(1) 滑移变形　单晶体的塑性变形主要是以滑移方式进行。滑移是指晶体的一部分沿一定晶面和晶向相对于另一部分发生滑动。由图 2 - 24 可见,要使某一晶面滑动,作用在该晶面上的力必须是相互平行、方向相反的切应力,且切应力必须达到一定值,滑移才能进行。当原子滑移到新的平衡位置时,晶体就产生了微量的塑性变形。许多晶面滑移的总和形成了宏观的塑性变形。

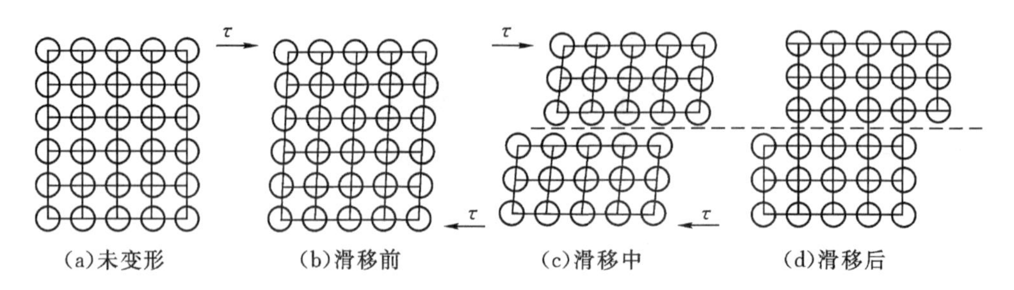

图 2 - 24　晶体在切应力作用力下的滑移变形

(2)孪生变形　孪生变形是晶体特定晶面(孪晶面)的原子沿一定方向(孪生方向)协同位移(称为切变)的结果,如图 2 - 25 所示。孪生变形对镁合金和钛合金这种没有足够的滑移系的塑金属性变形有重要的作用,但这类变形量较小,所以镁合金,钛合金这类材料室温塑性比较差。但是在高温变形时,孪晶界往往比较高的能量,促进了动态再结晶晶粒在孪晶周围和内部的形核,进而促进了材料的高温变形和组织细化。

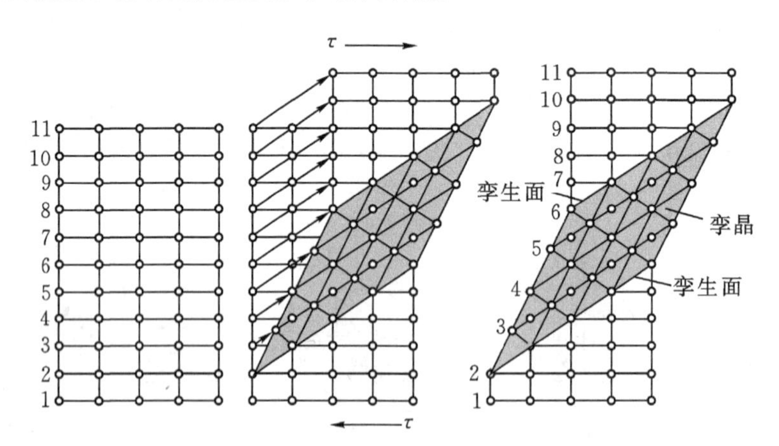

图 2 - 25　晶体在切变作用力下的孪生变形

2. 多晶体的塑性变形

常用金属材料都是多晶体。多晶体中各相邻晶粒的位向不同,并且各晶粒之间由晶界相连接,因此,多晶体的塑性变形主要具有下列一些特点。

(1)应力分布不均　由于多晶体中各个晶粒的位向不同,在外力的作用下,晶粒要进行滑移时,必然受到周围位向不同的其他晶粒的约束,使滑移的阻力增加,同时因受到周围位向不同晶粒与晶界的影响,使多晶体的塑性变形呈逐步扩展和不均匀的形式,其结果之一就是产生内应力。

(2)变形抗力提高　晶界对塑性变形有较大的阻碍作用。一个只包含四个晶粒的试样经受拉伸时的变形情况如图 2-26 所示。由图可见，试样在晶界附近不易发生变形，出现了所谓的“竹节”现象。这是因为晶界处原子排列比较紊乱，阻碍位错的移动，因而阻碍了滑移。很显然，晶界越多，晶体的塑性变形抗力越大。

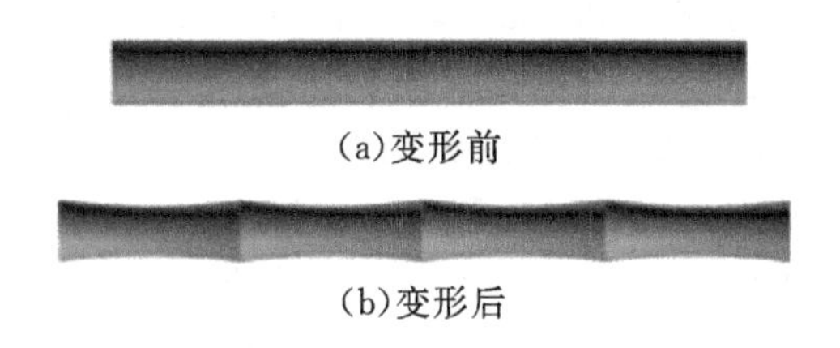

(a)变形前

(b)变形后

图 2-26　只包含四个晶粒的试样在拉伸时的变形

(3)变形方式多样化　在一定体积的晶体内，晶粒越细、晶粒数目越多，晶界就越多。晶粒越细，在同样变形条件下，变形量可分散在更多的晶粒内进行，使各晶粒的变形比较均匀；同时晶粒越细，晶界越曲折，越有利于阻止裂纹的传播，从而在其断裂前能承受较大的塑性变形，吸收较多的功，表现出较好的塑性和韧性。由于细晶粒金属具有较好的强度、塑性和韧性，因此生产中总是尽可能地细化晶粒。

能力知识点 2　金属的冷塑性变形

冷塑性变形是金属在再结晶温度以下的塑性变形。冷塑性变形不仅改变了金属材料的形状与尺寸，还会影响金属组织结构与金属性能的变化。

1. 晶粒被拉长、形成织构

金属在发生塑性变形时，随着外形的变化，其内部晶粒形状由原来的等轴晶粒逐渐变为沿变形方向伸长的晶粒。当变形程度很大时，晶粒被显著地拉成纤维状，这种组织称为冷加工纤维组织，如图 2-27 所示。随着变形程度的加剧，原来位向不同的各个晶粒会逐渐取得趋于一致的位向，晶粒的形状沿变形方向压扁或拉长，使金属材料的性能呈现出明显的各向异性，这种使晶粒具有择优取向的组织称为形变织构。多数情况下，织构对金属材料有害，可造成冲压厚度不均等情况，特殊情况下可以利用，如提高变压器铁芯所使用的硅钢片的磁性。

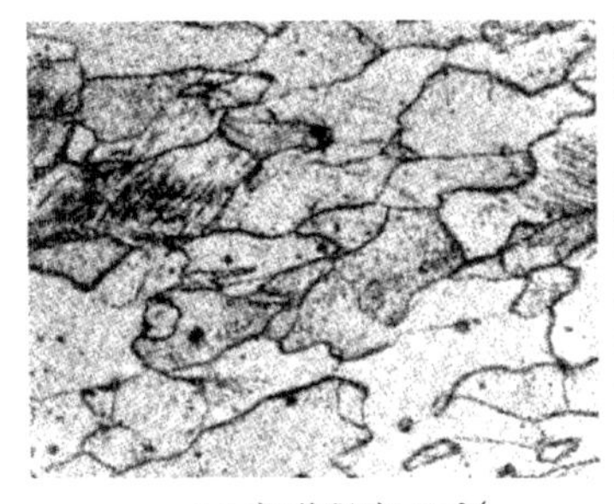

(a)变形程度 20%

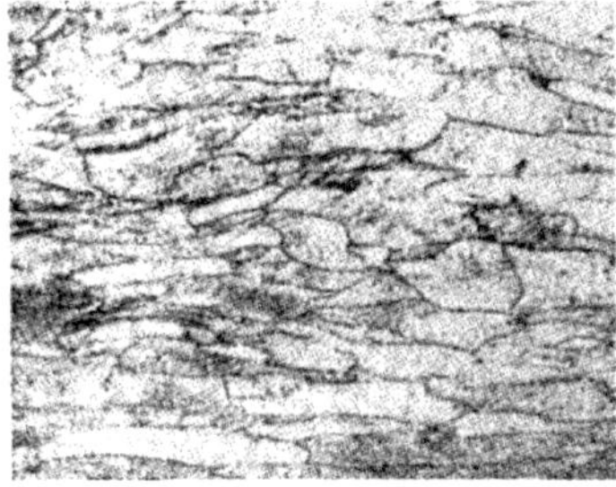

(b)变形程度 50%

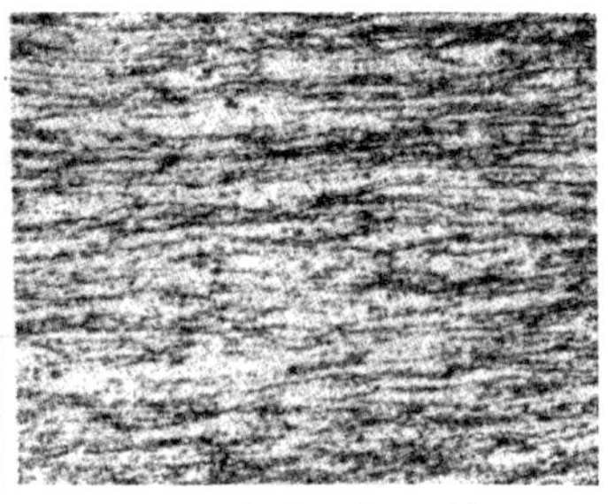

(c)变形程度 70%

图 2-27　工业纯铁经不同程度冷轧后的显微组织(放大 150 倍)

2. 产生加工硬化、残余应力

金属经冷塑性变形后，会使其强度、硬度提高，而塑性、韧性下降，这种现象称为加工硬化。此外，在金属内部还产生残余应力。一般情况下，残余应力不仅降低了金属的承载能力，而且还会使工件的形状与尺寸继续发生变化。

加工硬化是强化金属的重要手段，尤其对不能用热处理强化的金属材料如不锈钢钢板、铝板上显得更为重要。此外，加工硬化还可使金属具有偶然的抗超载能力，一定程度上提高了构件在使用中的安全性。加工硬化是工件能用塑性变形方法成形的必要条件。例如在图 2-28 所示的冷冲压过程中，r 处变形最大，当金属在 r 处变形到一定程度后，首先产生加工硬化，使随后的变形转移到其他部分，这样便可得到壁厚均匀的冲压件。但是，加工硬化使金属强化是以牺牲塑性和韧性为代价的，在冷变形加工过程中加工硬化现象的不断产生，对设备和工具的强度提出了较高要求。随着材料的塑韧性下降，也可能发生脆性破坏。为使金属能恢复塑性，必须进行中间退火热处理，因此易延长生产周期、增加生产成本。

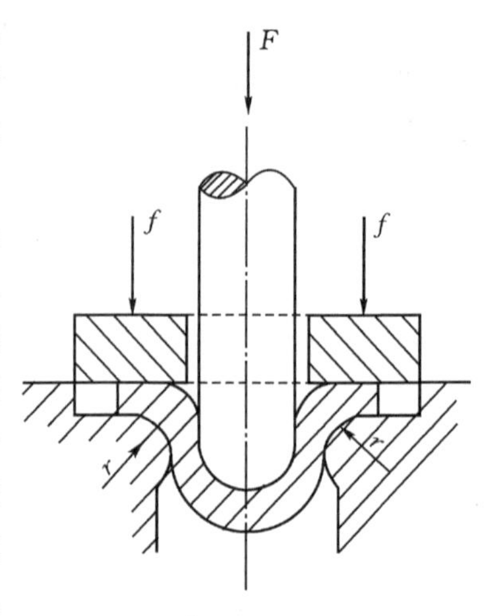

图 2-28　冲压示意图

能力知识点 3　冷变形金属加热时的变化

金属经冷塑性变形后，其组织结构发生变化、内应力较大，金属组织处于不稳定状态，具有自发地恢复到稳定状态的趋势。但在室温组织，由于原子活动能力不足，恢复过程不易进行，但在加热状态下则容易很多。随着加热温度的升高，这种变化过程可分为回复、再结晶及晶粒长大三个阶段，如图 2-29 所示。

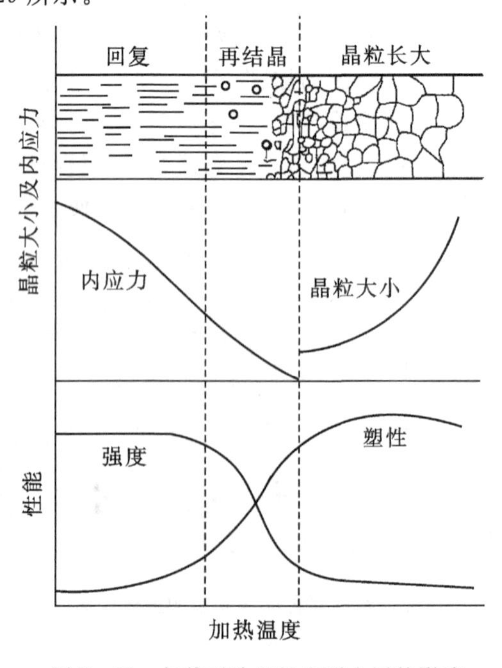

图 2-29　加热对冷塑性变形金属的影响

1. 回复

当加热温度较低时，冷变形金属中的内应力明显降低，金属的强度、硬度略有下降，塑性、韧性稍有上升，金属纤维状的晶粒外形无明显变化。冷变形金属加热时的这种变化过程，称为回复。

在工业生产中，为保持金属经冷塑性变形后的高强度，往往采取回复处理，以降低内应力，适当提高塑性。例如冷拔钢丝弹簧加热到 250～300℃，青铜丝弹簧加热到 120～150℃，就是进行回复处理，使弹簧的弹性增强，同时消除加工时带来的内应力。

2. 再结晶

当冷塑性变形金属加热到较高温度时，由于原子活动能力增加，原子可以离开原来的位置重新排列，畸变晶粒通过形核及晶核长大而形成新的无畸变的等轴晶粒，此过程称为再结晶。

再结晶过程首先是在晶粒碎化最严重的地方产生新晶粒的核心，然后晶核吞并旧晶粒而长大，直到旧晶粒完全被新晶粒代替为止。

冷塑性变形金属在再结晶后获得了新的等轴晶粒，因而消除了冷加工纤维组织、加工硬化和残余应力，使金属又重新恢复到冷塑性变形前的状态。

在实际生产中，为消除加工硬化，必须进行中间退火。经冷塑性变形后的金属加热到再结晶温度以上，保持适当时间，使形变晶粒重新结晶为均匀的等轴晶粒，以消除加工硬化和残余应力的退火，称为再结晶退火。为了保证质量和兼顾生产率，再结晶退火的温度一般比该金属的再结晶温度高 100～200℃。

金属的再结晶过程是在一定温度范围内进行的。通常把变形程度在 70%以上的冷变形金属经 1h 加热能完全再结晶的最低温度，定为再结晶温度。实验证明，金属的熔点越高，在其他条件相同时，其再结晶温度也越高。金属的再结晶温度大致是其熔点的 0.4 倍。

3. 晶粒长大

冷变形金属再结晶后，一般都得到细小均匀的等轴晶粒。但继续升高加热温度或延长保温时间，再结晶后的晶粒又会逐渐长大，使晶粒粗化、力学性能变坏，应当注意避免。

能力知识点 4　金属的热塑性变形

金属的冷塑性变形加工和热塑性变形加工是以再结晶温度来划分的。凡在金属再结晶温度以上进行的加工称为热加工，在再结晶温度以下进行的加工称为冷加工。如铁的再结晶温度为 400℃，对铁来说，在低于 400℃的温度下加工仍属于冷加工，锡的最低再结晶温度约为 −7℃，在室温下进行的加工已属于热加工。

热加工时，由于金属原子的结合力减小，而且加工硬化过程随时被再结晶过程所消除，从而使金属的强度、硬度降低，塑性增强，因此其塑性变形要比冷加工时容易得多。热变形不能使金属硬化，但它能使金属的组织和性能发生显著的改变。

1. 使金属组织致密

通过热加工，可使钢锭中的气孔大部分焊合，铸态的疏松被消除，提高金属的致密度，使金属的力学性能得到提高。

2. 细化晶粒

铸态组织中是由柱状晶和粗大的等轴晶组成，这种铸态组织力学性能差。经过锻造和轧制等热变形加工后，使晶粒拉长或破碎，这时由于再结晶作用，可使拉长的晶粒变成细小的等轴晶粒，力学性能显著提高。

3. 形成纤维组织

在热加工过程中，铸态组织中的夹杂物在高温下具有一定的塑性，沿着变形方向伸长而形成纤维组织（锻造流线）。由于纤维组织的出现，使金属材料的性能在不同的方向上有明显的差异。通常沿流线的方向，其抗拉强度及韧性高，而抗剪强度较低。在垂直于流线方向上，抗剪强度高，而抗拉强度较低。

采用正确的热加工工艺，可以使流线合理分布，保证金属材料的力学性能。图 2-30 为锻造曲轴和切削加工曲轴的流线分布，很明显，锻造曲轴流线分布合理，因而其力学性能较好。

4. 形成带状组织

如果钢在铸态组织中存在比较严重的偏析，或热加工终锻（终轧）温度过低时，钢内会出现与热形变加工方向大致平行的条带所组成的偏析组织，这种组织称为带状组织。图 2-31 为高速钢中带状碳化物组织。带状组织的存在是一种缺陷，会引起金属力学性能的各向异性，一般可用热处理方法加以消除。

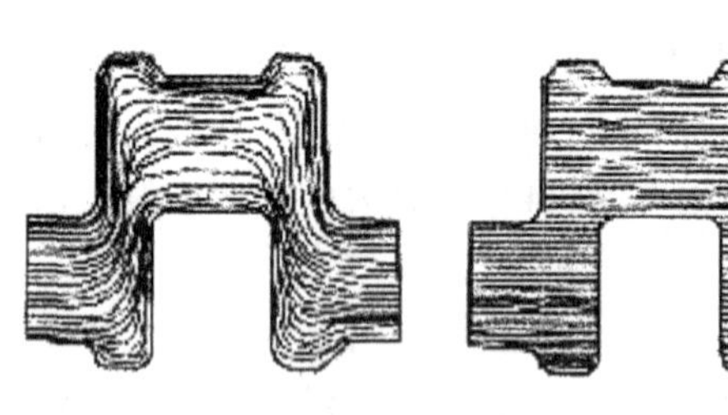

(a)锻造的曲轴　　(b)切削加工的曲轴

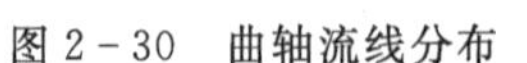

图 2-30　曲轴流线分布

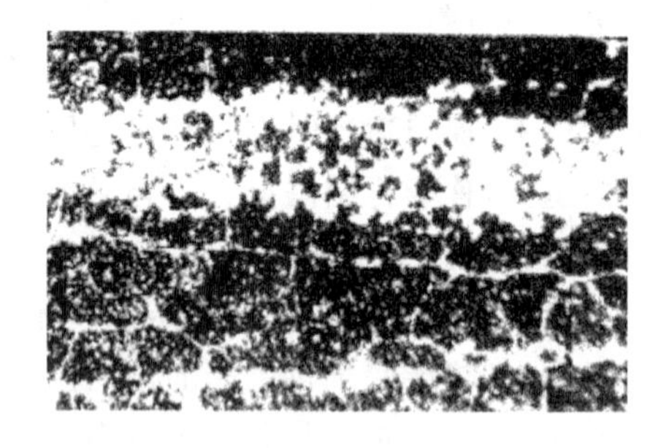

图 2-31　高速钢中带状碳化物组织

任务 4　合金的晶体结构

能力知识点 1　合金的基本概念

1. 合金

合金是指由两种或两种以上金属元素或金属与非金属元素组成的具有金属特性的物质。合金不仅具有较高的强度、硬度和某些优异的性能，而且价格比纯金属低廉，得到了更广泛的应用。

2. 组元

组成合金最基本的、独立的物质叫做组元，简称为元。一般来说，组元既可以是组成合金的元素，也可以看成是稳定的化合物。根据合金中组元数目的多少，合金可以分为二元合金、三元合金、多元合金。

3. 合金系

在研制合金时，可以选定一组组元，以不同配比，配制出一系列不同成分、不同性能的合金。这一系列合金构成了一个合金系统，简称合金系。由两个组元组成的称为二元合金系；由三个组元组成的称为三元合金系；由更多组元组成的，则称为多元合金系。

4. 相

金属中化学成分相同、原子结构相同、物理性质相同的组分，称为相。包括固溶体、化合物和纯物质(石墨)。合金中相和相之间有明显的界面分开。

如图 2-32 所示，(a)图反映的是一种 Fe—Cu 合金结晶后原子形成两种不同的固体：一种是富铁原子，另一种是富铜原子，分别用希腊字母 α、β 表示，并称之为 α 相、β 相。(b)图反映的是这种 Fe—Cu 合金的金属原子在液体下形成了均匀的溶液，称为液相，用字母 L 表示。

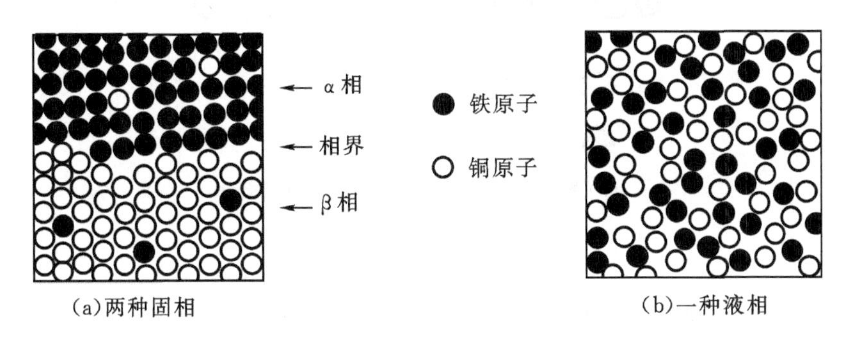

(a)两种固相　　(b)一种液相

图 2-32　相概念示意图

5. 组织

组织是指用金相观察方法看到的由形态、尺寸不同和分布方式不同的一种或多种相构成的总体，以及各种材料的缺陷和损伤。合金在固态下可以形成均匀的单相组织，也可以形成由两相或两相以上形成的多相组织(称为两相或复相组织)。金属或合金需经过处理后，借助金相显微镜或电子显微镜所观察到的组织，称为显微组织。

注意：合金的性质取决于组织，而组织的性质又取决于构成组织的相的性质。

能力知识点 2　合金的相结构

1. 固溶体

合金的组元在液态和固态下都相互溶解，共同形成均匀的固相，这类相称为固溶体。固溶体是单相，是合金的一种基本相结构。

在金属中溶进其他物质，如碳完全溶解在铁中的状态被称为固溶。形成均质的固体称为固溶体。

合金中保持固溶体原有晶格类型的组元称为溶剂，失去原有晶格类型的组元称为溶质。根据溶质原子在溶剂中所占的位置不同，将固溶体分为置换固溶体和间隙固溶体。按溶质溶解度不同分为无限固溶体和有限固溶体。

溶质原子占据了部分溶剂晶格结点的位置而形成的固溶体，称为置换固溶体。容易形成置换固溶体如钢中的锰、镍、硅等元素与铁形成置换固溶体。

溶质原子溶入溶剂晶格的间隙而形成的固溶体，称为间隙固溶体。间隙固溶体形成的条件是溶质原子半径与溶剂原子半径之比$(r/r)\leqslant 0.59$。形成间隙固溶体的溶质元素是原子半径较小的非金属元素，如氢、碳、硼、氮等。

无限固溶体指合金可按任意比例相互溶解，主要因为组元的晶格类型相同、原子半径相近。而大多数合金都是有限固溶体，且溶解度随温度降低而减小。只有形成置换固溶体，才能形成无限固溶体，而间隙固溶体，只能形成有限固溶体，如图 2-33 所示。

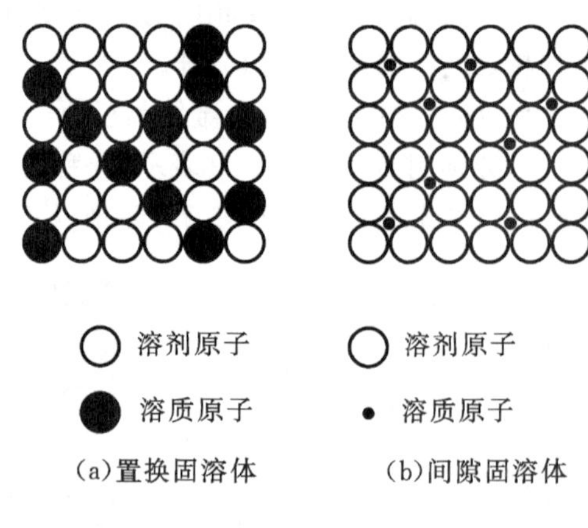

(a)置换固溶体　　(b)间隙固溶体

图 2-33　固溶体

固溶体虽然保持着溶剂的晶格类型，但由于溶质原子的溶入，局部破坏了溶剂原子附近原子排列的规律性，产生晶格畸变，反映在性能上，将使金属的强度和硬度升高，同时塑性和韧性下降。这种通过溶入溶质元素，使固溶体强度、硬度提高的现象称为固溶强化。

对钢铁材料来说，固溶强化只是强化途径的一种，具有局限性；而对于非铁金属材料来说，固溶强化是行之有效的重要强化手段。

2. 金属化合物

当合金中的溶质含量超过溶剂的溶解度时，将出现一种新相，称为金属化合物。这种新相的性能和晶体结构不同于任一组成元素，是组元元素间相互作用而生成的一种新物质，它具有一定的金属性质，一般可用化学式表示，如 Fe_3C 。

金属化合物一般晶体结构复杂，熔点高，硬而脆。当合金中出现适当的金属化合物时，通常能提高合金的强度、硬度和耐磨性，但塑性和韧性会降低。金属化合物是各类合金钢、硬质合金和许多有色金属合金的重要组成相。当金属化合物呈细小的颗粒状且均匀分布在固溶体基机体上时，使合金的强度、硬度和耐磨性明显提高，这一现象称为弥散强化。

3. 机械混合物

纯金属、固溶体和金属化合物都是组成合金组织的基本相。合金组织在室温或高温下可以由一种相或几种相组成，不同的相还可以构成不同的组织。在两相或多相合金组织中，数量较多的一相称为基体相，一般为固溶体。金属化合物相分布在固溶体基体相上形成的组织称为机械混合物。工业生产中大多数合金是由机械混合物组成，例如钢、生铁、黄铜、铝合金等。

在机械混合物组织中，各相仍然保持各自的晶格结构和性能。机械混合物的性能与各组成相的性能以及数量、形状、大小和分布状况等有关。为了满足工业上对合金性能的要求，可以通过各种工艺改变强化相(金属化合物)的形状、数量、大小及分布状态等，进而改变合金的组织与性能。

能力知识点 3　二元合金相图

1. 相图的建立

合金相图是分析合金组织及其变化规律的一种简明示意图，也称为平衡图或状态图。平衡是指合金系的状态稳定，不随时间而改变。合金在极其缓慢冷却条件下的结晶过程，一般可认为是平衡结晶过程。在常压下，二元合金的相状态取决于温度和成分，因此二元合金相图可用温度—成分坐标系的平面图来表示。通过相图可以了解合金系中任何成分的合金，在任何温度下的组织状态。但须注意，在非平衡状态（加热或冷却较快）时，相图中的特性点或特性线会发生偏离。

为了便于理解，首先讨论纯铜、铜合金在小坩埚内的结晶情况。如图2-34所示，当液态纯铜在平衡状态下缓慢冷却至1084℃结晶，此结晶过程在恒温下完成。但铜合金的结晶情况与纯铜不同，如图2-35所示，铜合金是在一个温度范围内结晶。冷却曲线上的转折点或平台温度称为合金的临界点，可以用热分析法测定。

相图都是通过实验方法建立的。现在以Cu—Ni合金为例，来说明通过热分析法测定临界点并绘制二元相图的过程，如图2-36所示。

①首先配制一系列不同成分的合金：$100\% w_{Cu}$；$80\% w_{Cu}+20\% w_{Ni}$；$60\% w_{Cu}+40\% w_{Ni}$；$40\% w_{Cu}+60\% w_{Ni}$；$20\% w_{Cu}+80\% w_{Ni}$；$100\% w_{Ni}$。

②绘制所配制合金的冷却曲线。

③找出各冷却曲线上的临界点，A、1、2、3、4、B为结晶开始温度，A、$1'$、$2'$、$3'$、$4'$、B为结晶终了温度。

④把这些特性点标注在温度成分坐标系中相应的合金成分线上。

⑤把相同意义的特性点连接起来成为特性线，例如A、1、2、3、4、B和A、$1'$、$2'$、$3'$、$4'$、B。这些特性线将相图划分出一些区域，这些区域称为相区。

⑥在各相区内填入相应的"相"的名称（L；L+α；α），即得到Cu—Ni二元合金相图。

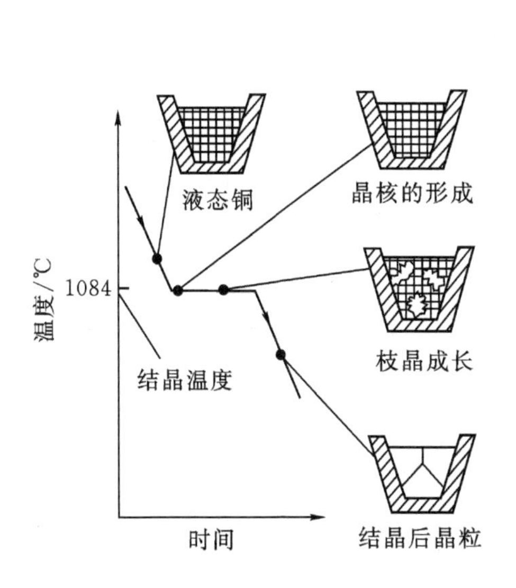

图2-34　纯铜在小坩埚内结晶的冷却曲线

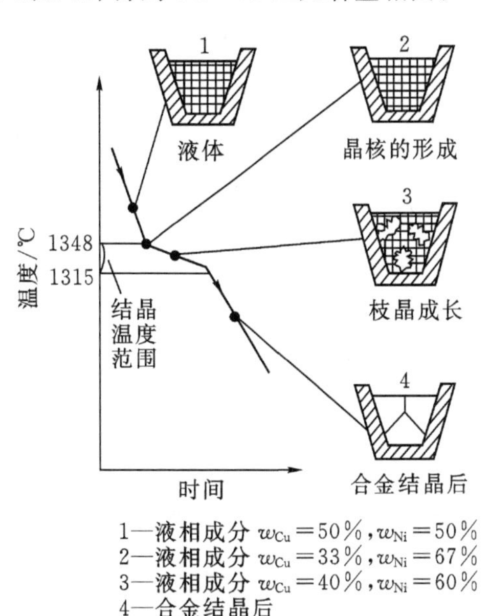

图2-35　铜合金在小坩埚内结晶的冷却曲线

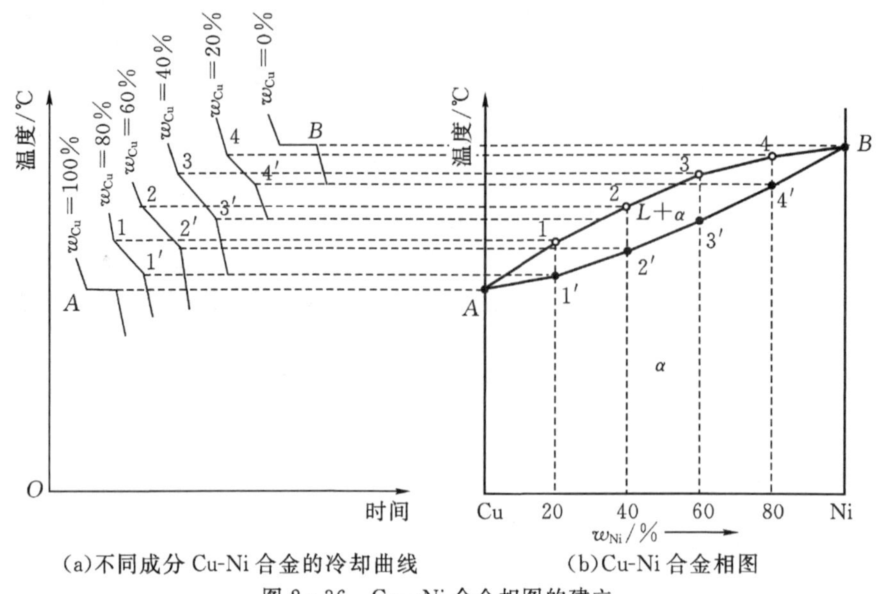

(a)不同成分 Cu-Ni 合金的冷却曲线　　(b)Cu-Ni 合金相图

图 2-36　Cu—Ni 合金相图的建立

2. 匀晶相图

两组元在液态和固态下均可以任意比例相互溶解，在固态时形成无限固溶体的相图，称为匀晶相图。具有这类相图的二元合金系主要有：Cu—Ni、Au—Ag、Fe—Cr、Fe—Ni、W—Mo 等。在这类合金中，都是从液相中结晶出单相的固溶体，这种结晶过程称为匀晶转变。

以图 2-37 工业用 Cu—Ni 匀晶相图为例进行分析。

(1)特性点　A 为纯铜的熔点(1083℃)；B 为纯镍的熔点(1452℃)。

(2)特性线　液相线指不同成分 Cu—Ni 合金由液相开始转变为固相的温度连线，图中的上凸曲线。固相线指不同成分的 Cu—Ni 合金由液相全部转变为固相的终了温度的连线，图中的下凹曲线。

(3)相区　特性线把相图分成三个相区。液相区指液相线以上为液相区，用 L 表示；固相区指固相线以下为单相的固相区，是由 Cu、Ni 形成的无限固溶体，用 α 表示；两相区指在液相线和固相线之间是固相和液相共存的两相区，以 L + α 表示。

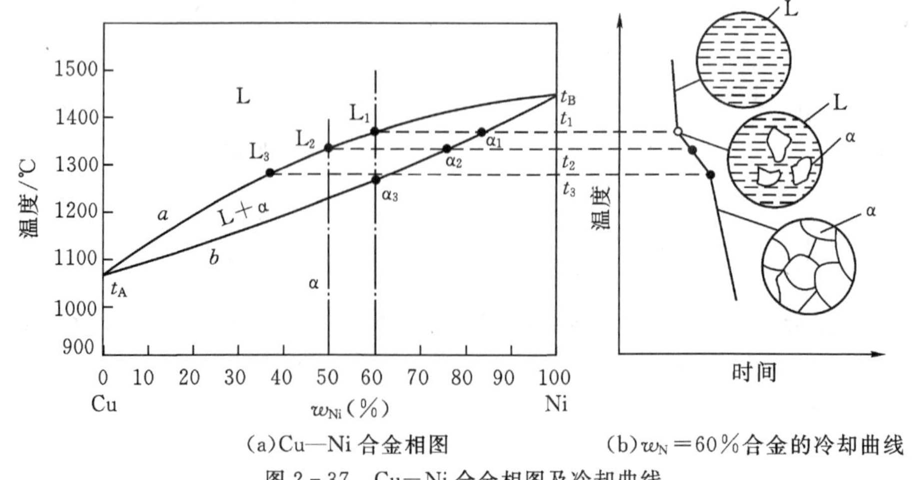

(a)Cu—Ni 合金相图　　(b)$w_N=60\%$合金的冷却曲线

图 2-37　Cu—Ni 合金相图及冷却曲线

3. 共晶相图

两组元在液态无限互溶，在固态有限互溶并发生共晶转变的相图，称为共晶相图。共晶转变是指在一定温度下，由一定成分的液相同时结晶出两种固相的过程。所生成的两相混合物称为共晶体。具有这类相图的二元合金系主要有：Pb－Sn、Pb－Sb、Ag－Cu、Al－Si 等。

下面以图 2-38 Pb－Sn 二元共晶相图为例分析其结晶过程，合金的性能因组织的差别而产生显著的不同。

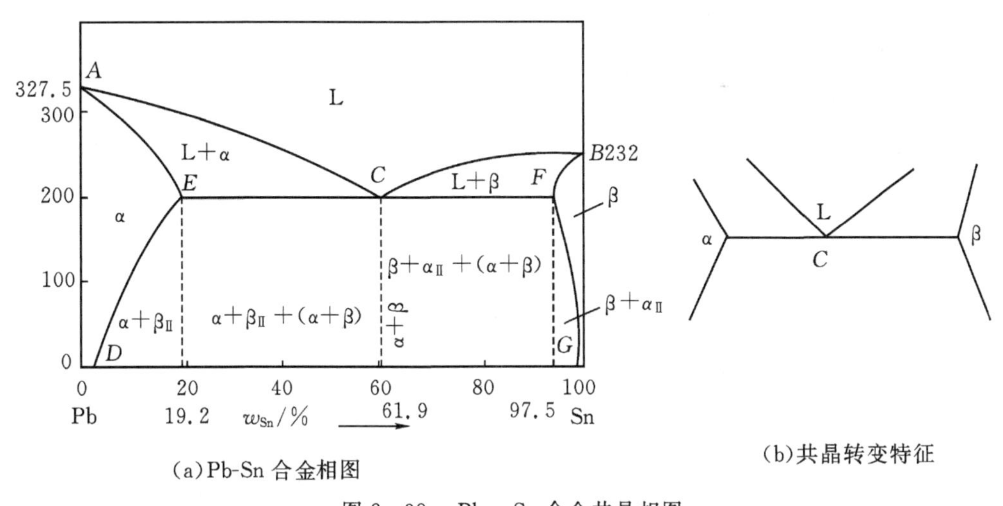

(a)Pb-Sn 合金相图　　(b)共晶转变特征

图 2-38　Pb－Sn 合金共晶相图

(1)特性点　*A* 为纯铅的熔点；*B* 为纯锡的熔点；*C* 为共晶点；*E* 为 α 相的最大溶解度点；*F* 为 β 相的最大溶解度点；D 为 α 相在对应温度下的溶解度；*G* 为 β 相在对应温度下的溶解度。

(2)特性线　液相线为 *ACB* 线；固相线为 *AECFB* 线；共晶转变线（共晶线）为水平线 *ECF*，即 L＋α＋β 的三相共存线；溶解度线（固溶线）包括 *ED*、*FG*，*ED* 为 Sn 在 Pb 中的溶解度线，即 α 相的固溶线；*FG* 为 Pb 在 Sn 中的溶解度线，即 β 相的固溶线。

(3)相区　单相区有 3 个，即 L、α、β。合金系有三种相：Pb 与 Sn 形成的液相 L，Sn 溶于 Pb 中的有限固溶体 α 相，Pb 溶于 Sn 中的有限固溶体 β 相。两相区有 3 个，即 L＋α、L＋β、α＋β。

(4)共晶转变　合金冷却到共晶温度（共晶线对应的恒温）时，共同结晶出 *E* 点成分的 α 相和 *F* 点成分的 β 相，即发生共晶转变。

$$L_C \xleftrightarrow{183℃} \alpha_E + \beta_F$$

成分在 *EF* 之间的合金平衡结晶时都会发生共晶转变。发生共晶转变时三相共存，它们各自的成分确定，在恒温下平衡地进行。

(5)二次结晶　随温度降低，固溶体的溶解度下降，Sn 含量大于 *D* 点的合金从高温冷却到室温时，从 α 相中析出 β 相以降低其 Sn 含量。从固态 α 相中析出的 β 相称为二次 β，常写作 β_{II}，称为二次结晶，可表达为 $\alpha \rightarrow \beta_{II}$。Sn 含量小于 G 点的合金在冷却过程中同样发生二次结晶，析出二次 α，即 $\beta \rightarrow \alpha_{II}$。

4. 包晶相图

两组元在液态完全互溶，在固态形成有限固溶体，并发生包晶转变的相图，称为包晶相图。具有包晶转变的合金系有：Sn－Sb、Pt－Ag、Cu－Sn、Cu－Zn 等。如图 2－39 所示。Pt－Ag 相图为例简要分析包晶相图。

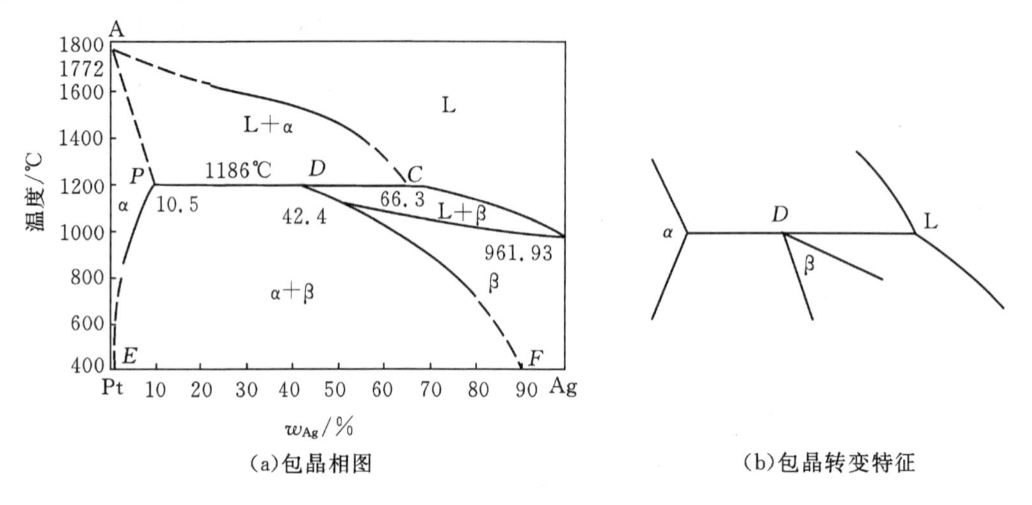

(a)包晶相图　　(b)包晶转变特征

图 2－39　Pt－Ag 包晶相图

【包晶转变】恒温下由一种液相与一种固相相互作用转变为另一种新固相的过程叫做包晶转变。包晶转变发生在 *PDC* 水平线上，包晶转变的反应式表示为

$$L_C + \alpha_P \xleftrightarrow{\text{恒温}} \beta_D$$

D 点是包晶点，*PDC* 水平线是包晶转变线。Pt 与 Ag 形成的液相 L，Ag 溶于 Pt 中的有限固溶体 α，Pt 溶于 Ag 中的有限固溶体 β。

5. 共析相图

具有共析转变的二元合金相图称为共析相图，如图 2－40 下半部即共析相图。

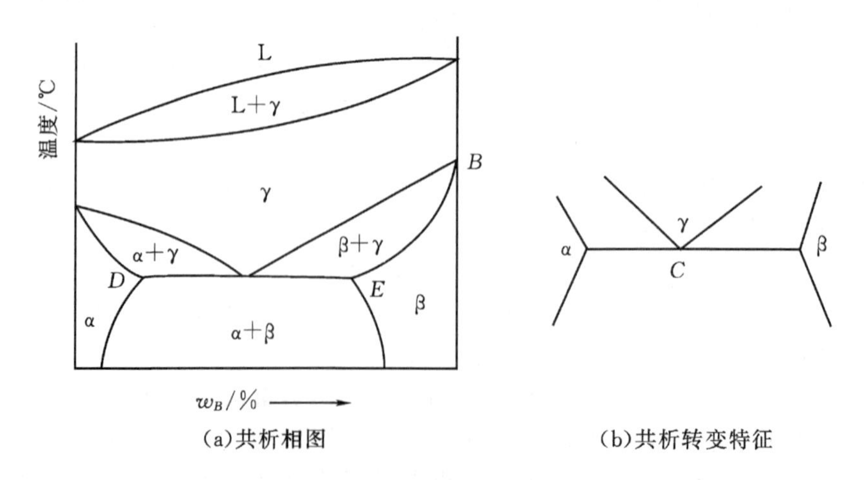

(a)共析相图　　(b)共析转变特征

图 2－40　共析相图及其特征

共析转变是指在一定温度下，由一定成分的固相同时析出两个成分和结构完全不同的新

固相的过程。而与共晶转变相比，共析转变的母相是固相，原子的扩散比共晶转变更困难，因此共析转变需要更大的过冷度。这样形成的共析体比共晶体更为细密，弥散程度也更高。

由一种固相转变成两种完全不同的相互关联的同相混合物称为共析体。

C 点成分的合金从液相经过匀晶转变生成单一的固溶体 γ 相后，继续冷却到 C 点温度(共析温度)并恒温，发生共析转变，由 γ 相中同时析出两个成分与结构均与原固相不同的 D 点的 α 相和 E 点的 β 相，即

$$\gamma_C \overset{\text{恒温}}{\leftrightarrow} \alpha_D + \beta_E$$

与共晶相图类似，发生共析转变的温度为共析温度，C 点为共析点。DCE 线称为共析线。

任务 5　铁碳合金相图

能力知识点 1 铁碳合金的组织

纯铁在固态下随温度或压力的改变，发生晶体结构的变化，即由一种晶格转变为另一种晶格，这种变化成为同素异构转变，由同素异构转变所得的晶体，称为同素异构体。金属的同素异构转变实质上是固态下的结晶过程，所以又称为重结晶。常见的这类金属有：Fe、Co、Ti、Mn、Sn 等。

常压下纯铁的同素异构转变可表示为

$$\delta-\text{Fe} \overset{1394℃}{\leftrightarrow} \gamma-\text{Fe} \overset{912℃}{\leftrightarrow} \alpha-\text{Fe}$$

由图 2-41 可见，液态纯铁在 1538℃时结晶出 δ—Fe，具有体心立方晶格。冷却到 1394℃时晶格转变为面心立方晶格，称为 γ—Fe。冷却到 912℃时晶格转变为体心立方晶格，称为 α—Fe。到 770℃时发生磁性转变，这一温度称为居里点。磁性转变时不发生晶格转变。

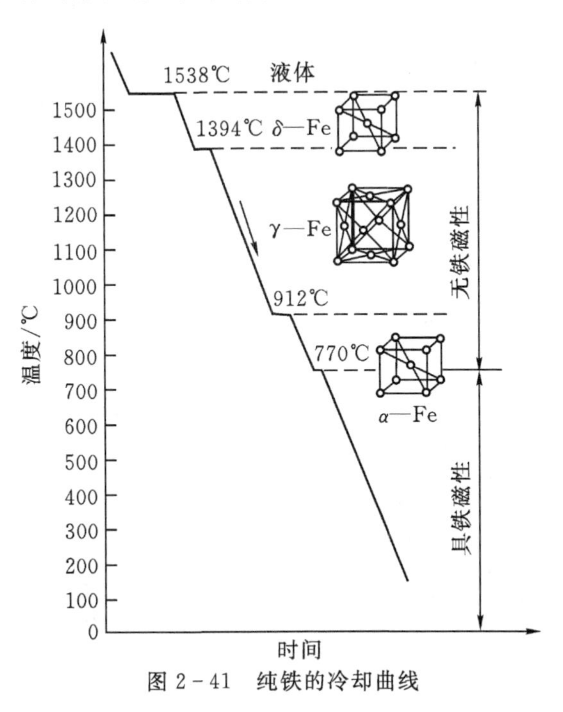

图 2-41　纯铁的冷却曲线

纯铁中加入少量的碳形成铁碳合金，强度和硬度得到明显的提高。铁和碳相互作用形成固溶体和金属化合物，同时固溶体和金属化合物又组成具有不同性能的多相组织。

1. 铁-碳合金的组元

(1)纯铁　纯铁 Fe 的强度、硬度低，塑性好，其性能指标为：$R_m=180\sim280\text{MPa}$，$R_{r0.2}=100\sim170\text{MPa}$，$A_{11.3}=40\%\sim50\%$，$Z=70\%\sim80\%$，硬度为 50～80HBW，$a_K=160\sim200\text{J/cm}^2$。

(2) 渗碳体　渗碳体 Fe_3C 是铁和碳相互作用形成的一种具有复杂晶格的金属化合物，常用分子式 Fe_3C 表示。渗碳体中 $w_C=6.69\%$，$R_m=30\text{MPa}$，熔点为 1127℃，硬度很高 950～1050HV。渗碳体极脆，塑性、韧性儿乎为零。

渗碳体在铁碳合金中常以片状、球状、网状等形式与其他相共存，是钢中的主要强化相，其数量、形态、大小和分布对钢的性能有很大的影响。但是渗碳体是一种亚稳定相，在一定条件下会发生分解，形成石墨状的自由碳。

2. 铁碳合金的组织

铁和碳相互作用可以形成固溶体和金属化合物，$Fe-Fe_3C$ 相图中的固溶体都是间隙固溶体。略去液相 L 和高温下的 δ 相，铁碳合金的基本相有：铁素体、奥氏体和渗碳体。组成铁碳合金的单相组织有三个：铁素体、奥氏体和渗碳体；复相组织有两个：珠光体和莱氏体。

(1)铁素体　碳溶于 $\alpha-Fe$ 中形成的间隙固溶体称为铁素体，用符号 F 表示。铁素体具有体心立方晶格，晶格的间隙很小，溶碳能力很低，在 600℃时溶碳量为 $w_C=0.006\%$，随着温度升高，碳的质量分数逐渐增加，在 727℃溶碳量最大为 $w_C=0.0218\%$。

铁素体强度和硬度较低，塑性和韧性很好。$R_m=180\sim280\text{MPa}$，$R_{r0.2}=100\sim170\text{MPa}$，$A_{11.3}=30\%\sim50\%$，$Z=70\%\sim80\%$，硬度为 50～80HBW，$a_K=160\sim200\text{J/cm}^2$。铁素体在 770℃以下具有磁性，在 770℃以上失去磁性。铁素体的显微组织呈明亮的多边形晶粒，其晶界曲折，如图 2-42 所示。

(2)奥氏体　碳溶于 $\gamma-Fe$ 中形成的间隙固溶体称为奥氏体，用符号 A 表示。奥氏体具有面心立方晶格，晶格的间隙较大，因此溶碳能力也较大，在 727℃时溶碳量为 $w_C=0.77\%$，随着温度的升高，碳的质量分数逐渐增多，在 1148℃溶碳量最大为 $w_C=2.11\%$。

奥氏体常存在于 727 ℃以上，是铁碳合金中的高温相，强度和硬度不高，塑性韧性很好，$R_m=400\text{MPa}$，$A_{11.3}=40\%\sim50\%$，一般硬度为 170～220HBW，易于锻压成形。奥氏体还具有顺磁性，可用于要求不受磁场影响的零部件。奥氏体的显微组织呈不规则的多边形，但其晶界较铁素体平直，如图 2-43 所示。

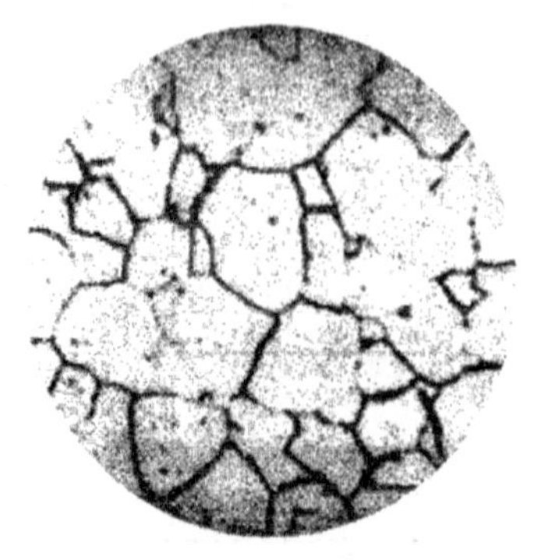

图 2-42　铁素体的显微组织

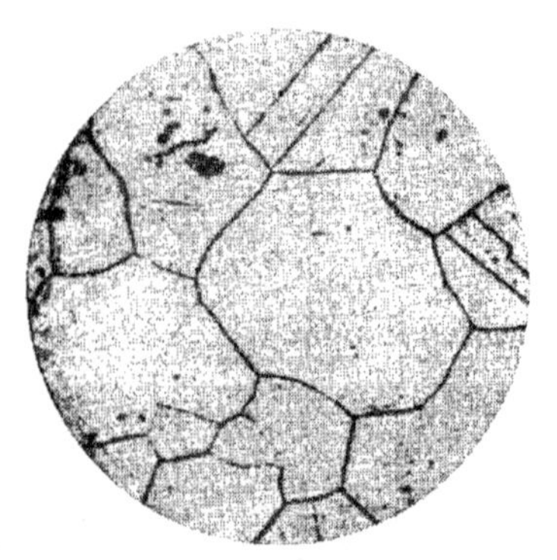

图 2-43　奥氏体的显微组织

(3)渗碳体　渗碳体 Fe_3C 相关内容同铁—碳合金的组元中所述。

(4)珠光体　珠光体是由铁素体和渗碳体组成的共析混合物，$w_C = 0.77\%$，以 P 表示。利用高倍显微镜观察时 M 能清楚看到铁素体和渗碳体间隔分布、交错排列的片状组织。$R_m = 770MPa$，$A_{11.3} = 20\% \sim 35\%$，$Z = 40\% \sim 60\%$，硬度为 180HBW。珠光体力学性能介于铁素体与渗碳体之间，即强度较高，硬度适中，有一定塑性。

(5)莱氏体　莱氏体分为高温莱氏体和低温莱氏体两种。奥氏体和渗碳体组成的共晶混合物称为高温莱氏体，用符号 Ld 或$(A+Fe_3C)$表示。由于其中的奥氏体属于高温组织，因此高温莱氏体仅存在于 727℃以上。高温莱氏体冷却到 727℃以下时，将转变为珠光体和渗碳体组成的机械混合物$(P+Fe_3C)$，称为低温莱氏体，用 Ld′表示。莱氏体碳的质量分数为 $w_C = 4.3\%$，由于它含有的渗碳体较多，故性能与渗碳体相近，硬度高、塑性差。

能力知识点 2　Fe—Fe_3C 相图分析

铁—碳合金相图是碳素钢和铸铁成分、温度、组织、性能和状态之间关系的理论基础，也是制定各种热加工工艺的依据。

含碳量大于 5%时铁碳合金很脆，没有实用价值，因此一般所说的 Fe—C 合金相图，实际上是指Fe—Fe_3C 相图，含碳量范围为 0%～6.69%。

为了便于研究将Fe—Fe_3C 相图上对组织和性能影响很小且实用意义不大的左上角包晶转变部分省略，简化后的Fe—Fe_3C 相图如图 2-44 所示。

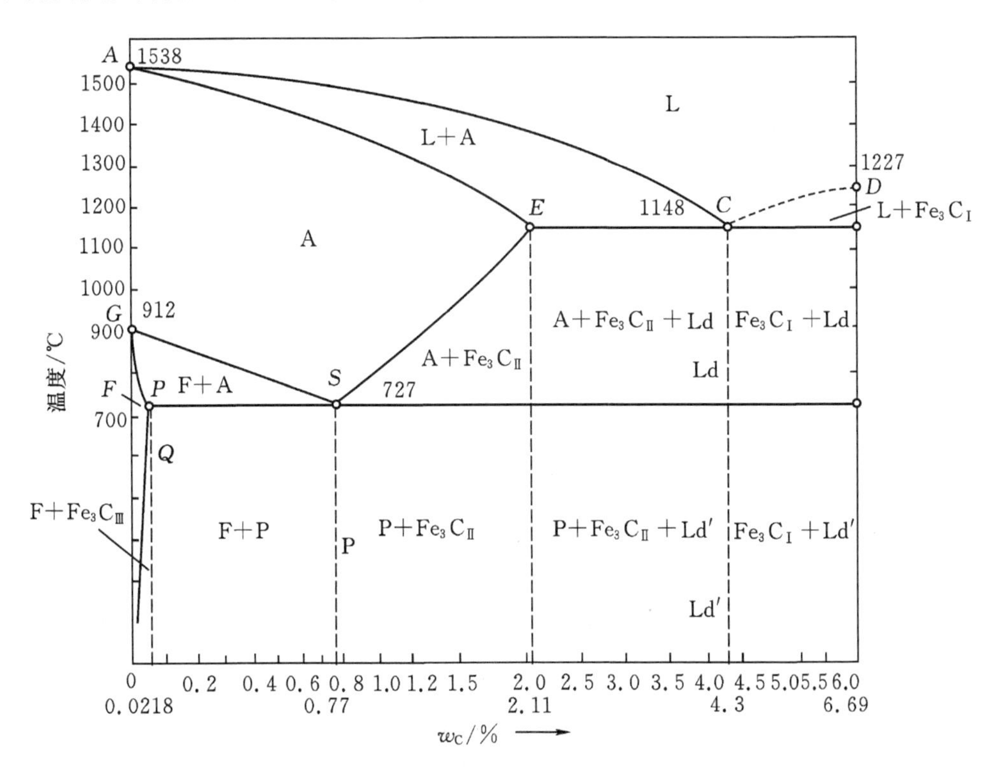

图 2-44　简化的Fe—Fe_3C 相图

Fe—Fe_3C 相图中，纵坐标表示温度，横坐标表示合金成分。横坐标从左到右表示合金成分的变化，即碳的质量分数 w_C 逐渐增大，而铁的质量分数 w_{Fe} 逐渐减少。在横坐标上的任何一点都代表一种成分的合金，例如 C 点代表 $w_C=4.3\%$，$w_{Fe}=95.75\%$的铁－碳合金。

1. Fe－Fe_3C 相图特征

（1）特征点　相图中的每一个点对应着一组成分、温度坐标，主要的几个特性点及含义见表 2－1。

（2）特征线　Fe－Fe_3C 相图中有若干条合金状态的分界线，它们是不同成分具有相同含义的临界点的连线，主要特征线及含义见表 2－2。

（3）相区　表 2－3 为简化的Fe－Fe_3C 相图中各区域的相与组织。

表 2－1　简化的Fe－Fe_3C 相图的特征点

特性点	t/℃	w_C/%	含义
A	1538	0	纯铁的熔点
C	1148	4.3	共晶点，$L_C \xleftrightarrow{1148℃} Ld(A_E+Fe_3C)$
D	1227	6.69	渗碳体的熔点
E	1148	2.11	碳在 γ－Fe 中的最大溶解度及钢与白口铸铁的分界点
G	912	0	纯铁的同素异构转变点，$\alpha-Fe \xleftrightarrow{912℃} \gamma-Fe$
P	727	0.0218	碳在 α－Fe 中的最大溶解度
S	727	0.77	共析点，$A_S \xleftrightarrow{727℃} P(F_P+Fe_3C)$
Q	600	0.006	碳在 α－Fe 中的溶解度

表 2－2　简化的 Fe－Fe_3C 相图的特征线

特性线	名称	含义
ACD	液相线	在此线上的铁碳合金处于液态。冷却时，含碳量小于 4.3%的液态合金在 AC 线开始结晶出奥氏体；含碳量大于 4.3%的液态合金在 CD 线开始结晶出一次渗碳体
$AECF$	固相线	在此线以下铁碳合金均呈固态
ECF	共晶线	$L_C \xleftrightarrow{1148℃} Ld(A_E+Fe_3C)$
PSK	共析线，A_1 线	含碳量为 0.0218%～2.11%的铁碳合金缓冷到此线时，奥氏体将发生共析转变：$A_S \xleftrightarrow{727℃} P(F_P+Fe_3C)$
GS	奥氏体和铁素体相互转变线，A_3 线	在冷却过程中，表示奥氏体转变成铁素体的开始线；在加热过程中表示铁素体转变成奥氏体的结束线
GP	奥氏体和铁素体相互转变线	在冷却过程中，表示奥氏体转变成铁素体的结束线；在加热过程中表示铁素体转变成奥氏体的开始线
ES	碳在奥氏体中的溶解度随温度变化的曲线，A_{ccm} 线	随着温度的降低，奥氏体中碳的质量分数沿着此线逐渐减少，多余的碳以二次渗碳体的形式析出
PQ	碳在铁素体中的溶解度随温度变化的曲线	随着温度的降低，铁素体中碳的质量分数沿着此线逐渐减少，多余的碳以三次渗碳体的形式析出

表 2-3　简化的 $Fe-Fe_3C$ 相图各区域的相与组织

区域	相	组织
ACD 以上	L	L
ACEA	L+A	L+A
CDFC	L+ Fe_3C	L+ $Fe_3C_{Ⅲ}$
AESGA	A	A
GPQG	F	F
GSPG	A+F	A+F
EFKSE	A+ Fe_3C	$0.77\% < w_C \leqslant 2.11\%$　A+ $Fe_3C_{Ⅱ}$
		$2.11\% < w_C < 4.3\%$　A+ $Fe_3C_{Ⅱ}$ + Ld
		$w_C = 4.3\%$　Ld
		$4.3\% < w_C < 6.69\%$　$Fe_3C_{Ⅰ}$ + Ld
PSK 以下	F+ Fe_3C	见表 2-4

(4)共晶转变　共晶转变发生于 1148℃，其转变式为

$$L_C \xleftrightarrow{1148℃} Ld(A_E + Fe_3C)$$

铁碳合金共晶转变的产物为奥氏体与渗碳体组成的共晶体($A+Fe_3C$)，即高温莱氏体。在继续降温过程中，莱氏体还会进行变化，形成低温莱氏体。凡 $w_C>2.11\%$ 的铁碳合金冷却到 1148℃时，都会发生共晶转变。

(5)共析转变　共析转变发生于 727℃，其转变式为

$$A_S \xleftrightarrow{727℃} P(F_P + Fe_3C)$$

铁碳合金共析转变的产物为铁素体与渗碳体组成的共析体(F_P+Fe_3C)，$w_C>0.0218\%$ 的铁碳合金冷却到 727℃时，奥氏体都会发生共析转变。

(6)渗碳体析出　$Fe-Fe_3C$ 相图中的一次、二次、三次渗碳体的碳的质量分数、晶体结构均相同，没有本质的区别，只是来源、分布、形态不同，对铁碳合金性能的影响也有所不同。从奥氏体中析出渗碳体，通常称为二次渗碳体。三次渗碳体是沿铁素体晶界析出，会使工业纯铁及碳的质量分数较低的非合金钢塑性和韧性降低或变脆，因而要重视三次渗碳体的存在与分布状况。对于碳的质量分数较高的合金来说，因为还存在很多其他形态的渗碳体，从而掩盖了三次渗碳体的作用，所以在讨论碳的质量分数较高的铁碳合金时，三次渗碳体可忽略不计。

2. $Fe-Fe_3C$ 合金分类

根据 $Fe-Fe_3C$ 合金中碳的质量分数和组织的不同进行分类，见表 2-4。

表 2-4　$Fe-Fe_3C$ 铁-碳合金分类

分类	碳的质量分数	室温组织
工业纯铁	$w_C \leqslant 0.0218\%$	F(+ $Fe_3C_{Ⅲ}$)

分类		碳的质量分数	室温组织
碳(素)钢	亚共析钢	$0.0218\% < w_C < 0.77\%$	F+P
	共析钢	$w_C = 0.77\%$	P
	过共析钢	$0.77\% < w_C \leqslant 2.11\%$	$P + Fe_3C_{II}$
白口铸铁	亚共晶白口铸铁	$2.11\% < w_C < 4.3\%$	$P + Fe_3C_{II} + Ld'$
	共晶白口铸铁	$w_C = 4.3\%$	Ld′
	过共晶白口铸铁	$4.3\% < w_C < 6.69\%$	$Fe_3C_I + Ld'$

3. 典型铁碳合金的结晶过程

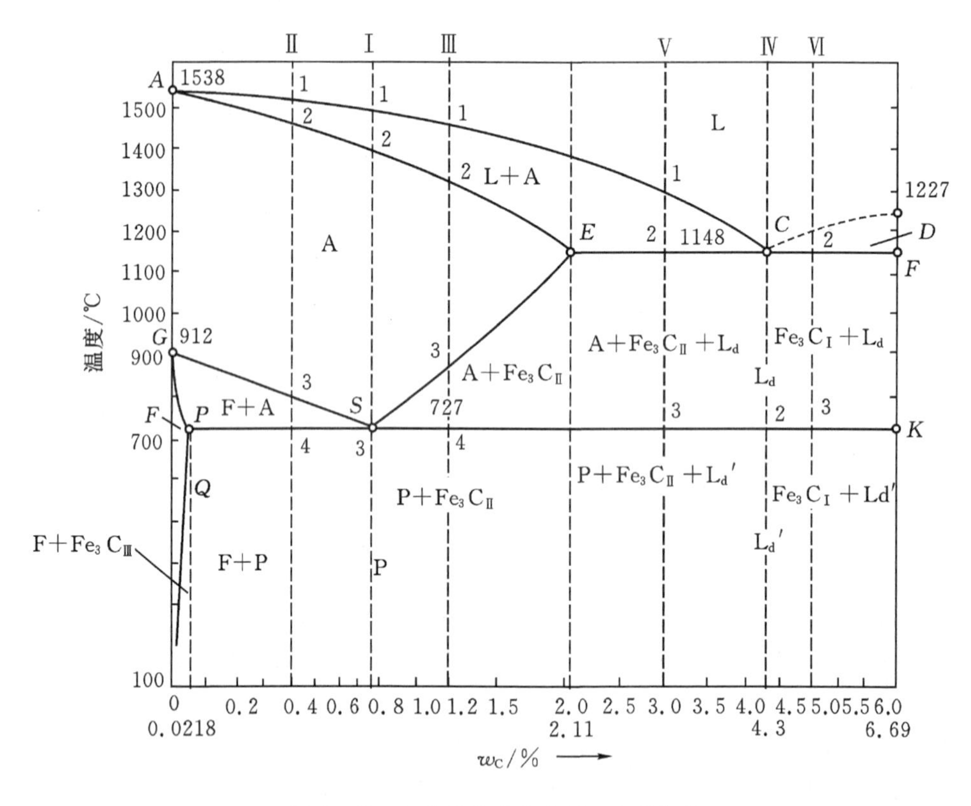

图 2-45　典型铁碳合金在相图中的位置

以图 2-45 为例，分析铁碳合金的结晶过程及组织转变。在横轴上找到某个成分点，过这个成分点作一条垂直于横轴的垂线，即合金线。图 2-45 中的合金线Ⅰ、Ⅱ、Ⅲ、Ⅳ、Ⅴ、Ⅵ分别对应共析钢、亚共析钢、过共析钢、共晶白口铸铁、亚共晶白口铸铁和过共晶白口铸铁这六种铁碳合金。

(1)共析钢结晶过程与组织转变　图 2-45 中合金Ⅰ对应 $w_C = 0.77\%$ 的共析钢。Ⅰ线与 AC 线相交时，共析钢开始发生结晶转变，结晶过程如图 2-46 所示。

合金在 1 点以上全部为液相，当缓冷至 1 点温度时，开始从液相中按匀晶转变结晶出奥氏体，奥氏体随温度下降而增多。冷却至 2 点温度时，结晶终了，合金全部转变为奥氏体。合金处于 2 ～ 3 点温度范围内为单相奥氏体的自然冷却过程。冷却至 3 点时，奥氏体发生共析转变，析出共析铁素体和共析渗碳体，构成交替重叠的层片状的珠光体。在 3 点温度以下至室温，将有少量三次渗碳体从铁素体中析出，因其在钢中影响不大，故可忽略不计。所以共析钢的室温组织为珠光体。共析钢的显微组织如图 2 - 47 所示，白色为铁素体基体，黑色片状物为渗碳体。

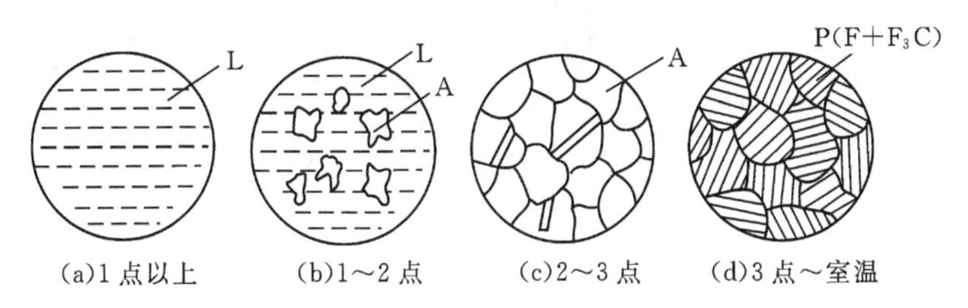

图 2 - 46　共析钢结晶过程及组织转变示意图

图 2 - 47　共析钢的显微组织

(2)亚共析钢结晶过程与组织转变　图 2 - 45 中合金Ⅱ对应 $w_C = 0.45\%$ 的亚共析钢。Ⅱ线与 AC 线相交时，亚共析钢开始结晶转变，结晶过程如图 2 - 48 所示。

在 3 点以上的结晶过程合金Ⅱ与共析钢相似。当合金冷却至与 GS 线相交的 3 点时，奥氏体开始向铁素体转变。随着温度的降低，铁素体量不断增多，奥氏体量逐渐减少且奥氏体的含碳量沿 GS 线增加。在 3 ～ 4 点之间，组织为奥氏体和铁素体。当缓冷至 4 点时，剩余奥氏体发生共析转变，形成珠光体。在 4 点温度以下至室温，由铁素体中析出极少量的三次渗碳体，可忽略不计，故其室温组织为铁素体和珠光体。

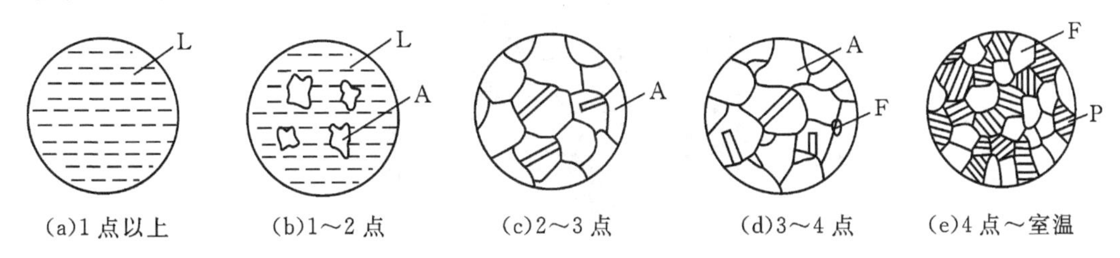

图 2 - 48　亚共析钢结晶过程及组织转变示意图

所有亚共析钢的室温组织都是由铁素体和珠光体组成，不同的是随着碳的质量分数的增加，珠光体量增多，铁素体量减少。亚共析钢的显微组织如图 2-49 所示，其中白色部分为铁素体，黑色部分为珠光体。

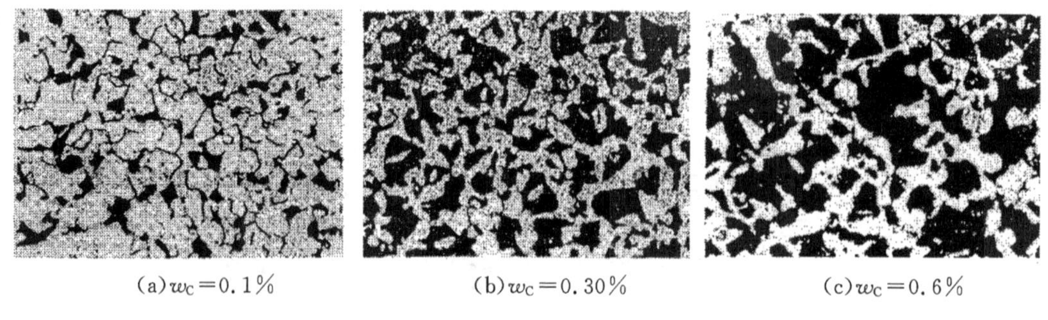

(a)w_C=0.1%　　(b)w_C=0.30%　　(c)w_C=0.6%

图 2-49　亚共析钢的显微组织

(3)过共析钢结晶过程与组织转变　图 2-45 中合金Ⅲ对应 w_C = 1.2%的过共析钢。Ⅲ线与 AC 线相交时，过共析钢开始结晶转变，结晶过程如图 2-50 所示。

在 3 点以上的结晶过程合金Ⅲ与共析钢相似。当合金冷却至与 ES 线相交的 3 点时，从奥氏体中析出二次渗碳体，又称先共析渗碳体，呈网状沿奥氏体晶界分布。继续冷却，二次渗碳体不断增多，奥氏体不断减少，剩余奥氏体的成分沿 ES 线变化。合金冷却到 4 点时，剩余奥氏体发生共斫转变，形成珠光体。在 4 点温度以下至室温，组织基本不变。过共析钢室温组织为珠光体和二次渗碳体。

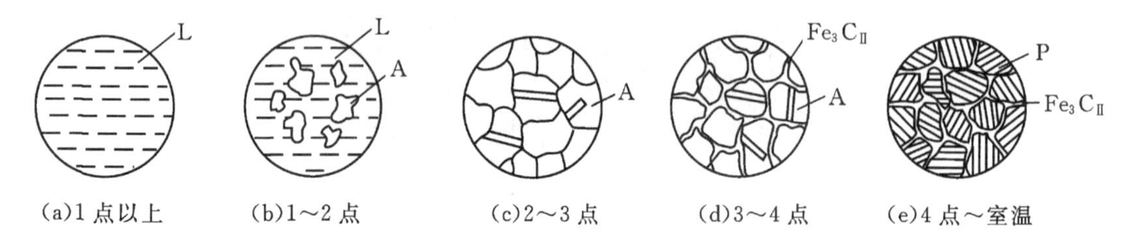

(a)1 点以上　(b)1～2 点　(c)2～3 点　(d)3～4 点　(e)4 点～室温

图 2-50　过共析钢冷却过程的组织转变示意图

所有过共析钢的室温组织都是由珠光体和网状二次渗碳体组成的，不同的是随着碳的质量分数的增加，网状二次渗碳体量增多，珠光体量减少。过共析钢的显微组织如图 2-51 所示，其中呈片状黑白相间的组织为珠光体，白色网状组织为二次渗碳体。

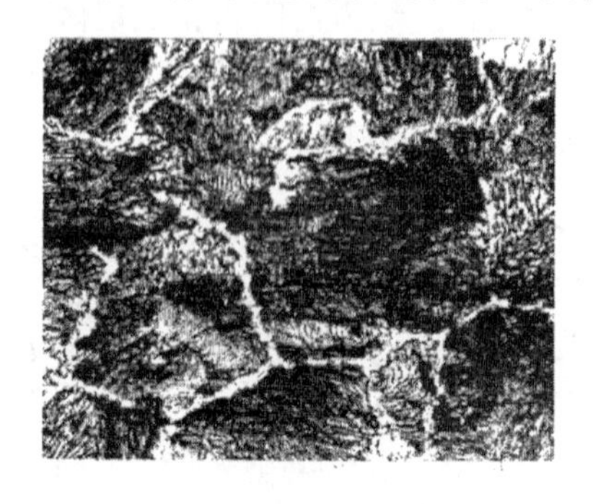

图 2-51 过共析钢的显微组织

(4)共晶白口铸铁结晶过程与组织转变　图2-45中合金Ⅳ对应 $w_C=4.3\%$ 的共晶白口铸铁。Ⅳ线与图中 ES、PSK 线分别相交于1、2点,结晶过程如图2-52所示。

合金Ⅳ在1点温度以上为液相。当缓冷至1点温度(1148℃)时发生共晶转变,从液相中同时结晶出共晶奥氏体和共晶渗碳体两种固相,称为高温莱氏体。合金在1～2点之间,此时共晶转变已经完成,莱氏体在继续冷却过程中,其中的奥氏体将不断析出二次渗碳体,这时的共晶组织为 $A+Fe_3C_{II}+Fe_3C$ 。

当缓冷至2点时,发生共析转变,形成珠光体,二次渗碳体保留至室温。因此,共晶白口铸铁的室温组织是 $P+Fe_3C_{II}$ 组成的混合物,即低温莱氏体。其显微组织如图2-53所示,其中白色基体为共晶渗碳体 Fe_3C , Fe_3C_{II} 的晶粒细小且含量较少,一般附在共晶渗碳体上,黑色点条状为珠光体组织。

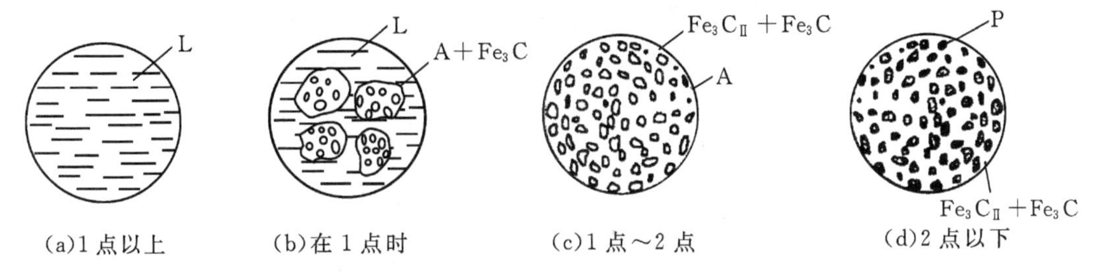

图2-52　共晶白口铸铁冷却过程的组织转变示意图

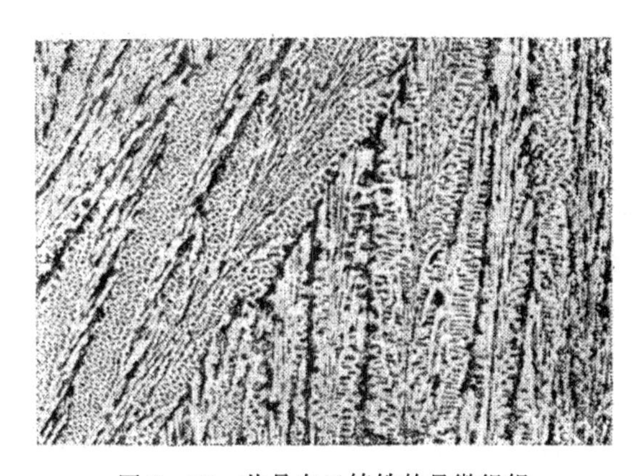

图2-53　共晶白口铸铁的显微组织

(5)亚共晶白口铸铁结晶过程与组织转变　图2-45中合金Ⅴ对应 $w_C=3.0\%$ 的亚共晶白口铸铁。V 线与与 AC 线相交时,亚共晶白口铸铁开始结晶转变,结晶过程如图2-54所示。

合金Ⅴ在1点以上为液相,当缓冷至1点温度时,开始从液相中开始结晶出奥氏体,随温度降低,奥氏体量不断增多,其成分沿 AE 线变化。冷却至与 ECF 线相交的2点时,剩余液相发生共晶转变,形成高温莱氏体。在2～3点之间时,奥氏体中不断析出二次渗碳体。当冷却至3点时,奥氏体发生共析转变,形成珠光体。亚共晶白口铸铁的室温组织为 $P+Fe_3C_{II}+Ld'$。

亚共晶白口铸铁随着碳的质量分数增加,组织中低温莱氏体量增多,其他量相对减少。其显微组织如图2-55所示,其中黑色块状或树枝状为珠光体,黑白相间的基体为低温莱氏体,二次渗碳体与共晶渗碳体混在一起,无法分辨。

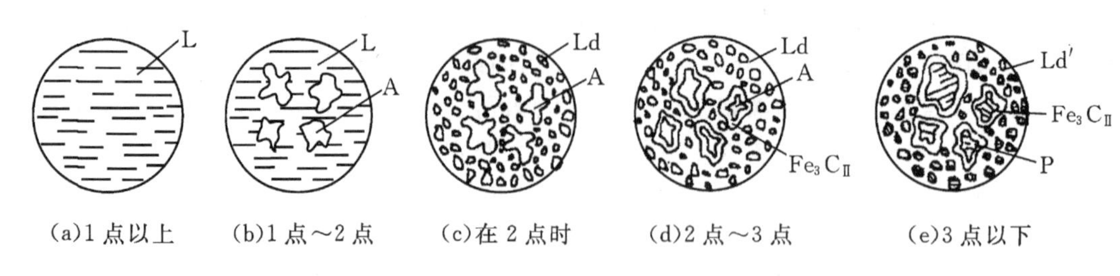

图 2-54　亚共晶白口铸铁冷却过程的组织转变示意图

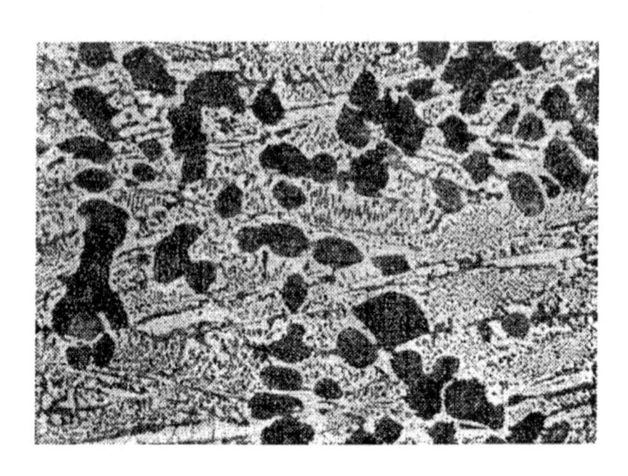

图 2-55　亚共晶白口铸铁的显微组织

工业上常用的是亚共晶白口铸铁，而共晶和过共晶白口铸铁很少使用，一般仅作为炼钢原料。

(6)过共晶白口铸铁结晶过程与组织转变　图 2-45 中合金Ⅵ对应 $w_C = 5.0\%$ 的过共晶白口铸铁。Ⅵ线与 *CD* 线相交时，过共晶白口铸铁开始结晶转变，结晶过程如图 2-56 所示。

合金Ⅵ在 1 点以上为液相，缓冷至 1 点温度时，从液相中结晶出板条状一次渗碳体。随着温度的降低，一次渗碳体量不断增多，液相不断减少，其成分沿 *CD* 线变化。冷却至 2 点时，剩余液体发生共晶转变，形成高温莱氏体。在 2 ～ 3 点温度之间冷却时，由奥氏体中析出二次渗碳体，但二次渗碳体在组织中难以辨认。继续冷却到 3 点时，奥氏体发生共析转变，形成珠光体。过共晶白口铸铁的室温组织为 $Fe_3C_I + Ld'$。随着碳的质量分数的增加，组织中一次渗碳体量增多。过共晶白口铸铁显微组织如图 2-57 所示，图中白色条状为一次渗碳体，黑白相间的基体为低温莱氏体。

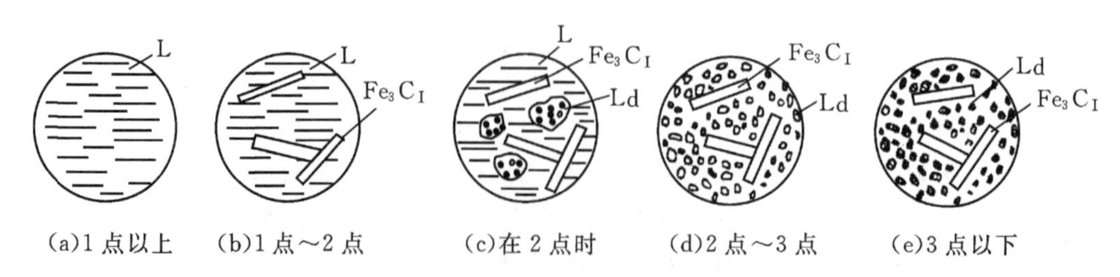

图 2-56　过共晶白口铸铁冷却过程的组织转变示意图

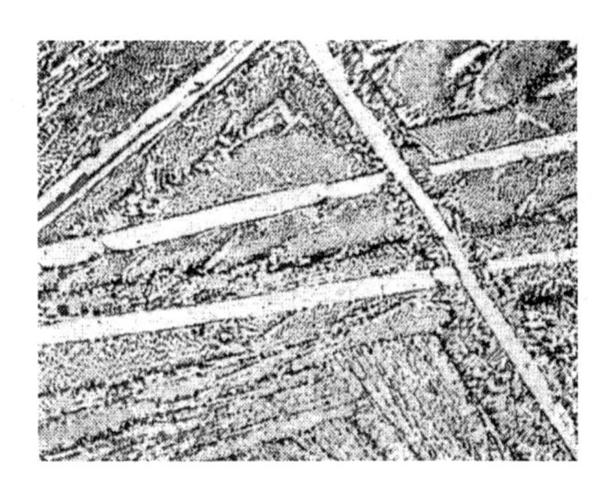

图 2-57　过共晶白口铸铁的显微组织

4. Fe—Fe_3C 合金相图的应用

(1)作为选材的依据　铁碳合金相图表明了钢材成分、组织变化的规律,从而可以判断不同成分钢材的力学性能变化特点,为选材提供了有力的依据,如图 2-58所示。为保证工业用钢具有足够的强度和一定的塑性和韧性,钢中碳的质量分数一般不超过 1.3%。$w_C>2.11\%$的白口铸铁的组织中有大量的渗碳体,硬度高,塑性和韧性极差,既难以切削加工,又不能用锻压方法加工,故机械工程上很少直接应用。要求塑性、韧性好的各种型材和建筑用钢,应选用碳的质量分数低的钢;承受冲击载荷,并要求较高强度、塑性和韧性的机械零件,应选用碳的质量分数为 0.25%～0.55%的钢;要求硬度高、耐磨性好的各种工具,应选用碳的质量分数大于 0.55%的钢;形状复杂、不受冲击、要求耐磨的铸件(如冷轧辊、拉丝模等),应选用白口铸铁。

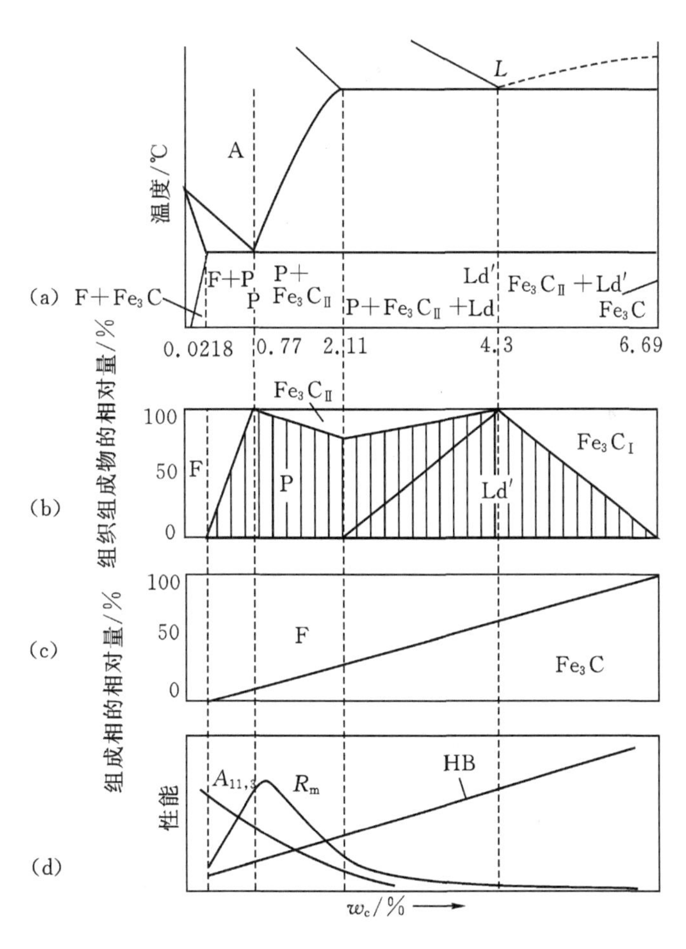

图 2-58　铁碳合金的成分、相、组织、性能之间的关系

(2)在铸造方面的应用　合金的铸造性能与铁碳合金状态图中液、固相线之间的距离关系很大。液、固相线间的距离越大,合金的流动性越差,分散缩孔越多。共晶成分的合金熔点最低,结晶温度范围最小,故流动性好,分散缩孔少,偏析小,因而铸造性能最好。所以铸造合金

的成分常取共晶成分或其附近的合金。常用铸钢的碳的质量分数为 0.15%～0.6%，其结晶温度范围较小，铸造性能较好。根据铁碳合金状态图还可确定合金的浇注温度，浇注温度一般在液相线以上 50～100℃。

(3)在锻造和焊接方面的应用　碳钢在室温时是由铁素体和渗碳体组成的复相组织，塑性较差，变形困难，当将其加热到单相奥氏体状态时，可获得良好的塑性，易于锻造成形。碳的质量分数越低，其锻造性能越好。而白口铸铁无论是在低温还是在高温条件下，组织中均有大量硬而脆的渗碳体，故不能锻造。

铁碳合金的焊接性与含碳量有关，随着碳的质量分数的增加，组织中渗碳体量增加，钢的脆性增加，塑性下降，导致钢的冷裂倾向增加，焊接性下降。碳的质量分数越大，铁碳合金的焊接性越差。

(4)在热处理方面的应用　由于铁碳合金在加热或冷却过程中有相的变化，故钢和铸铁可通过不同的热处理来改善性能。根据铁碳合金状态图可确定各种热处理工艺的加热温度。铁碳合金状态图中的单相合金不能进行热处理，只有在铁碳合金状态图中存在同素异晶转变、共析转变、固溶变化的合金才能进行热处理。

练习 2

一、填空题

1. 常见金属的晶格类型有________、________和________三种。铜为________，锌为________，α－Fe 为________。

2. 根据几何形态特征，可将晶体缺陷分为________、________和________三类。其中，间隙原子属于________，位错属于________，晶界属于________。

3. ________是金属结晶的必要条件。

4. 金属结晶的过程是一个________和________过程。

5. 生产中常用的细化晶粒的方法有________、________和________。

6. 根据溶质原子在溶剂晶格中所占的位置不同，固溶体可分为________和________。

7. 纯铁在 912℃以下为________晶格，在 912 ～ 1394℃ 为________晶格，在 1394～1538℃为________晶格。

8. 奥氏体是________形成的间隙固溶体。具有________晶格，在 727℃ 时碳的质量分数为________，在 1148℃ 时碳的质量分数为________。

9. 渗碳体在 727℃ 时碳的质量分数为______，在 1148℃ 时碳的质量分数为______，在室温时碳的质量分数为______。

10. 合金的相结构有________和________两大类。其中前者具有较高的________性能，适于做________相；后者具有较高的________，适于做________相。

二、名称解释

1. 晶体与非晶体

2. 单晶体与多晶体

3. 组元、固溶体与金属化合物

4. 相与组织

三、分析讨论

1.何谓同素异构转变？以纯铁为例说明其转变过程。

2.铁碳合金的基本相有哪些？各有何特点？

3.绘制简化后的铁一碳合金相图。说明主要特征点、特征线的含义，并填上各区域的组织。

项目3　钢的热处理

【教学基本要求】

1. 知识目标

(1)了解钢的热处理基本原理；

(2)掌握钢的退火和正火的目的及应用；

(3)掌握钢的淬火及其缺陷和预防；

(4)掌握回火的目的及常用回火方法；

(5)熟悉钢的表面热处理、化学热处理工艺方法。

2. 能力目标

(1)具有常见热处理的工序位置安排的能力；

(2)具有常用热处理的方案、参数选择的能力。

【思维导图】

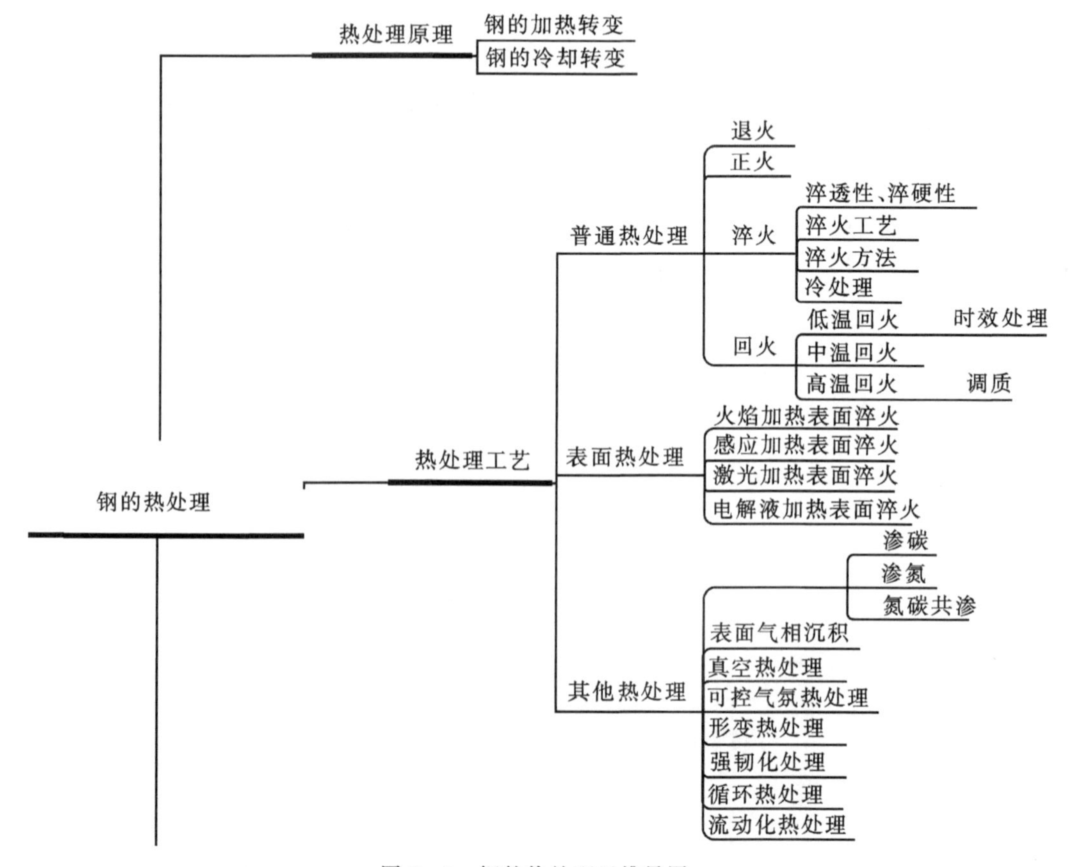

图3-1　钢的热处理思维导图

【引导案例】

实例 1 热处理技术要求分析

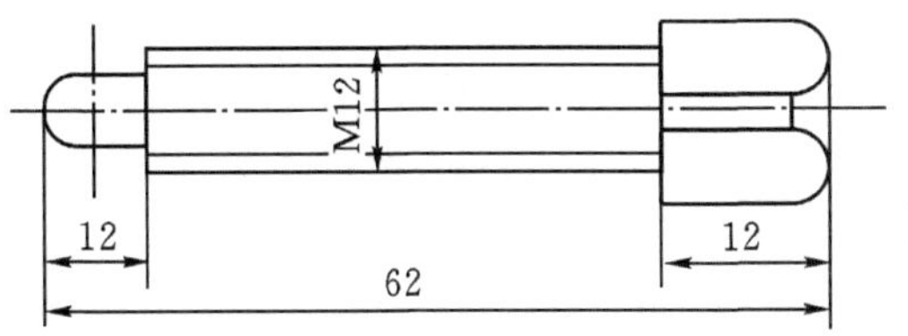

技术要求
1. 材料：45 钢；
2. 整体：调质处理，230～250HBW；
3. 尾部：表面火焰淬火加低温回火，42～48HRC

图 3-2 螺钉定位器零件的热处理

通过分析可以看出图 3-2 所示是螺钉定位器零件的热处理技术要求如下：

①螺钉定位器零件要求用 45 钢（w_c =0.45%）制造；

②螺钉定位器零件需要进行整体调质处理，调质后的布氏硬度应达到 230～250 HBW；

③螺钉定位器零件尾部进行表面火焰淬火和低温回火，其热处理后的表面硬度应达到 42～48 HRC。

实例 2 汽车发动机连杆螺栓的热处理技术要求

连杆螺栓是发动机中一个重要的连接零件，工作时它承受冲击性的周期变化着的拉应力和装配时的预应力。发动机运转中，连杆螺栓如果破断，就会引起严重事故，因此要求其应具有足够的强度、冲击韧性和抗疲劳能力。为了满足上述综合力学性能的要求，确定 40Cr 钢制连杆螺栓的热处理工艺如图 3-3 所示。

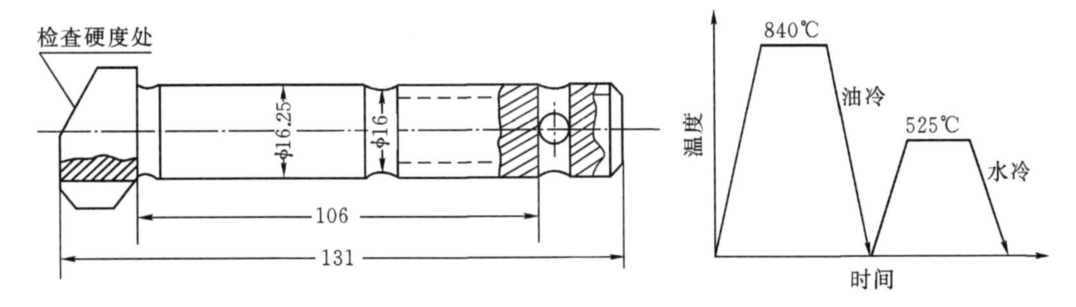

图 3-3 连杆螺栓及其热处理工艺

连杆螺栓的生产工艺路线如下：

①下料→锻造→退火（或正火）→机械加工（粗加工）→调质→机械加工（精加工）→装配。

②退火（或正火）作为预先热处理，其主要目的是为了改善锻造组织，细化晶粒，有利于切削加工，并为随后调质热处理作好组织准备。

③调质热处理。

淬火：加热温度 840±10℃，油冷，获得马氏体组织。

回火：加热温度 525±25℃，水冷（防止第二类回火脆性）。

经调质热处理后金相组织应为回火索氏体，不允许有块状铁素体出现，否则会降低强度和韧性；其硬度大约为 30～38HRC(263～322HB)。

任务 1　钢的热处理原理

钢的热处理是指将钢材料在固态下，通过加热、保温和冷却的手段，获得预期组织和性能的金属热加工工艺方法。热处理是强化金属材料、提高产品质量和寿命的主要途径之一。绝大部分重要的机械零件在制造过程中都需要进行热处理。

热处理工艺区别于其他加工工艺，如铸造、锻造、焊接的特征是不改变工件的形状，只改变工件内部的显微组织或工件表面的化学成分，以此改善工件的使用性能。热处理只适用于固态下发生组织转变的材料，不发生固态相变的材料不能用热处理来强化。热处理的种类很多，根据加热、冷却的方法不同及钢的组织和性能变化特点，一般分为普通热处理和表面热处理两大类。

钢在固态下加热、保温和冷却过程中会发生一系列组织转变，钢中组织转变的规律就是热处理的原理。根据热处理的原理制定的加热温度、保温时间、冷却方式与速度等参数，即热处理工艺，可以用温度时间曲线来表示，如图 3-4 所示。

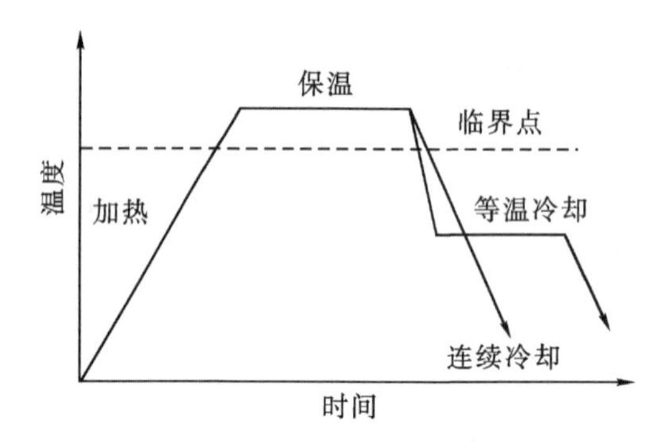

图 3-4　热处理工艺曲线示意图

热处理工艺一般包括加热、保温、冷却三个过程，有时只有加热和冷却两个过程。这些过程互相衔接，不可间断。

能力知识点 1　钢在加热时的转变

加热是热处理的第一道工序。大多数热处理工艺，为了获得奥氏体，要将钢加热到临界点(相变点)以上。碳钢转变的临界点由 $Fe-Fe_3C$ 相图确定，A_1、A_3 和 A_{cm} 都是平衡时的转变温度。共析钢、亚共析钢和过共析钢，分别被加热到 PSK(A_1)线、GS(A_3)线和 ES(A_{cm})线以上温度，才能获得单相奥氏体组织。但在实际热处理时，加热和冷却都不可能是非常缓慢的，因此组织转变都要偏离平衡相变点，即加热时偏向高温，冷却时偏向低温，并且加热和冷却的速度越快，偏离的程度越大。实际加热时的临界点用 Ac_1、Ac_3 和 Ac_{cm} 表示；冷却时的临界点用 Ar_1、Ar_3 和 Ar_{cm} 表示。图 3-5 为各临界点在 $Fe-Fe_3C$ 相图上的位置示意图。钢的临界点是制定热处理工艺参数的重要依据，可在热处理手册中查到。

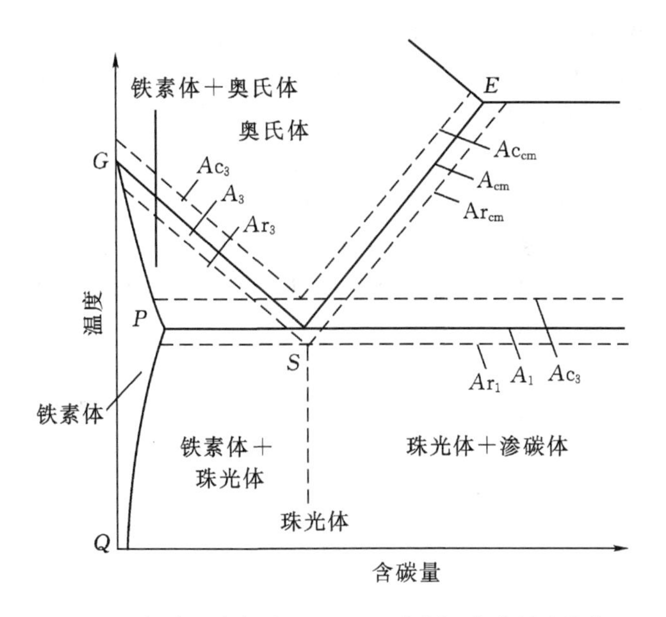

图 3－5　加热和冷却时 Fe－Fe_3C 相图上各临界点的位置

1. 奥氏体的形成过程

任何成分的钢，加热到 A_1 点以上时，都要发生珠光体向奥氏体的转变过程(即奥氏体化)，下面以共析钢为例，说明奥氏体的形成过程。

共析钢加热到 Ac_1 以上温度时，将形成奥氏体。奥氏体的形成也遵循结晶的普遍规律，该过程可分为奥氏体形核、奥氏体晶核的长大及残余渗碳体溶解和奥氏体成分均匀化四个阶段，如图 3－6 所示。

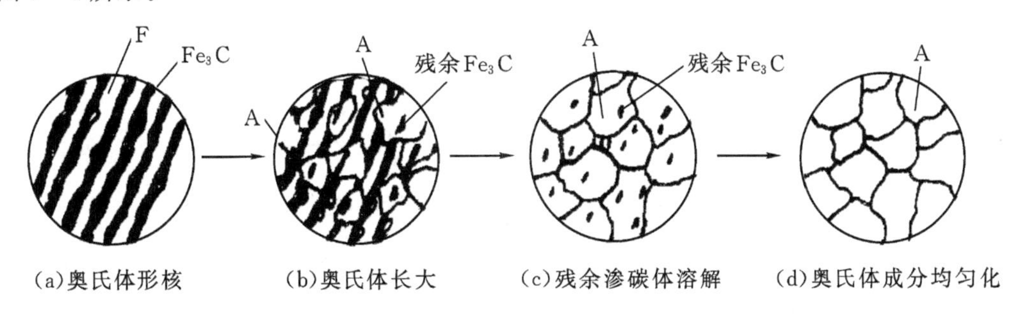

(a)奥氏体形核　(b)奥氏体长大　(c)残余渗碳体溶解　(d)奥氏体成分均匀化

图 3－6　共析钢中奥氏体形成过程示意图

(1)奥氏体晶核的形成　奥氏体的晶核优先形成于铁素体和渗碳体的相界面上，因为两界面原子排列不规则，空位和位错密度高、成分不均匀，能为奥氏体晶核提供成分和结构两方面的有利条件。

(2)奥氏体长大　奥氏体晶核形成后，依靠与其相邻的铁素体向奥氏体转变和渗碳体的不断溶解，使奥氏体长大。铁素体的转变速度往往比渗碳体的溶解快，因此珠光体中铁素体总比渗碳体消失得早，铁素体一旦消失，可以认为珠光体向奥氏体转变过程基本完成。

(3)残余渗碳体溶解　铁素体消失后，仍有部分渗碳体尚未溶解。随着保温时间的延长，通过碳原子扩散，残余渗碳体逐渐溶入奥氏体，直至全部消失。

(4)奥氏体成分均匀化　残余渗碳体完全溶解后,奥氏体中碳浓度仍是不均匀的。在原铁素体区域形成的奥氏体含碳量偏低,原渗碳体区域形成的奥氏体含碳量偏高,还需要足够的保温时间,依靠碳原子扩散,使成分趋于均匀。

亚共析钢和过共析钢的奥氏体形成过程与共析钢基本相似。不同的是亚共析钢的平衡组织中除了珠光体还有先共析的铁素体,过共析钢的平衡组织中除了珠光体还有先共析的二次渗碳体。若加热到Ac_1温度,能使珠光体变为奥氏体,得到“A+F”或“$A+Fe_3C_{II}$”的组织,称为不完全奥氏体化。若亚共析钢加热到Ac_3线以上,过共析钢要加热到Ac_{cm}线以上,才能获得单一的奥氏体组织,即完全奥氏体化。

影响奥氏体的转变因素很多,如加热温度、加热速度和原始组织等。加热温度越高,加热速度越快,形成奥氏体的速度越快;原始组织中钢的成分相同,组织越细,相界面越多,奥氏体形成的速度越快。

必须指出,钢的奥氏体化的主要目的是获得成分均匀、晶粒细小的奥氏体组织,如果加热温度过高或保温时间过长,将会导致奥氏体晶粒粗化。

2. 奥氏体晶粒的大小及控制

奥氏体的晶粒大小直接影响冷却转变后钢的组织和性能。热处理加热时,获得的奥氏体晶粒越均匀、细小,冷却转变产物的组织也越细小的,力学性能越好。

金属组织中晶粒的大小用晶粒度级别指数来表示。国家标准GB/T6394—2002《金属平均晶粒度测定法》将奥氏体标准晶粒度分为00,0,1,2,…,10等十二个等级,其中常用的为1~8级。实际工作中常采用在100倍的显微镜下与标准评级图对比来确定晶粒度的级别。一般认为4级以下为粗晶粒,5~8级为细晶粒,8级以上为超细晶粒,如图3-7所示。

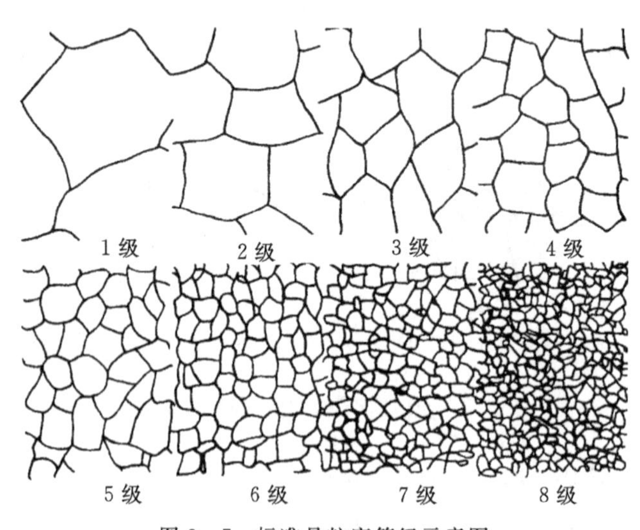

图3-7　标准晶粒度等级示意图

奥氏体的本质晶粒度表示某种钢在规定的加热条件下,奥氏体晶粒长大的倾向,不是晶粒大小的实际度量。有些钢随着加热温度的升高,奥氏体晶粒会迅速长大,这类钢称为本质粗晶粒钢;而有些钢的奥氏体晶粒不易长大,只有当温度超过一定值时,奥氏体晶粒才会突然长大,这类钢称为本质细晶粒钢。由图3-8可见,尽管曲线1和2有所不同,但其晶粒都随奥氏体化加热温度的升高而变大。

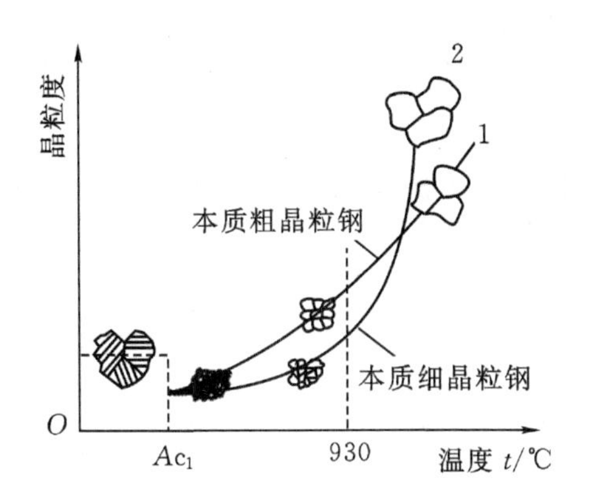

图3-8 奥氏体长大倾向示意图

奥氏体的晶粒尺寸过大会导致热处理后钢的强度降低，工程上需经热处理的工件一般都采用本质细晶粒钢制造，如镇静钢。控制奥氏体晶粒大小有以下三种途径：

(1)合理控制加热温度和保温时间　奥氏体化温度越高，保温时间越长，奥氏体晶粒长大越明显。

(2)合理控制钢的成分　随着钢中碳的质量分数增加，奥氏体晶粒长大的倾向也增大。但当 $w_C > 1.2\%$时，奥氏体晶界上存在未溶的渗碳体能阻碍晶粒的长大。

(3)合理添加一定量合金元素　钢中加入能生成稳定碳化物的元素(如铌、钛、钒、锆等)和能生成氧化物及氮化物的元素(如铝)，都会阻止奥氏体晶粒长大，而锰和磷是增加奥氏体晶粒长大倾向的元素。

能力知识点2　钢在冷却时的转变

钢经过奥氏体加热、保温后采用不同方式冷却，将获得不同的组织和性能。冷却是热处理的关键工序。根据冷却方法的不同，奥氏体的冷却转变可分为两种：一是将奥氏体急冷到临界点以下某一温度，在此温度等温转变；另一种是奥氏体在连续冷却条件下转变，如图3-9所示。

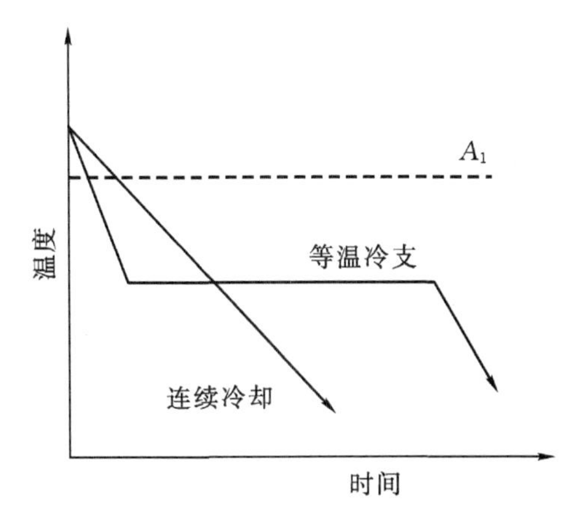

图3-9 奥氏体不同冷却方式示意图

在实际生产中，钢加热到奥氏体状态以后，由于冷却方式、冷却速度等的不同，钢的转变产物的组织和性能都有很大差别。表 3-1 为 45 钢在同样奥氏体化的条件下，在不同条件冷却，得到的力学性能有明显差别。

表 3-1　45 钢经 840℃ 加热到奥氏体后以不同条件冷却后的力学性能

冷却方式	力学性能				
	R_m/MPa	R_{eL}/MPa	$A_{11.3}$/%	Z/%	HBW
炉冷(退火)	530	280	32.5	49.3	150～180
空冷(正火)	670～720	340	15～18	45～50	180～240
油冷(油淬)	900	620	12～20	48	40～50HRC
水冷(水淬)	1100	720	7～8	12～14	52～60HRC

下面以共析钢为例，说明钢在冷却时的转变规律。

1. 过冷奥氏体的冷却转变

(1)过冷奥氏体等温冷却的转变曲线　奥氏体冷至 A_1 以下，不立即发生转变，需有一个孕育期后才开始转变。这种在临界点以下，未发生转变且处于不稳定状态的奥氏体称为过冷奥氏体。过冷奥氏体总要自发转变为稳定的新相。

共析钢过冷奥氏体的等温转变过程和转变产物可用其等温转变曲线来分析，如图 3-10 所示。

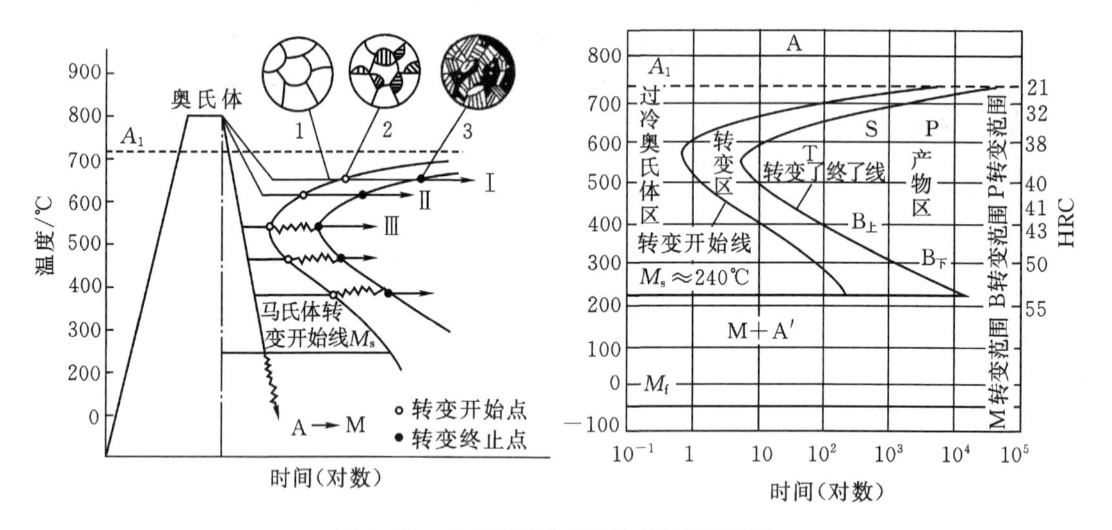

图 3-10　共析钢过冷奥氏体等温转变曲线

①特征线。

A_1 线：奥氏体向珠光体转变的临界温度；

M_s (M_f)线：过冷奥氏体向马氏体转变的开始温度(终止温度)。马氏体是在连续冷却条件下形成的，不属于等温转变特征线；

等温转变开始线：图中左边曲线；

等温转变结束线：图中右边曲线。

②特征区。

稳定区：A_1 线以上是奥氏体的稳定区；

过冷奥氏体区：A_1 线以下、转变开始线以左是过冷奥氏体的暂存区；

产物区：A_1 线以下、转变结束线以右是转变产物区；

转变区：转变开始线和转变结束线之间是过冷奥氏体和转变产物的共存区。

过冷奥氏体在各个温度的等温转变并不是瞬间开始的，转变开始线与纵坐标间的水平距离就是孕育期。随着转变温度的降低，孕育期先逐渐缩短，而后又逐渐增长，在曲线拐弯处（或称"鼻尖"）温度约为 550℃，此时孕育期最短，过冷奥氏体最不稳定，转变速度最快。

用符号 A' 表示，指奥氏体转变为马氏体时的转变不完全，即使冷却到 M_f 温度，也不能获得全部马氏体，总有部分奥氏体未能转变而被保留下来，这部分奥氏体称为残余奥氏体。

（2）过冷奥氏体转变产物的组织和性能　图 3－7 中，过冷奥氏体在不同温度范围，可发生三种类型组织的转变，即高温珠光体型转变、中温贝氏体型转变和低温马氏体型转变。如表 3－2所示。

表 3－2　共析钢过冷奥氏体转变产物的组织形态及性能

转变类型	组织名称	符号	转变温度/℃	转变形式	组织形态	层间距/μm	硬度 HRC
珠光体型转变	珠光体	P	A_1～650	扩散型	粗片状	约 0.3	小于 25
	索氏体	S	650～600		细片状	0.3～0.1	25～35
	托氏体	T	600～550		极细片状	约 0.1	35～40
贝氏体型转变	上贝氏体	$B_{上}$	550～350	半扩散型	羽毛状	—	42～48
	下贝氏体	$B_{下}$	350～Ms		黑色针状	—	48～58
马氏体型转变	针状马氏体	M	Ms～M_f	非扩散型	针状	—	62～65
	板条状马氏体				板条状	—	50～60

①珠光体型转变。过冷奥氏体在 A_1～550℃温度范围内等温时，会发生珠光体型转变。珠光体型转变是扩散型转变。由于转变温度较高，原子扩散能力较强，转变产物为铁素体和渗碳体交替重叠的薄层状组织，即珠光体型组织。等温转变温度越低，层间距离越小，按层间距离的大小，珠光体型组织可分为珠光体（P）、索氏体（S）和托氏体（T），如图 3－11 所示。

珠光体片层间距离越小，相界面越多，塑性变形抗力越大，其强度、硬度越高。此外，由于片层间距离越小，渗碳体越薄，越容易随铁素体一起变形而不脆断，因而其塑性、韧性也有所提高。

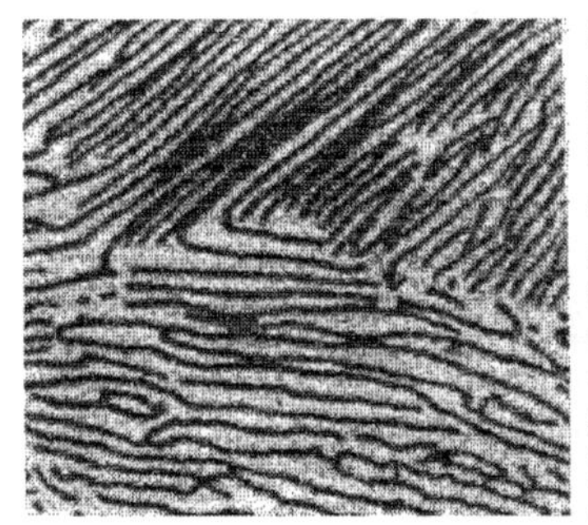
(a)珠光体 光学显微镜 200×

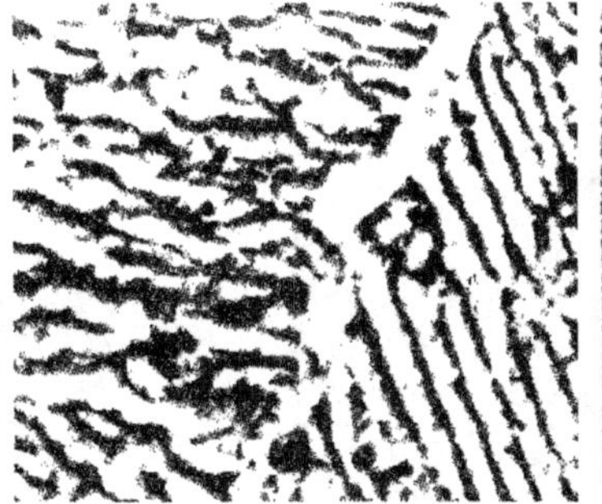
(b)索氏体 电子显微镜 1500×

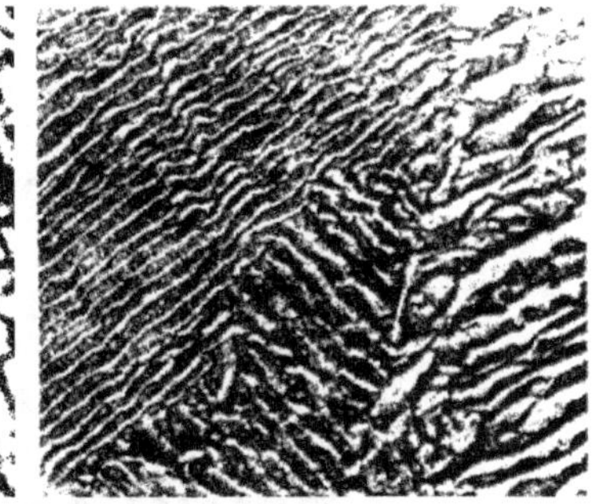
(c)托氏体 电子显微镜 15000×

图 3－11　珠光体型组织

②贝氏体型转变。贝氏体型转变发生在 550℃～M_s 温度范围内。贝氏体(B)转变属于半扩散型转变,由于转变温度较低,原子扩散能力减弱,只有碳原子扩散,铁原子的扩散困难。根据温度与组织形态不同,一般分为上贝氏体($B_上$)和下贝氏体($B_下$)两种,如图 3-12 所示。上贝氏体是在 550～350℃ 温度范围内形成的,显微组织呈羽毛状,它是由黑色成束的铁素体条和断续分布在条间的亮白色短小渗碳体组成。下贝氏体是在 350℃～M_s 温度范围内形成的,显微组织呈黑色针叶状,它是由针叶状铁素体和分布在针叶内细小渗碳体粒子组成。上贝氏体脆性较大,基本无实用价值;而下贝氏体是韧性较好的组织,常用等温淬火获得。

(a)上贝氏体显微组织

(b)下贝氏体显微组织

图 3-12　贝氏体显微组织(金相显微组织 500×)

③马氏体型转变。当转变温度低于 M_s 时,以由于转变温度低,只发生 γ—Fe 向 α—Fe 的晶格转变,铁、碳原子都难以扩散,碳将全部固溶在 α—Fe 晶格中,这种含过饱和碳的固溶体称为马氏体,用符号 M 表示。马氏体型转变在低温 M_s～M_f 温度范围内进行,属无扩散型转变,转变速度极快且转变不完全。

马氏体的组织形态主要有板条状和针(片)状两种。其形态主要与奥氏体的含碳量有关,含碳量 $w_C < 0.2\%$ 时,钢淬火后几乎全部是板条状马氏体组织,如图 3-13 所示;而含碳量 $w_C > 1.0\%$ 时,钢淬火后得到针状马氏体组织,如图 3-14 所示;含碳量介于 0.2%～1.0% 间,钢淬火后得到两种马氏体的混合组织。板条状马氏体不仅具有较高的强度和硬度,而且还有较好的塑性和韧性。针状马氏体硬度很高,但塑性和韧性很差。两者性能比较如表 3-3 所示。

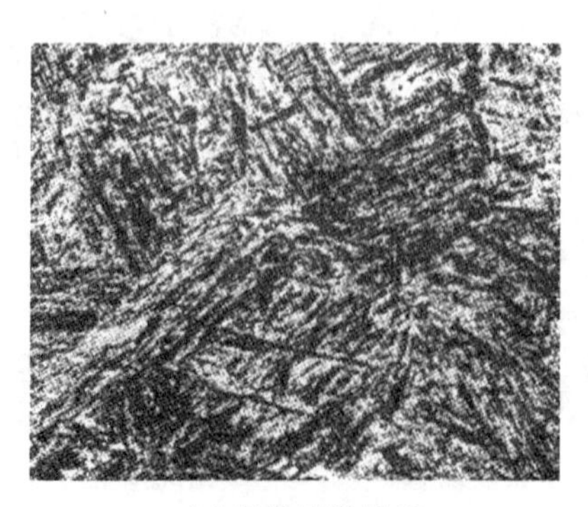

(a)光学显微组织

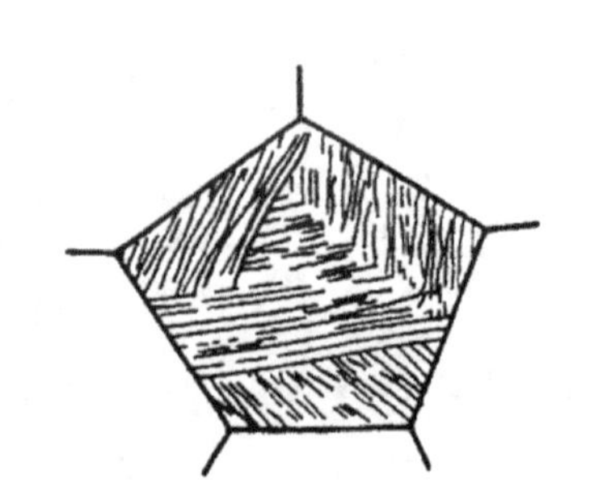

(b)示意图

图 3-13　板条状马氏体组织

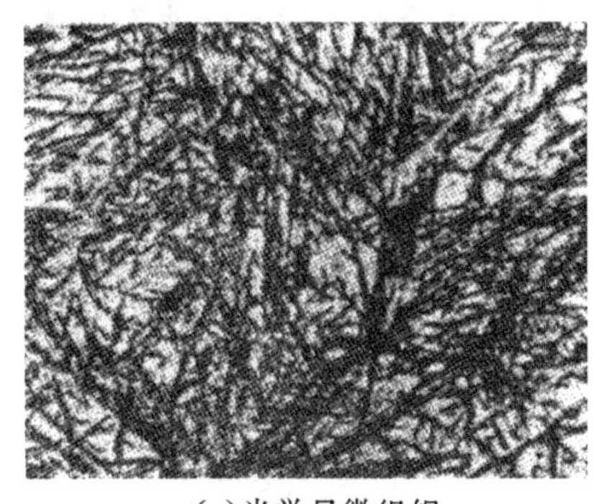

(a)光学显微组织

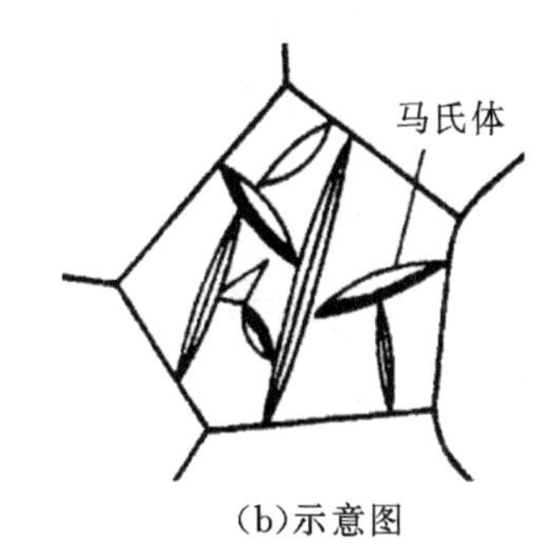

(b)示意图

图 3－14　针状马氏体组织

表 3－3　板条状马氏体与片状马氏体性能比较

w_C/%	马氏体形态	R_m/MPa	R_{eL}/MPa	$A_{11.3}$/%	a_K/(J/cm²)	HRC
0.1～0.25	板条状	1020～1530	820～1330	9～17	60～180	30～50
0.77	针状	2350	2040	1	10	66

钢中 A' 的量随 M_s 点和 M_f 点的降低而增加，残余奥氏体的存在，不仅降低淬钢的硬度和耐磨性，而且在工件长期使用过程中，由于 A' 会继续变成马氏体，体积膨胀，使工件产生变形或裂纹。因此，生产中对一些高精度工件常采用冷处理的方法，将淬火钢件冷却至低于 0℃某一温度，以减少 A'。

(3)影响过冷奥氏体等温转变的因素　凡是影响奥氏体稳定性的因素都能影响过冷奥氏体等温转变曲线的位置和形状。

①含碳量的影响。正常加热条件下，亚共析钢 C 曲线随含碳量增加而右移；过共析钢 C 曲线随含碳量增加而左移。故碳钢中以共析钢的过冷奥氏体最稳定。

如图 3－15 所示，与共析钢比较 C 曲线，亚共析钢和过共析钢 C 曲线鼻尖上部区域多出一条曲线。这条曲线表示过冷奥氏体转变成珠光体类型组织之前，已经形成先共析相，即亚共析钢形成先共析铁素体，过共析钢形成先共析渗碳体。

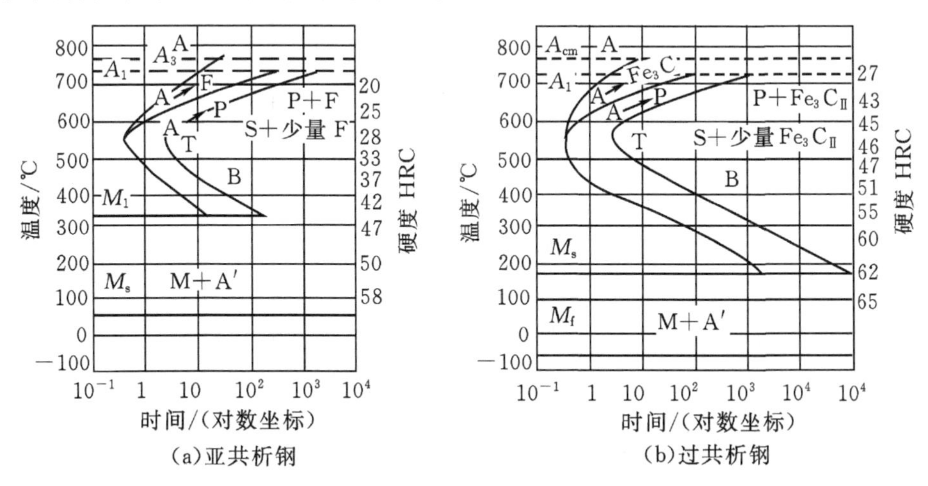

图 3－15　含碳量对 C 曲线的影响

②合金元素的影响。除 Co 以外，能溶入奥氏体的合金元素都能使奥氏体的稳定性增加，使 C 曲线右移。当奥氏体中溶入较多碳化物形成元素，如 Cr、Mo、W、V、Ti 等，不仅曲线的位置会改变，而且曲线形状也会改变，C 曲线中可出现两个鼻尖，如图 3-16 所示。

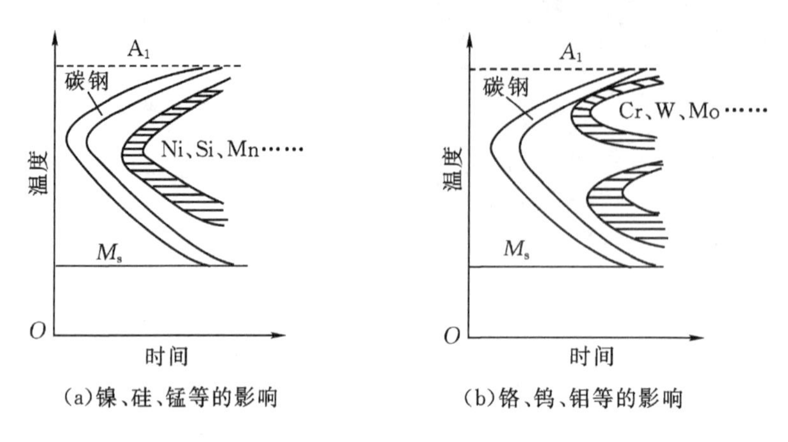

图 3-16　合金元素对 C 曲线的影响

③加热温度和保温时间的影响。加热温度越高，保温时间越长，奥氏体越均匀，提高了过冷奥氏体的稳定性，同时晶粒越大，晶界面积则减少。这样会降低过冷奥氏体转变的形核率，使 C 曲线右移。

2. 过冷奥氏体的连续冷却转变

在实际生产中，过冷奥氏体多是在连续冷却过程中发生转变的，因此研究过冷奥氏体连续冷却转变对制定热处理工艺具有重要的现实意义。

(1)过冷奥氏体连续冷却转变曲线　过冷奥氏体连续冷却转变曲线，又称 CCT 曲线。共析钢的连续冷却曲线如图 3-17 所示，特点如下。

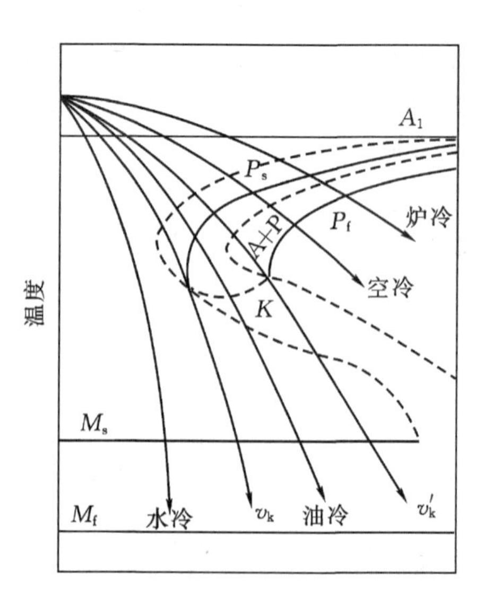

图 3-17　过冷奥氏体连续转变曲线

①特征线。

P_s 线：表示珠光体开始形成，即 A → P 转变开始线；

P_f 线：表示珠光体全部形成，即 A → P 转变终了线；

K 线：A → P 转变中止线。表示冷却曲线碰到 K 线，过冷奥氏体就不再发生珠光体转变，而是保留到 M_s 点以下转变为马氏体。

②临界冷却速度。

v_k 上临界冷却速度：为马氏体临界冷却速度，是获得全部马氏体转变所需的最小冷却速度。v_k 越小，钢在淬火时越容易获得马氏体组织。

v_k' 下临界冷却速度：是得到全部珠光体的最大冷却速度。v_k' 越小，则退火所需时间越长。

从图 3－13 中可知，当实际冷却速度 v_k' 小于 v_k 时，只发生珠光体型转变；大于 v_k 时则只发生马氏体转变。冷却速度介于两者之间时，奥氏体先有一部分转变为珠光体型组织，当冷却曲线与 K 线相交时，转变中止，剩余奥氏体在冷至 M_s 点以下时，发生马氏体转变。所以水冷获得的是马氏体；油冷获得的是马氏体＋托氏体；空冷获得的是索氏体；炉冷获得的是珠光体。

(2)连续冷却转变曲线与等温冷却转变曲线的比较　根据图 3－17，将共析钢奥氏体的两种转变曲线进行比较，图中的虚线是 C 曲线。

①同一成分钢的连续冷却曲线靠右一些。这说明要获得同样的组织，连续冷却转变温度比等温冷却转变曲线温度要低些，孕育期要长些。

②连续冷却时，转变是在一个温度范围内进行，转变产物的类型可能不只一种，有时是几种类型组织的混合。

③连续冷却转变曲线只有 C 曲线的上半部分，没有下半部分。说明共析钢连续冷却转变时，只有珠光体和马氏体转变，而没有贝氏体转变。

连续冷却转变曲线准确反映了钢在连续冷却条件下组织转变，可作为制定和分析热处理工艺的依据。但是，由于连续冷却转变图的测定比较困难，至今尚有许多钢种未测定出来。而各钢种的等温转变曲线测定较为容易，因此生产中常利用等温转变曲线定性地、近似地分析连续冷却转变的情况。分析的结果可作为制定热处理工艺的参考。

任务 2　钢的普通热处理

热处理工艺是指通过加热、保温和冷却来改变材料组织，获得所需要的性能。指根据钢在加热和冷却过程中的组织转变规律，钢的热处理工艺可分为：普通热处理、表面热处理及特殊热处理。根据热处理在零件生产工艺流程中的位置和作用，热处理又可分为预先热处理和最终热处理。

普通热处理主要包括退火、正火、淬火和回火，一般也称为热处理的“四把火”。它是最基本、最重要、应用最为广泛的热处理方式。通常用来改变零件整体的组织和性能。

能力知识点 1　钢的退火和正火

退火和正火是应用非常广泛的热处理工艺。在机器零件和工具、模具等的加工制造过程中，主要作为预先热处理安排在铸、锻、焊工序之后，切削(粗)加工之前，用以消除前一工序所带来的某些缺陷，为随后的工序作准备。对一些普通铸件、焊件以及不重要的热加工工件，还可作为最终热处理工序。

1. 退火

钢的退火是将钢件或钢材加热到适当温度，保温一定时间，然后缓慢冷却，以获得接近平衡组织状态的热处理工艺。退火的主要目的如下：

①降低硬度，提高塑性，有利于切削加工和继续冷变形；

②细化晶粒，消除组织缺陷，改善钢的性能，为后续或最终热处理作准备；

③消除内应力，稳定工作尺寸，防止变形与开裂。

根据钢的成分和退火的目的不同，退火又可分为完全退火、等温退火、球化退火、再结晶退火、去应力退火等。各种退火的加热温度范围和工艺曲线如图 3－18 所示。

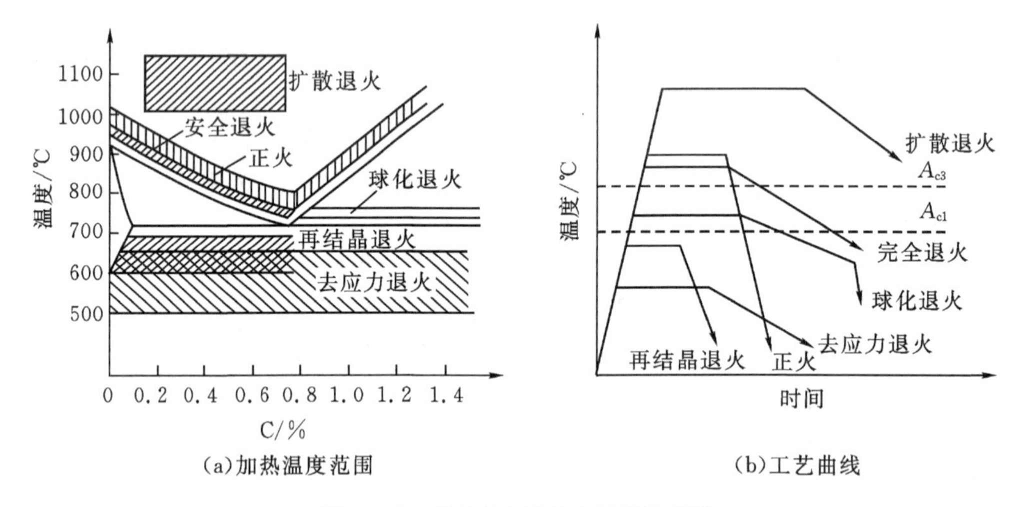

图 3－18　各种退火和正火工艺示意图

①完全退火。完全退火是将钢件加热到Ac_3 以上 30～50℃，保温后在炉内缓慢冷却的工艺方法。完全退火又称重结晶退火，简称退火。所谓“完全”是指加热时获得完全的奥氏体组织。

为提高生产效率，实际操作时，保温时间按照钢件的有效厚度进行计算。在箱式电炉加热时，碳素钢厚度不超过 25mm 需保温 1h，以后厚度每增加 25mm 延长 0.5h；合金钢每 20mm 保温 1h。保温后进行冷却，一般是关闭电源让钢件随炉缓慢冷却，到 500～600℃以下时出炉，在空气中冷却下来。

完全退火主要用于各种亚共析钢的铸件、锻件、热轧型材和一些焊接结构等。目的在于细化组织、降低硬度、改善可加工性、消除内应力。

②不完全退火。不完全退火是将钢件加热到Ac_1 以上 30～50℃，保温后在炉内缓慢冷却的工艺方法。应用于晶粒未粗化的中、高碳钢和低合金钢的锻轧件等。主要目的是降低硬度、改善可加工性、消除内应力。优点是加热温度低、消耗热能少，降低工艺成本。

③等温退火。等温退火是指将钢件或毛坯（亚共析钢）加热到Ac_3 以上 30～50℃，（共析钢、过共析钢）加热到Ac_1 以上 20～40℃，保温一定时间后，较快地冷却到珠光体型转变温度区间的适当温度并进行保温，使奥氏体转变为珠光体型组织，然后在空气中冷却。

等温退火与完全退火目的相同，但转变较易控制，所用时间比完全退火缩短约 1/3，并可获得均匀的组织和性能。特别是对某些合金钢，生产中常用等温退火来代替完全退火或球化退火，如图 3－19 所示。

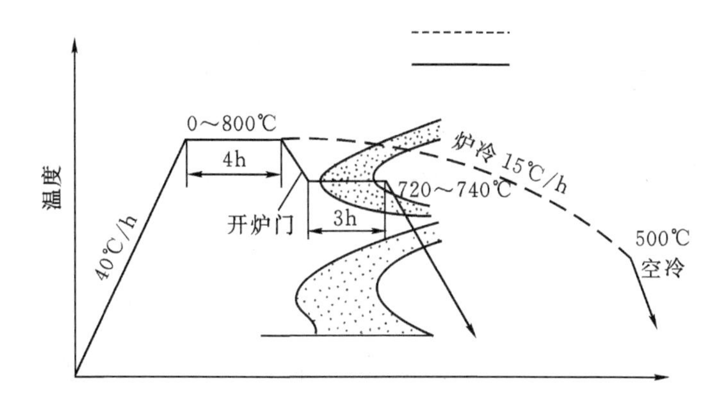

图 3－19　高速工具钢完全退火与等温退火的比较

④球化退火。球化退火是使钢中碳化物球化而进行的退火工艺，可使珠光体中的片状渗碳体和钢中的网状二次渗碳体均呈球(粒)状，这种在铁素体基体上弥散分布着粒状渗碳体的复相组织称为粒状珠光体，如图 3－20 所示。

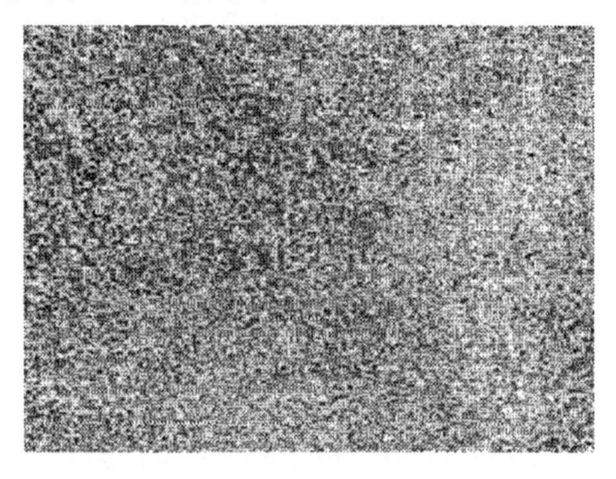

图 3－20　粒状珠光体的显微组织

球化退火工艺方法很多，最常用的两种工艺是普通球化退火和等温球化退火。

普通球化退火是将钢加热到Ac_1 以上 20～30℃，保温适当时间，然后随炉缓慢冷却，冷到 500℃ 左右出炉空冷。

等温球化退火是与普通球化退火工艺同样的加热保温后，随炉冷却到略低于 Ar_1 的温度进行等温，等温后随炉冷至 500℃左右出炉空冷。一般等温时间为其加热保温时间的 1.5 倍。和普通球化退火相比，等温球化退火不仅可缩短周期，而且可使球化组织均匀，并能严格地控制退火后的硬度，如图 3－21 所示。

球化退火的目的是降低硬度，改善可加工性，改善组织，为淬火作准备。主要应用于共析钢和过共析钢制造的刀具、量具和模具等零件。钢中存在大量网状二次渗碳体时，可在球化退火前先进行一次正火，消除渗碳体网后再球化退火。

⑤去应力退火。去应力退火又称低温退火，它是将钢加热到Ac_1 以下 100～200℃，保温一段时间，然后缓慢冷却到室温的工艺方法。其目的是为了消除铸件、锻件和焊接件以及冷变形

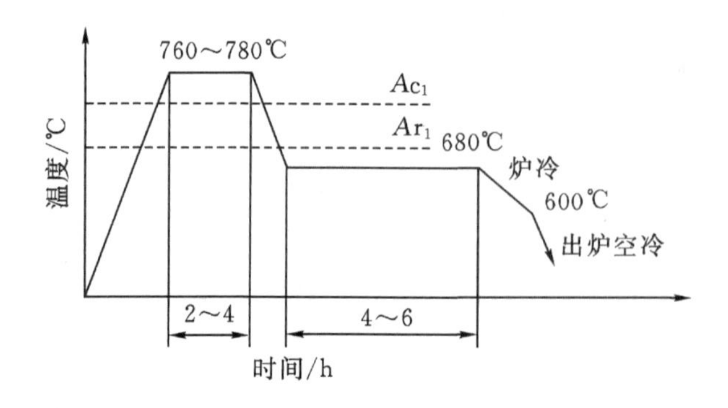

图 3-21　T10 钢的球化退火

等加工所造成的内应力。因去应力退火温度低、退火过程中不发生组织的转变,故应用广泛。

若采用高温退火(如完全退火),也可以更彻底地消除应力,但会使氧化、脱碳严重,还会产生高温变形。因此为了消除应力,一般采用低温退火。

⑥再结晶退火。再结晶退火是将冷变形后的金属加热到再结晶温度以上,保持适当的时间,使变形晶粒重新转变为均匀的等轴晶粒的退火工艺。其冷却速度慢,可基本上获得平衡组织。一般 $T_{再} = (0.35 \sim 0.45) T_{熔点}$。

再结晶退火只有组织改变而无相变,其目的是消除加工硬化,提高塑性,改善可加工性及成形性能。多用于需要进一步冷变形钢件的中间退火,也可作为冷变形钢件及其他合金成品的最终热处理。

⑦扩散退火。扩散退火也称均匀化退火,是指将钢加热到熔点以下 100～200℃,并在该温度长时间(10～20h)保温,然后缓慢冷却,以达到化学成分和组织均匀化目的的退火工艺。均匀化退火时间长,耗费能量大,成本高,主要用于消除铸件凝固时发生偏析而造成成分和组织的不均匀性。均匀化退火后,钢的晶粒粗大,因此还要进行完全退火或正火细化晶粒。

2. 正火

钢的正火是指将工件加热奥氏体化后,在空气中冷却的热处理工艺。其方法为亚共析钢、共析钢、过共析钢分别加热到Ac_3、Ac_1 和Ac_{cm}以上 30～50℃,奥氏体化后经过保温,再在空气中均匀冷却的热处理工艺,如图 3-14 所示。正火后的组织:亚共析钢为 F+S;共析钢为 S;过共析钢为 $S+Fe_3C_{II}$。

(1) 正火与退火的主要区别　正火与退火的主要区别是正火冷却速度稍快,得到的组织较细小,强度和硬度有所提高,操作简便,生产周期短,成本较低。因此,生产中应尽可能采用正火来代替退火。从表 3-4 可以看出同一钢种退火和正火后性能的差异。

表 3-4　45 钢退火和正火状态的力学性能

状态	R_m/MPa	$A_{11.3}$/%	a_K/(J/cm²)	HBW
退火	650～700	15～20	40～60	～180
正火	700～800	15～20	50～80	～220

(2)正火的主要应用

①细化晶粒。对于中碳钢可代替退火、细化晶粒,降低加工表面的粗糙度。用它代替退

火，可以得到满意的力学性能，缩短生产周期，降低成本。

②改善切削加工性能。用于低碳钢或低碳合金钢，正火可提高其硬度，防止粘刀现象，改善切削加工性能。

③消除网状二次渗碳体（强化）。用于过共析钢，正火加热Ac_{cm}以上，可使网状二次渗碳体充分地溶解到奥氏体中，空冷时，先前共析碳化物来不及析出，消除了网状碳化物组织，细化了珠光体，使强度提高，同时保证了球化退火时渗碳体全部球粒化。

④作为最终热处理。用于中碳钢，可代替调质处理作为最终热处理。对于使用性能要求不高的结构钢零件和某些淬火有开裂危险的零件，可采用正火作为最终热处理。

能力知识点 2　钢的淬火

1. 淬火

淬火（除等温淬火外）是指将钢加热到临界温度（ Ac_3 或 Ac_1 ）以上，保温后以大于临界冷却速度 v_k 的速度冷却，使奥氏体转变为马氏体的热处理工艺。

钢的淬火主要是为了获得马氏体组织，提高它的硬度和强度。

2. 淬火工艺

(1)淬火加热温度　碳素钢的淬火加热温度可以根据铁碳合金相图来确定，如图 3-22 所示。

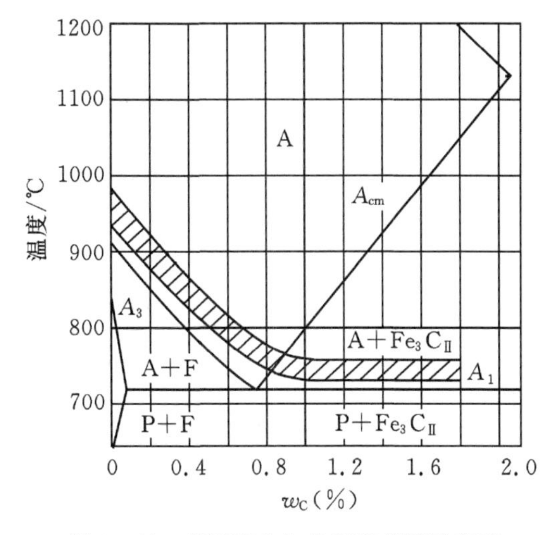

图 3-22　碳钢淬火加热温度范围示意图

亚共析钢一般加热到Ac_3 以上 30～50℃，获得均匀细小的马氏体和少量残余奥氏体。亚共析钢淬火加热温度为Ac_1～Ac_3 时，在淬火组织中将有先共析铁素体出现，使钢的硬度和强度下降。

共析钢、过共析钢淬火加热温度为Ac_1 以上 30～50℃，分别获得的组织是均匀细小的马氏体、少量粒状渗碳体（共析钢）和均匀细小的马氏体、少量粒状渗碳体和残余奥氏体（过共析钢）。淬火温度过高将得到粗大马氏体组织，力学性能变差。若温度过低，则获得非马氏体组织，达不到淬火目的。

选择温度时，还应考虑淬火零件的材料、尺寸、形状、原始组织状态、冷却介质及技术要求等因素。合金钢的淬火加热温度可根据其相变点来选择，多数合金元素在钢中都有细化晶粒的作用，因此合金钢的淬火加热温度可适当提高。

(2)加热时间　加热时间包括升温和保温时间。加热时间受工件形状尺寸、装炉方式、装炉量、加热炉类型、加热介质等影响。保温时间是指从达到淬火加热温度开始，使钢件热透，并完成奥氏体均匀化所需时间。生产中可根据热处理手册或实验来确定，以保证工件质量。

(3)冷却介质　钢件进行淬火冷却时使用的介质称为淬火介质。淬火介质应具有足够的冷却能力、较宽的使用范围，同时还应具有不易老化、不腐蚀零件、不易燃、易清洗、无公害和廉价等特点。

如图 3-23 所示，淬火为得到马氏体，淬火的冷却速度就必须大于马氏体的临界冷却速度。根据碳钢的奥氏体 C 曲线知道，要淬火得到马氏体，不需要在整个冷却过程中都进行快速冷却。关键是在 C 曲线“鼻尖”附近，在 650～400℃必须快冷，此处过冷奥氏体很不稳定，要保证过冷奥氏体在此区间不形成珠光体。在 300～200℃范围内应缓冷，以减小马氏体转变时的应力，防止产生变形和开裂。能使工件达到理想冷却曲线的淬火介质称为理想的冷却介质。而实际生产中，到目前为止，还没有一种淬火冷却介质能达到理想的冷却介质的要求。

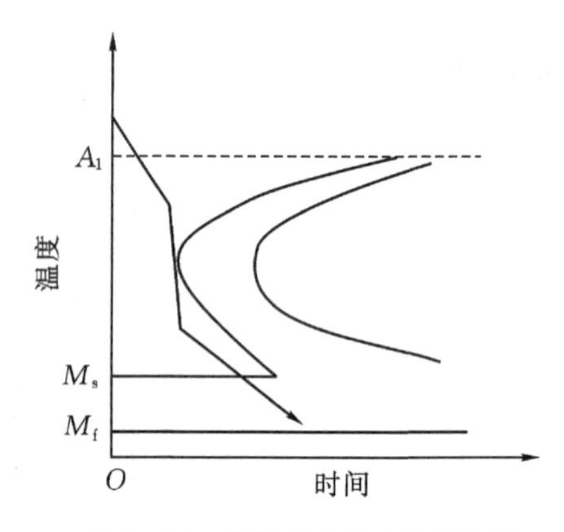

图 3-23　钢的理想淬火冷却曲线

表 3-5 为几种常见的淬火介质的冷却特性。常用介质是水、油、碱或盐的水溶液。

表 3-5　常用淬火介质的冷却特性

淬火冷却介质	冷却速度(℃/s)	
	650～550℃	300～200℃
水(18℃)	600	270
10%NaCl 水溶液(18℃)	1100	300
10%NaOH 水溶液(18℃)	1200	300
10%Na_2CO_3 水溶液(18℃)	800	270
矿物油	150	30
菜籽油	200	35
硝熔盐(200℃)	350	10

水是最常用的冷却介质，冷却能力强、成本低，缺点是在650～400℃范围内冷却能力不足，在300～200℃范围内冷却能力又很大，易使工件产生变形和开裂。在水中加入少量的碱或盐，能增加650～400℃范围内的冷却速度，基本不改变其在300～200℃时的冷却速度。

油在300～200℃范围内的冷却速度远小于水，有利于减少工件的变形和开裂，但在650～400℃范围内的冷却速度也远小于水，不利于工件淬硬，因此只能用于过冷奥氏体稳定性较大的低合金钢、合金钢的淬火，使用时油温应控制在40～100℃。

熔盐的能力介于油和水之间，主要用于贝氏体等温淬火，马氏体分级淬火。其使用温度高、工作条件差，通常用于形状复杂、尺寸较小和变形要求严格的工件。

3. 常用淬火方法

实际生产中为了达到所要求的组织和性能，同时又能减小淬火应力，防止工件变形或开裂，可以选用不同的淬火方法，如图3-24所示。

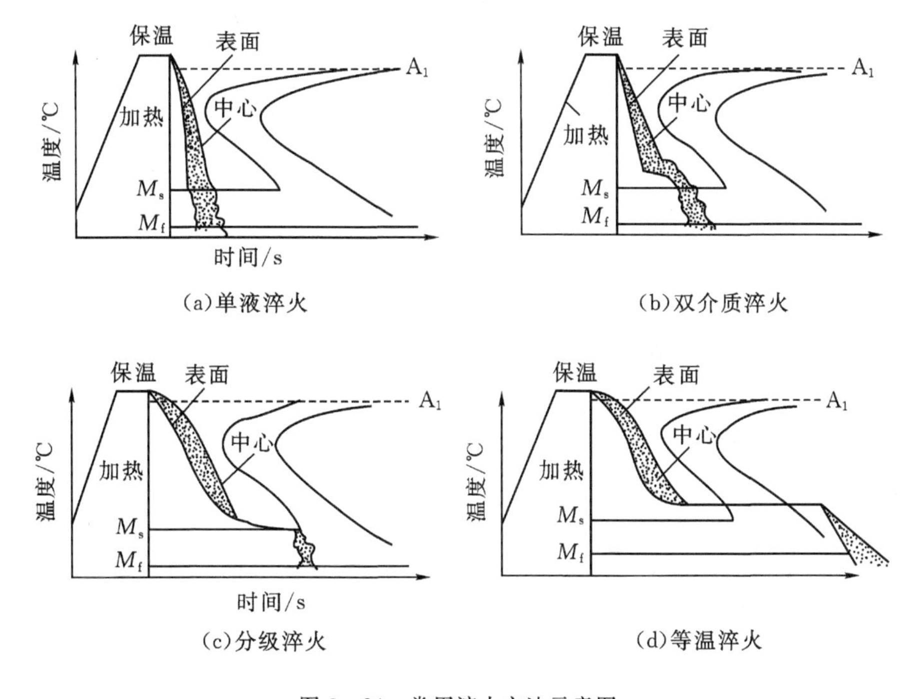

图3-24　常用淬火方法示意图

(1)单液淬火　单液淬火也称单介质淬火、普通淬火，是将淬火零件放入一种淬火介质中冷却。这种方法容易产生变形和开裂，但操作简单，容易实现机械化、自动化，主要应用于形状简单的钢件。

(2)双介质淬火　双介质淬火是指将钢件奥氏体化后，先浸入一种冷却能力较强的介质，在组织将要发生马氏体转变时立即转入冷却能力较弱的介质中冷却的淬火工艺。常用的有先水后油、先水后空气等。采用这种方法时如果能控制好在两种介质中的停留时间，就能有效防止淬火变形和开裂。主要用于形状复杂的高碳钢件和尺寸较大的合金钢零件。

(3)马氏体分级淬火　马氏体分级淬火是指将零件奥氏体化后，浸入稍高或稍低于M_s的盐浴或碱浴中，保温一定时间，当工件整体达到介质温度后取出空冷，使之转变为马氏体组织。这种方法的优点是应力小，变形轻微；但由于盐浴或碱浴冷却能力不够大，只适宜形状复杂的小零件，一般直径或厚度小于 12mm 。

(4)等温淬火　等温淬火是为了获得下贝氏体组织。等温淬火是将零件加热到奥氏体化后，随之快冷到贝氏体转变温度区间保持等温，使奥氏体转变为贝氏体的淬火工艺。这种方法淬火后应力和变形很小，但生产周期长、效率低，主要用于形状复杂、尺寸要求精确且强韧性小的小型模具及弹簧。

(5)局部淬火　对某些零件，如果只是在某些部位要求高硬度，可进行局部加热和淬火，以避免其他部分产生变形和裂纹。图 3-25 为卡规的局部淬火法。

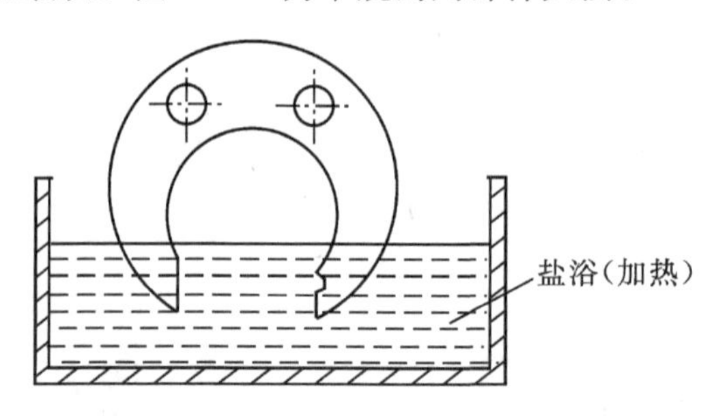

图 3-25　卡规的局部淬火法

能力知识点 3　钢的淬透性

1. 淬透性

钢的淬透性是指在规定条件下决定钢材淬硬层深度和硬度分布的特性。淬透性用来表征钢淬火时获得马氏体组织深度的能力，是钢的一种重要的热处理工艺性能。

实际淬火时，如果整个截面都得到马氏体，表明工件已经淬透。但多数工件经常表面淬成了马氏体，而心部未得到马氏体。因为工件在淬火时，整个截面的冷却速度不同，工件表层的冷却速度大于的临界冷却速度 v_k，心部的冷却速度小于 v_k，如图 3-26(a)所示。图 3-26(b)中的影线区域表示获得马氏体组织的深度。一般规定：由钢的表面向里至半马氏体区处的垂直距离为有效淬硬深度。

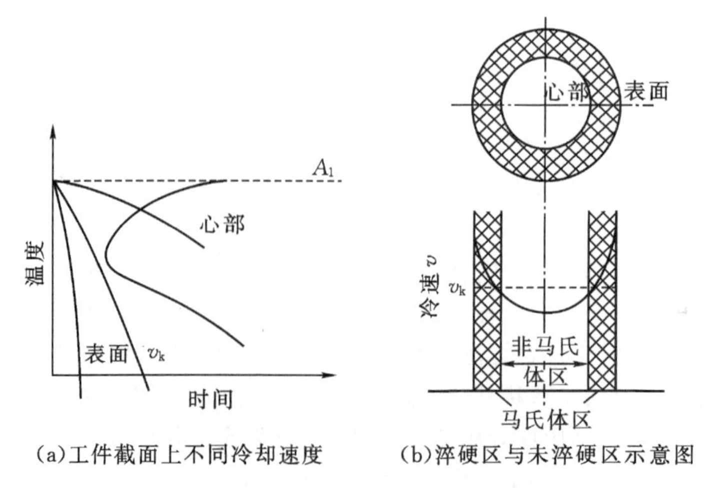

(a)工件截面上不同冷却速度　　(b)淬硬区与未淬硬区示意图

图 3-26　工件有效淬硬层深度与冷却速度的关系

影响淬透性的因素很多，主要是化学成分和奥氏体化条件。除钴、铝(>2%)外，所以溶于奥氏体中的合金元素都可不同程度的提高淬透性。奥氏体的均匀性、晶粒大小，过冷奥氏体的稳定性即等温转变图的位置都会影响其淬透性。钢的等温转变图越靠右，其淬透性越大。

2. 淬透性与淬硬层深度

淬透性与实际工件淬硬层深度是有区别的。同一种钢不同截面的工件在同样奥氏体化条件下淬火，其淬透性是相同的。淬透性是钢本身所固有的属性，对于一种钢，它是确定的，可用于不同钢种之间的比较。而实际工件的淬硬层深度除了取决于钢的淬透性外，还与工件的形状、尺寸及采用的淬火介质等外界因素有关。用不同钢种制造的相同形状和尺寸的工件，在同样条件下淬火，有效淬硬层越深其淬透性越好。

3. 淬透性与淬硬性

钢的淬透性与淬硬性是两个不同的概念，淬硬性是指钢淬火硬化所能达到的最高硬度的能力，它主要取决于马氏体的含碳量。淬透性好的钢其淬硬性不一定高。例如，低碳合金钢淬透性相当好，但其淬硬性却不高；高碳非合金钢的淬硬性高，但其淬透性却差。

4. 测定淬透性的临界直径法

临界直径法是一种直观的衡量淬透性的方法。临界淬透直径(D_0)是指工件在某种介质中淬火后，心部得到全部马氏体或半马氏体组织时的最大直径。临界直径越大，钢的淬透性越好。表3-6列出了几种常用钢在水和油中淬火时的临界淬透直径。

表3-6 常用钢的临界淬透直径

牌号	$D_{0水}$/mm	$D_{0油}$/mm	心部组织
45	10～18	6～8	50%M
60	20～25	9～15	50%M
40Cr	20～36	12～24	50%M
20CrMnTi	32～50	12～20	50%M
T8～T12	15～18	5～7	95%M
GCr15	—	30～35	95%M
9SiCr	—	40～50	95%M
Cr12	—	200	90%M

5. 淬透性的实际应用

淬透性对钢件热处理后的力学性能影响很大，若整个工件淬透，经高温回火后，其力学性能与截面是均匀一致的；若工件未淬透，高温回火后，虽然载面上硬度基本一致，但未淬透部分的屈服点和冲击韧度却显著降低，如图3-27所示。

实际生产中对于许多重要的结构件，如发动机的连杆和连杆螺钉等，为获得良好的使用性能和最轻的结构重量，调质处理时都希望能淬透，需要选用淬透性高的钢；对于形状复杂、截面变化较大的零件，也需要选用淬透性较高的钢，但为了减少淬火应力、变形及裂纹，淬火时应采用冷却缓慢的淬火介质；对于应力的主要集中在工件表面，心部应力不大的零件，则可考虑选用淬透性低的钢。焊接件一般不选用淬透性高的钢，否则易在焊缝及热影响区出现淬火组织，造成焊件变形和开裂。

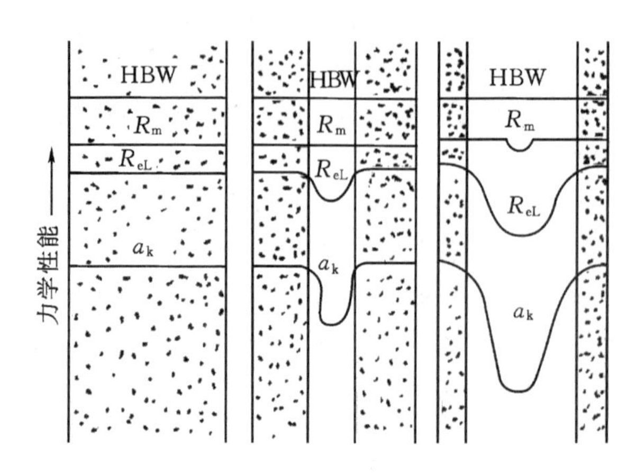

图 3-27　淬透性对工件淬火+回火后力学性能的影响

能力知识点4　钢的淬火缺陷及预防

在热处理生产中，因淬火工艺控制不当，常会产生硬度不足与软点、过热与过烧、变形与开裂、氧化与脱碳等缺陷。

1. 硬度不足与软点

钢件淬火硬化后，表面硬度低于应有的硬度，称为硬度不足；表面硬度偏低的局部小区域称为软点。

引起硬度不足和软点的主要原因有淬火加热温度偏低、保温时间不足、淬火冷却速度不够以及表面氧化脱碳等。

2. 过热与过烧

淬火加热温度过高或保温时间过长，晶粒过于粗大，以至钢的性能显著降低的现象称为过热。工件过热后可通过正火细化晶粒予以补救。

当加热温度达到钢的固相线附近时，晶界氧化和开始部分熔化的现象称为过烧。工件过烧后无法补救，只能报废。

防止过热和过烧的主要措施是正确选择和控制淬火加热温度和保温时间。

3. 变形与开裂

工件淬火冷却时，由于不同部位存在温度差异及组织转变的不同时性所引起的应力称为淬火冷却应力。当淬火应力超过钢的屈服点时，工件将产生变形；当淬火应力超过钢的抗拉强度时，工件将产生裂纹，从而造成废品。

为防止淬火变形和裂纹，需从零件结构设计、材料选择、加工工艺流程、热处理工艺等各方面全面考虑，尽量减少淬火应力，并在淬火后及时进行回火处理。

4. 氧化与脱碳

工件加热时，介质中的氧、二氧化碳和水等与金属反应生成氧化物的过程称为氧化。而加热时由于气体介质和钢铁表层碳的作用，使表层含碳量降低的现象称为脱碳。氧化与脱碳会使工件表面质量降低，且淬火后硬度不均匀或偏低。

防止氧化与脱碳的主要措施是采用保护气氛或可控气氛加热，也可在工作表面涂上一层防氧化剂。

能力知识点5　淬火钢的回火

1. 回火

回火是指将淬火后的钢加热至Ac_1以下的某一温度后，保温一段时间，然后冷却到室温的热处理工艺。

淬火后的钢组织里有马氏体和残余奥氏体两种亚稳定组织，有自发向铁素体和渗碳体平衡组织转变的倾向，会引起工件在使用过程中形状、尺寸的变化。同时淬火内应力，易使工件产生变形或开裂。因此，钢在淬火后一般要进行回火。

淬火钢回火目的如下：

①降低脆性，消除或减少内应力，防止工件的变形和开裂。

②稳定组织、调整硬度，获得工艺所要求的力学性能。

③稳定工件尺寸，保证工件在使用过程中不发生尺寸和形状的变化，满足各种工件使用性能要求。

④对于某些高淬透性的合金钢，空冷时即可淬火成马氏体组织，通过回火可使碳化物聚集长大，降低钢的硬度，以利于切削加工。

2. 常用回火方法

淬火钢的回火性能主要取决于回火温度。根据回火温度不同将其分为三类。

(1)低温回火(150～250℃)　低温回火后的组织为回火马氏体。低温回火时从淬火马氏体内部析出碳化物$Fe_{2.4}C$薄片，马氏体的过饱和度减小，部分残余奥氏体转变为下贝氏体(量少可忽略)，纤维组织如图3-28所示。

低温回火的目的是降低淬火应力，提高工件韧性，保证淬火后的高硬度(一般为58～64HRC)和高耐磨性，主要用于处理各种高碳钢工具、模具、滚动轴承以及渗碳和表面淬火的零件。

(a)淬火马氏体

(b)回火马氏体

图3-28　淬火马氏体与回火马氏体的显微组织

(2)中温回火(350～500℃)　中温回火后的组织为回火托氏体。中温回火时，碳化物$Fe_{2.4}C$转变为高度弥散分布的极细小的粒状渗碳体，淬火马氏体转变成铁素体，但形态仍为针状，显微组织如图3-29所示。

回火托氏体具有较高的弹性极限和屈服强度，同时也具有一定的韧性，其硬度一般为35～50HRC。主要用于弹性零件和热锻模具的处理。

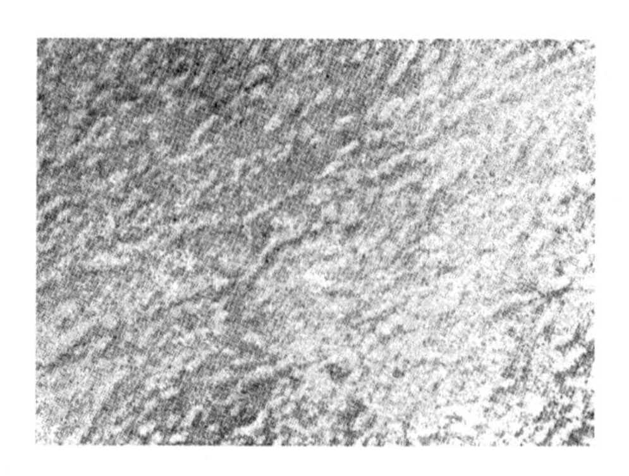

图 3-29　回火托氏体的显微组织

(3)高温回火(500～650℃)　高温回火后的组织为回火索氏体。高温回火时,极细小粒状渗碳体逐渐转变为较大粒状渗碳体,铁素体由针状转变为多边形,形成在多边形铁素体基体上分布着粗粒状渗碳体的复相组织,如图 3-30 所示。

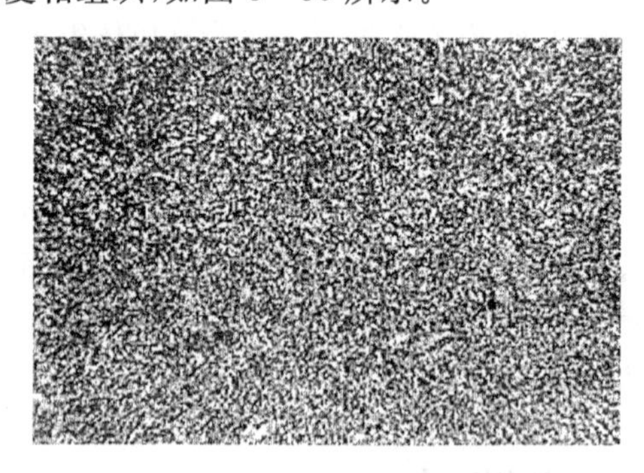

图 3-30　回火索氏体的显微组织

回火索氏体综合力学性能最好,即强度、塑性和韧性都较好,硬度一般为 220～330HBW。通常把淬火加高温回火工艺称为调质处理。

钢经调质后的硬度与正火的硬度相近,但塑性和韧性显著高于正火,因此调质广泛用于各种重要的机器结构件,如受交变载荷的连杆、曲轴、齿轮、螺栓、机床主轴等,也可作为表面淬火、渗碳之前的预先热处理。表 3-7 为 45 钢调质和正火后力学性能的比较。

表 3-7　45 钢调质和正火后力学性能的比较

热处理状态	R_m/MPa	$A_{11.3}$/%	a_K/(J/cm^2)	HBW	组织
正火	700～800	15～20	50～80	162～220	细珠光体、铁素体
调质	750～850	20～25	80～120	210～250	回火索氏体

淬火钢回火时的组织转变是在不同温度范围内进行的,但多半又是交叉重叠进行的,即在同一回火温度可能进行几种不同的转变。淬火钢回火后的性能取决于组织变化,随着回火温度的升高,强度、硬度降低,塑性、韧性提高。钢在不同温度下回火后硬度随回火温度的变化,以及钢的力学性能与回火温度的关系分别如图 3-31、图 3-32 所示。

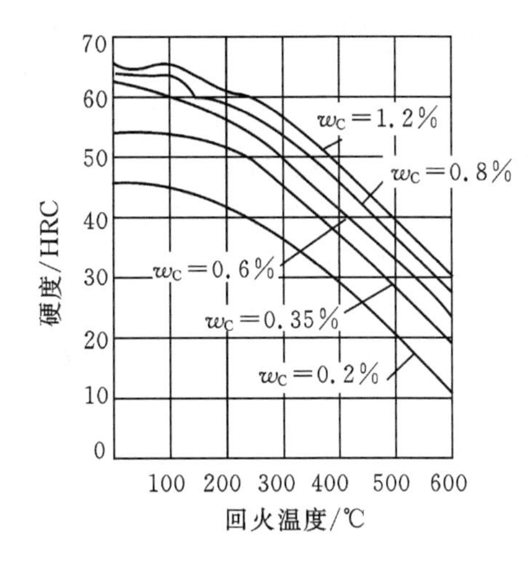

图 3－31 钢的硬度随回火温度的变化

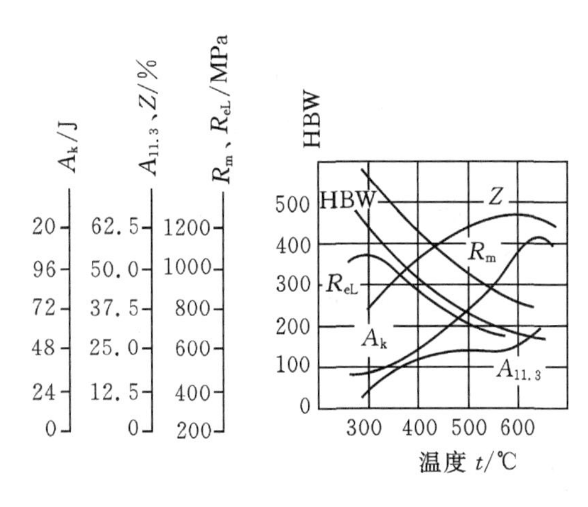

图 3－32 钢回火温度与力学性能的比较

3. 回火脆性

钢在某些温度区间回火，或从回火温度缓慢冷却通过该温度区间时，冲击韧性明显下降，这种脆化现象称为回火脆性。回火脆性可分为两类：

(1)低温回火脆性　钢在 250～350℃范围内回火时出现的脆性称为低温回火脆性，也称为第一类回火脆性。低温回火脆性为不可逆回火脆性，几乎所有的工业用钢都有这类脆性。冷却速度对这种脆性没有影响。为防止低温回火脆性，常避免在脆化温度范围内回火，如必须在脆化温度回火时，可采取等温淬火。

(2)高温回火脆性　钢在 500～650℃范围内回火时出现的脆性称为高温回火脆性，也称为第二类回火脆性、可逆回火脆性。此类回火脆性主要发生在含有 Cr 、Ni 、Mn 、Si 等元素的合金钢中，当淬火后在上述温度范围长时间保温或以缓慢速度冷却时，便发生明显的回火脆性。但回火后采取快冷，高温回火脆性将受到抑制或消失。尽量减少钢中杂质元素含量以及采用含 W 、Mo 等元素的合金钢可防止高温回火脆性。

能力知识点 6　钢的冷处理和时效处理

1. 钢的冷处理

淬火后将高碳钢及一些合金钢继续冷却到零度以下（M_f 在零度以下），会使残留奥氏体转变为马氏体，称这种操作为冷处理。

冷处理的温度应由 M_f 决定，一般是在干冰和酒精的混合物或冷冻机中冷却，温度为－80～70℃，应紧随淬火操作之后进行，效果显著。冷处理后可进行回火，以消除应力，避免裂纹。

冷处理的目的为：提高钢的硬度和耐磨性，如合金钢渗碳后的冷处理。其次，为了提高工具的寿命和稳定精密量具的尺寸。再次，冷处理时体积增大，用此方法恢复某些高度精密件的尺寸，如量规。

目前，用液氮在－130℃以下的深冷处理显著延长了工具及耐磨零件的寿命。

2. 时效处理

金属和合金经过冷、热加工或热处理后，在室温下放置或适当升高温度时常发生力学和物理性能随时间而变化的现象，统称为时效。时效过程中，金属和合金的显微组织并不发生明显变化，常用的时效方法主要有自然时效和人工时效。

(1)自然时效　自然时效是指经过冷、热加工或热处理的金属材料，于室温下发生性能随时间而变化的现象。如钢铁铸件、锻件或焊接件于室温下长期堆放在露天或室内，经过半年或几年后可以减轻或消除约10%～12%残余应力，并稳定工件尺寸。其优点是不用设备，不消耗能源，即能达到消除部分内应力的效果；但周期太长，应力消除率不高。

(2)人工时效

①热时效。随温度不同，α－Fe中碳的溶解度发生变化，使钢的性能发生改变的过程称为热时效。

低碳钢加热到650～750℃(A_1附近)并迅速冷却时，使来不及析出的$Fe_3C_{Ⅲ}$可在铁素体内成为过饱和固溶体，在室温长时间放置，碳又呈$Fe_3C_{Ⅲ}$析出，使钢的硬度、强度上升，而塑性、韧性下降。

热时效现象并不总是有利的，需要加以控制和利用。例如，钢铁零件(包括铸锻焊件)，长时间在低于200℃加热，可以稳定尺寸和性能；但是冷变形后的低碳钢板，加热到300℃左右发生的热时效过程，却使钢板的韧性降低，对低碳钢板的成形十分有害。

②形变时效。钢在冷变形后进行时效称为形变时效。室温下进行自然时效，一般需要保持15～16天，大型工件需放置半年甚至1～2年；而热时效一般在200～350℃仅需几分钟，大型工件需几小时。形变时效可降低钢板的冲压性能，因而低碳钢板特别是汽车用钢板，要进行形变时效倾向试验。

③振动时效。振动时效即通过机械振动的方式来消除、降低或均匀工件内应力的一种工艺。主要是使用一套专用电动机设备、测试仪器和装夹工具对需要处理的工件施加周期性的动载荷，迫使工件在共振频率范围内振动并释放出内部残余应力，提高工件的抗疲劳强度和尺寸精度的稳定性，如图3-33所示。其主要优点是：不受工件尺寸和重量限制，可以露天就地处理；节能率达98%以上；内应力消除率达30%以上；一般可以代替人工时效和自然时效。

图3-33　振动时效在重型机床横梁的应用

任务3　钢的表面热处理

表面热处理是指为改变工件表面的组织和性能，仅对工件表层进行热处理的工艺。

某些用于在冲击载荷、交变载荷及摩擦条件下的机械零件，如齿轮、凸轮、曲轴等，不仅要求工作表面承受较高的应力，表层具有较高的强度、硬度、耐磨性和疲劳强度，同时要求心部仍保持足够的塑性和韧性。为了满足上述要求，生产中可采用的表面热处理达到强化工作表面的目的。常用的表面热处理方法包括表面淬火和化学热处理两类。

能力知识点1 钢的表面淬火

钢的表面淬火是指将工件表面迅速加热到淬火温度进行淬火的工艺方法。工件经表面淬火后，表层得到马氏体组织，具有高硬度和耐磨性，而心部仍保持淬火前的组织，具有足够的强度和韧性。目前广泛应用的有感应加热表面淬火、火焰加热表面淬火等。

1. 感应加热表面淬火

感应加热表面淬火简称感应淬火，是指利用感应电流通过工件所产生的热量，使工件表层迅速加热并快速冷却的淬火工艺。

(1)感应加热淬火基本原理　感应加热过程如图3-34所示，感应线圈通交流电时，会在它的内部和周围产生与交流电频率相同的交变磁场，如果把工件放在感应磁场中，工件内部将产生感应电流，并由于电阻的作用而被加热。感应电流在工件表层密度最大，而心部几乎为零，这种现象称为集肤效应。电流透入工件表层的深度主要与电流频率有关。感应加热器通入电流，工件表面在几秒钟内迅速加热到远高于Ac_3的温度，然后迅速冷却工件表面，可以用水、乳化液或聚乙烯醇水溶液喷射淬火，最后在工件表面获得一定深度的硬化层。齿轮感应加热淬火过程如图3-35所示。

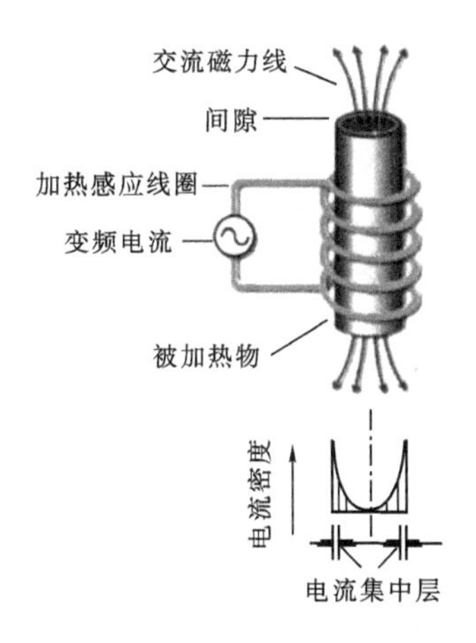

图3-34　感应加热示意图

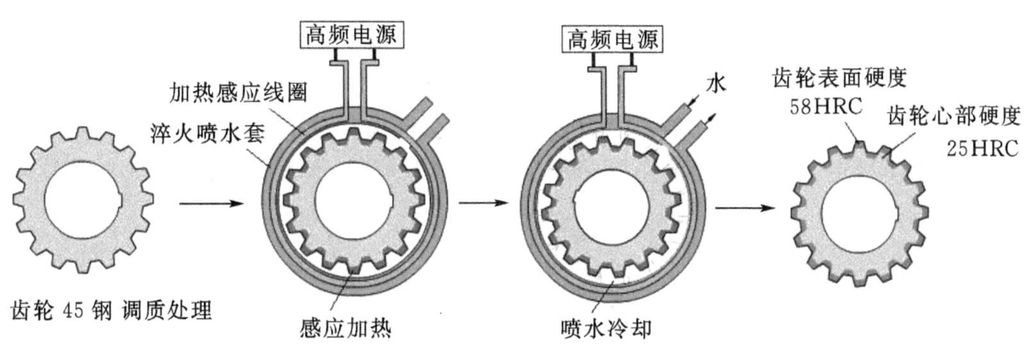

图3-35　齿轮感应加热淬火过程

(2)感应加热类型与应用　生产中应根据对零件表面有效淬硬层深度的要求,选择合适的感应淬火频率。

①高频感应淬火。高频感应淬火的常用频率为 200 ～ 300kHz ,淬硬层深度为 0.5 ～ 2mm 。主要用于要求淬硬层较薄的中、小模数齿轮和中、小尺寸轴类零件等,如图 3 - 36 所示。

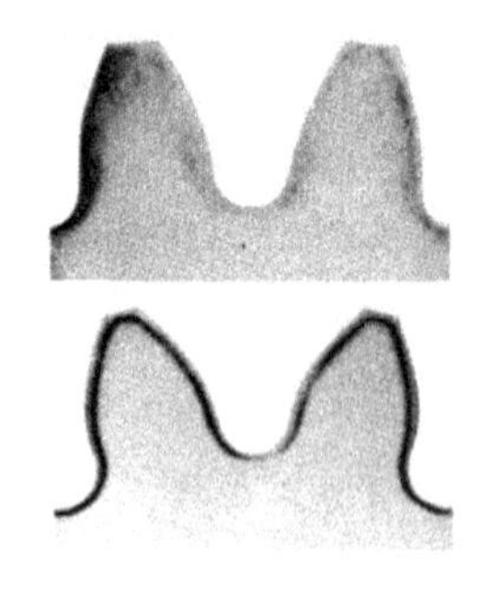

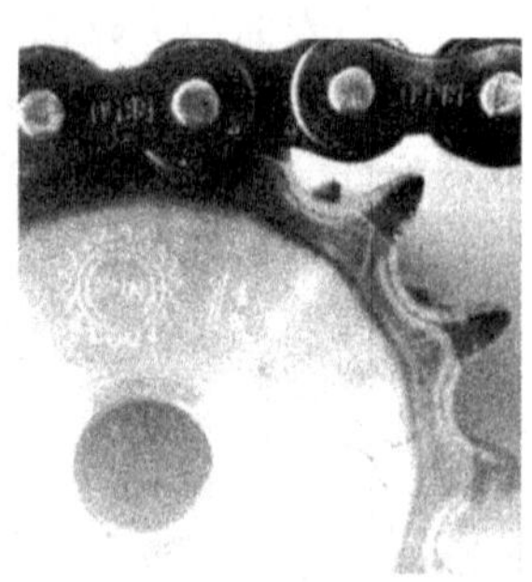

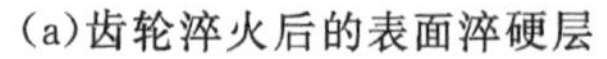

(a)齿轮淬火后的表面淬硬层　(b)电车车轮对接触面的表面淬火　(c)淬火后链轮的周边

图 3 - 36　高频感应淬火示例

②中频感应淬火。中频感应淬火的常用频率为 2500 ～ 8000Hz ,淬硬层深度为 2 ～ 10mm 。主要用于大、中模数齿轮和较大直径轴类零件。

③工频感应淬火。工频感应淬火的常用频率为 50Hz ,淬硬层深度为 10 ～ 20mm 。主要用于大直径零件(如轧辊、火车车轮等)的表面淬火和直径较大钢件的穿透加热。

(3)感应淬火的特点　感应淬火最适宜的是中碳钢(如 40 钢、45 钢等)和中碳合金钢(如 40Cr 钢、40MnB 钢等),也可用于高碳工具钢、含合金元素较少的合金工具钢及铸铁等。感应淬火工艺设备较贵,维修调整困难,不易处理形状复杂的零件。

与普通淬火相比,感应淬火有以下特点:

①加热速度极快,一般只需要几秒至几十秒就可以达到淬火温度。因为不进行保温,所以加热温度一般比普通淬火温度高 200～300℃。

②工件表层获得极细小的马氏体组织,使工件表层具有比普通淬火稍高的硬度(高 2 ～ 3HRC)和疲劳强度,且脆性较低。

③工件表面质量好,因快速加热,所以工件表面不易氧化、脱碳,且淬火时工件变形小。

④生产率高,便于实现机械化、自动化,淬硬层深度也易控制。

2. 火焰加热表面淬火

火焰加热表面淬火是指利用氧—乙炔(或其他可燃气体)火焰,对工件表层加热并快速冷却的淬火工艺,如图 3 - 37 所示。其淬硬层深度一般为 2 ～ 6mm 。

火焰淬火操作简便,设备简单,成本低,灵活性大,但加热温度不易控制。工件表面易过热,淬火质量不稳定。主要用于单件、小批生产以及大型零件(如大模数齿轮、大型轴类等)的表面淬火。

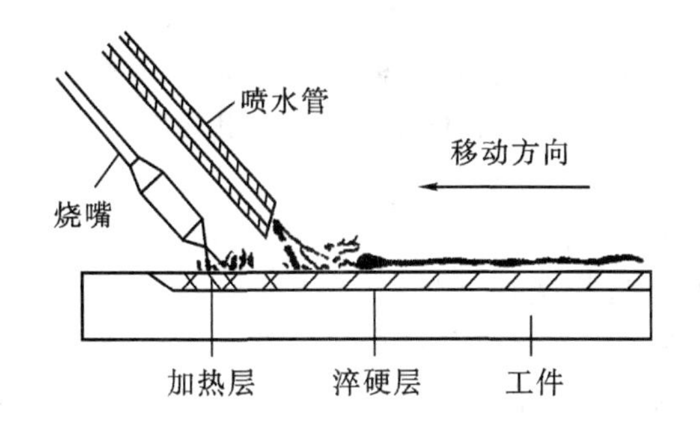

图 3-37　火焰加热表面淬火示意图

3. 激光加热表面淬火

激光加热表面淬火是将激光束照射到工件表面上，在激光束能量的作用下，使工件表面迅速（千分之一到百分之一秒）加热到奥氏体化状态，当激光束移开后，由于基体金属的大量吸热而使工件表面获得急速冷却，以实现工件表面自冷淬火的工艺方法。

激光是一种高能量密度的光源，能有效地改善材料表面的性能。激光能量集中，加热点准确，热影响区小，热应力小；可对工件表面进行选择性处理，能量利用率高，尤其适合于大尺寸工件的局部表面加热淬火；可对形状复杂或深沟、孔槽的侧面等进行表面淬火，尤其适合于细长件或薄壁件的表面处理。

激光加热表面淬火的淬硬层一般为 0.2～0.8mm 。激光淬火后，工件表层组织由极细的马氏体、超细的碳化物和已加工硬化的高位错密度的残留奥氏体组成，表面硬化层硬度高且耐磨性良好，热处理变形小，表面存在高的残余压应力，疲劳强度高。

4. 电解液加热表面淬火

电解液加热表面淬火过程如下：是指将工件淬火部分置于电解液中，作为阴极，金属电解槽作为阳极；电路接通后，电解液产生电离，阳极放出氧，阴极工件放出氢；氢围绕阴极工件形成气膜，产生很大的电阻，通过的电流转化为热能将工件表面迅速加热到临界点以上温度；当电路断开时，气膜消失，加热的工件在电解液中实现淬火冷却。此方法设备简单，淬火变形小，适用于形状简单尺寸小的工件的批量生产。电解液加热表面淬火。

电解液可用酸、碱或盐的水溶液，质量分数为 5%～18% 的 Na_2CO_3 溶液效果较好。电解液温度不可超过 60℃，否则影响气膜的稳定性和加速溶液蒸发。常用电压为 160～180V，电流密度为 4～10A/cm^2。加热时间由试验决定。

电解液加热淬火适合于单件、小批量生产或大批量的形状简单工件的局部淬火，电解液加热淬火存在操作不当时极易引起工件过热乃至熔化的缺点，随着晶闸管整流调压技术的应用，这一缺点将被克服。

能力知识点2　化学热处理

化学热处理是指将工件置于适当的活性介质中加热、保温，使一种或几种元素渗入其表层，以改变表层一定深度的化学成分、组织和性能的热处理工艺。

化学热处理的基本过程是：

分解：化学介质分解出能够渗入工件表层的活性原子。

吸收:活性原子由钢的表面进入铁的晶格中形成固溶体,甚至可能形成化合物。

扩散:渗入的活性原子由工件表面向内部扩散,形成一定深度的扩散层。

目前常用的化学热处理有渗碳、渗氮(氮化)、碳氮共渗等。

1. 渗碳

渗碳是将工件放入渗碳气氛中,在 900 ～ 950℃ 的温度下加热、保温,用来增加钢件表层的含碳量和形成一定的碳浓度梯度的化学热处理工艺。

(1)渗碳目的　使工件表面具有高的硬度和耐磨性,而心部仍保持一定强度和较高的韧性,既能承受大的冲击,又能承受大的摩擦。

(2)渗碳方法　渗碳所用介质称为渗碳剂,根据渗碳剂的不同,渗碳的方法分为固体渗碳、气体渗碳、真空渗碳和液体渗碳等。

①固体渗碳。如图 3－38 所示,固体渗碳是指将工件置于四周填满固体渗碳剂的渗碳箱中,用盖和耐火泥封将渗碳箱密封后,送入炉中加热至渗碳温度,保温一定时间后出炉,获得一定厚度的渗碳层。常用的固体渗碳剂是碳粉和碳酸盐($BaCO_3$ 或 Na_2CO_3 等)的混合物。固体渗碳的平均速度为 0.1mm/h,它设备简单,成本低廉,但劳动条件差,质量不易控制,生产率低。主要用于单件、小批生产,目前在一些中小型工厂中仍有使用。

②气体渗碳。气体渗碳是指在气体渗碳介质中进行渗碳的工艺。如图 3－39 所示,将工件装挂好,置于密封的井式渗碳炉内,滴入易于热分解和汽化的煤油、甲醇、丙酮等渗碳剂或直接通入煤气、石油液化气等渗碳气体,加热到渗碳温度,渗碳剂在高温下分解形成渗碳气氛,由 CO 、CO_2 、H_2 、CH_4 等组成。渗碳气氛在钢件表面发生反应,提供活性碳原子[C],活性碳原子[C]被工件表面吸收而溶于高温奥氏体中,并向工件内部扩散形成一定深度的渗碳层。渗碳层深度主要取决于渗碳时间,一般按为 0.1～0.15mm/h 进行估算。

气体渗碳生产率高,渗碳过程易控制,渗碳层质量好,易实现机械化。但设备成本高,不宜用于单件、小批生产,广泛应用于大批量生产中。

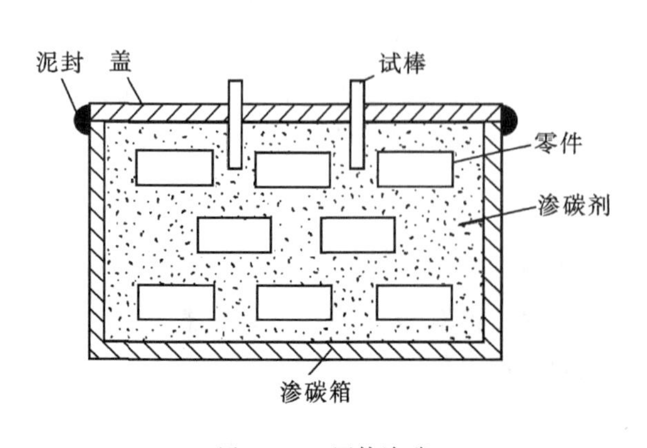

图 3－38　固体渗碳

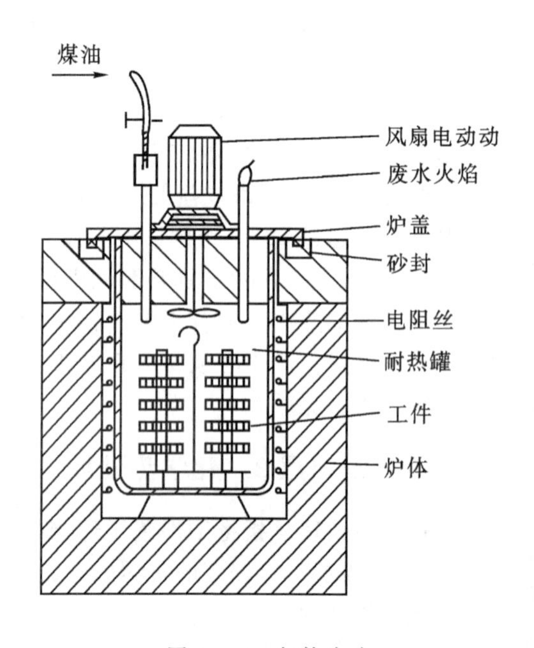

图 3－39　气体渗碳

③真空渗碳。真空渗碳是将零件放入特制的真空渗碳炉中，并使之达到一定的真空度，然后将炉温升至渗碳温度，再通入一定量的渗碳气体进行渗碳。由于渗碳炉中无氧化性气体，零件表面无吸附的气体，所以通入渗碳气体后，渗碳速度快，渗碳时间约为气体渗碳的1/3，且表面光洁。

(3)渗碳零件技术要求　决定渗碳层质量的主要指标是渗碳层的含碳量、深度和组织，这对渗碳件的使用寿命有重要影响。

①含碳量。渗碳用钢为低碳钢和低碳合金钢，碳的质量分数一般为0.1%～0.2%。碳的质量分数提高，将降低工件心部的韧性。工件渗碳后其表层碳的质量分数通常为0.85%～1.05%。

②深度。一般规定，从渗碳工件表面向内至碳的质量分数为规定值(一般 $w_C=0.4\%$)处的垂直距离为渗碳层深度。工件的渗碳层深度取决于工件尺寸和工作条件，一般为0.5～2.5mm。

③组织。渗碳后缓冷组织自表面至心部依次为：过共析组织(珠光体＋碳化物)、共析组织(珠光体)、亚共析组织(珠光体＋铁素体)的过渡层，直至心部的原始组织，如图3-40所示。

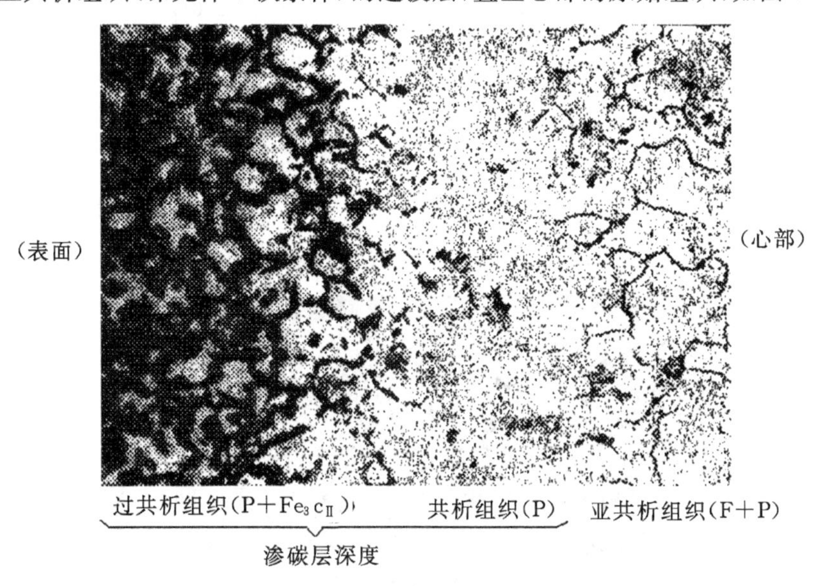

图3-40　低碳钢渗碳缓冷后组织

(4)渗碳后的热处理　渗碳层的组织在缓冷后是珠光体和网状渗碳体，硬度并不高，没有达到表面硬度和耐磨性的要求，此外，在高温下长时间保温，往往引起奥氏体晶粒长大。因此工件渗碳后必须进行热处理，可通过淬火及低温回火处理，提高硬度和耐磨性，使心部具有良好的韧性。

2. 渗氮

渗氮俗称氮化，是指在一定温度下(一般在 Ac_1 以下)，使活性氮原子渗入钢件表面，形成含氮硬化层的化学热处理工艺。常用的渗氮方法有气体渗氮和离子渗氮。

(1)渗氮目的　使工件表面获得高硬度、高耐磨性、高疲劳强度和耐蚀性。

(2)渗氮用钢　渗氮用钢主要是含有Al、Cr、Mo、V、Ti的合金钢，应用最广泛的渗氮用钢是38CrMoAl、35CrMo、18CrMoW等钢。钢中Cr、Mo、Al等元素在渗氮过程中形成高度弥散、硬度很高的稳定氮化物（CrN、MoN、AlN），使渗氮后工件表面有很高的硬度（1000～1200HV，相当于72HRC）和耐磨性。

（3）渗氮特点及应用　与渗碳相比，渗氮后无须再进行淬火就具有高硬度、耐磨性和热硬性，还具有良好的耐蚀性和高的疲劳强度，同时由于渗氮温度低，工件的变形小，但渗氮的生产周期长，一般要得到0.3～0.5mm的渗氮层。渗氮前零件需经调质处理，以保证心部的强度和韧性。形状复杂的精密零件，在渗氮前、精加工后还要进行消除应力的退火，以减少渗氮时的变形。

渗氮主要用于要求表面高硬度，耐磨、耐热、耐蚀的精密零件，如精密机床的主轴、蜗杆、发动机曲轴、高速精密齿轮等。图3-41为38CrMoAl钢氮化工艺曲线及显微组织图。显微组织中白亮层为含氮浓度高的氮化物层，不易腐蚀、薄而脆，不能受冲击，应避免将此层磨掉。

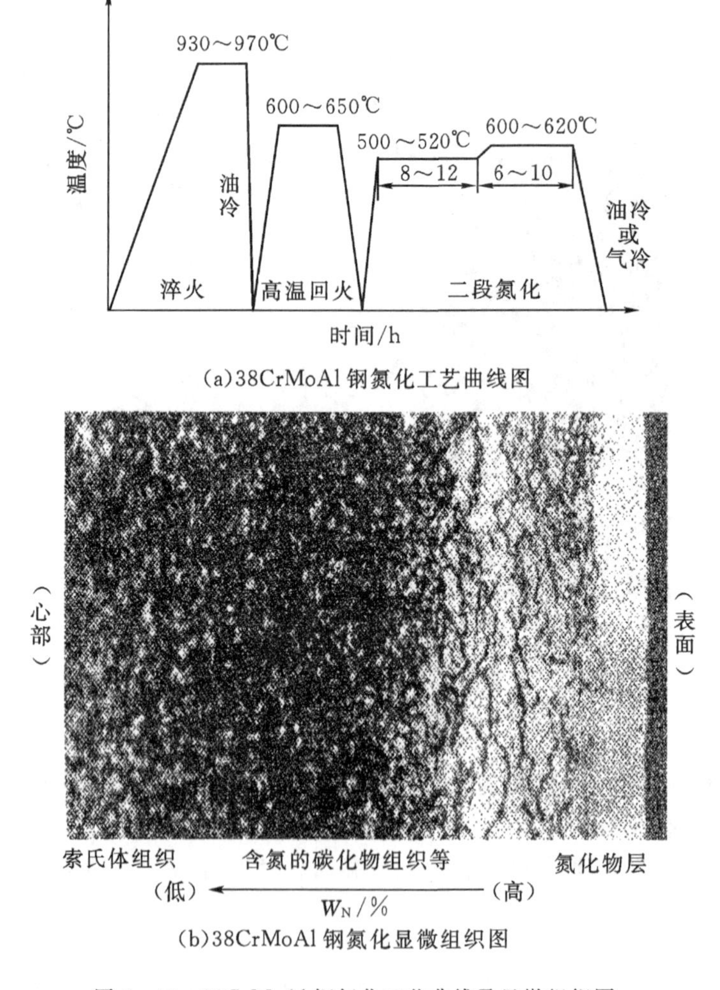

图3-41　38CrMoAl钢氮化工艺曲线及显微组织图

3. 碳氮共渗

碳氮共渗是指在工件表面同时渗入碳和氮的化学热处理工艺。其主要目的是提高工件表面的硬度和耐磨性，常用的是气体碳氮共渗。气体碳氮共渗工艺与渗碳基本相似，常用渗剂为煤油+氮气等,加热温度为820～860℃。

碳氮共渗后要进行淬火和低温回火。共渗层表面组织为回火马氏体、粒状碳氮化合物和少量残余奥氏体,渗层深度一般为0.3～0.8mm。碳氮共渗用钢大多为低碳或中碳的碳素钢、低合金钢及合金钢,也可用于铸铁。此工艺常应用于汽车的变速箱齿轮和轴类零件等。近年来,国内外都在发展深层碳氮共渗来代替渗碳,效果很好,其缺点是气氛较难控制。

能力知识点3 表面气相沉积

气相沉积技术是利用气相中发生的物理、化学反应,生成的反应物在工件表面形成一层具有特殊性能的金属或化合物的涂层。按其过程本质不同分为化学气相沉积(CVD)和物理气相沉积(PVD)两类。

1. 化学气相沉积

化学气相沉积(CVD)是将工件置于炉内加热到高温后,向炉内通入反应气(低温下可气化的金属盐),使其在炉内发生分解或化学反应,并在工件上沉积成一层所要求的金属或金属化合物薄膜的方法。

碳素工具钢、渗碳钢、轴承钢、高速工具钢、铸铁、硬质合金等材料均可进行气相沉积。化学气相沉积法的缺点是加热温度较高,目前主要用于硬质合金的涂覆。

2. 物理气相沉积

物理气相沉积(PVD)技术是指在真空条件下,采用蒸发或辉光放电、弧光放电、溅射等物理方法等物理方法,将材料表面气化成气态原子、分子或部分电离成离子并通过低压气体(或等离子体)过程,在基体表面沉积具有某种特殊功能的薄膜的技术。

物理气相沉积的主要方法有,真空蒸镀、溅射镀膜、电弧等离子体镀、离子镀膜,及分子束外延等。发展到目前,物理气相沉积技术不仅可沉积金属膜、合金膜、还可以沉积化合物、陶瓷、半导体、聚合物膜等。

3. 气相沉积技术的应用

CVD法和PVD法在满足现代技术所要求的高性能方面比常规方法有许多优越性,如镀层附着力强、均匀,质量好、生产率高,选材广、公害小,可得到全包覆的镀层,能制成各种耐磨膜(如TiC、TiN等)、耐蚀膜(如Al、Cr、Ni及某些多层金属等)、润滑膜(如MoS_2、WS_2、石墨、CaF_2等)、磁性膜、光学膜。

另外气相沉积所适应的基体材料可以是金属、碳纤维、陶瓷、工程塑料、玻璃等多种材料。因此在机械制造、航空航天、电器、轻工、核能等方面应用广泛。例如,在高速工具钢和硬质合金刀具、模具以及耐磨件上沉积TiC、TiN等超硬涂层,可使其寿命提高几倍,气相沉积涂层刀具如图3-42所示。

(a)不同形状涂层铣刀

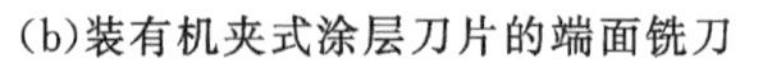

(b)装有机夹式涂层刀片的端面铣刀　　　　(c)整体式涂层立铣刀

图 3-42　气相沉积涂层刀具

任务 4　钢的其他热处理工艺

随着科学技术的迅猛发展,热处理技术正走向定量化、智能化和精确控制的新水平。近代热处理技术的主要发展方向可概括为八个方面:少/无污染、少/无畸变、少/无质量分散、少/无能源浪费、少/无氧化、少/无脱碳、少/无废品、少/无人工。

能力知识点 1　真空热处理

真空热处理是指在 1.33 ~ 0.0133Pa 真空度的环境中进行加热的热处理工艺,实质上也是一种可控气氛热处理,包括真空淬火、真空退火、真空回火和真空化学热处理,如真空渗碳、真空渗铬等。

真空热处理后,零件表面无氧化、不脱碳,表面光洁。这种处理能使钢脱氧和净化,且变形小,可显著提高耐磨性和疲劳极限。真空热处理的作业条件好,有利于机械化和自动化,但投资较高,目前多用于精密模具、精密零件的热处理。

能力知识点 2　可控气氛热处理

向炉内通入一种或几种成分的气体(如高纯度中性气体 N_2 和 Ar 等),通过对这些气体进行控制,使工件在热处理过程中不发生氧化和脱碳的热处理工艺,称为可控气氛热处理。

可控气氛热处理的目的是减少和防止工件在加热时氧化与脱碳倾向,提高工件表面质量和尺寸精度;还可以控制渗碳时渗碳层的含碳量,并可使脱碳的工件重新复碳。

可控气氛热处理可以实现光亮退火、光亮淬火等先进热处理工艺,通过调整气体成分,在光亮热处理同时,实现渗碳和碳氮共渗。这种热处理工艺节约钢材、提高产品质量,便于实现机械化、自动化，提高生产效率。

能力知识点3 形变热处理

形变热处理又称热机械处理，是一种将形变与相变结合起来的热处理新工艺，它能获得加工硬化和相变强化的综合作用，是一种既可以提高强度又可以改善塑性与韧性的最有效的方法，可有效提高钢的综合力学性能。

形变热处理的方法很多，可以是锻、轧、挤压、拉拔等。典型的形变热处理工艺可分为高温和低温两种。

1. 高温形变热处理

高温形变热处理是将钢奥氏体化，保持一定时间后，在较高温度下进行塑性变形（如锻、轧等），然后立即淬火、回火。其特点是在提高强度的同时，还可以明显改变塑性、韧性，减小脆性，增加钢件的使用可靠性。

形变通常在钢的再结晶温度以上进行，所以强化程度不如低温形变热处理大，如抗拉强度比普通热处理可提高10%～30%，塑性提高40%～50%。高温形变热处理对材料无特殊要求，此工艺多用于调质钢及加工量不大的锻钢，如连杆、曲轴、弹簧、叶片等。

2. 低温形变热处理

低温形变热处理是将钢件奥氏体化保温后，快冷至Ac_1温度以下500～600℃进行大量（70%～90%）塑性变形，随后淬火、回火。其特点是在保持塑性、韧性不降低的条件下，大幅度提高钢的强度、耐回火性，改善抗磨损能力。例如，在塑性保持基本不变的情况下，抗拉强度比普通热处理可提高30～70MPa，甚至提高100MPa。此法主要用于要求强度极高的零件，如高速钢刀具、弹簧、飞机起落架等。

能力知识点4 强韧化处理

强韧化处理是指可同时改善钢强度和韧性的热处理，主要有以下三种。

1. 获得板条马氏体的热处理

除了选用含碳量低的钢外，还可以通过以下方法获得板条马氏体：提高中碳钢的淬火加热温度到Ac_3+30～50℃以上，使奥氏体成分均匀，达到钢的平均含碳量而不出现高碳区，从而避免针状马氏体的形成；对于高碳钢采用快速、低温、短时加热淬火，减少碳化物在奥氏体中的溶解而获得亚共析成分，有利于得到板条马氏体；同时因为温度降低，奥氏体晶粒细化，对钢的韧性也有利。

2. 超细化处理

将钢在一定温度下，通过数次快速加热和冷却等方法来获得细密组织。每次加热、冷却都有细化组织的作用。碳化物越细小，裂纹源越少；另外，基体组织越细，裂纹扩展时通过晶界的阻碍越大，所以能够起强韧化作用。

3. 获得复合组织的热处理

指通过调整热处理工艺，使淬火马氏体组织中同时存在一定量的铁素体、下贝氏体、残留奥氏体。这种复合组织能大大提高韧性。主要措施是：

①在两相区加热淬火（Ac_1～Ac_3），使淬火组织中有马氏体与铁素体，一方面可获得细马氏体，另一方面因铁素体存在，对杂质有较大的溶解度，减少了回火时杂质元素析出，从而减小

脆性倾向；

②淬火时控制冷却速度，特别是在一些低合金结构钢中，淬火时根据 C 曲线控制冷却速度，使奥氏体首先形成一定量的低碳下贝氏体（将奥氏体细化），从而使随后形成的马氏体晶粒细化。低碳下贝氏体和细小马氏体都使钢具有较高的强度和较高的韧性。

能力知识点 5　循环热处理

循环热处理和一般的热处理方法的区别是：在恒定的温度下没有保温时间，在循环加热和以适当速度冷却时多次发生相变，如图 3－43 所示。每一种牌号的钢的加热和冷却循环数由试验方法确定。这种热处理可大大提高钢和铸铁的性能。钢和铸铁的循环热处理可以分三类。

①低温循环热处理金属加热到低于 α－Fe→γ－Fe 相变开始温度，对相变的组织变化没有影响。

②中温循环热处理金属加热到双相区，即加热到 Ac_1 和 Ac_3 之间的温度，对亚共析钢如图 3－48 所示。

③高温循环热处理金属加热到 Ac_3 以上单相区。

循环热处理可使组织组成物发生细化，大大增加结构强度，稳定精密机器和仪表零件的尺寸。

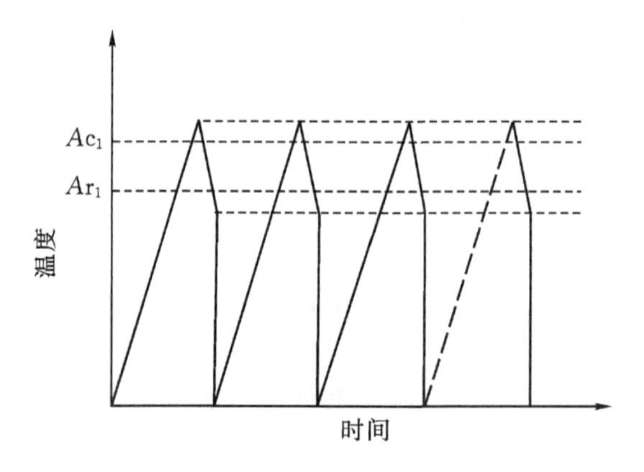

图 3－43　循环热处理工作原理示意图

能力知识点 6　流动化热处理

流动化热处理又称蓝热，原理如下：隔板只能通过气体，不能通过粉末。在隔板上撒一层 Al_2O_3 或 Zr 砂粉，并从底部送进气体，粉末就像气体一样流动，如图 3－44 所示。

流动化粉末的加热和冷却与一般的气体或液体相同，但它的传热优良，能迅速加热和准确控制温度，且加热均匀，零件弯曲和开裂倾向小，操作安全，无毒无公害，容易维护。

这种处理使用范围大，能送入各种气氛，可进行渗氮、渗碳等。现在逐渐用来代替熔融盐、油、水、空气冷却，比液体的冷却速度略低，但能自由调节温度，可用于分级淬火或高速钢的淬火。

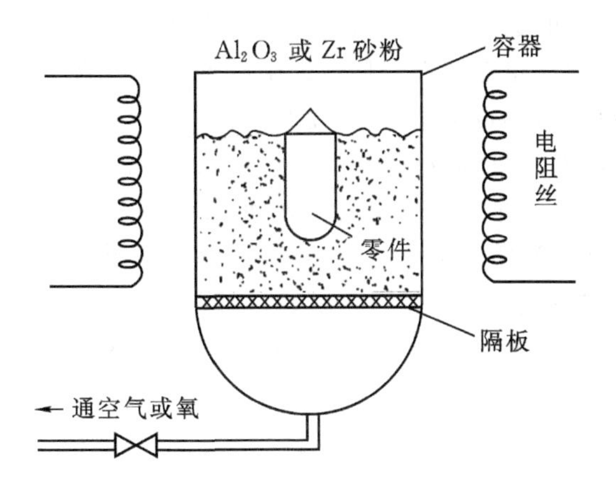

图 3-44 流动化热处理工作原理示意图

任务5 热处理工艺方案选择

能力知识点1 热处理方案的选择

不同零件的结构形状、尺寸大小、性能要求均不一样，对热处理方案的选择都有较大的影响。

1. 确定预备热处理

常用预备热处理方法有三大类：退火、正火、调质。钢材通过预备热处理可以使晶粒细化、成分组织均匀、内应力得到消除，为最终热处理作好组织准备。因此，预备热处理是减少应力，防止变形和开裂的有效措施。

一般地，零件预备热处理大都采用正火。但对成分偏析较严重、毛坯生产后内应力较大以及正火后硬度偏高时，应采用退火；对毛坯中成分偏析严重的应采用均匀化高温扩散退火；共析钢及过共析钢多采用球化退火；亚共析钢则应采用完全退火，现在一般用等温退火来代替；消除内应力较彻底的应采用去应力退火；如果对零件综合力学性能要求较高时，预备热处理则应采用调质。

2. 采用合理的最终热处理

最终热处理的方法很多，主要包括淬火、回火、表面热处理等。工件通过最终热处理，获得最终所需的组织及性能，满足工件使用要求。

(1)淬火　一般应根据工件的材料类型、形状尺寸、淬透性大小及硬度要求等选择合适的淬火方法。对于形状简单的碳素钢件可采用单液水中淬火；而对于合金钢制工件多采用单液油中淬火；为了有效地减小淬火内应力，防止工件变形、开裂，则可采用预冷并双液、分级、等温淬火方法；对于某些只需局部硬化的工件可针对相应部位进行局部淬火。

(2)回火　淬火后的工件应及时回火，而且回火应充分。对于要求高硬度、耐磨工件，应采用低温回火；对于高韧性、较高强度的工件，应进行中温回火；而对于要求具备较高综合力学性能的工件，应进行高温回火。

(3)表面热处理　有时工作条件要求零件表层与心部具有不同性能，这时可根据材料化学成分和具体使用性能的不同，选择相应的表面热处理方法。如对于表层具有高硬度、强度、耐磨性及疲劳极限，而心部具有足够塑性及韧性的中碳钢或中碳合金钢工件，可采用表面淬火；对于低碳钢或低碳合金钢工件，可采用渗碳；而对于承载力不大但精度要求较高的合金钢，多采用渗氮。为了提高化学热处理的效率，生产中还可采用低温及中温气体碳氮共渗。另外，还可根据需要对工件进行其他渗金属或非金属的处理，如为提高工件高温抗氧化性可渗铝，为提高工件耐磨性和热硬性可渗硼等。为了提高零件表面硬度、耐磨性，减缓材料的腐蚀，可在零件表面涂覆其他超硬、耐蚀材料。

(4)其他热处理　对于精密零件和量具等，为稳定尺寸，提高耐磨性可采用冷处理或长时间的低温时效处理。

在实际生产过程中，选择热处理方法及安排其工艺位置应根据实际情况进行灵活调整。对于精密零件，为消除机械加工造成的残留应力，可在粗加工、半精加工及精加工后都安排去应力退火工艺。另外，对于淬火、回火后残留奥氏体较多的高合金钢，可在淬火或第一次回火后进行深冷处理，以尽量减少残留奥氏体量并稳定工件形状及尺寸。

能力知识点2　热处理工艺位置安排

根据热处理的目的和各机械加工工序的特点，热处理工艺位置一般安排如下：

1. 预备热处理工艺位置

预备热处理工艺位置一般安排在毛坯生产之后，半精加工之前。

(1)退火、正火工艺位置　退火、正火一般用于改善毛坯组织，消除内应力，为最终热处理作准备，其工艺位置一般安排在毛坯生产之后，机械加工之前，具体如下：

毛坯生产(铸、锻、焊、冲压等) → 退火或正火 → 机械加工。

另外，还可在各切削加工之间安排去应力退火，用于消除切削加工的残余应力。

(2)调质工艺位置　调质主要用来提高零件的综合力学性能，或为以后的最终热处理做好组织准备。其工艺位置一般安排在机械粗加工之后，精加工或半精加工之前，具体如下：

毛坯生产 → 退火或正火 → 机械粗加工 → 调质 → 机械半精加工或精加工。

注意：调质前需留一定加工余量，调质后如工件变形较大则需增加校正工序。

2. 最终热处理工艺位置

零件经最终热处理之后硬度一般较高，难以切削加工，故其工艺位置应尽量靠后，一般安排在机械半精加工之后，磨削之前。

(1)淬火、回火工艺位置　淬火的作用是充分发挥材料潜力，极大幅度地提高材料硬度和强度。淬火后应及时回火获得稳定回火组织，一般安排在机械半精加工之后，磨削之前，具体如下：

①整体淬火。

下料 → 锻造 → 退火或正火 → 机械粗加工、半精加工 → 淬火、(低、中温)回火 → 磨削。

②表面淬火。

下料 → 锻造 → 退火或正火 → 机械粗加工 → 调质 → 机械半精加工 → 表面淬火、低温回火 → 磨削。

另外，整体淬火前一般不进行调质处理，而表面淬火前则一般须进行调质，用以改善工件心部的力学性能。

(2)渗碳工艺位置 渗碳是最常用的化学热处理方法,当某些部位不需渗碳时,应在设计图样上注明,并采取防渗措施,并在渗碳后淬火前去掉该部位的渗碳层,零件不需渗氮的部位也应采取防护措施或预留防渗余量。渗碳工艺位置安排为:

下料 → 锻造 → 正火 → 机械粗、半精加工 → 渗碳 → 淬火、低温回火 → 磨削。

(3)渗碳工艺位置 渗氮温度低,变形小,渗氮层硬而薄,因此其工序位置应尽量靠后。通常渗氮后不再磨削,对个别质量要求高的零件应进行精磨或研磨、抛光。为保证渗氮件心部有良好的综合力学性能,在粗加工和半精加工之间应进行调质。为防止因切削加工产生的残留应力使渗氮件变形,渗氮前应进行去应力退火。

下料 → 锻造 → 退火 → 机械粗加工 → 调质 → 机械半精加工 → 高温回火 → 粗磨 → 渗氮 → 研磨、精磨或抛光。

能力知识点3 热处理零件的结构工艺性要求

要保证零件的热处理质量,除了严格控制热处理工艺外,还必须合理设计零件的形状结构,使之满足热处理的要求。其中,零件淬火时造成的内应力最大,极容易引起工件的变形和开裂,对于淬火零件的结构设计应给予充分的重视。但由于工件的形状千变万化,很难总结出普遍的规律,一般来说,结构工艺性应注意以下几点:

1. 应尽量避免尖角和棱角

零件的尖角和棱角处是产生应力集中的地方,常成为淬火开裂的源头,应设计或加工成圆角或倒角,如图 3-45 所示。

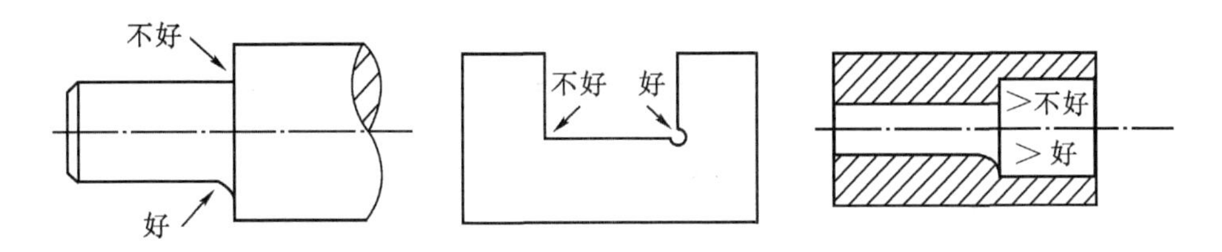

图 3-45 零件结构中的尖角和棱角设计

2. 壁厚力求均匀

壁厚均匀能减少冷却时的不均匀性,避免相变时在过渡区产生应力集中,减小零件变形增大和开裂的倾向。设计零件结构时应尽量避免厚薄太悬殊,必要时可增设工艺孔来解决,如图 3-46 所示。

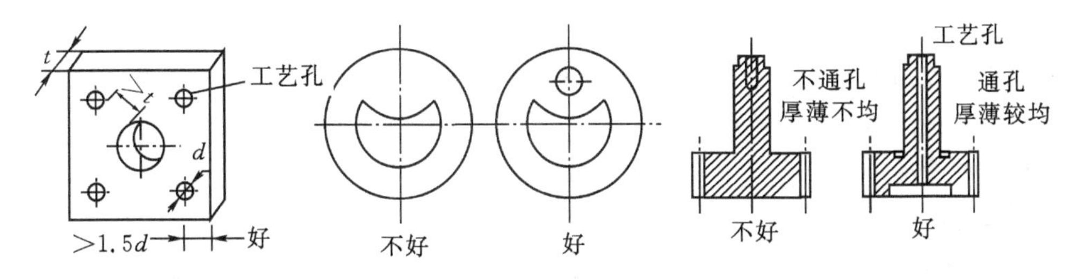

图 3-46 零件结构壁厚的均匀性设计

3. 形状结构尽量对称

零件形状结构应尽量对称，以减少零件在淬火时因应力分布不均而造成变形和翘曲，如图3-47所示。

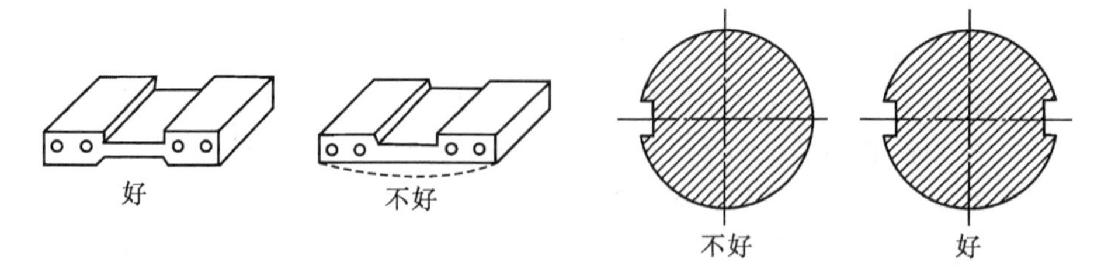

图3-47 零件的形状结构设计

4. 易变形零件可采用封闭结构

对某些易变形零件可采用封闭结构，可有效防止刚性低的零件在热处理后引起变形。如汽车上的拉条，如图3-48所示，其结构上要求制成开口型，但制造时，应先加工成封闭结构(如图中点划线所示)，淬火、回火后再加工成开口状(用薄片砂轮切开)，以减少变形。

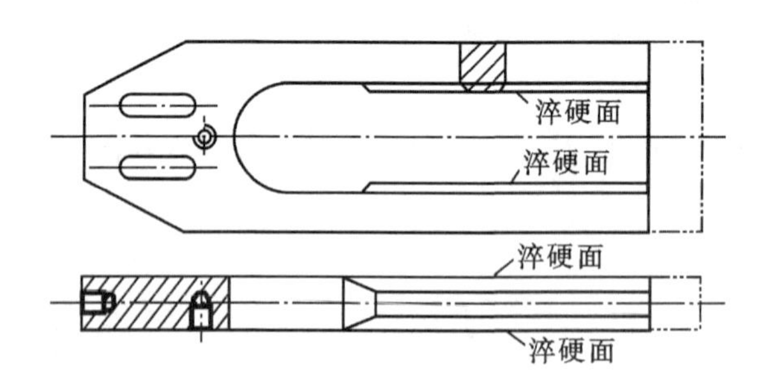

图3-48 零件的封闭结构

5. 尽量减少孔、槽、键槽和深筋

零件结构上应尽量减少孔、槽、键槽和深筋，若工作结构上确实需要，则应采取相应的防护措施(如绑石棉绳或堵孔等)，以减少这些地方因应力集中而引起的开裂倾向。

练习3

一、填空题

1. 共析钢的奥氏体化过程可分为____、_______、____和_____四个阶段。

2. 退火的冷却方式是______，常用的退火方法有_______、_______及_____等。

3. 板条状马氏体的性能特点是具有____________及较好的__________。

4. 正火的冷却方式是_______，对于低碳钢正火的主要目的是_____________，对于过共析钢正火的主要目的是__________________。

5. 钢的常用淬火方法有________、_________、_______和_______。

6. 钢的淬透性与___________有密切关系，________越低，钢的淬透性越好。

7. 钢的表面淬火方法主要有_______和_______。

8. 渗碳零件必须采用__________或__________制造。

9. 调质工序一般安排在__________之后、__________之前，目的是__________。

二、判断题(正确的在括号内画"√"，错误的在括号内画"×")

(　　)1. 过冷奥氏体的冷却速度越快，钢冷却后的硬度越高。

(　　)2. 马氏体转变是在等温冷却的条件下进行的。

(　　)3. 对于同一种钢，淬火可以使其硬度最高。

(　　)4. 本质细晶粒钢是指在任何加热条件下晶粒均不粗化的钢。

(　　)5. 化学热处理既改变工件表面化学成分，又改变其表面组织。

三、名称解释

1. 奥氏体、过冷奥氏体、残余奥氏体

2. 淬透性、淬硬性、淬硬层深度

四、分析讨论

1. 有一批直径为 5mm 的共析钢制成的销子，采用什么热处理方法可得到下列组织？

(1)珠光体　　(2)索氏体

(3)下贝氏体　　(4)回火索氏体

(5)马氏体＋残余奥氏体

2. 同一种钢在相同加热条件下水淬比油淬的淬透性好。对吗？为什么？

3. 根据下表归纳、比较共析钢过冷奥氏体转变几种产物的特点。

冷却转变产物	表示符号	形成条件	相组成物	显微组织	HRC	塑性和韧性
珠光体						
索氏体						
托氏体						
上贝氏体						
下贝氏体						
马氏体						

4. 将 45 钢和 T12A 钢加热至 700℃、770℃、840℃淬火，说明淬火温度是否正确？为什么 45 钢在 770℃淬火后的硬度比 T12A 钢的低？

项目 4　工业用钢与铸铁

【教学基本要求】

1. 知识目标

(1)了解钢铁中的元素及其作用；

(2)理解材料成分、组织对材料性能的影响；

(3)掌握常用碳素钢、低合金钢、合金钢和铸铁的牌号、性能、用途及热处理工艺；

(4)掌握典型特殊性能钢、硬质合金的牌号与应用。

2. 能力目标

(1)具有根据应用场合选择常用结构钢、工具钢、特殊性能钢及铸铁材料的能力；

(2)初步选择适合钢铁材料热处理方法的能力。

【思维导图】

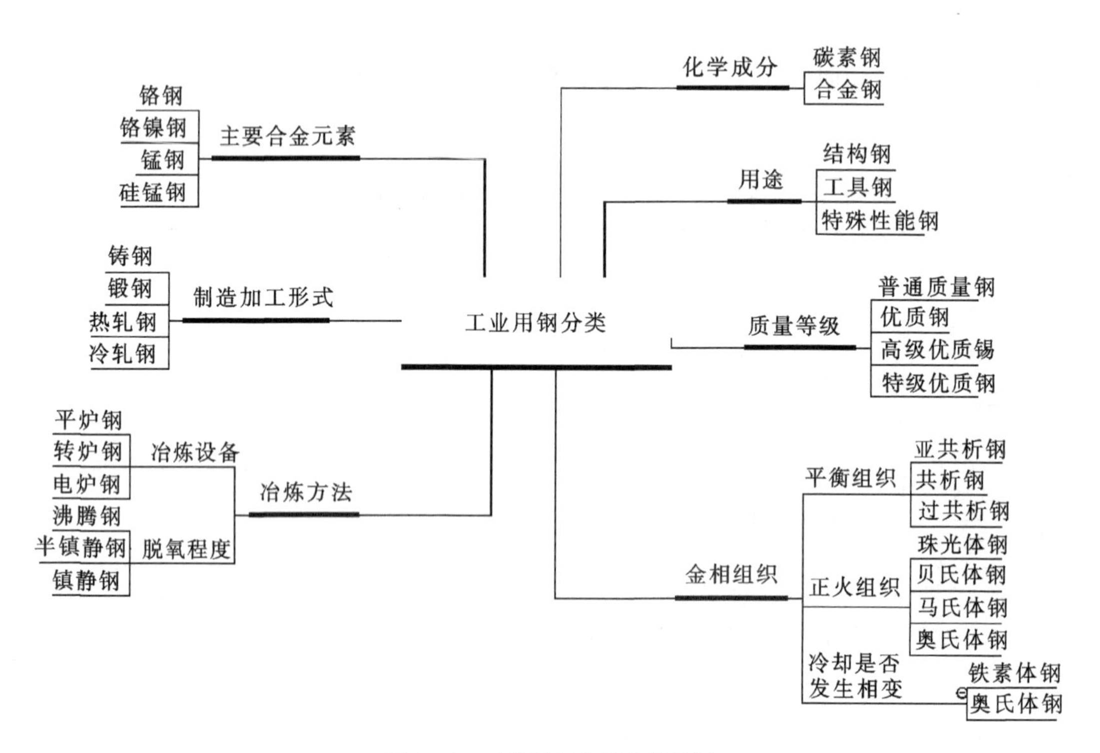

图 4－1　工业用钢分类思维导图

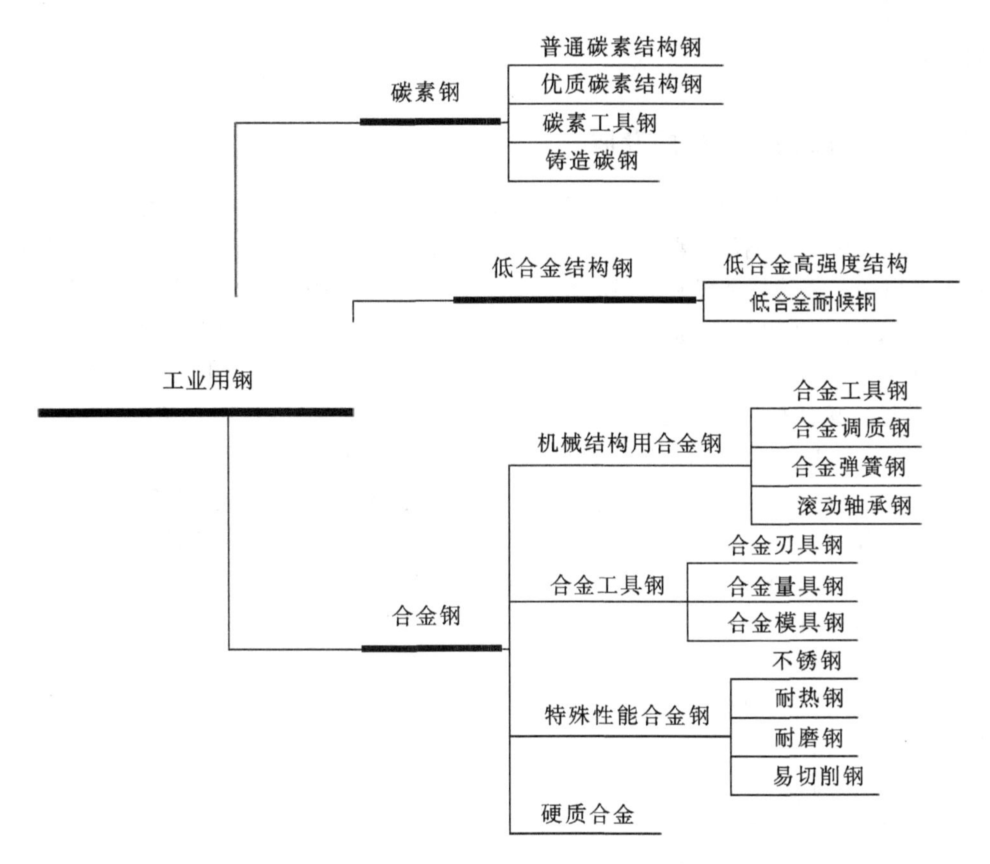

图4-2　工业用钢思维导图

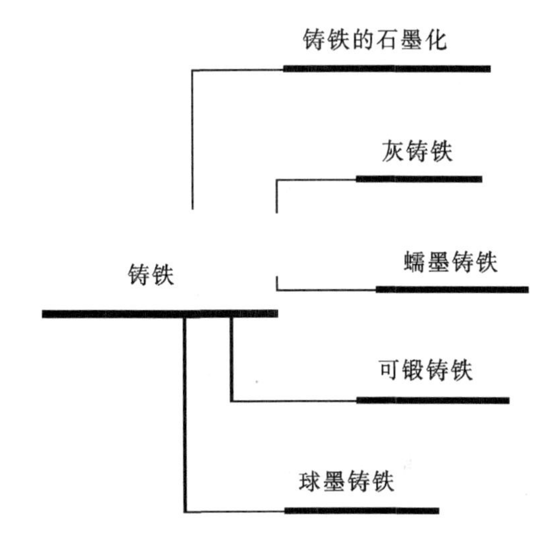

图4-3　铸铁思维导图

【引导案例】

实例1　耐磨钢铁材料的发展

磨损是工件失效的主要形式之一，磨损造成了能源和原材料的大量消耗，根据不完全统计，能源的1/3到1/2消耗于摩擦与磨损。美国机械工程师学会（ASME）和美国能源发展局（ERDA）提出的一项减轻摩擦和磨损的发展计划，可使美国每年节支160亿美元，即为能源消耗的11%。据美国刊物介绍，美国几大类产品每年由于磨损所造成的损失是：飞机134亿美元，船舶64亿美元，汽车400亿美元，切削工具28亿美元。在2004年中国工程院与国家自然科学基金委日前联合召开的“摩擦学科与工程前沿研讨会”上公布，我国每年由于摩擦、磨损损失584.7亿元，而2003年全国工矿企业在此方面的节约潜能约400亿元。

在全球面临资源、能源与环境严峻挑战的今天，摩擦学在节能、节材、环保以及支撑和保障高新科技的发展中发挥了不可替代的作用。提高耐磨钢的质量，开发新型高性能耐磨钢，以及广泛、深入地开展钢材磨损机理的研究，以降低由于磨损造成的损失，对于国民经济建设的发展是一件具有重要意义的工作。

耐磨钢作为一种专用钢大约始于十九世纪后半叶。1883年英国人哈德菲尔德（R0. A0. Hadfield）首先取得了高锰钢的专利，至今已有100多年的历史，高锰钢是一种碳含量和锰含量较高的耐磨钢，这个具有百余年历史的古老钢种，由于它在大的冲击磨料磨损条件下使用时具有很强的加工硬化能力，同时兼有良好的韧性和塑性，以及生产工艺易于掌握等优点，因此，目前它仍然是耐磨钢中用量最大的一种。我国通用的耐磨钢铁系列中耐磨钢系列主要有：高锰钢（ZGMn13）、高锰合金（ZGMn13Cr2MoRe）、超高锰合金（ZGMn18Cr2MoRe）、中、低、高碳多元金合钢（ZG40SiMnCrMo和ZG35Cr2MoNiRe）；耐磨铸铁系列主要有：高铬铸铁、中铬铸铁、低铬铸铁和镍硬铸铁等。

实例2　轴承钢球的制造

钢球是轴承行业和粉碎行业必不可少的东西，常见的钢球有轴承钢球、不锈钢钢球、碳钢球、合金球等。如图4-4所示，钢球虽然小，但在传动的世界里它的承载和寿命却很重要，其生产工艺直接影响产品质量。

常用于制造轴承钢球的材料有：GCr4、GCr9、GCr15等，制作钢球的主要工艺流程为：

(1)原材料　对原材料都进行检验，将线材用拉丝机拉伸至所需要的线径。

(2)锻压冷镦　常温条件下，使原材料发生塑性变形，形成球坯。

(3)光球　去除球坯表面的环带，同时提高钢球表面的粗糙度，使球坯初步成球形。

图4-4　轴承钢球

(4)热处理　将球装入热处理炉内进行渗碳、淬火、回火，使球具有一定的渗碳层及硬度，韧性和压碎负荷。先进的网带热处理流水线，可以通过各类仪表对淬火回火的时间和温度的工艺参数进行有效控制，确保产品质量的稳定性和可控性。

(5)强化　通过强化机使钢球互相撞击,使钢球表面发生塑变强化提高钢球表面的压应力和表面硬度。

(6)硬磨　通过固定铁板和转动砂轮板在一定的压力下进行磨削,进一步改善钢球表面质量和形状。

(7)初研　采用两个铸铁初研盘,再加入磨料,通过一定的压力和机械运动,达到工艺规定精度的表面质量。

(8)外观检验及探伤　人工检验,再进行 AVKIO 探伤仪检验,用光电、涡流、振动三种方法挑选各类缺陷球,如表面缺陷、浅表面层裂纹,内部材料缺陷。

(9)精研　采用两个铸铁精研板,加入磨料,在一点的压力和机械运动的作用下,消耗一些余量,进一步提高钢球精度和表面质量。

(10)清洗　通过螺旋式清洗机和升降式的周转箱提高清洗质量和减少钢球表面的破坏,并不断的循环过滤清洗液,以保证钢球的清洁度。

(11)成品检验　对每个批次钢球按照工艺的要求进行最终检验,例如钢球的圆度、硬度、金相、应力等。

(12)防锈包装　使用防锈油,进行喷淋防锈并按照客户的包装要求进行包装。

任务 1　碳素钢

能力知识点 1　碳素钢的概述

钢铁材料又称黑色金属材料,是以铁和碳为主要成分的 $Fe-Fe_3C$ 合金。钢的种类很多,按化学成分不同,将钢分为非合金钢、低合金钢和合金钢。各种钢的合金元素规定质量分数的界限值见附表 3。碳钢即属于非合金钢范畴,这部分仍沿用常规的分类方法。

含碳量小于 2.11%的铁碳合金称为碳素钢,简称碳钢,属于非合金钢。碳素钢容易冶炼,价格低廉,易于加工,性能上能满足一般机械零件的使用要求,是工业中用量最大的金属材料。

1. 常存杂质元素对碳素钢性能的影响

钢铁的主要组元是铁和碳,但在冶炼过程中,还会带入一定量的 Si 、Mn 、S 、P 等金属或非金属夹杂物及氧、氮、氢等气体,这些非有意加入或保留的元素称为杂质。

(1)Si、Mn 的影响　Si 可改善钢质,还可溶入铁素体,显著提高钢的强度和硬度,但含量较高时,会使钢的塑性和韧性下降。Mn 可防止形成 FeO ,减轻 S 的有害作用,强化铁素体,增加珠光体相对含量,使组织细化,提高钢的强度。Si 和 Mn 在一定含量范围内是有益元素,作为少量杂质存在时对钢的力学性能的影响并不显著。

(2)S、P 的影响　在固态下,S 在钢中主要以 FeS 的形态存在,使钢在 1100℃ 左右的高温下进行变形加工时沿着晶界开裂,称为热脆。P 在固态下可溶入铁素体中,使钢的强度、硬度提高,并提高铁液的流动性,但在室温下会使钢的塑性、韧性显著下降,在低温时这种脆化现象更为严重,称为冷脆。P 的存在也使焊接性能变坏。S 和 P 的含量必须严格控制,它是衡量钢的质量等级的指标之一。

(3) O 、H 的影响　炼钢过程中,在钢中存在着相当数量的 FeO 。冶炼末期用锰铁、硅铁或铝进行脱氧后,仍会有少量 O 残留在钢中以各种夹杂形式存在,如 MnO 、SiO_2 、Al_2O_3 ,这将大幅度地降低钢的强度、韧性和疲劳强度、冲击韧性和急剧提高钢的脆性转折温度。

H 在冶炼时以原子状态进入钢水中。钢中 H 的质量分数极低，对组织影响极小，但对钢的性能却有较大的危害。微量的 H 会导致钢产生氢脆，出现微裂纹即“白点”，使钢的塑性降低。

2. 碳素钢的分类

(1)按钢中碳的含量分类　根据钢中含碳量的不同，可分为：

①低碳钢：$w_C < 0.25\%$。

②中碳钢：$w_C = 0.25\% \sim 0.6\%$。

③高碳钢：$w_C > 0.6\%$。

(2)按钢的质量分类　这种分类方法主要根据钢中所含有害杂质 S、P 的质量分数进行分类。

①普通碳素钢：$w_S \leqslant 0.050\%$、$w_P \leqslant 0.045\%$。

②优质碳素钢：$w_S \leqslant 0.040\%$、$w_P \leqslant 0.040\%$。

③高级优质碳素钢：$w_S \leqslant 0.030\%$、$w_P \leqslant 0.035\%$。

(3)按钢的用途分类　根据钢的用途不同，可分为：

①碳素结构钢。主要用于制造各种工程构件，如桥梁、船舶、建筑用钢；也用于制造机器零件，如齿轮、轴、螺钉、螺母、曲轴、连杆等。这类钢一般属于低碳和中碳钢。

②碳素工具钢。主要用于制造各种刀具、量具、模具。这类钢含碳量较高，一般属于高碳钢。

③碳素铸钢。主要用于制作形状复杂，难以用锻压等方法成形的铸钢件。

(4)按冶炼的脱氧程度分类　按冶炼的脱氧程度可分为以下三类，如图 4-5 所示。强脱氧形成镇静钢、普通脱氧形成半镇静钢，弱脱氧形成沸腾钢，而气泡依次逐渐增多。普通钢基本都是沸腾钢，内部气孔在轧制工序将被压碎，所以对实际应用没有影响，材料利用率较高，所以制造成本低。镇静钢上的缩孔需要切除，材料利用率较低，制造成本提高，材料内外质量都很好，特种钢都是镇静钢。

(5)钢铁的牌号命名　在实际使用中，在给钢的产品命名时，往往把成分、质量和用途几种分类方法结合起来，如碳素结构钢、优质碳素结构钢、碳素工具钢、高级优质碳素工具钢、合金结构钢等。

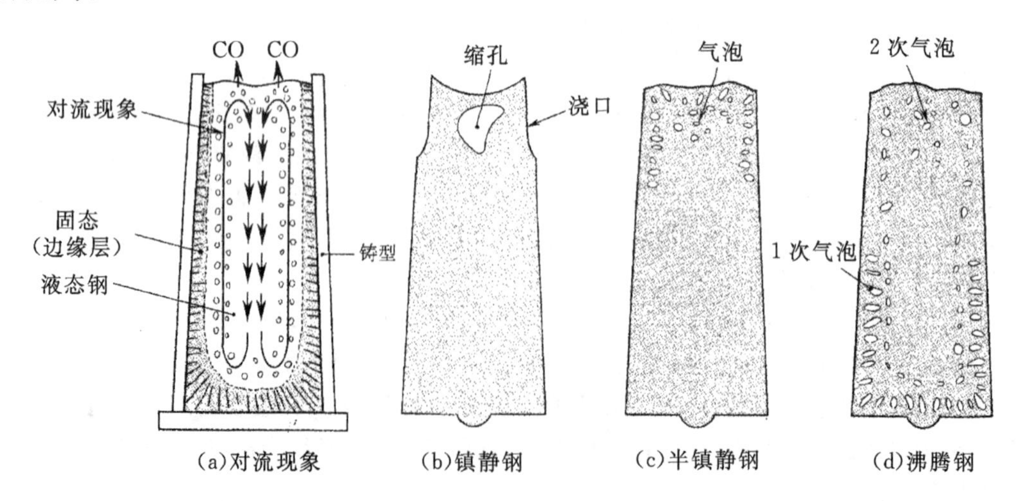

图 4-5　按冶炼的脱氧程度分类

3. 钢材的品种

为便于采购、订货和管理，我国目前将钢材按外形分为型材、板材、管材、金属制品四个大类。

(1)型材 包括钢轨、型钢(圆钢、方钢、扁钢、六角钢、工字钢、槽钢、角钢及螺纹钢等)和线材(直径5～10mm的圆钢和盘条)等。如图4-6所示。

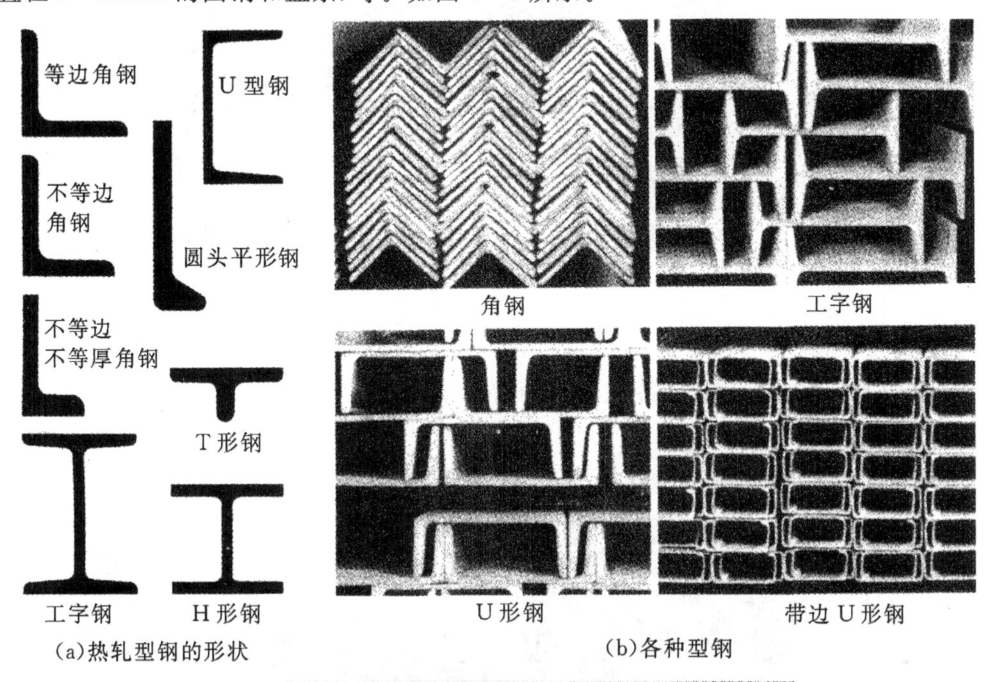

(a)热轧型钢的形状　(b)各种型钢

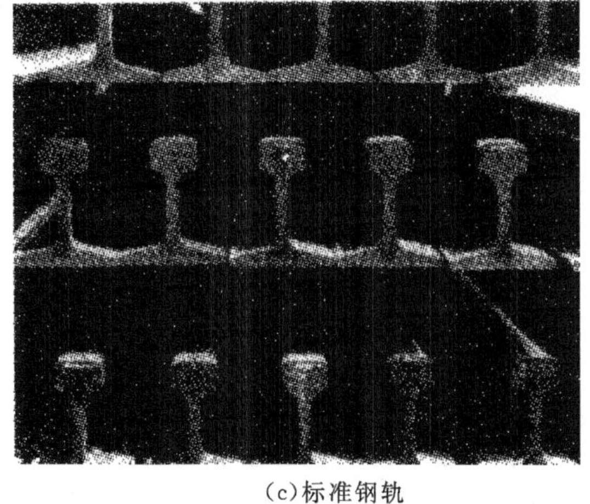

(c)标准钢轨

图4-6 型材

(2)板材

①薄钢板，厚度$d \leqslant 4$mm的钢板。

②厚钢板，厚度$d > 4$mm的钢板，又可分为中板(厚度$d = 4 \sim 20$mm)、厚板(厚度$d = 20 \sim 60$mm)和特厚板(厚度$d > 60$mm)。如图4-7所示。

③钢带，也称为带钢，实际上是长而窄并成卷供应的薄钢板。

④电工硅钢薄板，也称为硅钢片或矽钢片。

(a)用厚钢板造船

(b)钢带以卷板的形式供应

图 4-7　板材

(3)管材

①无缝钢管，用热轧、热轧-冷拔或挤压等方法生产的管壁无接缝的钢管。如图 4-8 所示。

②焊接钢管，将钢板或钢带卷曲成形，然后焊接制成的钢管。

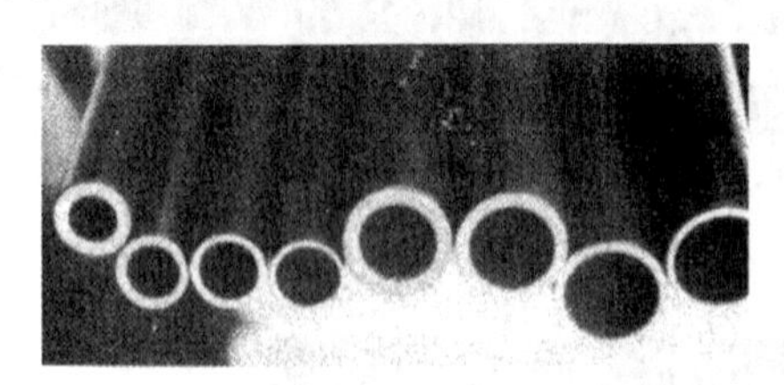
(a)直径、壁厚不同的各种无缝钢管

(b)液压钢使用的是无缝钢管

图 4-8　管材

(4)金属制品　包括钢丝、钢丝绳和钢绞线等。

能力知识点 2　普通碳素结构钢

1. 钢的特性与用途

碳素结构钢含杂质较多、价格低廉，用于对性能要求不高的地方，其含碳量多在 0.30％以下，含锰量不超过 0.80％，强度较低，但塑性、韧性、冷变形性能较好。

碳素结构钢加工成形后一般不进行热处理，大都在热轧状态下直接使用，通常轧制成板材、带材及各种型材。其用途很多，用量很大，多用于铁道、桥梁、各类建筑工程，制造承受静载荷的各种金属构件、一般焊接件及不太重要的机械零件。

2. 牌号表示方法

普通碳素结构钢简称碳素结构钢，其牌号由“Q＋数字＋字母＋字母”组成。GB/T700－2006 中的牌号编排如图 4-9 所示。

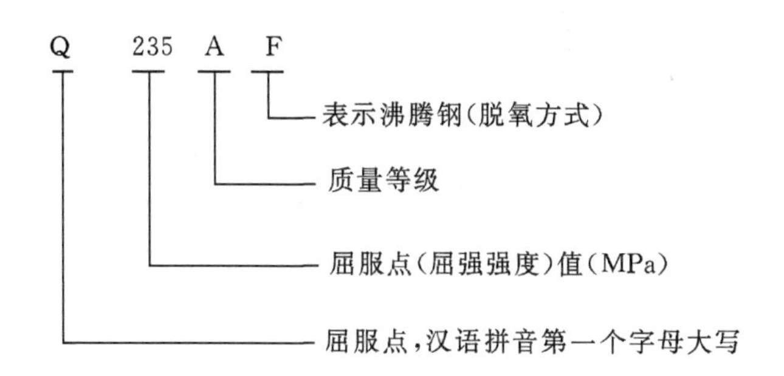

图 4－9　牌号的表示方法

第一组字母三括 A、B、C、D、E 表示钢的等级,由 A 到 E 质量依次增高;第二组字母包括 F、b、Z、TZ 分别表示沸腾钢、半镇静钢、镇静钢和特殊镇静钢,Z、TZ 符号可以省略。牌号 Q235AF 表示普通质量非合金钢中屈服强度 $R_{eL} \geqslant 235MPa$、质量等级为 A 级的沸腾钢。

3. 典型牌号

Q195、Q215 常制成薄板、钢筋,也可用于制作铆钉、螺钉、轻负荷的冲压零件和焊接结构件等。

Q235、Q255 强度稍高,可制作螺栓、螺母、销钉、吊钩和不太重要的机械零件;也可用于制作建筑结构中的螺纹钢、型钢、钢筋等;质量较好的 Q235C、Q235D 可作为重要的焊接结构件。

Q275 的强度较高,可用于制作受力中等的链轮、拉杆、小轴活塞销等零件,代替优质的碳素结构钢使用,如图 4－10 所示。

图 4－10　Q275 的加工

表 4－1 列出了碳素结构钢的化学成分及力学性能。

能力知识点 3　优质碳素结构钢

1. 钢的特性与用途

优质碳素结构钢中含有害杂质 S、P 含量较低($w_S \leqslant 0.030\%$、$w_P \leqslant 0.035\%$),非金属夹杂物也较少,出厂时既保证化学成分,又保证力学性能,主要用于制造较重要的机械零件,可以通过热处理提高其力学性能。

表 4-1　碳素结构钢的化学成分及力学性能(GB/T700—2006)

<table>
<tr><th rowspan="5">牌号</th><th rowspan="5">等级</th><th colspan="5">化学成分 ω_{Me}(%)</th><th rowspan="5">脱氧方法</th><th colspan="12">拉伸试验</th><th colspan="2">冲击试验</th></tr>
<tr><th rowspan="4">C</th><th rowspan="4">Mn</th><th rowspan="2">Si</th><th rowspan="2">S</th><th rowspan="2">F</th><th colspan="6">屈服点 σ_s/MPa</th><th rowspan="4">抗拉强度 σ_b/MPa</th><th colspan="5">断后伸长率 δ(d)(%)</th><th rowspan="4">温度 t/℃</th><th rowspan="3">V型冲击吸收功(纵向) A_{KV}/J</th></tr>
<tr><th colspan="6">钢材厚度(直径)δ(d)/mn</th><th colspan="5">钢材厚度(直径)δ(d)/mn</th></tr>
<tr><th colspan="3" rowspan="2">不大于</th><th>≤16</th><th>≤16～40</th><th>>40～60</th><th>>60～100</th><th>>100～150</th><th>>150</th><th>≤40</th><th>>40～60</th><th>>60～100</th><th>>100～150</th><th>>150</th></tr>
<tr><th colspan="6">不小于</th><th colspan="5">不小于</th><th>不小于</th></tr>
<tr><td>Q195</td><td></td><td>0.12</td><td>0.50</td><td>0.30</td><td>0.040</td><td>0.035</td><td rowspan="5">F、Z</td><td>195</td><td>195</td><td></td><td></td><td></td><td></td><td>315-430</td><td>33</td><td></td><td></td><td></td><td></td><td></td><td></td></tr>
<tr><td rowspan="2">Q215</td><td>A</td><td rowspan="2">0.15</td><td rowspan="2">1.2</td><td rowspan="10">0.35</td><td>0.050</td><td rowspan="4">0.045</td><td rowspan="2">215</td><td rowspan="2">205</td><td rowspan="2">195</td><td rowspan="2">185</td><td rowspan="2">175</td><td rowspan="2">165</td><td rowspan="2">335-410</td><td rowspan="2">31</td><td rowspan="2">30</td><td rowspan="2">29</td><td rowspan="2">27</td><td rowspan="2">26</td><td rowspan="2">20</td><td rowspan="10">27</td></tr>
<tr><td>B</td><td>0.045</td></tr>
<tr><td rowspan="4">Q235</td><td>A</td><td>0.22</td><td rowspan="4">1.4</td><td>0.050</td><td rowspan="4">235</td><td rowspan="4">225</td><td rowspan="4">215</td><td rowspan="4">215</td><td rowspan="4">195</td><td rowspan="4">185</td><td rowspan="4">370-500</td><td rowspan="4">26</td><td rowspan="4">25</td><td rowspan="4">24</td><td rowspan="4">22</td><td rowspan="4">21</td><td></td></tr>
<tr><td>B</td><td>0.20</td><td>0.045</td><td>20</td></tr>
<tr><td>C</td><td rowspan="2">0.17</td><td>0.040</td><td>0.040</td><td>Z</td><td>0</td></tr>
<tr><td>D</td><td>0.035</td><td>0.035</td><td>TZ</td><td>−20</td></tr>
<tr><td rowspan="4">Q275</td><td>A</td><td>0.24</td><td rowspan="4">1.5</td><td>0.050</td><td rowspan="2">0.045</td><td rowspan="2">Z</td><td rowspan="4">275</td><td rowspan="4">265</td><td rowspan="4">255</td><td rowspan="4">245</td><td rowspan="4">225</td><td rowspan="4">215</td><td rowspan="4">410-540</td><td rowspan="4">22</td><td rowspan="4">21</td><td rowspan="4">20</td><td rowspan="4">18</td><td rowspan="4">17</td><td></td></tr>
<tr><td>B</td><td>0.21</td><td>0.045</td><td>20</td></tr>
<tr><td>C</td><td rowspan="2">0.2</td><td>0.040</td><td>0.040</td><td>Z</td><td>0</td></tr>
<tr><td>D</td><td>0.035</td><td>0.035</td><td>TZ</td><td>−20</td></tr>
</table>

注：Q255 钢在 GB/T700—2006 中被 Q275 取代。

2. 牌号表示方法

优质碳素结构钢的牌号由两位数字组成，表示平均含碳量的万分数。例如，08钢，表示平均 $w_C = 0.08\%$ 的优质碳素结构钢；45钢，表示平均 $w_C = 0.45\%$ 的优质碳素结构钢。

优质碳素结构钢按含Mn量的不同，分为普通含锰量（$w_{Mn} = 0.35\% \sim 0.8\%$）和较高含锰量（$w_{Mn} = 0.7\% \sim 1.2\%$）两组。较高含锰量在钢的牌号后面标出元素符号"Mn"，例如，65Mn钢表示平均 $w_C = 0.65\%$，并含较多锰的优质碳素结构钢；若为沸腾钢，则在牌号数字后面加"F"，如08F、15F等。高级优质钢，在数字后面加上符号"A"；特级优质钢在数字后面加上符号"E"。优质碳素结构钢的牌号、性能和用途列于表4-2。

表4-2　优质碳素结构钢的牌号、性能和用途（参见GB/T699—1999）

牌号	w_C(%)	σ_s (MPa) 不小于	σ_b (MPa) 不小于	δ_5 (%) 不小于	ψ (%) 不小于	α_K J/cm²	HBW 热轧	HBW 退火	主要用途
08F	0.05～0.11	175	295	35	60	—	131	—	塑性好，焊接性好。宜制作冷冲压件、焊接件及一般螺钉、铆钉、垫圈、螺母、容器和渗碳件（齿轮、小轴、凸轮、摩擦片等）等
08	0.05～0.11	195	325	33	60	—	131	—	
10F	0.07～0.13	185	315	33	55	—	137	—	
10	0.07～0.13	205	335	31	55	—	137	—	
15F	0.12～0.18	205	355	29	55	—	143	—	
15	0.12～0.18	225	375	27	55	—	143	—	
20	0.17～0.23	245	410	25	55	—	156	—	
25	0.22～0.29	275	450	23	50	90	170	—	
30	0.27～0.34	295	490	21	50	80	179	—	综合力学性能优良，宜制承受力较大的零件，如连杆、曲轴、主轴、活塞杆、齿轮
35	0.32～0.39	315	530	20	45	70	197	—	
40	0.37～0.44	335	570	19	45	60	217	187	
45	0.42～0.50	355	600	16	40	50	229	197	
50	0.47～0.55	375	630	14	40	40	241	207	
55	0.52～0.60	390	645	13	35	—	255	217	
60	0.57～0.60	400	675	12	35	—	225	229	屈服点高，硬度高，宜制弹性元件（如各种螺旋弹簧、板簧等）以及耐磨零件、弹簧垫圈、轧辊等
65	0.62～0.62	410	695	10	30	—	225	229	
70	0.67～0.75	420	715	9	30	—	269	220	
75	0.72～0.80	880	1080	7	20	—	285	241	
80	0.77～0.85	930	1080	6	30	—	285	241	
85	0.82～0.90	980	1130	6	30	—	302	255	
15Mn	0.12～0.18	245	410	26	55	—	163	—	可制作渗碳零件、受磨损零件及较大尺寸的各种弹性元件等，或要求强度稍高的零件
50Mn	0.17～0.23	25	450	24	50	—	197	—	
25Mn	0.22～0.29	295	490	22	50	90	207	—	
30Mn	0.27～0.34	315	540	20	45	80	217	198	
35Mn	0.32～0.39	335	560	18	45	70	229	197	
40Mn	0.37～0.44	355	590	17	45	60	229	207	
45Mn	0.42～0.50	375	620	15	40	50	241	217	
50Mn	0.48～0.56	390	645	13	40	40	255	217	
60Mn	0.57～0.65	410	695	11	35	—	266	229	
65Mn	0.62～0.70	430	735	9	30	—	285	229	
70Mn	0.67～0.75	450	785	8	30	—	285	229	

3. 典型牌号

优质碳素结构钢主要用于制造机械零件，一般都需要经过热处理才能使用，如图 4 - 11 所示。

08F 钢是含碳量很低、含硅量极少的沸腾钢，强度低，塑性好，一般可轧成很薄的板带供应，主要用来制造冷冲压零件，如家电、汽车和仪表外壳等。

15 钢、20 钢主要用于制造渗碳件，经渗碳热处理后，使工件表面具有高硬度和高耐磨性，而心部应保持较高的韧性。宜于制造承受冲击载荷及易磨损条件下工作的各种零件，如轴套、小模数的渗碳齿轮、链轮等，也用于制造冷变形零件和焊接件。

30 钢、45 钢、55 钢属于中碳钢，经调质后具有良好的综合力学性能，主要用于制造受力较大的机械零件，如汽车上的轴、曲轴、连杆、低速齿轮等。

65、65Mn 钢属于高碳钢，经淬火＋中温回火后，具有高的强度，主要用于制造各类弹簧、机车轮缘、低速车轮。

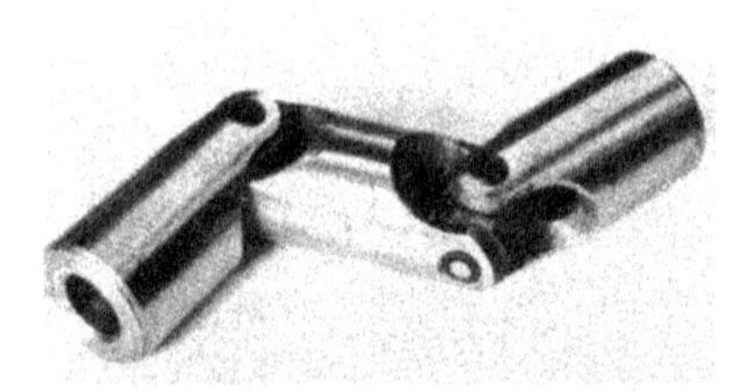

(a)本体为 20 钢，连接部分为 45 钢

(b)板形扭矩扳手的支撑部位为 25 钢

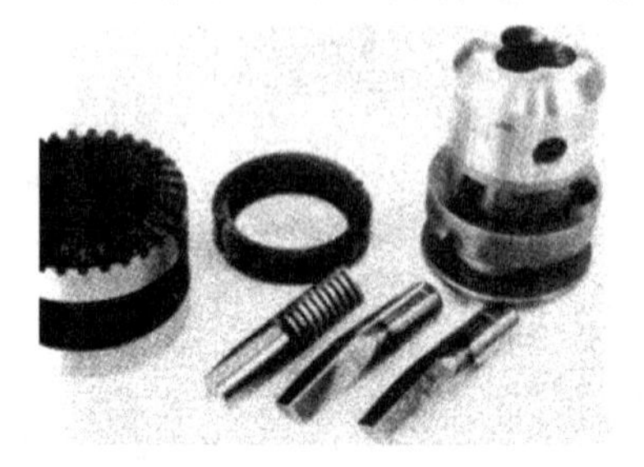

(c)钻夹、钻套材质为 35 钢

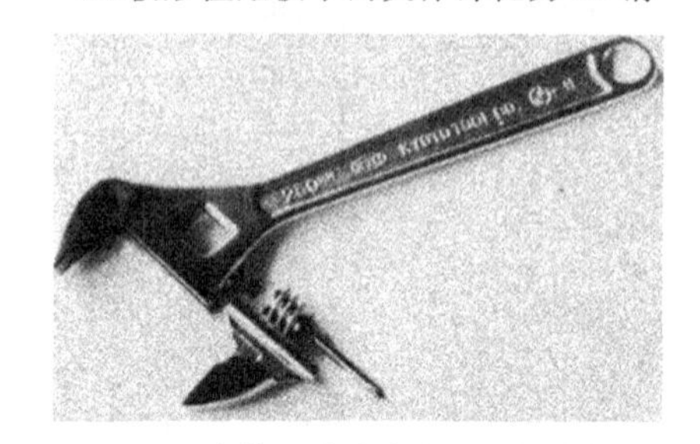

(d)本体和夹头都是 55 钢锻件

图 4 - 11　优质碳素结构钢应用举例

能力知识点 4　碳素工具钢

1. 钢的特性与用途

碳素工具钢碳含量较高(w_C=0.65%～1.35%)，S、P 含量较低，都是优质或高级优质钢。经淬火、低温回火后具有较高的硬度(60 ～ 65HRC)和耐磨性，加工性能良好，塑性和韧性较差，热硬性差，适用于各种手工工具，如图 4 - 12 所示。此类钢一般以退火状态供应市场，使用时再进行适当的热处理。

因其热硬性差，当刃部温度高于 200℃时，硬度、耐磨性会显著降低。由于其淬透性差，直径厚度不大于 15 ～ 20mm 的试样在水中才能淬透，尺寸大的难以淬透，形状复杂的零件，水淬容易变形和开裂，所以碳素工具钢多用于制造受热程度较低、尺寸较小的手工工具及低速、小走刀量的机加工工具，也可用于制造尺寸较小的模具和量具。

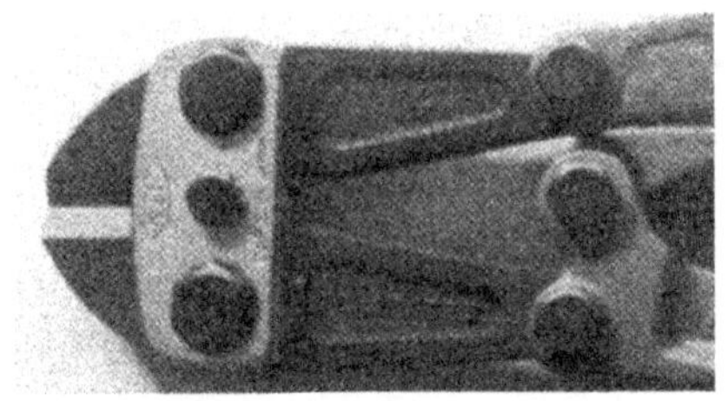

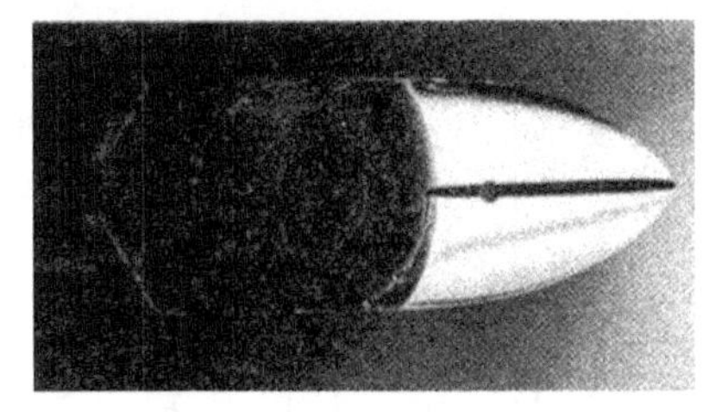

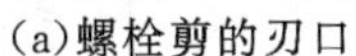

(a)螺栓剪的刃口　　(b)剪钳刃口

图 4-12　碳素工具钢应用举例

2. 牌号表示方法

碳素工具钢的牌号由“T 十数字”组成。“T”是“碳”字汉语拼音首字母，数字是钢平均含碳量的千分数表示。若为高级优质碳素工具钢，则在数字后加“A”，如 T12A 。在末尾处加上“ Mn ”，表示含锰量较高。

常用碳素工具钢的牌号、性能及用途见表 4－3。各种碳素工具钢淬火后的硬度相差不大，但随含碳量的增加，钢的耐磨性增加，韧性降低。因此，不同牌号工具钢在用途上有所区别。

表 4-3　常用碳素工具钢的牌号、性能及用途(摘自 GB/T1298—2008)

牌号	淬火温度/℃	淬火介质	淬火后硬度 HRC	回火温度/℃	回火后硬度 HRC≥	用途举例
T7 T7A	800～820	水	61～63	180～200	62	用作能承受冲击载荷、韧性较好、硬度适当的工具，如扁铲、手钳、大锤、螺钉旋具、木工用工具
T8 T8A	780～800	水	61～63	180～200	62	承受冲击载荷不大，并具有较高硬度的工具，如金属剪切刀、扩孔钻、钢印、木料锯片、铆钉及钉用工具
T8Mn T8MnA	780～800	水	62～63	180～200	62	横纹锉刀、手锯条、煤矿用凿、石油凿
T9 T9A	760～780	水	62～64	180～200	62	有一定韧性和硬度较高的工具，如冲模、铣头、木工工具、凿岩石工具等
T10 T10A	760～780	水油	62～64	180～200	62	不承受冲击载荷、刃口锋利与少许韧性的工具，如车刃、刨刀、拉丝模、丝锥、扩孔刃具、冷冲模、锉刀、凿硬岩石工具等
T11 T11A	760～780	水油	62～64	180～200	62	用于工作时切削刃口不变热的工具，如丝锥、锉刀、扩孔钻、板牙、刮刀、量规、切烟叶刀、冲孔模等

续表 4-3

牌号	淬火温度/℃	淬火介质	淬火后硬度 HRC	回火温度/℃	回火后硬度 HRC≥	用途举例
T12 T12A	760～780	水油	62～64	180～200	62	不承受冲击、切削速度不高、硬度高的工具，如车刀、铣刀、铰刀、丝锥、锉刀、切削黄铜用工具
T13 T13A	760～780	水油	62～64	180～200	62	制造不受振动及需要极高硬度和耐磨性的各种工具，如丝锥、锋利的外科刀具、锉刀、刮刀等

3. 典型牌号

T7 钢，具有良好的韧性，但耐磨性不高，适于制作切削软材料的刃具和承受冲击载荷的工具，如木工工具、镰刀、凿子、锤子等。

T8Mn 钢，淬透性较好，适于制作断口较大的木工工具、煤矿用凿、石工凿和要求变形小的手锯条、横纹锉刀。

T13 钢，硬度极高，耐磨性好，但韧性低，不能承受冲击载荷，只适于制作切削高硬度材料的刃具和加工坚硬岩石的工具，如锉刀、刻刀、雕刻工具等。

能力知识点 5　铸造碳钢

1. 钢的特性与用途

铸造碳钢中碳的质量分数 w_C=0.15%～0.60%。铸钢的铸造性能比铸铁差，力学性能比铸铁好，主要用于制造形状复杂、力学性能要求较高、难以锻压成形的重要机械零件。例如汽车的变速箱壳，机车车辆的车钩和联轴器等，如图 4-13 所示。

(a)钳子

(b)连接器本体

图 4-13　铸造碳钢(ZG230－450)的应用示例

2. 牌号表示方法

铸造碳钢牌号通常由"ZG＋数字－数字"组成。"ZG"是"铸钢"二字的汉语拼音首字母，第一组数字代表最低屈服强度值，第二组数字代表最低抗拉强度值。例如 ZG200－400 表示 R_{eL} ≥ 200MPa、R_m≥ 400MPa 的铸造碳钢。

GB/T5613—1995 中沿用的是旧的力学性能符号，为方便阅读将其改为对应的新标准符号。工程用铸造碳钢的牌号、化学成分、力学性能及用途见表 4-4。

表 4-4　工程用铸造碳钢的牌号、化学成分、力学性能及用途(GB/T5613—1995)

<table>
<tr><th rowspan="3">牌号</th><th colspan="5">主要化学成分
(质量分类)%</th><th colspan="5">室温力学性能</th><th rowspan="3">能特点
及用途举例</th></tr>
<tr><th>C</th><th>Si</th><th>Mn</th><th>P</th><th>S</th><th>R_{eL}($R_{r0.2}$)/
MPa</th><th>R_m/
MPa</th><th>$A_{11.3}$/
%</th><th>Z/
%</th><th>A_{kv}/J
(α_k/(J・cm^{-2}))</th></tr>
<tr><th colspan="5">不大于</th><th colspan="5">不小于</th></tr>
<tr><td>ZG200
—400</td><td>0.20</td><td rowspan="3">0.50</td><td>0.80</td><td colspan="2" rowspan="5">0.04</td><td>200</td><td>400</td><td>25</td><td>40</td><td>30(60)</td><td>有良好的塑性、韧性和焊接性能。用于受力不大,要求韧性好的各种机械零件,如机座、变速箱壳等</td></tr>
<tr><td>ZG230
—450</td><td>0.30</td><td rowspan="4">0.90</td><td>230</td><td>450</td><td>22</td><td>32</td><td>25(45)</td><td>有一定的强度和较好的塑性、韧性、焊接性能尚好。用于受力不大、要求韧性好的各种机械零件,如砧座、外壳、轴承盖、底板、阀体、犁柱等</td></tr>
<tr><td>ZG270
—500</td><td>0.40</td><td>270</td><td>500</td><td>18</td><td>25</td><td>22(35)</td><td>有较高的强度和较好的塑性,铸造性能良好,焊接性能尚好,切削性能好。用于制造轧钢机机架、轴承座、连杆、箱体、曲轴、缸体等</td></tr>
<tr><td>ZG310
—570</td><td>0.50</td><td rowspan="2">0.60</td><td>310</td><td>570</td><td>15</td><td>21</td><td>15(30)</td><td>强度和切削性能良好,塑性、韧性较低。用于制造载荷较大的零件,如大齿轮、缸体、制动轮、辊子等</td></tr>
<tr><td>ZG340
—640</td><td>0.60</td><td>340</td><td>640</td><td>10</td><td>18</td><td>10(20)</td><td>有高的强度、硬度和耐磨性,切削性能良好,焊接性能差,流动性好,裂纹敏感性较大。用于制造齿轮、刺轮等</td></tr>
</table>

任务2　低合金结构钢

低合金结构钢是一类可焊接的低碳低合金工程结构用钢,钢中合金元素总质量分数一般不超过3%。常用的有低合金高强度结构钢、低合金耐候钢和低合金专业用钢等。

能力知识点1　低合金高强度结构钢

低合金高强度结构钢强度高,韧性和加工性能优异,合金元素含量少且不需要复杂的热处理。结合我国富锰资源条件,低合金高强度结构钢具有广阔的发展前景。

1. 化学成分特点

①低碳。由于塑性韧性、焊接性和冷成形性能的要求高,所以碳的质量分数不超过0.20%。

②加入以 Mn 为主的合金元素。含 Mn 适量（1.0%～1.6%）使强度提高，降低硫、氧的热脆影响，改善热加工性能。

③加入 Nb、Ti、V、Si 等辅加元素。少量的 Nb、Ti 或 V 在钢中形成细碳化物或碳氮化物，有利于获得细小的铁素体晶粒和提高钢的强度和韧性。硅的主要作用是溶于铁素体中，起固溶强化作用。

此外，加入少量 Cu（≤0.4%）和 P（0.1% 左右）等，可提高抗腐蚀性能；加入少量稀土元素，可以脱硫、去气，净化钢材，改善其韧性和工艺性能。

2. 牌号、性能及用途

低合金高强度结构钢的牌号与碳素结构钢相同。Q295、Q345、Q390、Q420、Q460，其中 Q345 应用最广泛。低合金高强度结构钢是一类可焊接的低碳低合金工程结构用钢，具有较高的强度，良好的塑性、韧性、焊接性、耐蚀性和冷成型性，低的韧脆转变温度，适于冷弯和焊接。

低合金高强度结构钢一般在热轧和正火状态下使用，有时在焊接后进行一次正火处理，个别要求高强度的情况下，如高压容器，需进行调质处理。广泛用于建筑、桥梁、船舶、车辆、铁道、高压容器及大型军事工程等方面。用它来代替普通碳钢，大大减轻结构质量，保证使用可靠、耐久，如图 4-14 所示。

(a)南京长江大桥、Q345 钢、跨度 160m

(b)九江长江大桥　Q420 钢、跨度 216m

图 4-14　用低合金高强度结构钢建桥

专用低合金高强度结构钢的牌号表示方法与通用低合金高强度结构钢大致相同，只是在牌号的尾部加上产品用途汉语拼音首字母。例如：Q345R 表示压力容器用钢；Q295HP 表示焊接气瓶用钢；Q390g 表示锅炉用钢；Q420q 表示桥梁用钢，Q340NH 表示耐候钢等。低合金高强度结构钢按脱氧方法分为镇静钢和特殊镇静钢，但在牌号中没有表示脱氧方法的符号。

常用低合金高强度结构钢的化学成分、力学性能及用途见表 4-5。

表 4-5　常用低合金高强度结构钢的化学成分、力学性能及用途

牌号		主要化学成分（质量分数）%			力学性能			用途
新标准	旧标准	C	Si	Mn	R_{eL}/MPa	R_m/MPa	A/%	
Q295	09MnNb	≤0.12	0.20～0.60	0.80～1.20	300 280	420 400	23 21	桥梁、车辆
	12Mn	≤0.16	0.20～0.60	0.10～1.50	300 280	450 440	21 19	锅炉、容器、铁道车辆人、油罐等

续表 4－5

牌号		主要化学成分（质量分数）%			力学性能			用途
新标准	旧标准	C	Si	Mn	R_{eL}/MPa	R_m/MPa	A/%	
Q345	16Mn	0.12～0.20	0.20～0.60	1.20～1.60	350 290	520 480	21 19	桥梁、船舶、车辆人、压力容器、建筑结构
	16MnRc	0.12～0.20	0.20～0.60	1.20～1.60	350	520	21	建筑结构、船舶、化工容器等
Q390	16MnNb	0.12～0.20	0.20～0.60	1.20～1.60	400 380	540 520	19 19	桥梁、起重设备等
	15MnTi	0.12～0.18	0.20～0.60	1.20～1.60	400 380	540 520	19 19	船舶、压力容器、电站设备等
Q420	14MnVTiRe	≤0.18	0.20～0.60	1.30～1.60	450 420	560 540	18 18	桥梁、高压容器、大型船舶、电站设备等
	15MnVN	0.12～0.20	0.20～0.60	1.30～1.70	450 430	600 580	17 18	大型焊接结构、桥梁、管道等
Q460	14MnMoV	0.10～0.18	0.20～0.50	1.20～1.60	500	540 650	16	中温高压容器（＜500℃）
	18MnMoNb	0.17～0.23	0.17～0.37	1.35～1.65	520 500	650 650	17 18	锅炉、化工、石油等高压厚壁容器（＜500℃）

能力知识点2　低合金耐候钢

低合金耐候钢即耐大气腐蚀钢，是在低碳非合金钢的基础上加入少量 Cr 、Cu 、Ni 、Mo 等合金元素，添加微量的 Nb 、Ti 、V 等元素，使钢表面在空气中形成一层保护膜，从而提高钢材的耐大气腐蚀性。

我国耐候钢分为焊接结构用耐候钢和高耐候性结构钢（ GB/T4171—2008 ）两大类。焊接结构用耐候钢适用桥梁、建筑及其他要求耐候性的结构件；高耐候性结构钢适用于车辆、建筑、塔架等构件，也可制作铆接和焊接件。

焊接结构用耐候钢的牌号由“ Q ＋数字＋ NH ＋字母”组成，数字表示最低屈服强度值；“ NH ”是“耐候”的汉语拼音首字母；字母（ C 、D 、E ）表示质量等级。如 Q355NHC 表示 $R_{eL} \geqslant$ 355MPa、质量等级为 C 级的焊接结构用耐候钢。

高耐候性结构钢的牌号由“ Q ＋数字＋ GNH ”组成，字母“ GNH ”是“高耐候”的汉语拼音首字母。含 Cr 、Ni 的高耐候性结构钢牌号后缀以“ L ”表示，如 Q345GNHL 。

任务3　合金钢

为了进一步改善钢的性能，在碳钢的基础上有目的加入一定量的一种或几种元素而获得的钢称为合金钢。

能力知识点1　合金钢的分类与牌号

1. 合金钢的分类

钢一般是指碳的质量分数不大于 2.11% ，并可能含有其他元素的 Fe－Fe_3C 合金。合金钢的种类很多，为便于生产、选材、管理和研究，根据某些特性，从不同角度出发将其分成若干种类。

(1)按用途分类

①合金结构钢。可分为低合金结构钢、机械制造用合金钢两大类，主要用于制造各种工程构件和机械零件。

②合金工具钢。可分为刃具钢、模具钢、量具钢三类，主要用于制造各种刃具、模具和量具。

③特殊性能钢。可分为不锈钢、耐热钢、耐磨钢、易切削钢。

(2)按合金元素含量分类

①低合金钢。合金元素的总含量在5%以下。

②中合金钢。合金元素的总含量在5%～10%。

③高合金钢。合金元素的总含量在10%以上。

(3)按金相组织不同分类

①按平衡组织或退火组织　可以分为亚共析钢、共析钢、过共析钢和莱氏体钢。

②按正火组织　可以分为珠光体钢、贝氏体钢、马氏体钢和奥氏体钢。

(4)其他分类方法

①按工艺特点　可分为铸钢、渗碳钢、易切削钢等。

②按质量　可以分为普通质量钢、优质钢和高级优质钢，区别主要在于钢中含有S、P杂质元素的多少。

2.牌号表示

钢的编号原则：一是根据编号可大致看出钢的成分；二是根据编号可大致看出钢的用途。因此合金钢的牌号在国标中常采用如下格式：

数字 ＋ 化学元素 ＋ 数字 ＋ 尾缀符号

化学元素采用元素中文名称或化学符号。产品名称、用途、浇铸方法等则采用汉语拼音字母表示。

(1)含碳量数字

①含碳量数字为两位数。用在合金结构钢的牌号中，表示钢中平均含碳量的万分数。例如30W4Cr2VA钢的平均含碳量为万分之三十，即0.30%。

②含碳量数字为1位数。用在合金工具钢的牌号中，表示钢中平均含碳量的千分数。例如9SiCr钢的平均含碳量为千分之九，即0.9%。

③无含碳量数字。用在合金工具钢的牌号中，表示钢中平均含碳量≥1%，此时不标。例如Cr12钢的平均含碳量≥1%，未标。

(2)合金元素含量数字　表示该合金元素平均含量的百分数。当合金元素平均含碳量小于1.5%时不标数字。例如Cr12MoV钢中平均 $w_{Cr}=12\%$、平均 $w_{Mo}<1.5\%$、平均 $w_{V}<1.5\%$。

(3)尾缀符号　当采用汉语拼音字母表示该产品的名称、用途、特性和工艺方法时，一般用代表产品名称的汉语拼音字母表示，加在牌号首或尾部。例如GCr15钢，G表示滚动轴承；SM3Cr3Mo钢，SM表示塑料模具。

(4)特殊性能钢的牌号表示　牌号表示法与合金工具钢相同，只是在不锈钢中，当平均含碳量小于0.1%时，前面加“0”表示；当平均含碳量小于等于0.03%时，前面加“00”表示。例如00Cr12钢，表示含碳量为0.03%，含铬量为12%的耐热钢。

(5)专门用途钢　此类钢是指某些有专门用途的钢,以其用途名称汉语拼音第一个字母表示该钢的类型,以数字表明其含碳量;化学元素符号表明钢中含有的合金元素,其后的数字表明合金元素的大致含量。例如锅炉用 20 钢,其牌号为 20g。铆螺用 30CrMnSi 钢,牌号表示为 ML30CrMnSi 。

能力知识点 2　合金元素在钢中的作用

合金元素是为了改变钢的组织与性能而有意加入的元素。合金钢中经常加入的元素有锰(Mn)、铬(Cr)、钼(Mo)、钨(W)、钒(V)、铌(Nb)、锆(Zr)、钛(Ti)、镍(Ni)、硅(Si)、稀土元素(RE)等。

能形成碳化物的元素,如 Fe 、Mn 、Cr 、Mo 、W 、V 、Nb 、Zr 、Ti (按照与碳的亲和力由弱到强依次排列)等称之为碳化物形成元素。一般认为, V 、Nb 、Zr 、Ti 为强碳化物形成元素;Cr 、Mo 、W 为中强碳化物形成元素;Fe 、Mn 为弱碳化物形成元素。不能形成碳化物的元素,如 Ni 、Co 、Si 、Al 、N 等称之为非碳化物形成元素,主要是以溶入 α—Fe 或 γ—Fe 的形式存在。

合金元素在钢中的作用形式复杂,包括与钢中铁和碳的相互作用及合金元素间的相互作用。

1. 合金元素对 $Fe-Fe_3C$ 相图的影响

(1)使 S 、E 点位置左移　由图 4-15 可见,扩大奥氏体区的合金元素,使 S 、E 点向左下方移动;缩小奥氏体区的合金元素,使 S 、E 点向左上方移动。由此图可知,大多数合金元素均使 S 、E 点左移。S 点左移意味着合金钢中共析点的碳的质量分数将小于 0.77% ,会使亚共析成分的合金钢中出现过共析钢的组织。E 点左移,使出现莱氏体的碳的质量分数降低,即钢中有可能出现莱氏体组织(称为莱氏体钢)。

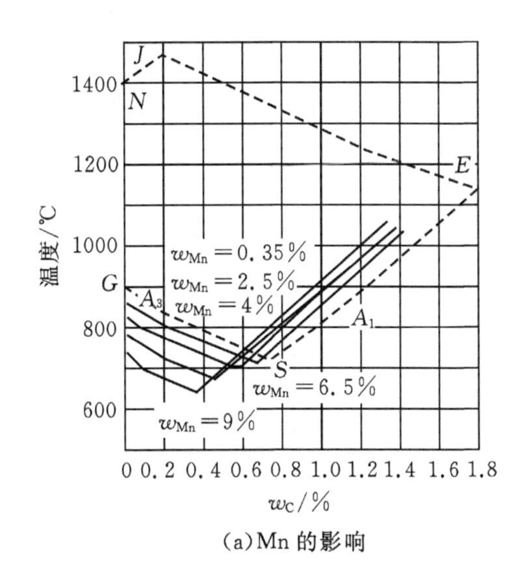

(a)Mn 的影响

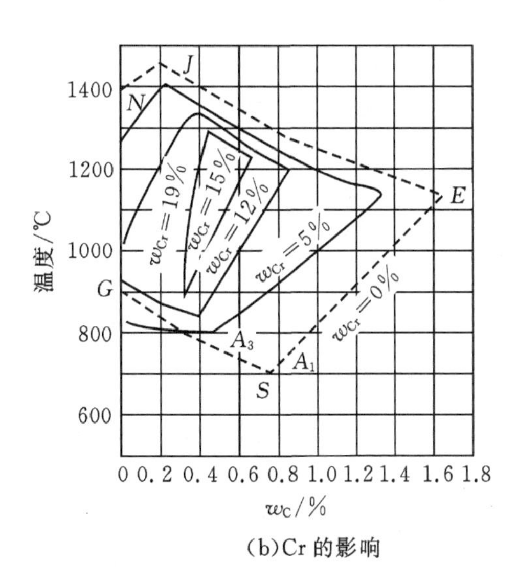

(b)Cr 的影响

图 4-15　合金元素对奥氏体相区的影响

(2)对临界点的影响　由图 4-16 可见,合金元素的加入会影响 S 点、GS 线、ES 线上下移动。S 点、GS 线向下移动,表明临界点 A_1 和 A_3 下降;S 点、GS 线、ES 向上移动,表明临界点 A_1 、A_3 和 A_{cm} 点上升。几种常见合金元素对共析温度影响如图 4-16 所示。

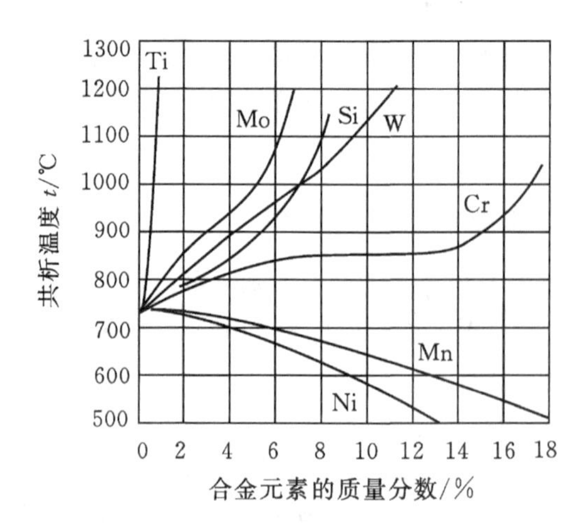

图 4-16　常见合金元素对共析温度

2. 合金元素使钢获得特殊性能

(1)形成单相稳定组织

①奥氏体钢。Ni、Co、Mn 等合金元素的加入使奥氏体区扩大,*GS* 线向左下方移动,A_1 线、A_3 线下降,如图 4-13(a)所示。当钢中含有大量扩大奥氏体区的合金元素时,会使相图中奥氏体区一直延展到室温以下,得到在室温下仍具有稳定的单相奥氏体组织的钢,称为奥氏体钢。

②铁素体钢。Cr、Mo、W、V、Ti、Si、Al 等合金元素的加入会缩小奥氏体区,*GS* 线向左上方移动,A_1 线、A_3 线升高,如图 4-15(b)所示。当钢中加入大量缩小奥氏体区的合金元素时,可能会使奥氏体区完全消失。此时,钢在室温下的平衡组织是单相铁素体,称为铁素体钢。

(2)形成致密氧化膜和金属间化合物　合金元素 Cr、Mo、W、Ti、Si、Al 等形成的致密氧化膜覆盖在钢的表面,提高了钢的耐蚀性和高温抗氧化性;形成的金属间化合物则提高了钢的高温抗蠕变能力,尤其当它们以细小的颗粒弥散分布时,会显著提高钢的高温强度。

3. 合金元素对钢的力学性能的影响

(1)固溶强化作用　合金元素 Si、Al、Cr、Mo、W、Mn、Cu、Co 等可溶入铁素体、奥氏体、马氏体中,使钢的强度提高,产生固溶强化。几种合金元素对铁素体力学性能的影响如图 4-17 所示。

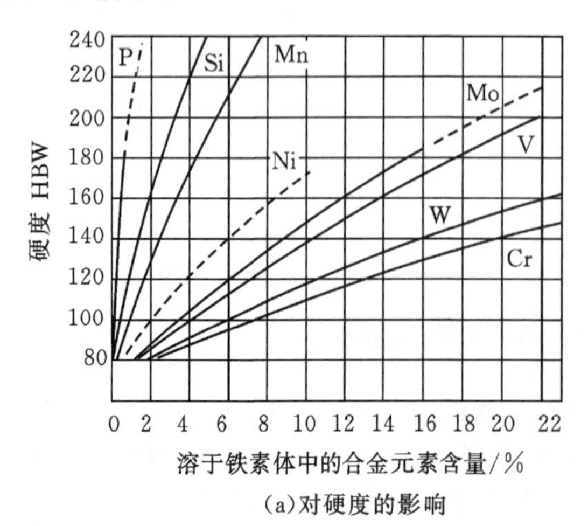

(a)对硬度的影响

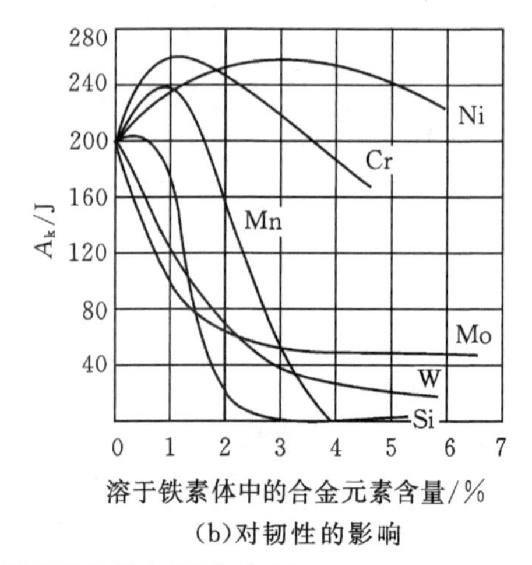

(b)对韧性的影响

图 4-17　几种合金元素对铁索体力学性能的影响(退火状态)

(2)第二相强化作用

①形成合金渗碳体。合金渗碳体是合金元素溶入渗碳体所形成的化合物。合金渗碳体较渗碳体略为稳定,硬度也较高,是一般低合金钢中碳化物的主要存在形式。

②形成特殊碳化物。特殊碳化物通常由中强或强碳化物形成元素所形成。特殊碳化物比合金渗碳体具有更高的熔点、硬度与耐磨性,并且更为稳定,不易分解。一般情况下,碳化物越稳定,其硬度越高;碳化物颗粒越细小,对钢的强化效果越显著。

③细晶强化。大多数合金元素都能阻止奥氏体晶粒的长大,因此使得钢冷却后的组织细化,在提高钢的强度和硬度的同时,也提高了钢的塑性和韧性。

4. 合金元素对钢的热处理工艺性能的影响

(1)对加热过程奥氏体化的影响 细化奥氏体晶粒、减缓奥氏体化速度。

在钢的奥氏体化过程中,除 Mn 、P 外,均阻止奥氏体晶粒长大。V 、Nb 、Zr 、Ti 等强碳化物形成元素强烈阻止奥氏体晶粒长大,具有细化晶粒的作用。除锰钢外,合金钢在加热时不易出现过热现象,有利于在淬火后获得细马氏体,有利于增加淬透性、提高钢的力学性能及减小淬火时变形与开裂的倾向。

除 Ni 、Co 外,大多数合金元素均减缓奥氏体化速度。V 、Ti 、Cr 、Mo 、W 等合金元素形成的合金碳化物,有的要达到 1050℃才溶解,而且即使溶解了也难以扩散。所以为了加速奥氏体化,充分发挥合金元素的有益作用,合金钢在热处理时需要提高加热温度和延长保温时间。

(2)在钢冷却过程中的表现 提高淬透性。

合金元素(除 Co 、Al 外)溶入奥氏体后,均使奥氏体稳定性增加,使过冷奥氏体等温转变曲线右移,降低了钢的马氏体临界冷却速度,提高了钢的淬透性。因此与碳素钢相比,合金钢淬火能使较大截面的工件获得均匀一致的组织,从而获得较高的力学性能。对复杂的合金钢工件,可用冷却能力较强的淬火剂如熔盐等淬火,从而减少工件淬火时的变形与开裂。

提高淬透性作用最大的元素是 Mo 、Mn 、Cr 、Ni 。微量的 B ($<0.005\%$)能显著提高钢的淬透性。M_s 点和 M_f 点的下降,使合金钢淬火后残余奥氏体量较非合金钢多,可进行冷处理或进行多次回火,使残余奥氏体转变为马氏体或贝氏体。必须指出,加入的合金元素只有完全溶入奥氏体时,才能提高淬透性。如果未完全溶解,就会成为奥氏体分解时新相的结晶核心,使分解速度加快,反而降低钢的淬透性。

(3)在淬火钢回火时的表现 提高回火稳定性、产生二次硬化。

在淬火钢回火时,大多数合金元素可以提高钢的回火稳定性。淬火钢在回火时抵抗硬度下降的能力称为钢的回火稳定性。由于合金元素溶入了马氏体,阻碍了原子扩散,使马氏体在回火过程中不易分解,碳化物不易析出。因此,合金钢回火时硬度下降较慢,其回火稳定性较高。合金钢若与碳素钢在相同温度下回火,则合金钢的强度和硬度将比碳素钢高。提高回火稳定性较强的合金元素有 V 、Si 、Mo 、W 等。

某些合金钢回火时在某些温度范围出现硬度不降反而回升的现象,称为二次硬化。产生二次硬化的主要原因是:含 V 、Mo 、W 等强碳化物形成元素的合金钢在高温回火时,析出了与马氏体保持共格关系并高度弥散分布的特殊碳化物,如 VC 、Mo_2C 、W_2C 等。

高回火稳定性和二次硬化使合金钢具有很好的高温强度和热硬性。热硬性是指合金在高温下保持高硬度(≥60 HRC)的能力。热硬性对高速切削刀具有重要意义。

5. 合金元素对钢加工工艺性能的影响

(1)对焊接性能的影响 淬透性良好的合金钢焊接时,容易在接头处出现淬硬组织,使此处脆性增大，易出现焊接裂纹。焊接时合金元素易被氧化形成氧化物夹杂，使焊接质量下降。例如在焊接不锈钢时，形成 Cr_2O_3 夹杂，使焊缝质量受到影响，同时由于 Cr 的损失，不锈钢耐腐蚀性下降。所以高合金钢最好采用保护作用好的氩弧焊。

(2)对锻造性能的影响　合金元素融入奥氏体后使变形抗力增加，塑性变形困难，因此合金钢锻造需要施加更大的压力。同时合金元素使钢的导热性降低、脆性加大，增加了合金钢锻造时和锻后冷却中出现变形、开裂的倾向，因此合金钢锻后一般应控制终锻温度和冷却速度。

能力知识点 3　机械结构用合金钢

机械结构用合金钢主要用于制造各种机械零件，其质量都属于特殊质量等级，大多需经热处理后才能使用。

按用途及热处理特点，机械结构用合金钢可分为渗碳钢、调质钢、非调质钢、弹簧钢、滚动轴承钢、超高强度钢、易切削钢等。按冶金质量的不同可分为三类：优质钢 $w_S<0.030\%$、$w_P<0.035\%$；高级优质钢 $w_S<0.025\%$、$w_P<0.025\%$，牌号后加 A；特级优质钢 $w_S<0.015\%$、$w_P<0.015\%$，牌号后加 E。

1. 合金渗碳钢

(1)性能特点及应用　合金渗碳钢是用于制造渗碳零件的合金钢，具有外硬内韧的性能，可用于制造承受冲击及耐磨的产品。与碳素渗碳钢相比，合金渗碳钢淬透性高，零件心部的硬度和强度在热处理前后差别较大，可通过热处理使渗碳件的心部达到显著强化的效果。常用于制造汽车、拖拉机上的变速齿轮与内燃机上的凸轮轴、活塞销等。

(2)化学成分　合金渗碳钢含碳量低，$w_C=0.1\%\sim0.25\%$，属于低碳钢。低含碳量保证淬火后零件心部有足够的塑性和韧性(一般高于 $700kJ/m^2$)。为了提高淬透性，加入 Cr、Mn、Ni、B 等，可强化渗碳层和心部组织(Cr 是主加元素)。加入微量 V、W、Ti、Mo 等强碳化物形成元素，可形成细小难溶的碳化物，阻止晶粒长大，并增加渗碳层硬度，提高耐磨性。

(3)热处理工艺　预先热处理为：低、中淬透性的渗碳钢，锻造后正火；高淬透性的渗碳钢，锻压、空冷淬火后，再于 650℃左右高温回火，以改善切削加工性能。

最终热处理为：渗碳后淬火＋低温回火(180～200℃)。最终表层组织是高碳回火马氏体、合金渗碳体、碳化物及少量的残余奥氏体，保证了表面的高硬度和耐磨性，硬度可达 60～62HRC。心部组织淬透后的回火组织是低碳回火马氏体，硬度为 40～48HRC；未淬透的回火组织是托氏体、少量低碳回火马氏体及铁素体，硬度为 25～40HRC。

(4)常用牌号　20Cr、20MnV 钢属于低淬透性渗碳钢，水淬临界淬透直径为 20～35 mm，心部强度不高，常用于制造尺寸较小的零件，如小齿轮、活塞销等。

20CrMnTi 钢属于中淬透性渗碳钢，油淬临界淬透直径为 25～60mm，渗碳过渡层比较均匀，奥氏体晶粒长大倾向小，可自渗碳温度预冷到 870℃ 左右直接淬火。常用于制造高速、中载、冲击和在剧烈摩擦条件下工作的零件，如汽车、拖拉机的变速齿轮、离合器轴等。

18Cr2Ni4WA、12Cr2Ni4、20Cr2Ni4A 钢等属于高淬透性渗碳钢，油淬临界淬透直径为 110mm 以上，甚至空冷也能淬成马氏体，主要用于制造负荷大、磨损剧烈的大型零件，如内燃机的主动牵引齿轮、精密机床上控制进刀的蜗轮、飞机及坦克的曲轴与齿轮等。

常用渗碳钢的牌号、化学成分、热处理、力学性能及用途见表 4－6。

表 4-6　常用热强钢的牌号、成分、热处理及使用温度(摘自 GB/T 1221—2007)

类别	牌号	主要化学成分(质量分数)%							热处理/℃				力学性能(不小于)					毛坯尺寸/mm	用途举例
		C	Si	Mn	Cr	Ni	V	其他	渗碳	预备热处理	淬火	回火	R_m/MPa	R_{eL}/MPa	A/%	Z/%	α_k/(kJ·m²)		
低淬透性	15	0.12~0.19	0.17~0.37	0.35~0.65	—	—	—	—	930	890±10 空	770~800 水	200	500	300	15	55	—	<30	活塞销等
低淬透性	20Mn2	0.17~0.24	0.17~0.37	1.40~1.80	—	—	—	—	930	850~870	770~800 油	200	785	590	10	40	600	15	小齿轮、小轴、活塞销等
低淬透性	20Cr	0.18~0.24	0.17~0.37	0.50~0.80	0.70~1.00	—	—	—	930	880 水、油	880 水、油	200	835	540	10	40	600	15	齿轮、小轴、活塞销等
低淬透性	20MnV	0.17~0.24	0.17~0.37	1.30~1.60	—	—	0.07~0.12	—	930	—	880 水、油	200	785	590	10	40	700	15	同上，也用于锅炉、高压容器管道
低淬透性	20CrV	0.17~0.24	0.20~0.40	0.5~0.8	0.80~1.10	—	0.10~0.20	—	930	880	800 水、油	200	850	600	12	45	700	15	齿轮、小轴顶杆、活塞销、耐热垫圈
低淬透性	20CrMn	0.17~0.23	0.17~0.37	0.90~1.20	0.90~1.20	—	—	—	930	—	850 油	200	930	735	10	45	600	15	齿轮、轴、蜗杆、活塞销、摩擦轮
低淬透性	20CrMnTi	0.17~0.23	0.17~0.37	0.80~1.10	1.00~1.30	—	—	Ti 0.06~0.12	930	830 油	860 油	200	1080	850	10	45	700	15	汽车、拖拉机上的变速箱齿轮
低淬透性	20Mn2TiB	0.17~0.24	0.20~0.40	1.50~1.80	—	—	—	Ti 0.06~0.12 B 0.001~0.004	930	—	860 油	200	1150	950	10	45	700	15	代 20CrMnTi
低淬透性	20SiMnVB	0.17~0.24	0.50~0.80	1.30~1.60	—	—	0.07~0.12	B 0.001~0.004	930	850~880 油	780~880 油	200	1200	1000	10	45	700	15	代 20CrMnTi
高淬透性	18Cr2Ni4WA	0.13~0.19	0.17~0.37	0.30~0.60	1.35~1.65	4.00~4.50	—	W 0.80~1.20	930	950 空	850 空	200	1180	835	10	45	1000	15	大型渗碳齿轮和轴类件
高淬透性	20Cr2Ni4A	0.17~0.24	0.20~0.40	0.30~0.60	1.25~1.75	3.25~3.75	—	—	930	880 油	780 油	200	1200	1100	10	45	800	15	同上
高淬透性	15CrMn2SiMo	0.13~0.19	0.4~0.7	2.0~2.40	0.4~0.7	—	—	Mo 0.4~0.5	930	880~920 油	860 油	200	1200	900	10	45	800	15	大型渗碳齿轮，飞机齿轮

2. 合金调质钢

(1)性能特点及应用　合金调质钢是经调质处理后使用的合金钢,具有高强度,良好的塑性和韧性相结合的综合力学性能,同时具有良好的淬透性。主要用于制造在多种载荷作用下工作、受力复杂的重要零件,如汽车、拖拉机、机床等的齿轮、轴类零件、连杆、高强度螺栓等。合金调质钢是机械结构用合金钢的主体。

(2)化学成分　合金调质钢中一般 $w_C = 0.25\% \sim 0.5\%$,以 $w_C = 0.4\%$ 居多。主要添加的合金元素有 Mn 、Cr 、Ni 、B 、Si 等,能提高钢的淬透性,获得高而均匀的综合力学性能,特别是高的屈强比。其他元素的添加主要有:V 用于细化晶粒,提高综合力学性能;Mo 、W 用于减轻或抑制第二类回火脆性;Al 用于加速合金调质钢的氮化过程。

(3)热处理工艺。

①预先热处理。指锻造成形后的热处理。低淬透性调质钢常采用正火,中淬透性调质钢常采用退火,高淬透性调质钢则采用正火后高温回火。

②最终热处理。粗加工后的调质处理。合金调质钢淬透调质后的屈服强度约为 800MPa ,冲击韧性达 800kJ/m^2 ,硬度可达 22 ～ 25HRC 。局部还要求硬度高、耐磨性好的零件,在调质后进行局部表面淬火及低温回火或氮化处理,表面硬度可达 55 ～ 60HRC 。

(4)常用牌号　40Cr 、40MnB 钢属于低淬透性调质钢,合金元素总量低于 2.5% ,油淬临界淬透直径为 20 ～ 40mm ,常用于制造载荷较小的连杆螺栓、机床主轴等。

35CrMo 、38CrSi 钢属于中淬透性调质钢,合金元素较多,油淬临界淬透直径为 40 ～ 60mm ,常用于制造载荷较大的火车发动机曲轴、连杆等。

38CrMoAlA 、40CrNiMoA 钢属于高淬透性调质钢,合金元素含量多于前两种,油淬临界淬透直径为 60 ～ 100mm ,常用于制造精密机床主轴、汽轮机主轴、航空发动机曲轴、连杆等。

常用调质钢的牌号、化学成分、热处理、力学性能及用途见表 4 - 7。

(5)非调质钢简介　非调质钢是近年为节约能源发展起来的不进行调质处理的钢材。在中碳钢中添加微量合金元素 V 、Ti 、Nb 、N 等,然后加热使这些合金元素同溶于奥氏体中,再通过控温轧制或锻制控温冷却,使钢在轧制或锻制后获得与碳素结构钢或合金结构钢经调质处理后所达到的同样力学性能的钢种。

例如用 YF35MnV 钢制造汽车发动机连杆,性能已达到或超过 55 钢连杆,可加工性远远优于 55 钢。非调质钢大多属于低合金钢。

表 4-7 常用调质钢的牌号、化学成分、热处理、力学性能及用途

类别	牌号	主要化学成分(质量分数)%								热处理/℃			力学性能(不小于)					退火或高温回火态(≤)HBS	用途举例
		C	Si	Mn	Mo	W	Cr	Ni	其他	淬火/℃	回火℃	毛坯尺寸/mm	R_m/MPa	R_{eL}/MPa	A/%	Z/%	A_k/J		
低淬透性	45	0.42~0.50	0.17~0.37	0.50~0.80	—	—	—	—	—	830~840	580~640	<100	600	355	16	40	—	167	主轴、曲轴、齿轮
	40Cr	0.37~0.44	0.17~0.37	0.50~0.80	—	—	0.80~1.10	—	—	850	520	25	980	785	9	45	47	207	轴类、连杆、螺栓、重要齿轮等
	40MnB	0.37~0.44	0.17~0.37	1.10~1.40	—	—	—	—	B 0.0005~0.0035	850	520	25	980	785	10	45	47	207	主轴、曲轴、齿轮
	40MnVB	0.37~0.44	0.17~0.37	1.10~1.40	—	—	—	—	V 0.05~0.10 B 0.0005~0.0035	850	520	25	980	785	10	45	47	207	可代替40Cr钢及部分代替40CrNi钢制造重要零件
中淬透性	38CrSi	0.35~0.43	1.00~1.30	0.30~0.60	—	—	1.30~1.60	—	—	900	600	25	980	835	12	50	55	225	大载荷轴类、车辆上的调质件
	30CrMnSi	0.27~0.34	0.90~1.20	0.80~1.10	—	—	0.80~1.10	—	—	880	520	25	1080	885	10	45	39	229	高速载荷轴类及内、外摩擦片等
	35CrMo	0.35~0.40	0.17~0.37	0.40~0.70	0.15~0.25	—	0.80~1.10	—	—	850	550	25	980	835	12	45	63	229	重要调质件、曲轴、连杆、大载面轴等
高淬透性	38CrMoAl	0.35~0.42	0.20~0.45	0.30~0.60	0.15~0.25	—	1.35~1.65	—	Al 0.70~1.10	940	640	30	980	835	14	50	71	229	渗氮零件、镗杆、缸套等
	37CrNi3	0.34~0.41	0.17~0.37	0.30~0.60	—	—	1.20~1.60	3.00~3.50	—	820	500	25	1130	980	10	50	47	269	大截面并需高强度、高韧性的零件
	40CrMnMo	0.37~0.45	0.17~0.37	0.90~1.20	0.20~0.30	—	0.90~1.20	—	—	850	600	25	980	785	10	45	63	217	相当于40CrNiMo高级调质期
	25Cr2Ni4WA	0.21~0.28	0.17~0.37	0.30~0.60	—	0.80~1.20	1.35~1.65	4.00~4.50	—	850	550	25	1080	930	11	45	71	269	力学性能要求高的大截面零件
	40CrNiMoA	0.37~0.44	0.17~0.37	0.50~0.80	0.15~0.25	—	0.60~0.90	1.25~1.65	—	850	600	25	980	830	12	55	78	269	高强度零件、飞机发动机轴等

3. 合金弹簧钢

(1)性能特点及应用　合金弹簧钢主要用于制造各种重要弹性元件，如车辆、坦克的减振弹簧、螺旋弹簧、大炮缓冲弹簧、钟表发条等。合金弹簧钢具有高的弹性极限、屈服极限及高的屈强比；高的疲劳强度；足够的塑性和韧性；良好的淬透性及较低的脱碳敏感性；良好的耐热性、耐蚀性和较高的表面质量。与高碳钢相比，合金弹簧钢可制造截面较大、屈服极限较高的重要弹簧，如图 4－18 所示。

(a)60Si2Mn 钢叠形板簧

(b)65Mn 钢线形弹簧

(c)50CrVA 钢钮力杆

图 4－18　合金弹簧钢应用举例

(2)化学成分　合金弹簧钢为中、高碳成分，一般 $w_C = 0.5\% \sim 0.7\%$ ，满足高弹性、高强度的性能要求。主加元素是 Mn 、Si 、Cr ，其作用是强化铁素体，提高钢的淬透性、弹性极限及回火稳定性，使之回火后沿整个截面获得均匀的回火托氏体组织，具有较高的硬度和强度。辅加元素 Mo 、W 、V 可减少钢的过热倾向和脱碳，细化晶粒，进一步提高弹性极限、屈强比和耐热性及冲击韧性。

(3)热处理工艺

①冷成形弹簧的热处理。当弹簧直径或板簧厚度小于 10mm 时，常采用冷拉弹簧钢丝或弹簧钢带冷卷成形。其成形前后的热处理方法如下：

退火状态供应的弹簧钢丝。此类钢丝在绕制成弹簧之前，经冷拔至要求的直径，然后进行退火软化处理，绕制成形。其强度、硬度低，冷卷成形后需进行淬火和中温回火。

铅浴等温淬火钢丝。将钢丝坯料奥氏体化后，在 500～550℃ 的铅浴中等温淬火，经冷拔后绕制成形，再在 200～300℃ 下进行一次回火，消除应力并使弹簧定形。这类钢丝强度很高，而且还有较高的韧性。

油淬回火钢丝。将钢丝冷拔到规定的尺寸后，进行油淬和中温回火处理。这种钢丝的抗拉强度虽然不及铅浴等温淬火钢丝，但它的性能比较均匀一致，强度波动范围小。钢丝冷卷成弹簧后，在 200～300℃ 低温回火，无须再经淬火和回火处理。

②热成形弹簧的热处理。热成形弹簧多用热轧钢丝或钢板制成，通常采用淬火加热后成形工艺。即将弹簧加热至比正常淬火温度高 50～80℃ 后进行热卷成形，然后利用余热立即淬火、中温回火，获得回火托氏体组织，硬度为 40～48HRC，具有较高的弹性极限、疲劳强度和一定的塑性和韧性。

弹簧在热处理后，往往需要喷丸处理，以消除或减轻表面缺陷的有害影响，并可使表面产生硬化层，形成残余压应力，提高疲劳强度和使用寿命。例如 60Si2Mn 钢制成的汽车板簧经喷丸处理后，使用寿命提高了 5～6 倍。

(4)常用牌号　60Si2Mn 钢是应用最广泛的合金弹簧钢，其淬透性、弹性极限、屈服极限和疲劳强度均较高，价格较低，常用于制造截面尺寸较大的弹簧。如汽车、拖拉机、火车的板簧和螺旋弹簧等。

50CrVA 钢是含 Cr 、V 元素的合金弹簧钢，淬透性更高，Cr 和 V 能提高弹性极限、强度、韧性和耐回火性，常用于制造截面较大的重载弹簧，如内燃机的气阀弹簧等。

常用弹簧钢的牌号、化学成分、热处理、力学性能及用途见表 4－8。

表 4-8 常用弹簧钢的牌号、化学成分、热处理、力学性能及用途(GB/T1222—2007)

类别	牌号	主要化学成分(质量分数)%						热处理/℃		力学性能(不小于)				用途举例
		C	Si	Mn	Cr	V	其他	淬火/℃	回火℃	R_{eL}/MPa	R_m/MPa	$A_{11.3}$/%	Z/%	
碳素弹簧钢	65	0.52～0.70	0.17～0.37	0.50～0.80	≤0.25	—	—	840油	500	800	1000	9	35	小于 ϕ12mm 的一般机器上的弹簧,或拉成钢丝制造小型机械弹簧
碳素弹簧钢	85	0.82～0.90	0.17～0.37	0.50～0.80	≤0.25	—	—	820油	480	1000	1150	6	30	同上
碳素弹簧钢	65Mn	0.62～0.70	0.17～0.37	0.09～1.20	≤0.25	—	—	830油	540	800	1000	8	30	同上
合金弹簧钢	55Si2Mn	0.52～0.60	1.50～2.00	0.60～0.90	≤0.35	—	—	870油	480	1200	1300	6	30	ϕ20～ϕ25mm 弹簧,工作温度低于 230℃
合金弹簧钢	60Si2Mn	0.56～0.64	1.50～2.00	0.60～0.90	≤0.35	—	—	870油	480	1200	1300	5	25	ϕ23～ϕ30mm 弹簧,工作温度低于 300℃
合金弹簧钢	50CrVA	0.46～0.54	0.17～0.37	0.50～0.80	0.80～1.10	0.10～0.20	—	850油	500	1150	1300	10(A)	40	ϕ30～ϕ50mm 弹簧,工作温度低于 210℃的气阀弹簧
合金弹簧钢	60Si2CrVA	0.56～0.64	1.40～1.80	0.40～0.70	0.90～1.20	0.10～0.20	—	850油	410	1700	1900	6(A)	20	ϕ<50mm 弹簧,工作温度低于 250℃
合金弹簧钢	50SiMnMoV	0.52～0.60	0.90～1.20	1.00～1.30	—	0.08～0.15	Mo 0.20～0.30	880油	550	1300	1400	6	30	ϕ<75mm 的弹簧,重型汽车,越野汽车的大截面板簧

4. 滚动轴承钢

(1)性能特点及应用　滚动轴承钢主要用来制造各种滚动轴承元件，必须具有高而均匀的硬度和耐磨性；高的弹性极限和一定的冲击韧性；足够的淬透性和耐蚀能力以及高的接触疲劳强度和抗压强度。其纯度、组织均匀性、碳化物分布情况和脱碳程度都有严格要求。虽是制作滚动轴承的专用钢，但也可制作冷冲模、精密量具等工具，还可制作要求耐磨的精密零件，如柴油机喷油嘴、精密丝杠。

(2)化学成分　滚动轴承钢成分接近于工具钢，属高碳成分，$w_C = 0.95\% \sim 1.15\%$，保证高强度、高硬度及高耐磨性。主要合金元素为 Cr，$w_{Cr} = 0.4\% \sim 1.65\%$，以提高淬透性，形成细小均匀分布的合金渗碳体 $(FeCr)_3C$，提高接触疲劳强度和耐磨性。在制造大尺寸轴承时，可加入 Mn、Si，以进一步提高其淬透性。同时，滚动轴承钢还要严格限制 S、P 的质量分数。

(3)热处理工艺

①预先热处理。球化退火，目的一是降低硬度(硬度为 170 ～ 210HBW)、利用切削加工；二是获得均匀分布的细粒珠光体，为最终热处理作好组织准备。

②最终热处理。淬火后低温回火，获得细回火马氏体＋细粒状碳化物＋少量残余奥氏体，硬度为 61～65HRC。

对于精密轴承零件，为了保证使用过程中的尺寸稳定性，淬火后还应进行冷处理(－60～－80℃)，减少残余奥氏体量，然后再进行低温回火、磨削加工，接着再在 120～130℃下时效 5～10h，去除应力，以保证它在工作中的尺寸稳定性。

(4)常用牌号　牌号前的字母“G”表示滚动轴承钢类别，后面附元素符号 Cr 和其平均含量的千分数及其他元素符号。

滚动轴承钢包括高碳铬轴承钢、渗碳轴承钢、高碳铬不锈轴承钢、高温轴承钢、无磁轴承钢等，如图 4－19 所示。高碳铬轴承钢中以 GCr15、GCr15SiMn 钢应用最多；对于承受很大冲击或特大型轴承，常用渗碳轴承钢 G20Cr2Ni4A 和 G20Cr2Mn2MoA 钢等制造；对于要求耐腐蚀的不锈轴承，常用 9Cr18、9Cr18Mo 钢等制造；对于要求耐高温的轴承，常用 Cr4Mo4V、Cr15Mo4V 钢等制造。为了节约铬而研制出的无铬轴承钢，例如 GSiMnMoV、GSiMnMoVRE 钢等，在一定程度上可替代高碳铬轴承钢。常用滚动轴承钢的牌号、化学成分、热处理及用途见表 4－9。

(a)小尺寸 GCr15 钢柱毛坯

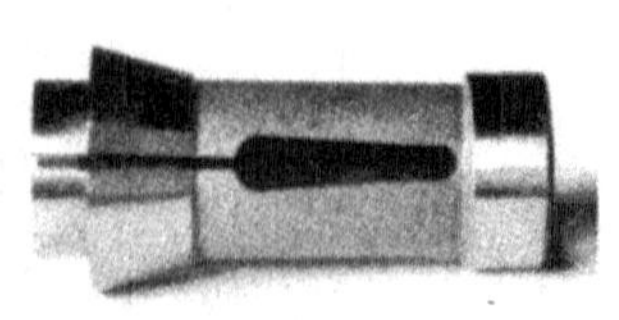
(b)GCr15 弹簧夹头

(c)大尺寸 G20Cr2Ni4A 套圈毛坯

图 4－19　滚动轴承钢应用举例

表 4-9　常用滚动轴承钢的牌号、化学成分、热处理及用途

牌号	主要化学成分(质量分数)/%							热处理			用途举例
	C	Cr	Si	Mn	V	Mo	RE	淬火/℃	回火/℃	回火后HRC	
GCr6	1.05～1.15	0.40～0.70	0.15～0.35	0.20～0.40	—	—	—	800～820	150～170	62～66	直径小于 10mm 的滚珠、滚柱和滚针
GCr9	1.00～1.10	0.90～1.20	0.15～0.35	0.20～0.40	—	—	—	800～820	150～170	62～66	直径小于 20mm 的滚动体及轴承内、外圈
GCr9SiMn	1.00～1.10	0.90～1.20	0.40～0.70	0.90～1.20	—	—	—	810～830	150～200	61～65	壁厚小于 14mm，外径小于 250mm 的轴承套，ϕ25～ϕ50mm 的钢球，ϕ25mm 左右的滚柱等
GCr15	0.95～1.05	1.30～1.65	0.15～0.35	0.20～0.40	—	—	—	820～840	150～160	62～66	与 GCr9SiMn 钢相同
GCr15SiMn	0.95～1.05	1.30～1.65	0.40～0.65	0.90～1.20	—	—	—	820～840	170～200	>62	壁厚不小于 14mm、外径大于 250mm 的套圈，直径为 20～30mm 的钢球
GMnMoVRE	0.95～1.05	—	0.15～0.40	1.10～1.40	0.15～0.25	0.4～0.6	0.07～0.10	770～810	170±5	≥62	代替 GCr15 钢用于军工和民用方面的轴承
GSiMoMnV	0.95～1.10	—	0.45～0.6	0.75～1.05	0.20～0.30	0.2～0.4	—	780～820	175～200	≥62	与 GMnMcVRE 钢相同

能力知识点 4　合金工具钢

用于制造各种刃具、模具、量具等工具用钢，称为工具钢。

与渗碳钢不同，工具钢可在材料由表及里相当大的深度上保持很高的强度和耐磨性。因此，工具钢除用于制造工具外，还用于制造滚珠和滚柱轴承、量规、多种弹簧、燃油系统元件以及各种零件，如各种小齿轮、蜗轮、蜗杆等。

工具钢的分类方法很多，按用途分类可分为：刃具钢、模具钢、量具钢；按成分分类可分为：碳素工具钢、合金工具钢。

合金工具钢按成分分为：低合金工具钢、中合金工具钢和高合金工具钢；按用途（GB/T1299—2000）分为：量具刃具用钢、耐冲击工具钢、冷作模具钢、热作模具钢、无磁模具钢和塑料模具钢，各类钢的实际应用界限并不明显。

1. 合金刃具钢

(1)性能特点及应用

刃具切削时受工件的压力，刃部与切屑之间产生强烈的摩擦；由于切削发热，刃具温度升高为500～600℃，有时可达800℃以上；此外还承受一定的冲击和震动。因此，刃具钢应具有以下基本性能：

①高硬度。刃具的硬度一般应在60HRC以上。钢在淬火后的硬度主要取决于含碳量，故刃具钢均以高碳马氏体为基体。

②高耐磨性。耐磨性是保证刃具锋利不钝的主要因素，更重要的是，刃具在高温下应保持高的耐磨性。耐磨性不仅取决于硬度，也与钢的组织密切相关。高碳马氏体＋均匀细小碳化物的组织，其耐磨性要比单一的马氏体组织高得多。

③高热硬性。刃具在高温下保持高硬度的能力称为热硬性(也称为红硬性)。热硬性通常用保持60HRC硬度时的加热温度来表示，其与钢的回火稳定性和特殊碳化物的弥散析出有关。

④足够的强度、塑性和韧性。切削时刃具要承受弯曲、扭转和冲击振动等载荷的作用，应保证刃具在这些情况下不会断裂或崩刃。

合金刃具钢分两类，一类主要用于低速切削，称为低合金刃具钢；另一类用于高速切削，称为高速钢。

(2)低合金刃具钢

①应用。低合金刃具钢的工作温度一般不超过300℃，常用于制造截面较大、形状复杂、切削条件较差的手工刃具或低速小切削用量的机用刃具，如搓丝板、丝锥、板牙、钻头、车刀、铣刀等。如图4-20所示。

(a)板牙

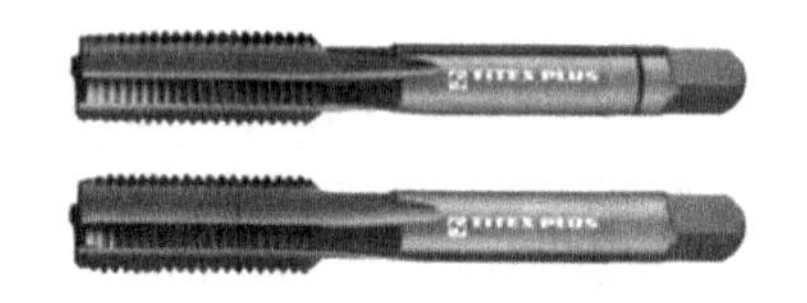

(b)管螺纹丝锥

(c)钻头

图4-20　低合金刃具钢应用

②化学成分。低合金刃具钢的 w_C=0.75%～1.5%，以保证有高的淬硬性和形成合金碳化物，获得高硬度和高耐磨性。加入合金元素W、Mn、Cr、V、Si等(一般合金元素总含量<5%)，以提高淬透性和回火稳定性，形成碳化物，细化晶粒，提高热硬性，降低过热敏感性。

③热处理工艺。

预先热处理：一般采用球化退火，改善切削加工性能。

最终热处理：淬火后＋低温回火，用于获得细小回火马氏体、粒状合金碳化物及少量残余奥氏体组织，硬度为60～65HRC。

低合金刃具钢的导热性较差，对形状复杂或截面较大的刃具，淬火加热时应进行预热600～650℃，可采用油淬、分级淬火或等温淬火。加热速度不宜过快，淬火温度不宜过低，防止溶入奥氏体的碳化物量减少，使钢的淬透性降低。

④常用牌号。9SiCr 钢淬透性很高，直径 40 ～ 50mm 的工具可在油中淬透，淬火回火后的硬度在 60HRC 以上，热硬性较高，可达 250 ～ 300℃ 。在相同回火硬度下，比碳素工具钢的切削寿命提高 10% ～ 30% 。可用于制作要求变形小的各种薄刃低速切削刃具，如板牙、丝锥、铰刀等。

CrWMn 钢具有高的淬透性，热处理后变形小，故称微变形钢，适于制造较复杂的精密低速切削刃具，如长铰刀和拉刀等。

常用量具刃具用钢的化学成分、热处理及用途见表 4 - 10。

表 4 - 10　常用滚动轴承钢的牌号、化学成分、热处理及用途

牌号	主要化学成分(质量分数)/%					淬火		用途举例
	C	Si	Mn	Cr	其他	温度/℃	硬度 HRC（不小于）	
9Mn2V	0.85～0.95	≤0.40	1.70～2.00	—	V 0.10～0.25	780～810 油	62	小冲模、剪刀、冷压模、量规、样板、丝锥、板牙、铰刀
9SiCr	0.85～0.95	1.20～1.60	0.30～0.60	0.95～1.25	—	820～860 油	62	板牙、丝锥、钻头、冷冲模、冷轧辊
Cr06	1.30～1.45	≤0.40	≤0.40	0.50～0.70	—	780～810 水	61	剃刀、锉刀、量规、块规
CrWMn	0.90～1.05	≤0.40	0.80～1.10	0.90～1.20	W 1.20～1.60	800～830 油	62	长丝锥、拉刀、量规、形状复杂的高精度冲模

注：1. 主要化学成分、淬火温度和淬火介质摘自 GB/T1299～2000《合金工具钢》。

2. 淬火指试样淬火。

(3)高速钢

①性能特点及应用。高速工具钢是高速切削用钢的代名词，简称高速钢。高速钢具有高的硬度和耐磨性以及足够的韧性和塑性，并具有很高的热硬性，当切削温度高达 600℃时，仍具有良好的切削性能，故俗称“锋钢”。高速钢主要用于制造各种高速切削刃具，如车刀、铣刀、拉刀、滚刀等；各种形状复杂、负荷较重的成形刀具，如齿轮铣刀、拉刀等。如图 4 - 21 所示。

(a)对称双角铣刀

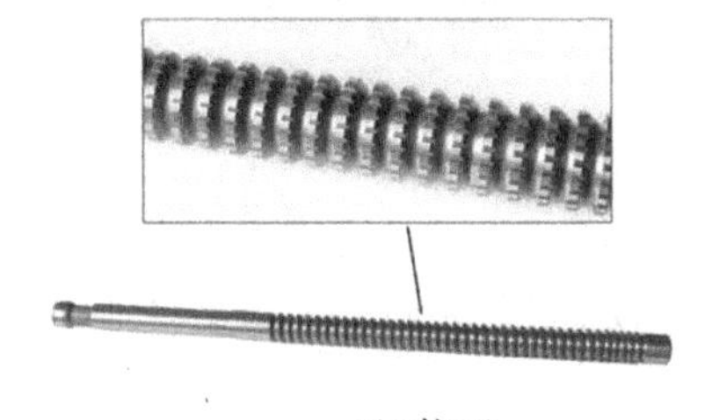

(b)拉刀

图 4 - 21　高速工具钢刀具应用

②化学成分。高速钢的 w_C=0.7%～1.25%，一般含有较多数量的 W 元素，W 是提高钢的热硬性的主要元素。Cr 的加入可提高钢的淬透性，并能形成碳化物强化相。

③热处理工艺。高速工具钢铸态组织中有大量粗大鱼骨状的合金碳化物，此碳化物硬而脆，不能用热处理消除，只能由锻造来打碎，并将其均匀的分布在基体中。

预先热处理：锻造后球化退火，以改善切削加工性能，消除应力。为淬火作好组织准备。退火后的组织是索氏体及粒状碳化物，硬度为 207 ～ 267HBW 。

最终热处理：淬火后回火，特点是“两高一多”，即加热温度高(1200℃以上)、回火温度高(560℃左右)、回火次数多(3 次)。高速工具钢的导热性差，在淬火加热时要进行预热，以减小热应力，防止开裂。

典型 W18Cr4V 钢的热处理工艺如图 4－22 所示。

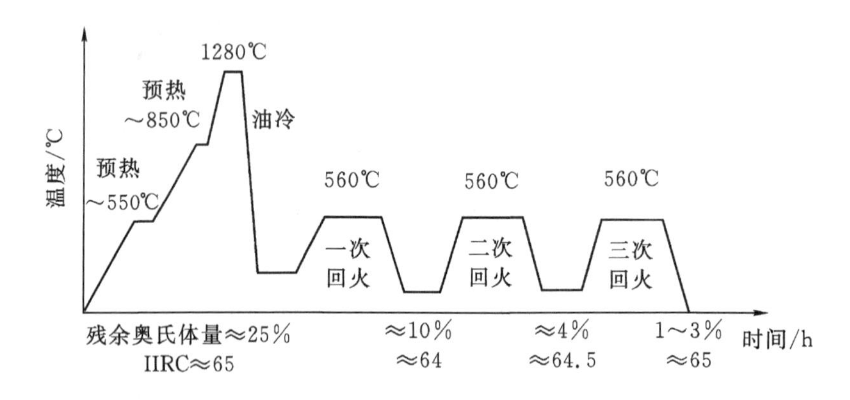

图 4－22　W18Cr4V 钢的热处理工艺

④常用牌号。高速工具钢应用广泛，尤为 W18Cr4V 、W6Mo5Cr4V2 钢，如图 4－23 所示。

(a)W18Cr4VCo5 铣刀

(b)W18Cr4VCo8

(c)W6Mo5Cr4V2 钻头

图 4－23　高速工具钢材料

W18Cr4V 钢的热硬性较好，在 600℃可保持 60HRC 的高硬度，热处理时的脱碳和过热倾向较小。

W6Mo5Cr4V2 钢与 W18Cr4V 钢相比，钼的碳化物细小，故有较好的耐磨性、热塑性和韧性，主要用于制作热加工成形的薄刃刀具，如麻花钻头。

常用高速钢的牌号、化学成分、热处理、硬度及用途见表 4－11。

表 4－11　常用高速钢的牌号、成分、热处理和用途(参考 GB/T9943—2008)

种类	牌号	ω_{Me}(%)						热处理温度/℃			硬度		用途举例
		C	W	Mn	Cr	V	其他	退火	淬火	回火	退火后 HBW	回火后 HRC	
碳素弹簧钢	W18Cr4V	0.70～0.80	17.5～19.0	≤0.30	3.80～4.40	1.00～1.40	—	860～880	1270～1285	550～570	255	≥63	加工中等或硬度或软的材料的各种刀具，也可制造冷作模具，还可制造高温下工作的轴承、弹簧等耐磨、耐高温的零件
	9W18Cr4V	0.90～1.00	17.5～19.0	≤0.30	3.80～4.40	1.00～1.40	—	860～880	1260～1280	570～590	262	≥63	加工不锈钢、钛合金、中高强度钢的各种切削刀具
	W14Cr4-VMnRE	0.80～0.90	13.5～15.0	≤0.30	3.50～4.00	1.40～1.70	Mn 0.35～0.55		1245～1260	550～560	255	≥63	轧制、扭制或搓制钻头、齿轮刀具，还可用于制造随冲击较大的各种刀具
	W12Cr4V4Mo	1.20～1.40	11.5～13.0	0.90～1.20	3.80～4.40	3.80～4.40		840～860	1250～1270	550～570	262	≥62	各种简单刀具，加工高强度、中等强度钢均可得到良好效果；还适于高温合金、钛合金等难加工材料的加工
	W6Mo5Cr4V2	0.80～0.90	5.50～6.75	4.50～5.50	3.80～4.40	1.75～2.20	—	840～860	1210～1230	540～560	255	≥63	适于制造钻头、丝锥、板牙、铣刀、齿轮刀具、冷作模具等
高性能高速钢	W6Mo5Cr4V3	1.00～1.10	5.00～6.70	4.75～6.75	3.75～4.50	2.25～2.75		840～885	1190～1210	540～560	225	≥64	普通刀具，如车刀、钻头、丝锥、成形刀具、拉刀等，加工高温合金、高中强度钢效果良好
	W6Mo5Cr-	1.05～1.20	5.50～6.75	4.50～5.50	3.80～4.40	1.75～2.20	Al 1.00～1.30	850～870	1230～1240	540～560	269	≥65	各种难加工材料，如高温合金、超高强度钢、不锈钢等，可制造车刀、铣刀、钻头、拉刀等
	W10Mo4Cr-4V3Al	1.30～1.45	9.90～10.50	3.50～4.50	3.80～4.50	2.70～3.20	Al 0.70～1.20	845～855	1220～1240	540～560	269	≥66	可加工钛合金、高温合金、高强度钢等难加工材料，但不宜于制作高精度复杂刀具

注意：当刀具的工作温度高于 700℃时，高速工具钢一般无法胜任，应使用硬质合金材料刀具或陶瓷材料刀具等。

2. 合金量具钢

(1)性能特点及应用。

合金量具钢是用于制造各种测量工具,如卡尺、千分尺、量块、塞尺等的合金钢。合金量具钢工作时主要受摩擦、磨损,因此量具用钢要求:首先,具有高的硬度(60~65HRC)、耐磨性,防止使用过程中因磨损而失效;其次,要求组织稳定性高,保证使用过程中高尺寸精度与稳定性;再次,具有良好的磨削加工性。

(2)化学成分　量具钢的成分与低合金刃具钢相同,$w_C=0.9\%\sim1.5\%$,以保证高硬度和高耐磨性要求;加入 W 、Mo 、Cr 合金元素,以提高淬透性。

(3)热处理工艺　量具用钢热处理的关键在于保证量具的精度和尺寸稳定性,常采用:球化退火 → 调质 → 淬火 → 冷处理 → 回火 → 时效。其中,调质处理可减小淬火应力和变形;冷处理可使残余奥氏体转变成马氏体,提高硬度、耐磨性和尺寸稳定性,应在淬火后立即进行;时效处理可稳定马氏体和残余奥氏体,并消除淬火应力,通常在淬火回火后进行。量具经磨削后,还要在 120 ~ 130℃ 下时效 8h,以消除磨削应力,稳定尺寸。GCr15 钢块规的热处理如图 4-24所示,经过处理的块规,一年内每 10mm 长度的尺寸变量不超过 0.01 ~ 0.02μm 。

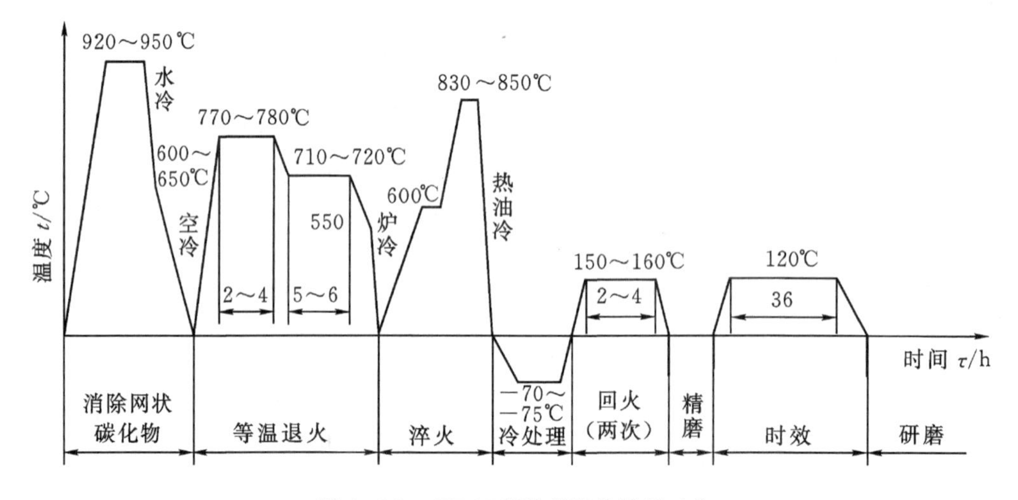

图 4-24　GCr15 钢块规的热处理工艺

(4)常用牌号　量具用钢没有专用钢,常用牌号见表 4-12。

表 4-12　量具用钢的选用举例

量具	钢号
平样板或卡板	10、20 或 50、55、60、60Mn、65Mn
一般量规与块规	T10A、T12A、9SiCr
高精度量规与块规	Cr(刃具钢)、CrMn、GCr15
高精度且形状复杂的量规与块规	CrWMn
抗蚀量具	4Cr13、9Cr18(不锈钢)

CrWMn 钢的淬透性较高、淬火变形小,主要用于制造高精度且形状复杂的量规和块规。

GCr15 钢的耐磨性、尺寸稳定性较好,多用于制造高精度块规、千分尺。

9Cr18、4Cr13 钢多用于制造在腐蚀介质中使用的量具。

3. 合金模具钢

制作模具的材料很多，碳素工具钢、高速工具钢、轴承钢、耐热钢、不锈钢、蠕墨铸铁等都可制作各种模具，用得最多的是合金模具工具钢。根据用途可将模具用钢分为冷作模具钢、热作模具钢和塑料模具钢。

(1)冷作模具钢

①性能特点及应用。冷作模具钢用于冷态下(工作温度低于 200～300℃)金属的成形加工，如制造各种冷冲模、冷挤压模、冷拉模、切边模等。此类模具要承受很大的冲压力、挤压力或张力，同时模具与坯料间还发生强烈摩擦，所以要求冷作模具钢应具备高的硬度(58～62HRC)和高的耐磨性，足够的强度、韧性和疲劳强度。此外，形状复杂、精密、大型的模具还要求具有较高的淬透性和较小的淬火变形。

②化学成分。冷作模具钢具有高含碳量，$w_C=1.0\%\sim2.0\%$，以获得高硬度、高耐磨性。通过加入 W、Mo、Cr、V 等，显著提高耐磨性、淬透性及耐回火性。

③热处理工艺(以 Cr12 钢为例)。

预先热处理：Cr12 钢属于莱氏体钢，需反复锻造来破碎鱼骨状共晶碳化物，并使其分布均匀，锻造后应进行等温球化退火。

最终热处理有两种方法：

一次硬化法，采用较低的淬火温度和回火温度，淬火变形小，耐磨性和韧性较好，适用于重载模具。如 Cr12 钢加热到 980℃保温后油淬，然后在 170℃低温回火，硬度可达 61～63HRC。

二次硬化法，采用较高的淬火温度与多次回火，得到的组织为回火马氏体、碳化物和残余奥氏体。如 Cr12 钢加热到 1100℃油淬后，残余奥氏体较多、硬度较低，但经多次 510～520℃回火，产生二次硬化，硬度可达 60～62HRC，热硬性和耐磨性都较高，但韧性较差，适用于在 400～450℃工作的模具。

④常用牌号。Cr12 型钢包括 Cr12、Cr12MoV 钢等，这类钢的淬透性及耐磨性好，热处理变形小，常用于大型冷作模具。其中 Cr12MoV 钢除耐磨性不及 Cr12 钢外，强度、韧性都较好，应用最广。尺寸较小的冷作模具可选用低合金冷作模具钢 CrWMn 钢等，也可采用刃具钢 9SiCr 钢或轴承钢 GCr15 钢，如图 4-25 所示。

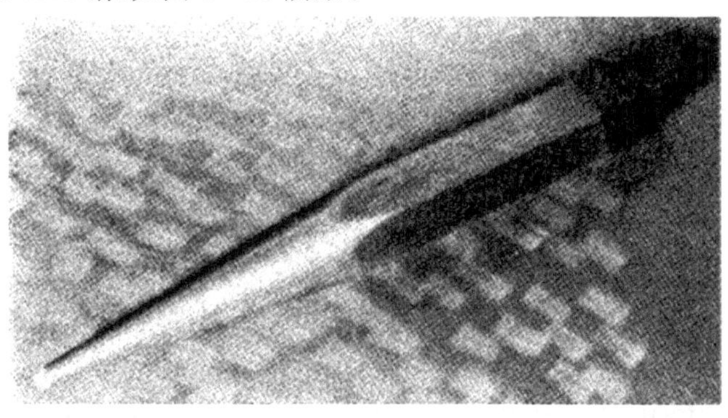

图 4-25　冲子

表 4-13　常用冷作模具钢的牌号、热处理、性能及用途

牌号	交货状态硬度 HBS	淬火		硬度 HRC（不小于）	用途举例
		温度/℃	淬火介质		
9Mn2V	≤229	780～810	油	62	冲模、冷压模
CrWMn	255～207	800～830	油	62	形状复杂、高精度的冲模
Cr12	269～217	950～1000	油	60	冷冲模、冲头、拉丝、粉末冶金模
Cr12MoV	255～207	950～1000	油	58	冲模、切边模、拉丝模

注：1. 淬火温度、淬火介质和硬度摘自 GB/T 1299—2000《合金工具钢》。

2. 淬火指试样淬火。

(2)热作模具钢

①性能特点及应用。热作模具钢用于热态金属的成形加工，如各种热锻模、热挤压模、压铸模等。热作模具钢工作时受到较高的冲击载荷，同时模腔表面要与炽热金属接触并发生摩擦，局部温度可达 500℃以上，并且还要不断的受热和冷却，常因热疲劳使模腔表面龟裂。所以，热作模具钢在高温下具有较高的力学性能、良好的耐热疲劳性及淬透性。

②化学成分。热作模具钢 w_C=0.3%～0.6%，以保证在回火后获得高强度、高韧性和高硬度（35～52HRC）；Si、Ni、Cr、Mn 等可以提高钢的淬透性、回火稳定性及耐热疲劳性；W、Mo、V 等能产生二次硬化，Mo 还能防止第二类回火脆性，提高高温强度和回火稳定性。

③典型热作模具钢的热处理工艺。

预先热处理：锻后退火，以消除锻造应力，降低硬度，改善切削加工性能。

最终热处理：淬火后高温或中温回火，回火温度视模具大小确定，硬度约为 40HRC 左右。5CrMnMo 钢淬火回火工艺曲线如图 4-26 所示。

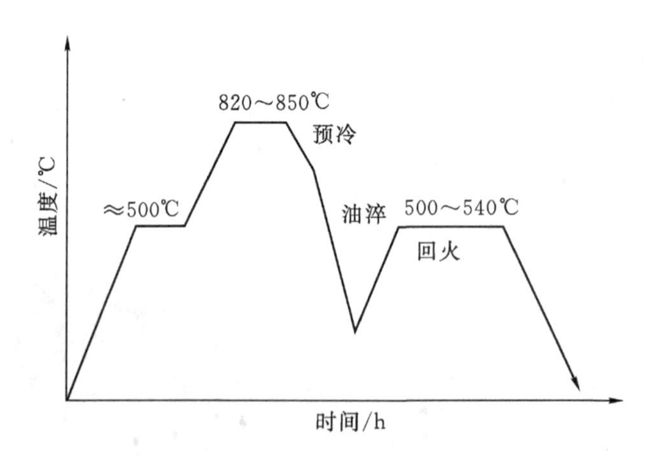

图 4-26　5CrMnMo 钢淬火回火工艺曲线

④常用牌号。5CrMnMo、5CrNiMo 钢是最常用的热锻模具钢，其中 5CrMnMo 钢常用来制造中小型热锻模，5CrNiMo 钢常用来制造大中型热锻模。

4CrW2Si、3Cr2W8V 钢常用于受静压力作用的模具，如压铸模、挤压模，如图 4-27 所示。

常用热作模具钢的化学成分、热处理及用途见表 4-14。

图 4-27 热挤压用模具

表 4-14 常用热作模具钢的化学成分、热处理及用途

牌号	主要化学成分(质量分数)/%						热处理			用途举例
	C	Si	Mn	Cr	Mo	其他	淬火温度/℃	回火温度/℃	硬度 HRC	
5CrMnMo	0.50~0.60	0.25~0.60	1.20~1.60	0.60~0.90	0.15~0.30	—	820~850 油	490~640	30~47	中型锻模
5CrNiMo	0.50~0.60	≤0.40	0.50~0.80	0.50~0.80	0.15~0.30	Ni1.40~1.80	830~860 油	490~660	30~47	大型锻模
3Cr2W8V	0.30~0.40	≤0.40	≤0.40	2.20~2.70	—	W7.50~9.00 V0.20~0.50	1075~1125 油	600~620	50~54	高应力压模、螺钉或铆钉热压模、压铸模

注:主要化学成分、淬火温度和淬火介质摘自 GB/T 1299—2000《合金工具钢》。

(3)塑料模具钢 塑料模具是在不超过 200℃的低温加热状态下,将细粉或颗粒状塑料压制成形的。按塑料制品的成形方法,可将塑料模具分为压铸模具、挤塑模具、注射模具、挤出成形模具、泡沫塑料模具及吹塑模具。工作时,模具持续受热、受压,并受到一定程度的摩擦和有害气体的腐蚀。因此,要求塑料模具钢在 200℃时具有足够的强度和韧性,较高的耐磨性和耐蚀性,并具有良好的加工性、抛光性、焊接性能及热处理工艺性能。常用的塑料模具及其用钢见表 4-15。

表 4-15 常用的塑料模具及其用钢

塑料模具类型及工作条件	推荐用钢
泡沫塑料、吹塑模具	非铁金属 Zn、Al、Cu 及其合金或铸铁
中、小模具,精度要求不高,受力不大,生产批量小	45、40Cr、T8~T10、10、20Cr、Q235
受磨损及动载荷较大、生产批量较大的模具	20Cr、12CrNi3、20Cr2Ni4、20CrMnTi
大型复杂的注射成形模或挤压成形模,生产批量大	4Cr5MoSiV、4Cr5MoSiV1、4Cr3Mo3SiV、5CrNiMnMoVSCo
热固性成形模,要求高耐磨性、高强度的模具	9Mn2V、CrWMn、GCr15、Cr12、Cr12MoV、7CrSiMnMoV
耐腐蚀性、高精度模具	2Cr13、4Cr13、9Cr18、Cr18MoV、3Cr2Mo、Cr14Mo4V、8Cr2MnVS、3Cr17Mo
无磁模具	7Mn15Cr2Al3V2WMo

能力知识点5　特殊性能合金钢

特殊性能钢具有特殊的物理或化学性能，用来制造除要求有一定的力学性能外，还要求具有一定特殊性能的零件。工程中常用的特殊性能钢有不锈钢、耐热钢和耐磨钢等。

1. 不锈钢

(1)性能特点及应用　通常所说的不锈钢是指不锈钢和耐酸钢的总称。不锈钢是指能抵抗大气、蒸汽和水等弱腐蚀介质的钢，而耐酸钢是指在酸、碱、盐等强腐蚀介质中耐蚀的钢。一般来说，不锈钢不一定耐酸，但耐酸钢大都有良好的耐蚀性能。

不锈钢是用来抵抗大气腐蚀或抵抗酸、碱、盐等化学介质腐蚀的，在石油、化工、原子能、宇航、海洋开发、国防工业和一些尖端科学技术及日常生活中都得到广泛应用。此外，不锈钢还应具有良好的冷、热加工性能和焊接性能。

(2)化学成分　不锈钢中的主要合金元素是 Cr，只有当 Cr 含量达到一定值时，钢才具有耐蚀性。因此钢中的 Cr 的质量分数均在 13 % 以上。在不锈钢中还加入 Mo、Ti、Nb、Ni、Mn、N、Cu 等元素，均是为了提高耐蚀性。

不锈钢的耐蚀性随含碳量的增加而降低，因此大多数不锈钢的含碳量较低，有些不锈钢的碳的质量分数甚至低于 0.03 %。

(4)常用的不锈钢　不锈钢按化学成分可分为铬不锈钢、镍铬不锈钢、锰铬不锈钢等；按金相组织特点可分为铁素体型不锈钢、奥氏体型不锈钢、马氏体型不锈钢及奥氏体－铁素体型不锈钢四种类型，如图 4-28 所示。

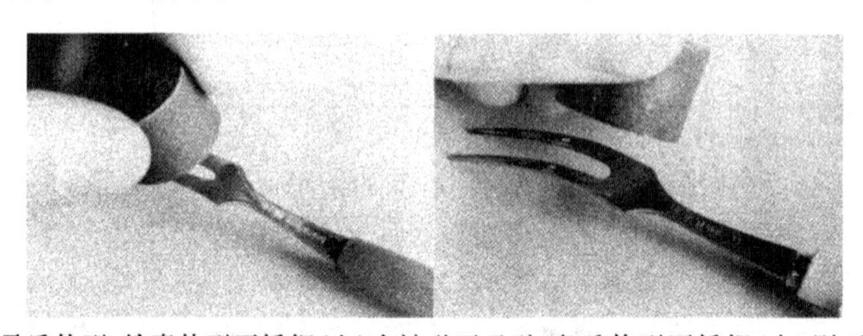

(a)马氏体型、铁素体型不锈钢(左)会被磁石吸引，奥氏体型不锈钢(右)则不会

(b)化工设备(左)和天然液化气罐(右)的材料均为不锈钢

图 4-28　不锈钢应用举例

①铁素体型不锈钢。铁素体型不锈钢的典型牌号是 1Cr17、1Cr17Ti 等，这类钢铬的质量

分数为 17%～30%，碳质量分数低于 0.15%，为单相铁素体组织，耐蚀性比 Cr13 型钢好。这类钢在退火或正火状态下使用，强度较低、塑性很好，可用形变强化提高强度。主要用于制造耐蚀性要求很高而强度要求不高的构件，例如化工设备、容器和管道等。

②奥氏体型不锈钢。奥氏体型不锈钢的典型牌号是 1Cr18Ni9。这类不锈钢碳的质量分数很低(约为 0.1%)，耐蚀性很好，强度、硬度很低，无磁性。塑性、韧性和耐蚀性均较 Cr13 型不锈钢更好。钢中常加入 Ti 或 Nb，以防止晶间腐蚀。一般利用形变强化提高强度，可采用固溶处理进一步提高奥氏体型不锈钢的耐蚀性。

③马氏体型不锈钢。马氏体型不锈钢的典型牌号有 1Cr13 、2Cr13 、3Cr13 、4Cr13 等，铬的质量分数大于 12%，它们都有足够的耐蚀性，但因只用铬进行合金化，故只在氧化性介质中耐蚀，在非氧化性介质中不能达到良好的钝化，耐蚀性很低：碳的质量分数低的 1Cr13 、2Cr13 钢耐蚀性较好，且有较好的力学性能，3Cr13 、4Cr13 钢因碳的质量分数增加，强度和耐磨性提高，但耐蚀性降低。

④奥氏体-铁素体型不锈钢。奥氏体一铁素体型不锈钢的典型牌号为 1Cr21NiSTi 等。这类钢是在 1Cr18Ni9 钢的基础上，提高铬含量或加入其他铁素体形成元素，其晶间腐蚀和应力腐蚀破坏倾向较小，强度、韧性和焊接性能较好，而且节约 Ni，因此得到了广泛的应用。

常用不锈钢的牌号、化学成分、热处理、力学性能及用途见表 4 - 16。

2. 耐热钢

耐热钢是指在高温下具有高的热稳定性和热强性的特殊性能钢，包括抗氧化钢和热强钢。抗氧化钢是指在高温下抗氧化或抗高温介质腐蚀而不被破坏的钢；热强钢是指在高温下有一定抗氧化能力并具有足够强度而不产生大量变形或断裂的钢。耐热钢的牌号表示方法与不锈钢相同。

(1)应用　耐热钢主要用来制造石油化工的高温反应设备和加热炉、火力发电设备的汽轮机和锅炉、汽车和船舶的内燃机、飞机的喷气式发动机以及火箭、原子能装置等高温条件下工作的构件或零件。这些零、构件一般在 450℃以上，甚至高达 1100℃以上温度下工作，并且承受静载荷、交变载荷或冲击载荷的作用，如图 4 - 29 所示。

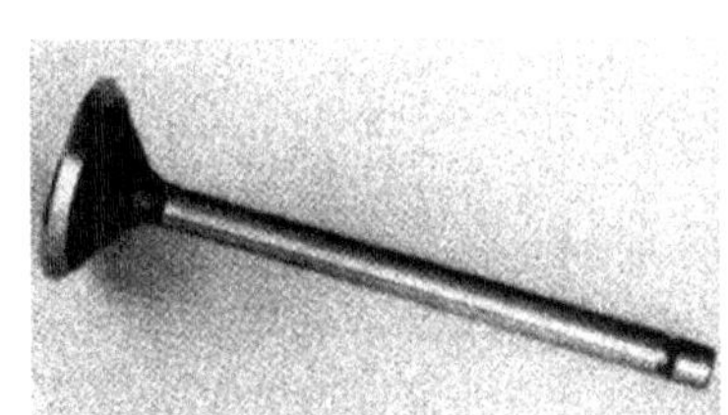
(a)汽车发动机排气阀

(b)船舶用蒸汽涡轮机

(c)喷气发动机

图 4 - 29　耐热钢应用举例

(2)化学成分　耐热钢的 w_C=0.1%～0.2%，以防 C 和 Cr 生成碳化物，产生晶间腐蚀；加入一定量的 Cr 、Al 、Si 、Ni 等，在钢的表面生成 Cr_2O_3、Al_2O_3、SiO_2 等结构紧密的高熔点的氧化膜，保护钢不受高温气体的腐蚀。

(3)常用的耐热钢

①抗氧化钢。抗氧化钢按其使用时的组织状态，可分为铁素体型和奥氏体型。典型牌号有 3Cr18Ni25Si2 、3Cr18Mn12Si2N (热化学稳定钢)，它们的抗氧化性能很好，最高工作温度可达 1000℃，多用于制造加热炉的受热构件、锅炉中的吊钩等，常以铸件的形式使用，主要热处理是固溶处理。常用抗氧化钢的牌号、化学成分、热处理及用途见表 4 - 17。

表 4－16　常用不锈钢的牌号、化学成分、热处理、力学性能及用途(GB1221—2007)

类别	牌号	主要化学成分(质量分数)%						热处理温度/℃				力学性能(不小于)						用途举例
		C	Si	Mn	Cr	Ni	其他	退火温度	固溶处理温度	淬火温度	回火温度	R_m/MPa	$R_{r0.2}$/MPa	A/%	Z/%	A_k/J	硬度HBS(>)	
												不小于						
低淬透性	1Cr17	≤0.12	≤0.75	≤1.00	16.00～18.00	≤0.60	—	780～850空冷或缓冷	—	—	—	450	205	22	50	—	183	耐蚀性良好的通用不锈钢，用于建筑装潢、家用电器、家庭用具
	00Cr30Mo2	≤0.010	≤0.40	≤0.40	28.50～32.00	—	Mo 1.50～2.50	900～1050快冷	—	—	—	450	295	20	45	—	228	耐蚀性很好，用于耐有机酸、苛性碱设备，耐点腐蚀
奥氏体型	1Cr18Ni9	≤0.15	≤1.00	≤2.00	17.00～19.00	8.00～10.00	—	—	1010～1150快冷	—	—	520	205	40	60	—	187	冷加工后有高的强度，用于建筑装潢材料和生产硝酸、化肥等化工设备零件
	0Cr19Ni9	≤0.08	≤1.00	≤2.00	18.00～20.00	7.00～10.50	—	—	1010～1150快冷	—	—	520	205	40	60	—	187	应用最广泛的不锈钢，可制作食品、化工、核能设备的零件
	00Cr19Ni10	≤0.03	≤1.00	2.00	18.00～20.00	8.00～12.00	—	—	1010～1150快冷	—	—	480	177	40	60	—	187	碳的质量分数低，耐晶界腐蚀，可制作焊后不热处理的零件
马氏体型	1Cr13	≤0.15	≤1.00	≤1.00	11.50～13.50	≤0.60	—	800～900缓冷或约750快冷	—	950～1000油冷	700～750快冷	540	345	25	55	78	159	良好的耐蚀性和切削加工性能。制作一般用途零件刃具，例如螺栓、螺母、日常生活用品等
	3Cr13	0.26～0.35	≤1.00	≤1.00	12.00～14.00	≤0.60	—		—	920～980油冷	600～750快冷	735	540	12	40	24	217	制作硬度较高的耐蚀耐磨刃具、量具、喷嘴、阀座、阀门、医疗器械等
	7Cr17	0.60～0.75	≤1.00	≤1.00	16.00～18.00	≤0.60	Mo ≤0.75	800～920缓冷	—	1010～1070油冷	100～180快冷	—	—	—	—	—	54HRC	淬火、回火后，强度、韧性、硬度较好，可制作刃具、量具、轴承等
	11Cr17	0.95～1.20	≤1.00	≤1.00	16.00～18.00	≤0.60	Mo ≤0.75		—			—	—	—	—	—	58HRC	制作硬度较高的耐蚀耐磨刃具、量具、喷嘴、阀座、阀门、医疗器械等
奥氏体—铁素体型	0Cr26Ni5Mo2	≤0.08	≤1.00	≤1.50	23.00～28.00	3.00～6.00	Mo 1.00～3.00	—	950～1100快冷	—	—	590	390	18	40	—	277	具有双相组织，抗氧化性及耐点腐蚀性好，强度高，可制作耐海水腐蚀的零件
	00Cr18Ni5Mo3Si2	≤0.30	1.30～2.00	1.00～2.00	18.00～19.50	4.50～5.50	Mo 2.50～3.00	—	920～1150快冷	—	—	590	390	20	40	—	30HRB	耐应力腐蚀破裂性好，具有较高的强度，适用于含氯离子的环境，用于炼油、化肥、造纸、石油等工业热交换器和冷凝器等

表4-17　常用抗氧化钢的牌号、成本、热处理及用途(摘自GB/T1221—2007)

类别	牌号	化学成分						热处理	用途举例
		ω_{C}(%)	ω_{Mn}(%)	ω_{Si}(%)	ω_{Ni}(%)	ω_{Cr}(%)	$\omega_{其他}$(%)		
铁素体钢	2Cr25N	≤0.20	≤1.50	≤1.00	—	23.00～27.00	N≤0.25	退火 780～880℃ 快冷	耐退温度蚀性强,1082℃以下不产生易剥落的氧化皮,用于燃烧室
	0Cr13Al	≤0.08	≤1.00	≤1.00	—	11.50～14.50	Al 0.10～0.30	退火 780～880℃ 空冷或缓冷	燃气透平压缩机叶片、退火箱、淬火台架
奥氏体钢	0Cr25Ni20	≤0.08	≤2.00	≤1.50	19.00～22.00	24.00～26.00		固溶处理 1030～1180℃ 快冷	可承受1035℃加热,用于炉用材料、汽车净化装置用材料
	1Cr16Ni35	≤0.15	≤2.00	≤1.50	33.00～37.00	14.00～17.00		固溶处理 1030～1180℃ 快冷	抗渗碳、氮化性大的钢种,1035℃以下反复加热,炉用钢料、石油裂解装置
奥氏体钢	3Cr18Mn-12Si2N	0.22～0.30	10.50～12.50	1.40～2.20	—	17.00～19.00	N 0.22～0.33	固溶处理 1100～1150℃ 快冷	用于吊挂支架、渗碳炉构件、加热炉传送带、料盘炉爪
	2Cr20Mn9-Ni2Si2N	0.17～0.26	8.50～11.00	1.80～2.70	2.00～3.00	18.00～21.00	N 0.20～0.30	固溶处理 1100～1150℃ 快冷	最高使用温度为1050℃,用途同3Gr18Mn-12Si2N,还可制造盐浴坩埚,加热炉管道

②热强钢。热强钢按其正火组织可分为珠光体型、马氏体型和奥氏体型。

珠光体型热强钢属于低碳合金钢,工作温度为450～550℃,具有较高的热强性。常用牌号有15CrMo和12CrMoV,一般在正火和回火状态下使用。

马氏体型热强钢中合金元素的质量分数较高,抗氧化性及热强性均较高,淬透性也很好,工作温度小于650℃,多在调质状态下使用。常用牌号有1Cr11MoV、1Cr12WMoV、1Cr13、2Cr13,最高工作温度与珠光体型耐热钢相近,但热强性高得多。

奥氏体型热强钢中合金元素的质量分数很高,切削加工性差,热强性与高温、室温下的塑性、韧性好,并且有较好的可焊性及冷加工成形性等。这类钢一般进行固溶处理或固溶加时效处理,以稳定组织。常用牌号为1Cr18Ni9Ti,和Cr13钢一样,它既是不锈钢又可作为耐热钢使用，其热化学稳定性和热强性都比珠光体型和马氏体型耐热钢强，工作温度可达 750 ～800℃ 。

常用热强钢的牌号、化学成分、热处理、力学性能及用途见表 4－18。

表 4－18　常用热强钢的牌号、成分、热处理及使用温度(摘自 GB/T 1221—2007)

类别	牌号	化学成分						热处理		最高使用温度/℃	
		ω_C(%)	ω_{Si}(%)	ω_{Cr}(%)	ω_{Mo}(%)	ω_W(%)	$\omega_{其他}$(%)	淬火温度/℃	回火温度/℃	抗氧化	热强性
珠光体钢[1]	15CrMo	0.12～0.18	0.17～0.37	0.80～1.10	0.40～0.55	—	—	900 空冷	650 空冷	＜560	—
	35CrMoV	0.30～0.38	0.17～0.37	1.00～1.30	0.20～0.30	—	V 0.10～0.20	900 油	650 空冷	＜580	—
马氏体钢	1Cr13	≤0.15	≤1.00	11.50～13.50	—	—	—	950～1000 油	700～750 快冷	800	480
	1Cr13Mo	0.08～0.18	≤0.60	11.50～14.00	—	—	—	970～1020 油	650～750 快冷	800	50
	1Cr11MoV	0.11～0.18	≤0.50	10.00～11.50	0.50～0.70	—	V 0.25～0.40	1050～1100 空冷	720～740 空冷	750	540
	1Cr12WMoV	0.12～0.18	≤0.50	11.00～13.00	0.50～0.70	0.70～1.10	V 0.18～0.30	1000～1020 油	680～700 空冷	750	580
	4Cr9Si2	0.35～0.50	2.00～3.00	8.00～10.00	—	—	—	1020～1040 油	700～780 油	800	650
	4Cr10Si2Mo	0.35～0.45	1.90～2.60	9.00～10.50	0.70～0.90	—	—	1010～1040 油	720～760 空冷	850	650
奥氏体钢	0Cr18Ni11Ti[2]	≤0.08	≤1.00	17.00～19.00	—	—	Ni 9.00～12.00	固溶处理 920～1150 快冷	—	850	650
	4Cr14Ni14－W2Mo	0.40～0.50	≤0.80	13.00～15.00	0.25～0.40	2.00～2.75	Ni 13.00～15.00	退火 820～850 快冷	—	850	750

①15CrMo、35CrMoV 为 GB/T3077—1999 牌号(按合金结构钢牌号表示)。

②0Cr18Ni11Ti 中，$\omega_{Ti} \geqslant 5 \times \omega_C$，$\omega_{Mn} \leqslant 2\%$。

3. 耐磨钢

(1)性能特点及应用　耐磨钢是指具有高耐磨性的钢种。在各类耐磨材料中，高锰钢是具有特殊性能的耐磨钢，要求具有强韧结合和耐冲击的优良性能。它主要用于工作过程中承受高压力、严重磨损和强烈冲击的零件，如坦克及车辆的履带板、挖掘机铲斗、破碎机颚板、铁轨分道叉和防弹板等。

(2)化学成分　耐磨钢的 w_C=1.0%～1.3%，以保证钢的耐磨性和强度。Mn 和 C 配合，保证完全获得奥氏体组织，提高钢的加工硬化率；但 Mn 过多，会降低钢的强度和韧性，一般 Mn 的质量分数为 11% ～ 14% 。Si 可改善钢水的流动性，并起固溶强化的作用，但其质量分数太高时，易造成铸件开裂，故其质量分数为 0.3% ～ 0.8% 。磷可产生低温冷脆现象，其质量分数应尽量低。

(3)典型耐磨钢——高锰钢　高锰钢是最重要的耐磨钢，其典型牌号为 ZGMn13 ，成分特点是高锰、高碳，w_{Mn}=11.5%～14.5%，w_C=1.0%～1.3%。其铸态组织基本上由奥氏体和残余碳化物$(FeMn)_3C$组成。经水韧处理，即将铸件加热至 1000～1100℃后，在高温下保温一段时间，使碳化物全部溶解，然后在水中快冷，可获得在室温下均匀单一的奥氏体组织。此时钢的硬度很低(约 210HBW)，而塑性和韧性很好。但刚开始投入使用时硬度很低，耐磨性较差。

铸造高锰钢的牌号、化学成分及适用范围见表 4－19。

表 4－19　铸造高锰钢的牌号、成分及适用范围(摘自 GB/T5680—1998)

<table>
<tr><th rowspan="2">牌号[①]</th><th colspan="5">化学成分</th><th rowspan="2">适用范围</th></tr>
<tr><th>ω_C/(%)</th><th>ω_{Mn}/(%)</th><th>ω_{Si}/(%)</th><th>ω_S/(%)</th><th>ω_P/(%)</th></tr>
<tr><td>ZGMn13－1</td><td>1.00～1.45</td><td rowspan="4">11.00～14.00</td><td rowspan="2">0.30～1.00</td><td rowspan="4">≤0.050</td><td>≤0.090</td><td>低冲击件</td></tr>
<tr><td>ZGMn13－2</td><td>0.90～1.35</td><td rowspan="3">≤0.070</td><td>普通件</td></tr>
<tr><td>ZGMn13－3</td><td>0.95～1.35</td><td rowspan="2">0.30～0.80</td><td>复杂件</td></tr>
<tr><td>ZGMn13－4</td><td>0.90～1.30</td><td>高冲击件</td></tr>
</table>

4. 易切削钢

(1)性能特点及应用　在钢中加入一种或几种合金元素所获得的切削加工性能良好的钢，称为易切削钢。钢的切削加工性能一般是按刃具寿命、切削抗力大小、加工表面粗糙度和切屑排除难易程度来评定的。能改善切削加工性能的合金元素主要有 S 、P 、Pb 及微量的 Ca 等，但须合理控制它们的含量。所有易切削钢的锻造、焊接性能都不好，选用时应注意。

(2)合金元素的作用　Mn 与 S 生成 MnS ，使钢在切削时易断屑，降低切削抗力，使切屑不粘刀，减少刃具磨损，并使工件表面粗糙度降低；P 使切屑易断、易排除；Pb 的熔点低，当切削温度达到熔点时，铅质点即呈熔化状态，起润滑作用，使摩擦因数降低，刃具温度下降，从而延长刃具寿命；Ca 的主要作用是形成钙铝硅酸盐附在刃具上，减少刃具磨损。

(3)易切削结构钢的牌号　易切削结构钢的牌号由“ Y ＋数字＋易切削元素符号”组成。其中“ Y ”是“易”字汉语拼音首字母，数字是以平均万分数表示的碳的质量分数。加 S 、P 的易切削钢不标注元素符号；当易切削元素是 Ca 、Pb 、Si 等时要标注元素符号，Mn 易切削钢一般不标注元素符号，但当锰的质量分数较高(w_{Mn}=1.2%～1.55%)时要标注。常用易切削钢的牌号、化学成分、力学性能及用途见表 4－20。

(4)热处理工艺　易切削钢常进行最终热处理，不采用预先热处理，防止破坏其切削加工性能。此外，易切削钢的成本高，只有在大批量生产时，才会获得较高的经济效益。

表 4-20 常用易切削钢的牌号、化学成分、力学性能及用途

牌号	化学分成(质量分数)/%						力学性能(热轧)				用途举例
	C	Si	Mn	S	P	其他	R_m/MPa	A/%	Z/%	HBS	
								不小于		不大于	
Y12	0.08～0.16	0.15～0.35	0.70～1.00	0.10～0.20	0.08～0.15	—	390～540	22	36	170	双头螺柱、螺钉、螺母等一般标准坚固件
Y12Pb	0.08～0.16	≤0.15	0.70～1.10	0.15～0.25	0.05～0.10	Pb 0.15～0.35	390～540	22	36	170	同 Y12 钢,但切削加工性能提高
Y15	0.10～0.18	≤0.15	0.80～1.20	0.23～0.33	0.05～0.10	—	390～540	22	36	170	同 Y12 钢、但切削加工性能显著提高
Y30	0.27～0.35	0.15～0.35	0.70～1.00	0.08～0.15	≤0.06	—	510～655	15	25	187	强度较高的小件,结构复杂、不易加工的零件,如纺织机、计算机上的零件等
Y40Mn	0.37～0.45	0.15～0.35	1.20～1.55	0.20～0.30	≤0.05	—	590～735	14	20	207	要求强度、硬度较高的零件,如机床丝杠和自行车、缝纫机上的零件等
Y45Ca	0.42～0.50	0.20～0.40	0.60～0.90	0.04～0.08	≤0.04	Ca 0.002～0.006	600～745	12	26	241	同 Y40Mn 钢

注:表中 Y12、YM、Y30 钢为非合金易切削钢。

能力知识点 6　硬质合金

硬质合金是将一些高硬度、高熔点的粉末(如难熔碳化物:碳化钨、碳化钛等)和胶结物质(钴、镍等)混合、加压、烧结成形的一种粉末冶金材料。

1. 硬质合金的性能特点及应用

硬质合金具有高的抗压强度、耐蚀性和抗氧化性,常温下硬度可达 86 ～ 93HRA(相当于 69 ～ 81HRC);热硬性高,可达 900～1000℃;耐磨性好,其切削速度比高速工具钢高 4 ～ 7 倍,刃具寿命长 5 ～ 80 倍,可切削 50HRC 左右的硬质材料。但其抗弯强度较低,韧性差,线膨胀系数小,导热性差。

硬质合金广泛用于制造刃具材料,如车刀、铣刀、刨刀、钻头、镗刀等,用于切削铸铁、非铁金属、塑料、化纤、石墨、玻璃、石材和普通钢材,也可以用来切削耐热钢、不锈钢、高锰钢、工具钢等难加工的材料。

采用硬质合金除了制造切削工具之外还大量制造有耐磨性要求的工件,如千分尺的测量头、车床顶尖、精轧辊、无心磨床的导板、冷拔模具、矿山截煤机截齿、圆珠笔的笔头、微型压力计的锥形台座、纺锤端头、千分尺的测头等等，还有超硬的坦克炮弹，因为它质量大、硬度高，所以能穿透坦克的厚厚装甲。如图4-30所示。图(b)表示直径为0.8mm的硬质合金球制成的圆珠笔头，图(c)表示为穿透坦克的装甲板而制造的大质量超硬的硬质合金坦克粑弹。

(a)硬质合金刀头

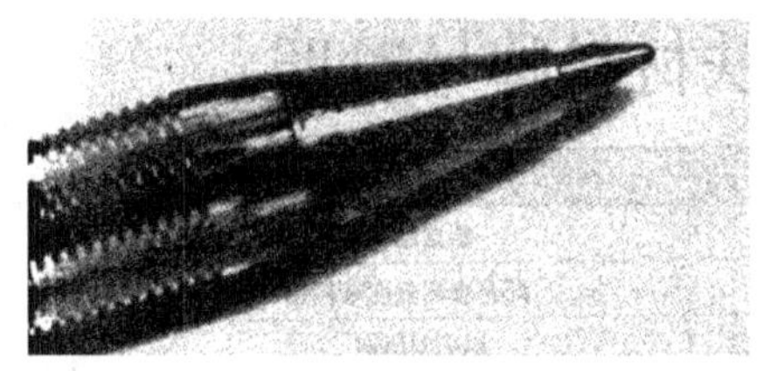

(b)硬质合金圆珠笔头

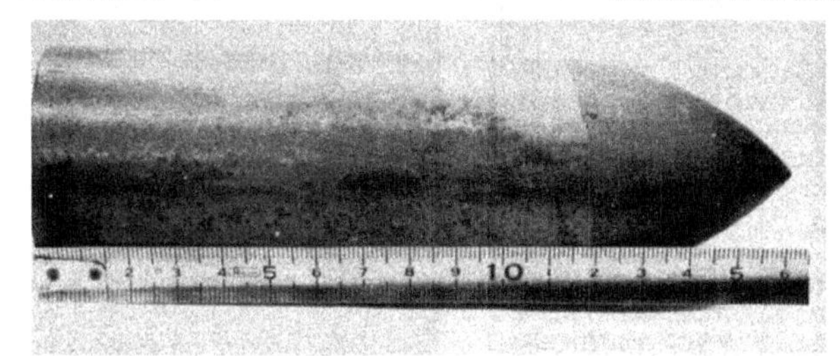

(c)硬质合金坦克炮弹

图4-30　硬质合金应用举例

2. 常用硬质合金的类别、成分和牌号

(1)钨钴类YG　钨钴类硬质合金的主要化学成分是WC(碳化钨)及Co(钴)。牌号由"YG+数字"组成。其中，"YG"是"硬、钴"二字汉语拼音首字母，数字是以名义百分数表示的Co的质量分数。例如YG6表示w_{Co}≈6%、余量为WC的钨钴类硬质合金。

(2)钨钛钴类YT　钨钛钴类硬质合金的主要化学成分是WC、TiC(碳化钛)及Co。牌号由"YT+数字"组成。其中，"YT"是"硬、钛"二字汉语拼音首字母，数字是以名义百分数表尔的TiC的质量分数。例如YT15表示w_{TiC}≈15%、w_{Co}≈6%、w_{WC}≈79%的钨钛钴类硬质合金。

(3)通用类YW　钨钛钽(铌)类硬质合金又称为万能硬质合金或通用硬质合金，它是由TaC(碳化钽)或NbC(碳化铌)取代钨钛钴类硬质合金中的部分TiC而形成的，如钨钛钽类硬质合金的主要成分是WC+TiC+TaC+C。牌号由"YW+数字"组成。其中，"YW"是"硬、万"二字汉语拼音首字母，数字是顺序号。例如YW1表示是1号万能硬质合金。

3. 硬质合金特性分析

硬质合金中碳化物的质量分数越多，钴的质量分数越少，合金硬度、热硬性、耐磨性越高，强度、韧性越低。当含钴量相同时，YT类合金的硬度、耐磨性、热硬性高于YG类合金，但其强度和韧性比YG类合金低。因此，YG类合金适于加工脆性材料(如铸铁等)，YT类合金适于加工塑性材料(如钢等)。同类合金中，含钴量高的适于制造粗加工刃具，含钴量低的适于制造精加工刃具。

万能硬质合金中，被取代的TiC的量越多，在硬度不变的条件下，合金的抗弯强度越高，适用于切削各种钢材，特别对于切削不锈钢、耐热钢、高锰钢等难加工的钢材，效果较好。

4. 切削加工用硬质合金的分类和分组代号

根据 GB/T2075—2007 的规定，切削加工用硬质合金按其切屑排出形式和加工对象范围不同，分为 P、M、K 三类，每一类所适用的被加工材料的类别不同，可将各类硬质合金按用途进行分组，用途代号由“类别代号＋数字”组成，如 P01 、M10 、K20 等。切削加工用硬质合金的分类、对照及性能提高方向见表 4-21。

表 4-21　切削加工用硬质合金的分类、对照及性能提高方向

分类		对照		性能提高方向	
代号	被加工材料类别	用途代号	硬质合金牌号	合金性能	切削性能
P	长切屑的钢铁材料	P01	YT30	↑高 耐磨性 韧性 ↓高	↑高 切削速度 进给量 ↓大
		P10	YT15		
		P20	YT14		
		P30	YT5		
M	介于 P 与 K 之间	M10	YW1	↑高 耐磨性 韧性 ↓高	↑高 切削速度 进给量 ↓大
		M20	YW2		
K	短切屑的钢铁材料、有色金属及非金属材料	K01	YG3X	↑高 耐磨性 韧性 ↓高	↑高 切削速度 进给量 ↓大
		K10	YG6X、YG6A		
		K20	YG6、YG8N		
		K30	K30、YG8、YG8N		

注：牌号中“A”表示该合金中含有 TaC 或 NbC；“X”表示该合金为细颗粒；“N”表示该合金中含有少量 NbC。

任务 4　铸　铁

能力知识点 1　铸铁的分类与石墨化

1. 铸铁的分类

铸铁是指碳的质量分数大于 2.11% 的 Fe－Fe_3C 合金，它以 Fe、C、Si 为主要组成元素，比钢含有较多的 S 和 P 等杂质。

(1)按碳存在的形式分类

①灰口铸铁。碳全部或大部分以游离状态石墨的形式存在，断口呈灰黑色。

②白口铸铁。少量碳溶入铁素体，其余的碳以渗碳体的形式存在，断口呈亮白色。此类铸铁组织中存在大量莱氏体，硬而脆，切削加工较困难。除少数用来制造不需要加工，硬度高、耐磨的零件外，主要用作炼钢原料。

③麻口铸铁。碳以石墨和渗碳体的混合形式存在，断口呈黑白相间的麻点。

(2)按石墨的形态分类

①灰铸铁。灰铸铁中石墨呈片状形式存在，力学性能较差，生产工艺简单、价格低廉，工业

上应用广泛如图 4－31(a)所示。

②蠕墨铸铁。蠕墨铸铁中石墨呈蠕虫状形式存在，强度和塑性介于灰铸铁和球量铸铁之间，其铸造性、耐热疲劳性比球墨铸铁好，可用来制造大型复杂的铸件，以及在较大温度梯度下的铸件，如图 4－31(b)所示。

③可锻铸铁。可锻铸铁中石墨呈棉絮状形式存在，力学性能好于灰铸铁，但生产工艺较复杂，成本高，可用来制造一些重要的小型铸件，如图 4－31(c)所示。

④球墨铸铁。球墨铸铁中石墨呈球状形式存在，生产工艺比可锻铸铁简单，且力学性能较好，应用广泛，如图 4－31(d)所示。

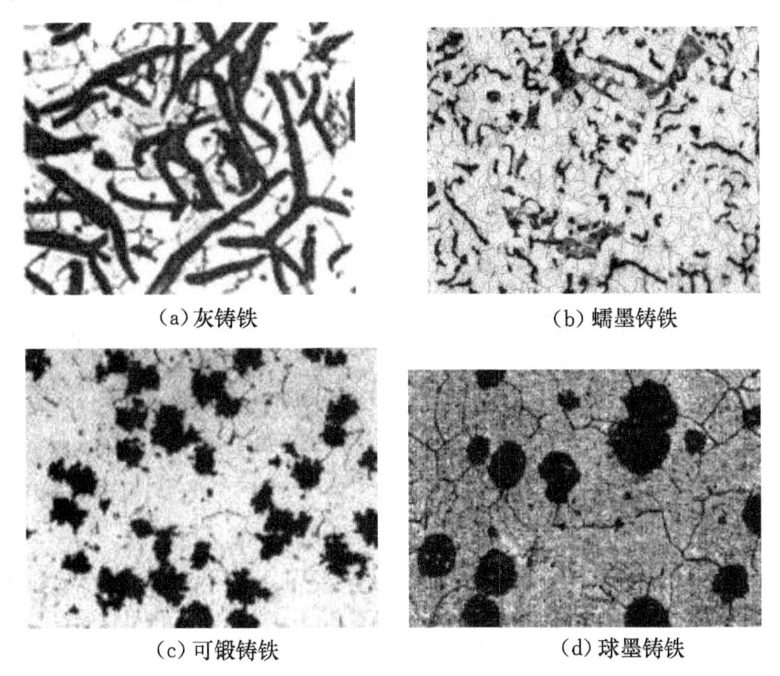

(a) 灰铸铁　(b) 蠕墨铸铁

(c) 可锻铸铁　(d) 球墨铸铁

图 4－31　铸铁中的石墨形态

(3)按化学成分分类

①普通铸铁。如普通灰铸铁、蠕墨铸铁、可锻铸铁和球墨铸铁等。

②合金铸铁。合金铸铁又称为特殊性能铸铁，如耐磨铸铁、耐热铸铁和耐蚀铸铁等。

2. 铸铁的石墨化

在铁碳合金中，碳可以以三种形式存在：一是固溶在 F、A 中；二是化合物态渗碳体(Fe_3C)；三是游离态石墨(G)。碳在铸铁中主要以石墨的形式存在。

(1)石墨化概念　铸铁中的碳以石墨的形式析出的过程称为石墨化，常用 G 表示石墨。铸铁在冷却过程中，可以从液体和奥氏体中析出 Fe_3C 或石墨，还可以在一定条件下由 Fe_3C 分解出铁素体和石墨。由于铸铁中的碳能以石墨或 Fe_3C 两种独立相的形式存在，因而使得铁－碳合金系统存在着铁－渗碳体($Fe-Fe_3C$)和铁－石墨(Fe－G)双重相图，如图 4－32 所示。

图 4－32 中虚线表示稳定态 Fe－G 相图，实线表示亚稳定态 $Fe-Fe_3C$ 相图，虚线与实线重合的线用实线画出。铸铁在冷却过程中，是按 $Fe-Fe_3C$ 相图形成渗碳体还是按 Fe－G 相

图形成石墨，取决于加热冷却条件或获得的平衡性质(亚稳定平衡还是稳定平衡)。

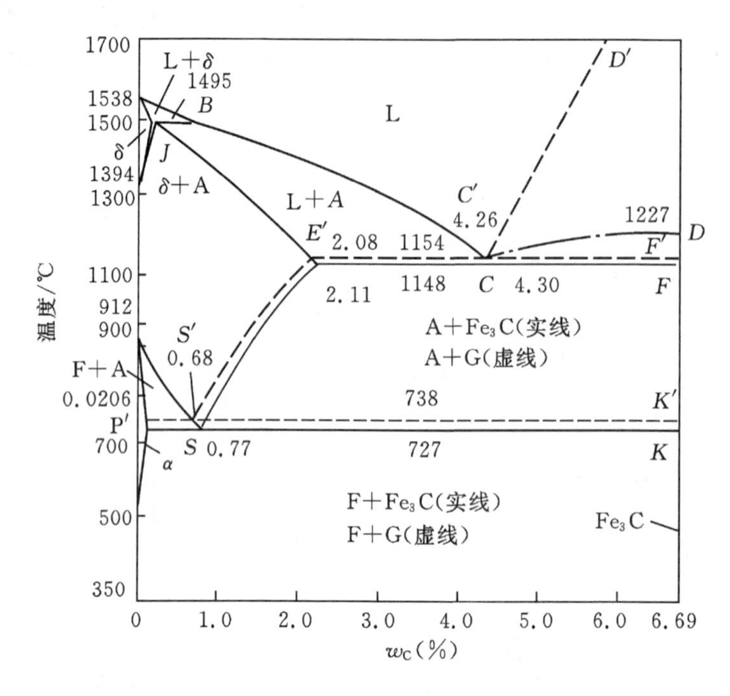

图 4-32　Fe－Fe_3C 和 Fe－G 双重相图

(2)石墨化过程　按照 Fe－G 相图，铸铁的石墨化过程分为三个阶段：第一阶段石墨化是铸铁液相冷却至 $C'D'$ 线时，对于过共晶成分合金结晶出一次石墨，在 1154℃时($E'C'F'$ 线)通过共晶反应形成共晶石墨；第二阶段石墨化是在 1154～738℃温度范围内，奥氏体沿 $E'S'$ 线析出二次石墨；第三阶段石墨化是在 738℃($P'S'K'$ 线)通过共析转变析出共析石墨。

(3)影响石墨化的主要因素

①温度和冷却速度。在生产过程中，铸铁的缓慢冷却或在高温下长时间保温，均有利于石墨化。

②化学成分。按对石墨化的作用，可分为促进石墨化的元素(C 、Si 、Al 、Cu 、Ni 、Co 、P 等)和阻碍石墨化的元素(Cr 、W 、Mo 、Mn 、V 、S 等)两大类。C 和 Si 是强烈促进石墨化的元素；S 是强烈阻碍石墨化的元素，而且还降低铁液的流动性和促进铸件高温开裂；Cu 、Ni 有利于得到珠光体基体的铸铁；适量的 Mn 既有利于珠光体基体形成，又能消除 S 的有害作用；P 是促进石墨化不太强的元素，能提高铁液的流动性，但当其质量分数超过奥氏体或铁素体的溶解度时，会形成硬而脆的磷共晶，使铸铁强度降低，脆性增大。生产中，C 、Si 、Mn 为调节组织元素，P 为控制使用元素，S 为限制元素。

能力知识点 2　铸铁的组织与性能

1. 铸铁的组织

由于石墨化程度不同，所以得到铸铁的类型、显微组织也不同，见表 4-22。

表4-22　铸铁经不同程度石墨化后所得到的显微组织

名称	石墨化程度			显微组织
	第一阶段	第二阶段	第三阶段	
灰口铸铁	充分进行	充分进行	充分进行	F+G
	充分进行	充分进行	部分进行	F+P+G
	充分进行	充分进行	不进行	P+G
麻口铸铁	部分进行	部分进行	不进行	Ld′+P+G
白口铸铁	不进行	不进行	不进行	Ld′+P+Fe_3C

2. 铸铁的性能

铸铁基体组织的类型和石墨的数量、大小、分布形态决定了铸铁的性能。

(1)石墨的影响　石墨是碳的一种结晶形态，其碳的质量分数 $w_C \approx 100\%$，具有简单六方晶格。石墨的硬度为3～5HBW，约为20MPa，塑性和韧性极低，伸长率接近于零，导致铸铁的力学性能如抗拉强度、塑性、韧性等均不如钢。石墨数量越多、尺寸越大、分布越不均匀，对力学性能的削弱就越严重。但石墨的存在，使铸铁具有优异的切削加工性能，良好的铸造性能和润滑作用，很好的耐磨性能和抗振性能，大量石墨的割裂作用，使铸铁对缺口不敏感，如图4-33所示。

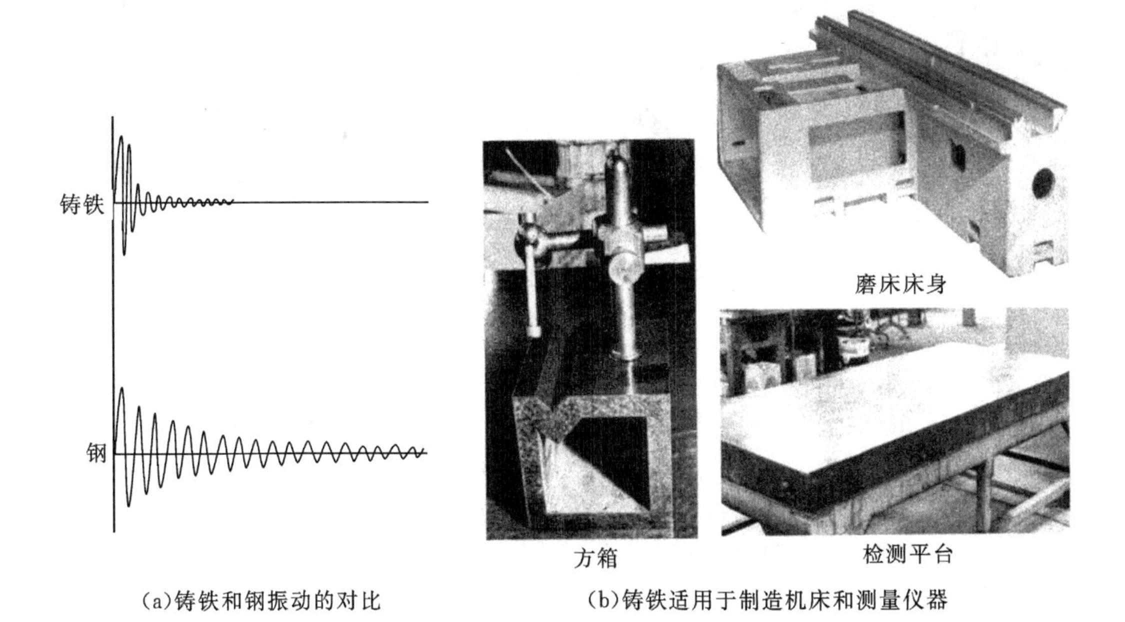

(a)铸铁和钢振动的对比　　(b)铸铁适用于制造机床和测量仪器

图4-33　铸铁的减振性

(2)基体组织的影响　对同一类铸铁来说，在其他条件相同的情况下，铁素体相的数量越多，塑性越好；珠光体相的数量越多，则抗拉强度和硬度越高。由于片状石墨对基体的强烈作用，所以只有当石墨为团絮状、蠕虫状或球状时，改变铸铁基体组织才能显示出对性能的影响。

能力知识点3　常用铸铁材料

1. 灰铸铁

灰铸铁，简称灰铁。其生产工艺简单，铸造性能优良，在生产中应用最为广泛，约占铸铁总量的80%。

(1)灰铸铁的成分、组织和性能

灰铸铁中碳、硅、锰是调节组织的元素，磷是控制使用的元素，硫是应限制的元素。目前生产中，灰铸铁成分一般为 $w_C=2.7\%\sim3.6\%$，$w_{Si}=1.0\%\sim2.2\%$，$w_{Mn}=0.5\%\sim1.3\%$、$w_S<0.15\%$、$w_P<0.3\%$。

按组织分为：

①铁素体灰铸铁。在铁素体基体上分布着片状石墨。

②珠光体＋铁素体灰铸铁。在珠光体＋铁素体基体上分布着片状石墨。

③珠光体灰铸铁。在珠光体基体上分布着片状石墨，分别如图4-34(a)～(c)所示。

(a)铁素体灰铸铁

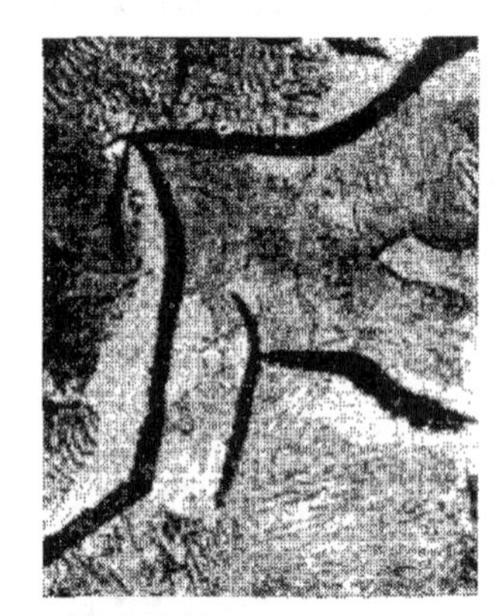

(b)铁素体＋珠光体灰铸铁

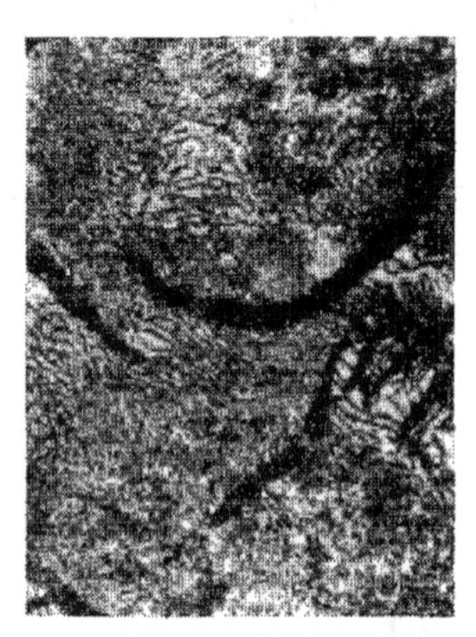

(c)珠光体灰铸铁

图4-34　三种基体的灰铸铁

灰铸铁组织相当于在钢的基体上分布着片状石墨，其基体具有和钢一样的强度和硬度。石墨的强度、塑性、韧性极低，在灰铸铁中相当于裂缝和孔洞，破坏了基体金属的连续性，同时很容易造成应力集中。因此，灰铸铁的抗拉强度、塑性及韧性都明显低于碳钢。

石墨的存在，使灰铸铁的铸造性能、减摩性、减振性和切削加工性能都高于碳钢，缺口敏感性也较低。灰铸铁的硬度和抗压强度主要取决于基体组织，而与石墨的存在基本无关。因此，灰铸铁的抗压强度约为抗拉强度的3～4倍。

(2)灰铸铁的牌号及用途　灰铸铁的牌号由“HT＋数字”组成。其中“HT”是“灰铁”二字汉语拼音首字母，数字表示最低抗拉强度值(MPa)。常用灰铸铁的应用如图4-35所示，牌号、力学性能及用途见表4-23。

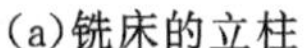

(a)铣床的立柱

(b)火车制动片上有明显浇注口的痕迹

图 4-35　灰铸铁的应用

表 4-23　常用灰铸铁的牌号、力学性能及用途

<table>
<tr><th rowspan="2">牌号</th><th rowspan="2">铸件壁厚/mm</th><th rowspan="2">最小抗拉强度 R_m/MPa</th><th rowspan="2">硬度 HBW</th><th colspan="2">显微组织</th><th rowspan="2">用途举例</th></tr>
<tr><th>基体</th><th>石墨</th></tr>
<tr><td>HT100</td><td>2.5～10
10～20
20～30
30～50</td><td>130
100
90
80</td><td>最大不超过 170</td><td>F+P(少)</td><td>粗片</td><td>低载荷和不重要的零件，如盖、外罩、手轮、支架、重锤等</td></tr>
<tr><td>HT150</td><td>2.5～10
10～20
20～30
30～50</td><td>175
145
130
120</td><td>150～200</td><td>F+P</td><td>较粗片</td><td>承受中等应力(抗弯应力<100MPa)的零件，如支柱、底座、齿轮箱、工作台、刀架、端盖、阀体、管路附件及一般无工作条件要求的零件</td></tr>
<tr><td>HT200</td><td>2.5～10
10～20
20～30
30～50</td><td>220
195
170
160</td><td>170～220</td><td>P</td><td>中等片状</td><td rowspan="2">承受较大应力(抗弯应力<300MPa)和较重要零件，如汽缸体、齿体、机座、飞轮、床身、缸套、活塞、刹车轮、联轴器、齿轮箱、轴承座、液压缸等</td></tr>
<tr><td>HT250</td><td>4.0～1.0
10～20
20～30
30～50</td><td>270
240
220
200</td><td>190～240</td><td>细珠光体</td><td>较细片状</td></tr>
<tr><td>HT300</td><td>10～20
20～30
30～50</td><td>290
250
230</td><td>210～260</td><td rowspan="2">索氏体或托氏体</td><td rowspan="2">细小片状</td><td rowspan="2">承受高弯曲应力(<500MPa)及抗拉应力的重要零件，如齿轮、凸轮、车床卡盘、剪床和压力机的机身、床身、高压液压缸、滑阀壳体等</td></tr>
<tr><td>HT350</td><td>10～20
20～30
30～50</td><td>340
290
260</td><td>230～280</td></tr>
</table>

注：选择灰铸铁时必须考虑铸件的壁厚，因其强度与铸件壁厚有关，铸件壁厚增加则强度降低。例如，某铸件壁厚是 40mm，要求抗拉强度值为 200 MPa，此时，应选 HT250。

(3)灰铸铁的孕育处理　在浇注前向铁液中加入少量孕育剂(如硅一铁、硅一钙合金等)，改变铁液的结晶条件，以得到细小、均匀分布的片状石墨和细小的珠光体组织的方法，称为孕育处理。经孕育处理后的铸铁称为孕育铸铁，也称为变质铸铁。

孕育铸铁的本质属于灰铸铁，其石墨为片状，塑性和韧性较低。孕育铸铁中各部位的截面上组织和性能都均匀一致，断面敏感性小。同时具有较高的强度和硬度，如表 4-23 中 HT250、HT300、HT350 即属于孕育铸铁，常用于制造力学性能要求较高、截面尺寸变化较大的大型铸件，如汽缸、曲轴、凸轮、机床床身等。

(4)灰铸铁的热处理　热处理仅能改变灰铸铁的基体组织，改变不了石墨形态，常用于消除灰铸铁的内应力和稳定尺寸，消除白口组织、提高铸件表面的硬度及耐磨性。

①时效处理。一般铸件形状复杂、厚薄不均，在冷却过程中，由于各部位冷却速度不同而形成内应力，既降低强度，又容易在随后的切削加工中引起变形甚至开裂。因此，铸件在成形后都需要进行时效处理。对一些大型、复杂或加工精度较高的铸件，如机床床身、柴油机汽缸等，在铸造后、切削加工前，甚至在粗加工后都要进行一次时效退火。

②石墨化退火。石墨化退火一般是将铸件以 70～100℃/h 的速度加热至 850～900℃，保温 2～5h(取决于铸件壁厚)，然后炉冷至 400～500℃后空冷。其目的是消除灰铸铁件表层和薄壁处在浇注时产生的白口组织，改善切削加工性能。

③表面热处理。有些铸件，如机床导轨、缸体内壁等，表面需要高的硬度和耐磨性，可进行表面淬火处理，如高频表面淬火、火焰表面淬火和激光加热表面淬火等。淬火前铸件需进行正火处理，以保证获得大于 65%以上的珠光体组织，淬火后表面硬度可达 50～55HRC。

2. 球墨铸铁

球墨铸铁是将铁液经球化处理和孕育处理，使铸铁中的石墨全部或大部分呈球状而获得的一种铸铁。将球化剂加入铁液的操作过程称为球化处理，为防止铁液球化处理后出现白口，必须进行孕育处理。经孕育处理的球墨铸铁，其石墨球数量增加，球径减小，形状圆整，分布均匀，力学性能接近于钢。

(1)球墨铸铁的成分、组织和性能　球墨铸铁的成分要求比较严格，一般 $w_C = 3.6\% \sim 3.9\%$、$w_{Si} = 2.2\% \sim 2.8\%$、$w_{Mn} = 0.6\% \sim 0.8\%$、$w_S < 0.07\%$、$w_P < 0.1\%$。

球墨铸铁常见的基体组织有铁素体、铁素体＋珠光体和珠光体三种。通过合金化和热处理后，还可获得下贝氏体、马氏体、托氏体、索氏体和奥氏体等基体组织的球墨铸铁。常见球墨铸铁的显微组织如图 4-36 所示。

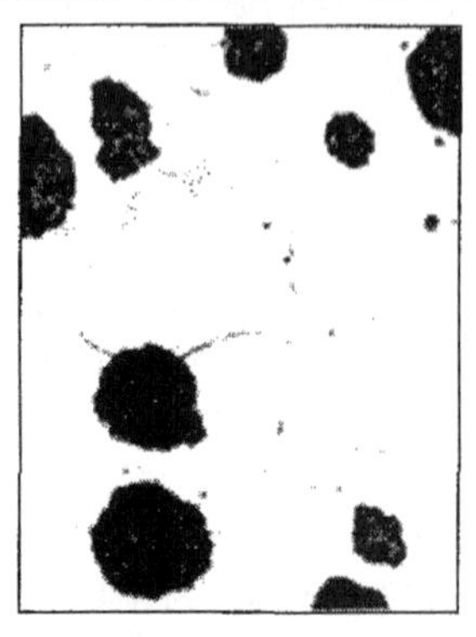
(a)铁素体球墨铸铁

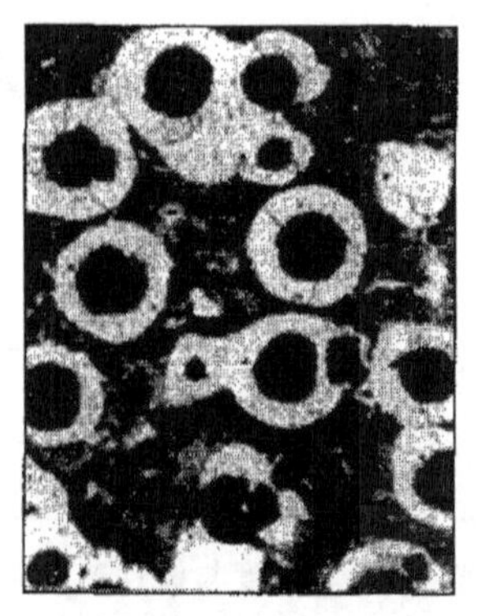
(b)珠光体＋铁素体球墨铸铁

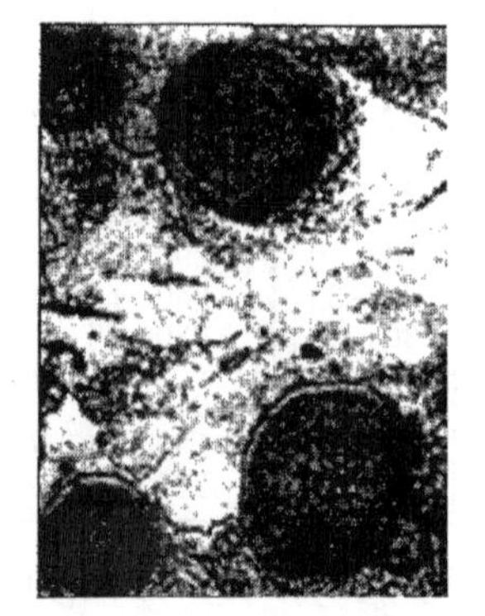
(c)珠光体球墨铸铁

图 4-36　球墨铸铁的显微组织

球墨铸铁的金属基体强度的利用率可高达 70%～90%，而普通灰铸铁仅为 30%～50%。同其他铸铁相比，球墨铸铁的强度、塑性、韧性高，屈服强度很高，屈强比可达 0.7～0.8，疲劳强度可接近一般中碳钢，耐磨性优于碳钢，铸造性能优于铸钢，加工性能几乎可与灰铸铁相媲美，如图 4－37 所示。

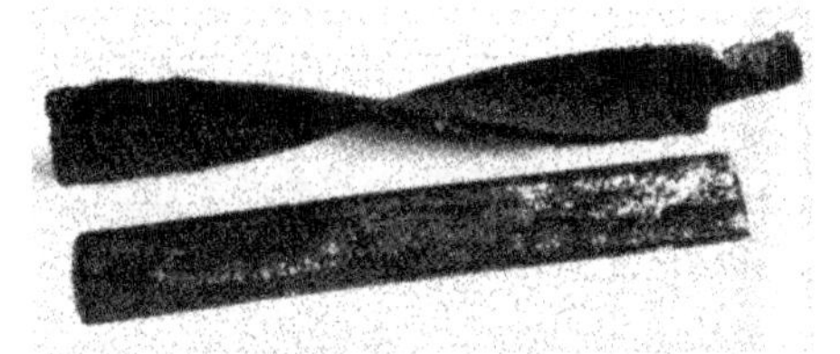
(a)扭曲球墨铸铁时不易折断

(b)球墨铸铁的切削如此卷曲

图 4－37　球墨铸铁的性能

(2)球墨铸铁的牌号及用途　球墨铸铁的牌号由“QT＋数字－数字”组成。其中“QT”是“球铁”二字汉语拼音首字母，其后的第一组数字表示最低抗拉强度值（MPa），第二组数字表示最小断后伸长率（%）。

由于球墨铸铁可以通过热处理改变其基体组织，所以其性能可以在较大范围内变化，使得其应用范围进一步扩大：可代替铸造非合金钢、铸造合金钢、可锻铸铁和非铁金属。强度、韧性和耐磨性要求高的零件；代替 45 钢和 35CrMo 钢制造柴油机、机车和拖拉机的曲轴、凸轮轴、齿轮和连杆；代替 65 Mn 钢和高锰钢用于制造球磨机、破碎机的磨球、衬板等，如图 4－38 所示。但球墨铸铁的熔炼工艺和铸造工艺要求较高。球墨铸铁的牌号、基体组织、力学性能及用途见表 4－24。图(a)为直径为 500mm 用于水管的球墨铸铁管，图(b)为球墨水铸铁制造的轧棍。

(a)球墨铸铁管

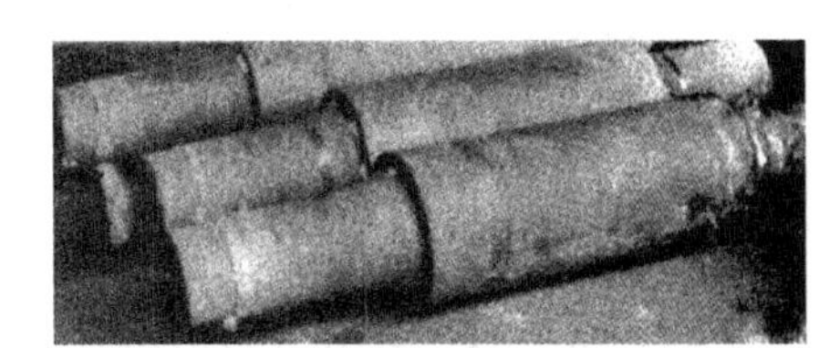
(b)轧棍

图 4－38　球墨铸铁的应用举例

表 4-24 球墨铸铁的牌号、基体组织、力学性能 $A_{11.3}$/%及用途

牌号	基体组织	力学性能				用途举例
		R_m/MPa	$R_{r0.2}$/MPa	$A_{11.3}$/%	硬度 HBS	
		不小于				
QT400-18	铁素体	400	250	18	130～180	承受冲击、振动的零件，如汽车、拖拉机的轮毂、驱动桥壳、差速器壳、拨叉、农机具零件，中低压阀门，上、下水及输气管道，压缩机上高、低压汽缸，电机机壳，齿轮箱、飞轮壳等
QT400-15		400	250	15	130～150	
QT450-10		450	310	10	160～210	
QT500-7	铁素体＋珠光体	500	320	7	170～230	机器座架、传动轴、飞轮、内燃机的机油泵齿轮、铁路机车车辆轴瓦等
QT700-2	珠光体＋铁素全	600	370	3	190～270	载荷大、受力复杂的零件，如汽车、拖拉机的曲轴、连轩、凸轮轴、汽缸套，部分磨床、铣床、车床的主轴，机床蜗杆、蜗轮、轧钢机轧辊、大齿轮，小型水轮机主轴，汽缸体，桥式起重机大小滚轮等
QT800-2	珠光体	700	420	2	225～305	
QT950-2	珠光体或回火组织	800	480	2	245～335	
QT900-2	贝氏体或回火马氏体	900	600	2	280～360	高强度齿轮，如汽车后桥螺旋锥齿轮，大减速器齿轮，内燃机曲轴、凸轮辆等

(3)球墨铸铁的热处理　铸态下的球磨铸铁基体组织一般为铁素体和珠光体，采用热处理方法来改变球墨铸铁基体组织，可有效地提高其力学性能。

①退火。球墨铸铁的铸造内应力比灰铸铁约大两倍。对于不再进行其他热处理的球墨铸铁铸件，都要进行去应力退火。

石墨化退火是为了使铸态组织中的自由渗碳体和珠光体中的共析渗碳体分解，获得高塑性的铁素体基体的球墨铸铁，消除铸造应力，改善其加工性能。

当铸态组织为 F＋P＋Fe_3C＋G 时，则进行高温退火，其工艺曲线和组织变化如图 4-39 所示。也可采用高温石墨化两段退火工艺，其工艺曲线如图 4-40 所示。当铸态组织为 F＋P＋G 时，则进行低温退火，其工艺曲线如图 4-41 所示。

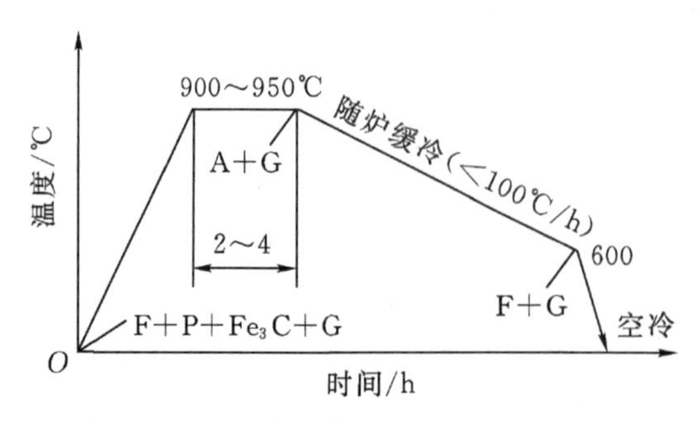

图 4-39　球墨铸铁高温石墨化退火工艺曲线

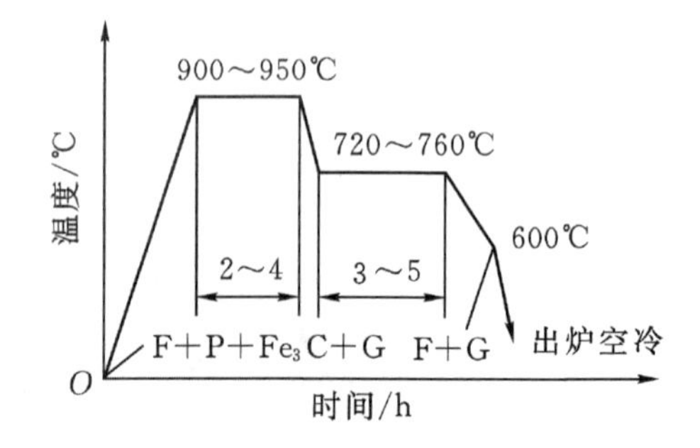

图 4-40　球墨铸铁高温石墨化两段退火工艺曲线

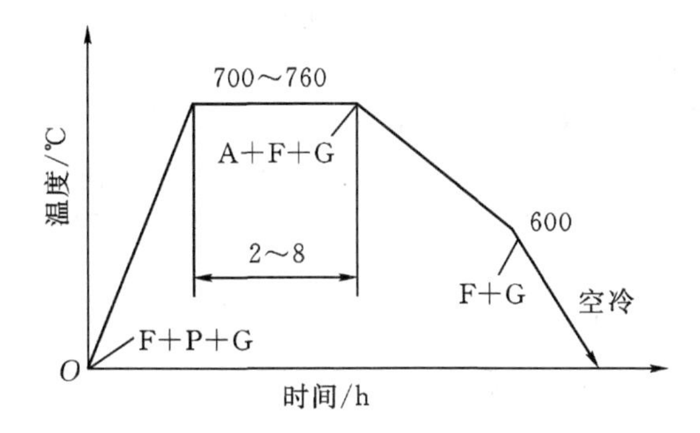

图 4-41　球墨铸铁低温石墨化两段退火工艺曲线

②正火。正火的目的是为了得到以珠光体为主的基体组织，细化晶粒，提高球墨铸铁强度、硬度和耐磨性。正火可分为高温正火和低温正火两种。球墨铸铁的导热性较差，正火后铸件内应力较大，因此正火后应进行一次消除应力退火。

高温正火工艺曲线如图 4-42、图 4-43 所示。对厚壁铸件应采用风冷甚至喷雾冷却，以保证获得珠光体球墨铸铁。低温正火是将铸件加热至 840～860℃，保温 1～4h，出炉空冷，获得珠光体＋铁素体基体的球墨铸铁。

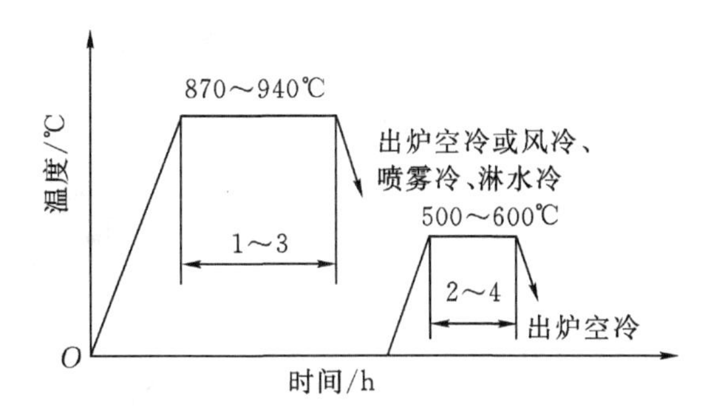

图 4-42　球墨铸铁无渗碳体时的高温正火工艺曲线

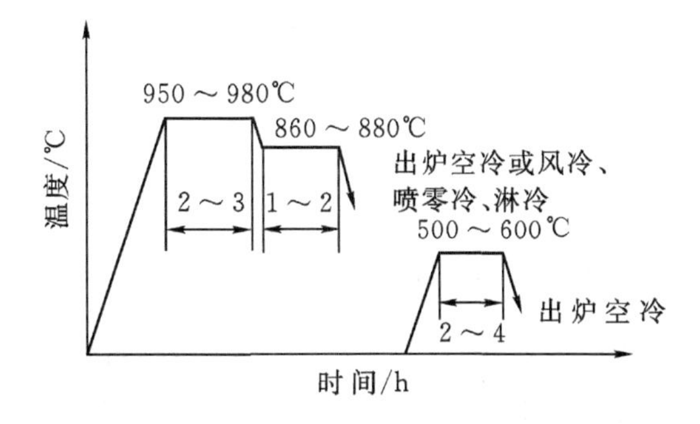

图 4-43　球墨铸铁有渗碳体时的高温正火工艺曲线

③等温淬火。当铸件形状复杂，热处理易变形开裂，又需要高强度和较好的塑性、韧性时，需采用等温淬火，如齿轮、曲轴、滚动轴承套圈、凸轮轴等。将铸件加热至 860 ～ 920℃，适当

保温(热透),迅速放入 250 ~ 350℃ 的盐浴炉中进行 0.5 ~ 1.5h 的等温处理,然后取出空冷,使过冷奥氏体转变为下贝氏体。

④调质处理。调质处理是将铸件加热到 860 ~ 920℃ ,保温后油冷,然后在 550 ~ 620℃,高温回火 2 ~ 6h ,获得回火索氏体和球状石墨组织的热处理方法。调质处理可获得高的强度和韧性,适用于受力复杂、截面尺寸较大、综合力学性能要求高的铸件,如柴油机曲轴、连杆等重要零件。

球墨铸铁在淬火后也可进行中温回火或低温回火。中温回火后获得回火托氏体基体组织,具有高的强度和一定的韧性;低温回火后获得回火马氏体基体组织,具有高的硬度和耐磨性。

球墨铸铁还可以采用表面强化处理,如渗氮、离子渗氮、渗硼等。

3. 可锻铸铁

可锻铸铁是由一定化学成分的白口铸铁经退火得到的具有团絮状石墨的铸铁。可锻铸铁的生产过程是先浇注成白口铸铁,然后通过高温石墨化退火(又称可锻化退火),使渗碳体分解得到团絮状石墨。

(1)可锻铸铁的成分、组织和性能　为保证在一般冷却条件下铸件能获得全部白口,可锻铸铁中碳、硅含量较低。可锻铸铁的化学成分要求较严,一般为:$w_C = 2.2\% \sim 2.8\%$ 、$w_{Si} = 1.2\% \sim 2.0\%$ 、$w_{Mn} = 0.4\% \sim 1.2\%$ 、$w_S < 0.2\%$ 、$w_P < 0.1\%$ 。

可锻铸铁分为铁素体基体可锻铸铁(称为黑心可锻铸铁)和珠光体基体可锻铸铁,通过采取不同的退火工艺而获得,如图 4 - 44 所示。

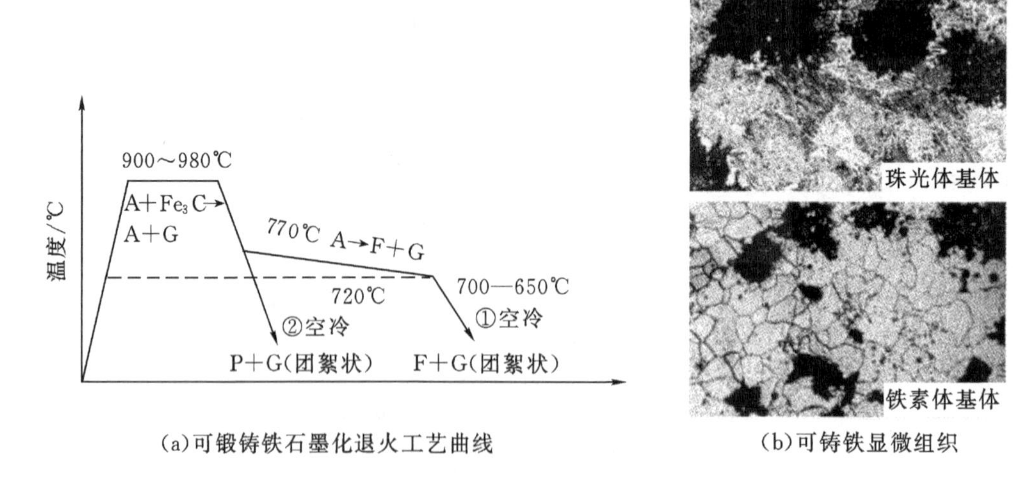

(a)可锻铸铁石墨化退火工艺曲线　(b)可铸铁显微组织

图 4 - 44　可锻铸铁退火工艺曲线与显微组织

由于可锻铸铁中石墨为团絮状,因此与灰铸铁相比,可锻铸铁有较好的强度和塑性,特别是低温冲击性能较好;与球墨铸铁相比,具有成本低、质量稳定、铁液处理简便和便于组织生产的特点;可锻铸铁的耐磨性和减振性优于普通质量碳钢;切削性能与灰铸铁接近,适于制作形状复杂的薄壁中小型零件和工作中受到振动而强韧性要求较高的零件。可锻铸铁因其较高的强度、塑性和冲击韧性而得名,实际上并不能锻造。

(2)可锻铸铁的牌号及用途　常用的两种可锻铸铁的牌号由“KTH＋数字－数字”或“KTZ＋数字－数字”组成。“KTH”、“KTZ”,分别代表“可铁黑”和“可铁珠”,其后的第一组数字表示最低抗拉强度值(MPa),第二组数字表示最小断后伸长率(%)。常用可锻铸铁的牌号、力学性能及用途见表4－25,黑心可锻铸铁如图4－45所示。

表4－25　常用可锻铸铁的牌号、力学性能及用途

种类	牌号	试样直径/mm	力学性能				用途举例
			$R_{r0.2}$/MPa	$R_{r0.2}$ MPa	$A_{11.3}$/%	硬度HBS	
			不小于				
黑心可锻铸铁	KTH300-06	12或15	300	—	6	不大于150	弯头、三通管件、中低压阀门等
	KTH330-08		330	—	8		扳手、犁刀、犁柱、车轮壳等
	KTH350-10		350	200	10		汽车、拖拉机前、后轮壳、差速器壳,转向节壳,制动器及铁道零件等
	KTH370-12		370	—	12		
珠光体可锻铸铁	KTZ450-06		450	270	6	150～200	载荷较高且耐磨损零件,如曲轴、凸轮轴、连杆、齿轮、活塞环、轴套、耙片、万向接头、棘轮、扳手、传动链条等
	KTZ550-04		550	340	4	180～230	
	KTZ650-02		650	430	2	210～260	
	KTZ700-02		700	530	3	240～290	

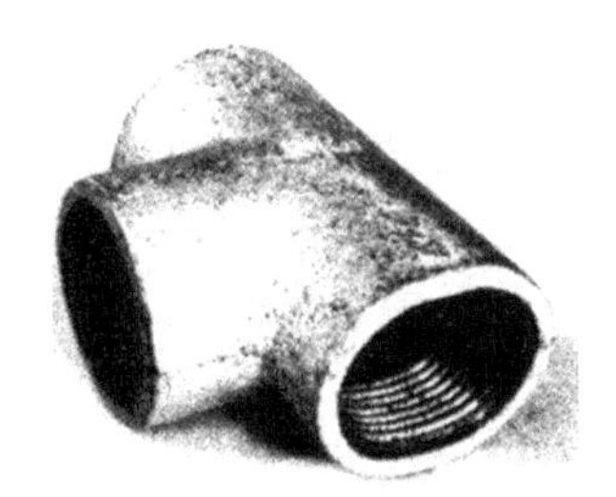

(a)黑心可锻铸铁制造的管接头

(b)黑心可锻铸铁被锤断,端面呈黑色

图4－45　黑心可锻铸铁

4. 蠕墨铸铁

蠕墨铸铁是在一定成分的铁液中加入适量的蠕化剂和孕育剂所获得的石墨形似蠕虫状的铸铁。其生产方法与程序和球墨铸铁基本相同。

(1)蠕墨铸铁的成分、组织及性能

蠕墨铸铁是在 $w_C = 3.5\% \sim 3.9\%$、$w_{Si} = 2.2\% \sim 2.8\%$、$w_{Mn} = 0.4\% \sim 0.8\%$、$w_S < 0.1\%$、$w_P < 0.1\%$ 的铁液中,加人适量的蠕化剂并经孕育处理后而获得的,具有铁素体、珠光体、铁素体＋珠光体三种基体组织。

蠕虫状石墨形态介于片状和球状之间，所以蠕墨铸铁的性能介于球墨铸铁和灰铸铁之间。在工艺性能方面，与灰铸铁相近，但铸造性能、减震性和导热性优于球墨铸铁。

(2)蠕墨铸铁的牌号及用途　蠕墨铸铁的牌号由“RuT＋数字”组成。其中“RuT”表示蠕墨铸铁，数字表示最小抗拉强度值(MPa)。蠕墨铸铁的牌号、力学性能及用途见表4-26。

表4-26　蠕墨铸铁的牌号、力学性能及用途

牌　号	力学性能				用途举例
	$R_{r0.2}$/MPa	$R_{r0.2}$/MPa	$A_{11.3}$/%	硬度HBS	
	不小于				
RuT260	260	195	3	121～197	增压器废气进气壳体、汽车底盘零件等
RuT300	300	240	1.5	140～217	排气管、变速箱体、汽缸盖、液压件、纺织零件、钢锭模等
RuT340	340	270	1.0	170～249	重型机床件、大型齿轮箱体、盖、飞轮、起重机卷筒等
RuT380	380	300	0.75	193～274	活塞环、汽缸套、制动盘、钢珠研磨盘、吸淤泵体等
RuT420	420	335	0.75	200～280	

(3)蠕墨铸铁的热处理　蠕墨铸铁的热处理主要是为了调整基体组织、获得不同的力学性能要求。

①正火。蠕墨铸铁正火的目的是增加珠光体量，提高强度和耐磨性。常用的正火工艺如图4-46和图4-47所示。两阶段低碳奥氏体正火后，在强度、塑性方面都较全奥氏体化正火高。

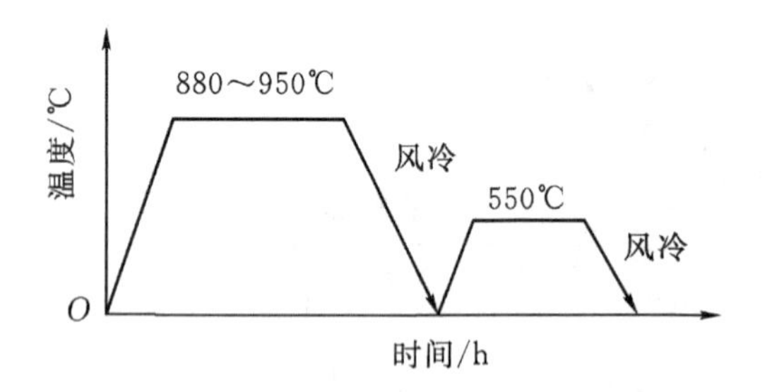

图4-46　蠕墨铸铁全奥氏体化正火工艺曲线

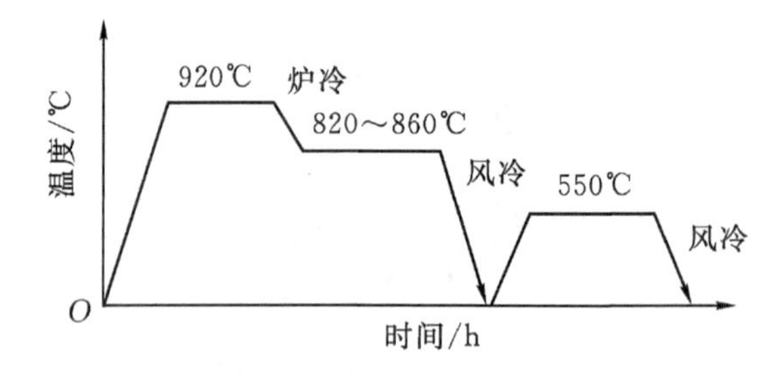

图4-47　蠕墨铸铁两阶段低碳奥氏体正火工艺曲线

②退火。蠕墨铸铁的退火是为了获得85%以上的铁素体基体或消除薄壁处的自由渗碳体，其退火工艺分别如图4-48和图4-49所示。

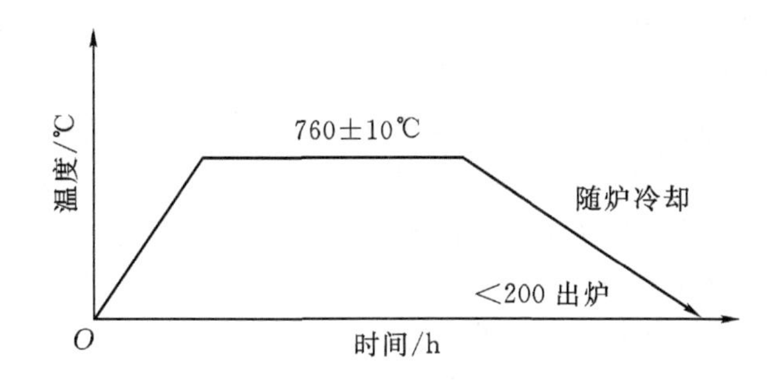

图4-48 蠕墨铸铁铁素体化退火工艺曲线

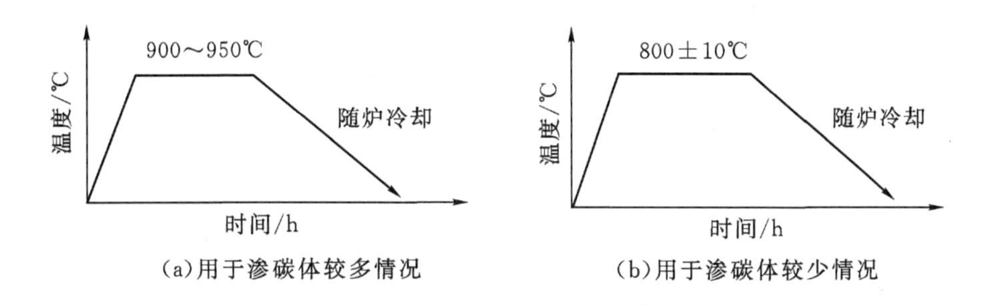

(a)用于渗碳体较多情况　　(b)用于渗碳体较少情况

图4-49 蠕墨铸铁消除自由渗碳体退火工艺曲线

5. 合金铸铁

合金铸铁就是在普通铸铁的基础上加入一定量的合金元素,改善铸铁的物理、化学和力学性能,获得某些特殊性能的铸铁,如耐磨、耐热、耐蚀铸铁等。

(1)耐磨铸铁　耐磨铸铁按工作条件可分两种:一是在有润滑条件下工作的减摩铸铁,如机床导轨、汽缸套、环和轴承等;二是在无润滑、受磨料磨损条件下工作的抗磨铸铁,如轧辊、球磨机零件等。

①减摩铸铁。减摩铸铁在工作时,要求磨损少,摩擦因数小,导热性及加工工艺性好。常用的减摩铸铁有:

(a)珠光体基体的灰铸铁。组成珠光体的铁素体相为软基体,渗碳体为硬的强化相。同时,石墨本身也是良好的润滑剂,且因石墨的组织松散,能起到一定的储油作用,故有良好的减摩性。

(b)高磷铸铁。在普通灰铸铁的基础上加入P(w_P=0.4%～0.7%),即形成高磷铸铁。其中P形成磷共晶体,硬而耐磨,它以断续网状分布在珠光体基体上,形成坚硬的骨架,使铸铁的耐磨性显著提高,常用于制造车床、铣床、镗床等的床身及工作台,其耐磨性比孕育铸铁HT250提高一倍。

②抗磨铸铁。抗磨铸铁用于在无润滑的干摩擦条件下工作的铸件,要求具有均匀高硬度的组织,常用的抗磨铸铁有:

(a)抗磨白口铸铁。加入适量的:Cr、Cu、Mo、W、Ni、Mn等合金元素所得到的抗磨白口铸铁,具有一定的韧性和更高的硬度和耐磨性。铸态下硬度在50HRC以上,淬火后硬度还可以进一步提高。适用于在磨料磨损条件下工作,广泛用于制造轧辊和车轮等耐磨件。

(b)冷硬铸铁。通过激冷方法所得到的表面为一定深度的白口组织，而心部为灰口组织的铸铁，具有较高的强度和耐磨性，又能承受一定的冲击。

(c)中锰球墨铸铁。加入一定量的Mn和Si而形成的中锰球墨铸铁，具有更高的耐磨性和耐冲击性，强度和韧性也得到进一步的改善。广泛用于制造在受冲击载荷和磨损条件下工作的零件，如犁铧、球磨机磨球及拖拉机履带板等。

(2)耐热铸铁　普通灰铸铁的耐热性较差，只能在小于400℃左右的温度下工作。耐热铸铁是指在高温下具有良好的抗氧化能力的铸铁。

在铸铁中加入Si、Al、Cr，可在铸铁表面形成稳定、致密和牢固的氧化膜，从而使其内部不再继续氧化。此外，这些元素还会提高铸铁的临界点，使其在所使用的温度范围不发生固态相变，以减少由此造成的体积变化，防止纤维裂纹的产生。

耐热铸铁的牌号由"RT＋元素符号＋数字"组成。其中"RT"是"热铁"两字汉语拼音首字母，元素符号后的数字是以名义百分数表示的该元素的质量分数。如RTSi5表示的是w_{Si}＝4.5%～5.5%的耐热铸铁。若牌号中有"Q"，则表示是球墨铸铁。常用耐热铸铁的牌号、化学成分、使用温度及用途见表4-27。

表4-27　常用耐热铸铁的牌号、化学成分、使用温度及用途

牌号	化学成分(质量分数)/%						使用温度℃	用途举例
	C	Si	Mn	P	S	其他		
RTSi5	2.4～3.2	4.5～5.5	≤0.8	≤0.20	≤0.12	Cr:0.50～1.00	≤850	烟道挡板、换热器等
RTQSi5	2.4～3.2	>4.5～5.5	≤0.7	≤0.10	≤0.03	—	900～950	加热炉底板、化铝电阻炉坩埚等
RTQAl22	1.6～2.2	1.0～2.0	≤0.7	≤0.10	≤0.03	Al:20.0～24.0	1000～1100	加热炉底板，渗碳罐，炉子传送链构件等
RTQAl5Si5	2.3～2.8	>4.5～5.2	≤0.5	≤0.10	≤0.02	Al:5.0～5.8	950～1050	
RTCr16	1.6～2.4	1.5～2.2	≤1.0	≤0.10	≤0.05	Cr:15.00～18.00	900	退火罐、炉棚、化工机械零件等

(3)耐蚀铸铁　耐蚀铸铁不仅具有一定的力学性能，而且还要求在腐蚀性介质中工作时有较高的耐腐蚀能力。在铸铁中加入Si、Al、Cr、Ni、Mo、Cu等合金元素后，在铸件表面形成连续的、牢固的、致密的保护膜，并可提高铸铁基体的电极电位，还可使铸铁得到单相铁素体或奥氏体基体，显著提高其耐蚀性。

耐蚀铸铁广泛应用于石油化工、造船等行业中，适于制作经常在大气、海水及酸、碱、盐等介质中工作的管道、阀、泵类、容器等零件。各类耐蚀铸铁都有一定的适用范围，必须根据腐蚀介质、工况条件合理选用。

常用耐蚀铸铁的化学成分及适用范围见表4-28。

表4-28 常用耐蚀铸铁的化学成分及适用范围

名称	化学成分(质量分数)/%									适用范围
	C	Si	Mn	P	Ni	Cr	Cu	Al	其他	
高硅铸铁(Si15)	0.5～1.0	14.0～16.0	0.3～0.8	≤0.08	—	—	3.5～8.5	—	Mo 3.0～5.0	除还原性酸以外的酸。加Cu适用于碱，加Mo适用于氯
稀土中硅铸铁	1.0～1.2	10.0～12.0	0.3～0.6	≤0.045	—	0.6～0.8	1.8～2.2	—	稀土 0.04～0.10	硫酸、硝酸、苯磺酸
高镍奥氏体球墨铸铁	2.6～3.0	1.5～3.0	0.70～1.25	≤0.08	18.0～32.0	1.5～6.0	5.5～7.5	—	—	高温浓烧碱、海水(带泥沙团粒)、还原酸
铝铸铁	2.0～3.0	6.0	0.3～0.8	≤0.1	—	0～1.0	—	3.15～6.0	—	氨碱溶液
含铜铸铁	2.5～3.5	1.4～2.0	0.6～1.0	—	—	—	0.4～1.5	—	Sb 0.1～0.4 Sn 0.4～1.0	污染的大气、海水、硫酸

练习4

一、根据要求完成下列表格填充

1.常用合金元素的作用(示例如Mn)

合金元素	对淬透性影响	形成碳化物倾向	抵抗回火	细化晶粒	强化铁素体	其他
Mn	强	弱	弱	促进晶粒长大	强	形成奥氏体钢
Si						
Ni						
Cr						
Mo						
W						
V						
Ti						
Al						
B						

2. 工业用钢

类别				典型牌号	常用热处理工艺	用途举例
碳钢			普通碳素结构钢	Q215、Q235	一般不进行热处理	螺栓、高压线塔
			优质碳素结构钢			
			碳素工具钢			
			铸造碳钢			
低合金钢			低合金高强度结构钢			
			低合金耐候钢			
合金钢	机械结构用合金钢		合金渗碳钢			
			合金调质钢			
			合金弹簧钢			
			滚动轴承钢			
			易切削钢			
	合金工具钢	刃具用钢	低合金刃具钢			
			高速钢			
			合金量具用钢			
		模具用钢	冷作模具钢			
			热作模具钢			
			塑料模具钢			
	特殊性能钢		不锈钢			
			耐热钢			
			耐磨钢			
	硬质合金		钨钴类硬质合金			
			钨钛钴类硬质合金			
			通用硬质合金			

3. 铸铁

分类	石墨形态	牌号	性能	用途
普通灰铸铁				
球墨铸铁				
可锻铸铁				
蠕墨铸铁				

二、名称解释

1. 合金元素、杂质元素

2. 石墨化、时效强化

3. 回火稳定性、二次硬化

三、分析讨论

1. 用 Q235 代替 45 钢制造齿轮是否可以？为什么？

2. 为什么常用的滚动轴承钢应具有较高的碳和铬的质量分数？淬火后为什么需要冷处理？

项目5　非铁合金与质量检验

【教学基本要求】

1. 知识目标

(1)了解铜合金、铝合金的强化方法及轴承合金的组织特征；

(2)掌握铝合金、铜合金、轴承合金及硬质合金的常用牌号、性能、用途及强化方法。

2. 能力目标

(1)培养识别铜合金、铝合金、硬质合金的常用牌号的能力；

(2)培养根据工作条件需要初步选用铜合金、铝合金、硬质合金的能力；

(3)常用质量检验方法。

【思维导图】

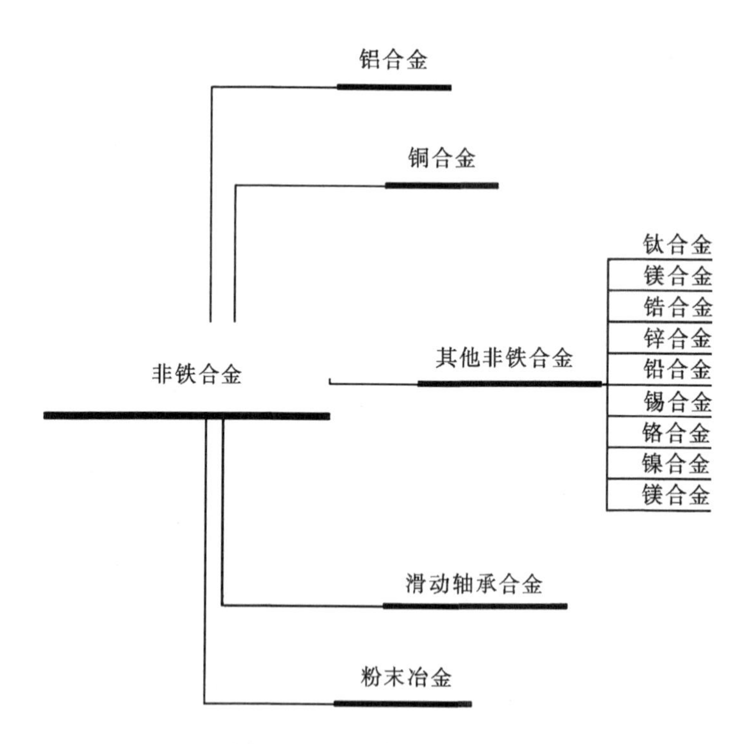

图5-1　非铁合金思维导图

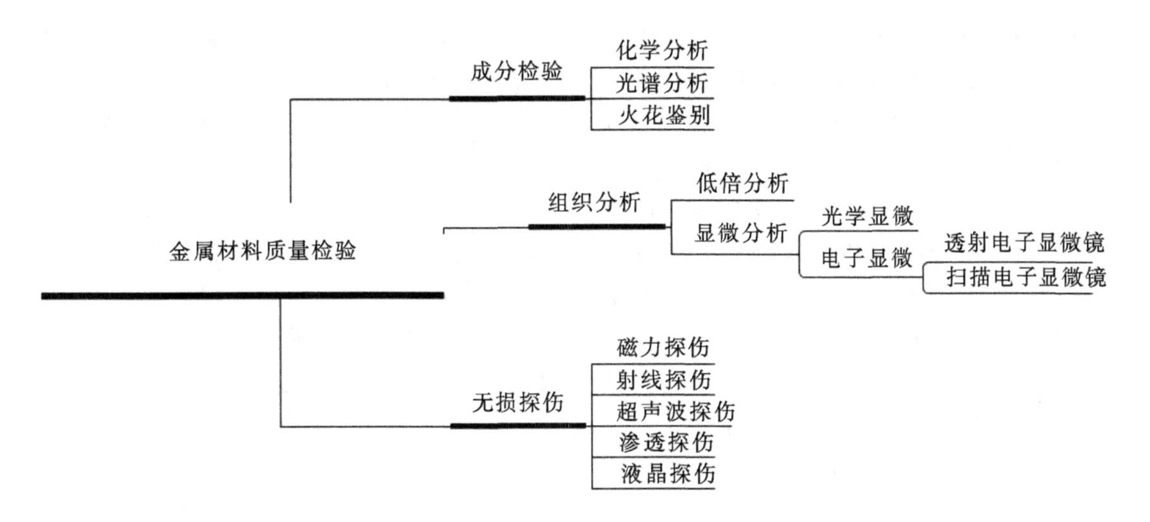

图 5-2　金属材料质量检验思维导图

【引导案例】

实例 1　飞机的常用材料

飞机材料的范围较广，分为机体材料（包括结构材料和非结构材料）、发动机材料和涂料，其中最主要的是机体结构材料和发动机材料，如图 5-3 所示。非结构材料包括：透明材料，舱内设施和装饰材料，液压、空调等系统用的附件和管道材料，天线罩和电磁材料，轮胎材料等。非结构材料量少而品种多，有玻璃、塑料、纺织品、橡胶、铝合金、镁合金、铜合金和不锈钢等。结构材料应具有高的比强度和比刚度，以减轻飞机的结构重量，改善飞行性能或增加经济效益，还应具有良好的可加工性，便于制成所需要的零件。

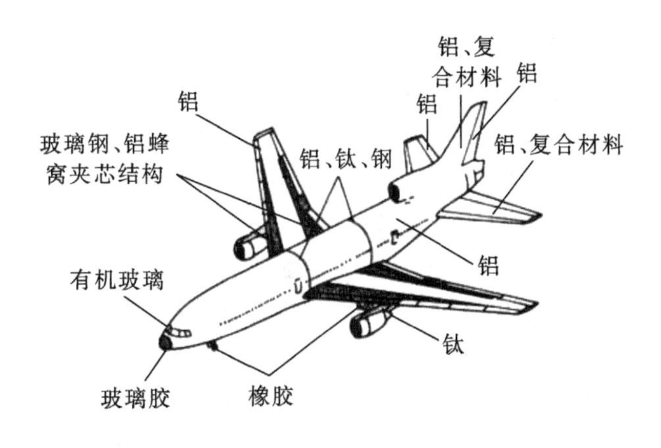

图 5-3　飞机常用的材料

(1)机翼材料　机翼是飞机的主要部件，早期的低速飞机的机翼为木结构，用布作蒙皮。这种机翼的结构强度低，气动效率差，早已被金属机翼所取代。机翼内部的梁是机翼的主要受力件，一般采用超硬铝和钢或钛合金；翼梁与机身的接头部分采用高强度结构钢。机翼蒙皮因上下翼面的受力情况不同，分别采用抗压性能好的超硬铝及抗拉和疲劳性能好的硬铝。为了减轻重量，机翼的前后缘常采用玻璃纤维增强塑料（玻璃钢）或铝蜂窝夹层（芯）结构。尾翼结构材料一般采用超硬铝。有时歼击机选用硼（碳）纤维一环氧复合材料，以减轻尾部重量，提高作战性能。尾翼上的方向舵和升降舵采用硬铝。

（2）机身材料　飞机在高空飞行时，机身增压座舱承受内压力，需要采用抗拉强度高、耐疲劳的硬铝作蒙皮材料。机身框架常采用超硬铝，承受较大载荷的加强框架采用高强度结构钢或钛合金。很多飞机的机载雷达装在机身头部，一般采用玻璃纤维增强塑料做成的头锥将它罩住以便能透过电磁波。驾驶舱的座舱盖和风挡玻璃采用丙烯酸酯透明塑料（有机玻璃）。飞机在着陆时主起落架要在一瞬间承受几十吨力至几百吨力的撞击力，因此必须采用冲击韧性好的超高强度结构钢。前起落架受力较小，通常采用普通合金钢或超硬铝。

实例2　汽车上的金属材料

（1）汽车钢板　热、冷轧钢板、表面处理钢板、不锈钢板、高强度钢板等；钢板的主要性质有：可塑性、弹性、加工硬化等。

①热轧软钢板。含碳量一般在0.15%以下，硬度低、抗拉强度不高。主要用于挡泥板、地板、行李箱铰链、保险杠等。

②冷轧软钢板。相比热轧软钢板加工性能好，且表面美观。如Q215、碳钢和低合金结构钢冷扎钢板、10F、08F、优质碳素结构钢冷轧薄钢板等，用于车身外板、零件的外壳、车顶板、行李箱盖、发动机罩、车门内外板、保险杠、挡泥板等。

③高强度钢板。抗拉强度相当高，具有很强的抗破坏能力。用于车身外板、翼子板等。

④表面处理钢。镀锌钢板、锌粉漆涂装钢板等，防腐蚀性能好。用于车门、车顶、内衬板、下护板、车身底部等。

（2）汽车轻金属材料　铝板、铝合金、镁合金、钛合金等；镁合金是最轻的金属结构材料，其密度为1.75～1.90g/cm^3。镁合金的强度和弹性模量较低，但它有高的比强度和比刚度，在相同重量的构件中，选用镁合金可使构件获得更高的刚度。镁合金有很高的阻尼容量和良好的消震性能，它可承受较大的冲击震动负荷，适用于制造承受冲击载荷和振动的零部件。镁合金具有优良的切削加工性和抛光性能，在热态下易于加工成型。

镁合金熔点比铝合金熔点低，压铸成型性能好。镁合金铸件抗拉强度与铝合金铸件相当，一般可达250MPa，最高可达600MPa以上。屈服强度，延伸率和铝合金也相差不大。镁合金还具有良好的耐腐蚀性能，电磁屏蔽性能，仿辐射性能，可进行高精度机械加工。镁合金具有良好的压铸成型性能，压铸件比厚最小可达0.5mm，适应制造汽车各类压铸件。所用的镁合金材料以铸造镁合金为主，如AM、AZ、AS系列铸造镁合金，其中AZ91D用量最多。

镁合金压铸件适应做汽车仪表板、汽车座椅骨架、变速箱壳体、方向盘操纵系统部件、发动机零部件、车门框架、轮毂、支架、离合器壳体和车身支架等。

钛合金是一种新型结构材料，它具有优异的综合性能，如密度小，比强度和比断裂韧性高，疲劳强度和抗裂纹扩展能力好，低温韧性良好，抗蚀性能优异，某些钛合金的最高工作温度为550℃，预期可达700℃。因此它在航空、航天、汽车、造船等行业获得日益广泛的应用，发展迅猛。

钛合金适于制造汽车悬架弹簧和气门弹簧、气门。用钛合金制造板簧与用抗拉强度达 2100MPa 的高强度钢相比，可降低自重 20%。用钛合金还可以制造车轮、气门座圈、排气系统零件，还有些公司尝试用纯钛板作车身外板。日本丰田开发了钛基复合材料。该复合材料以 Ti－6A1－4V 合金为基体，以 TiB 为增强体，用粉末冶金法生产。该复合材料成本低、性能优良，已在发动机连杆上得到实用。

金属材料通常分为铁基金属和非铁金属两大类，即黑色金属和有色金属。铁基金属主要指钢和铸铁，其余金属材料及其合金统称为非铁金属。

与铁基金属相比，非铁金属成本较高，产量和使用量不多，但其特殊的电性能、磁性能、热性能、耐蚀性能以及高的比强度等使之成为现代工业不可缺少的材料，广泛应用于空间技术、核能、计算机等新型工业领域。

任务 1　铝及铝合金

铝是地壳中储存量最多的一种元素，约占地表总量的 8.2%。铝及其合金是仅次于钢铁用量的非铁金属，在实际应用中主要是工业纯铝及铝合金。

能力知识点 1　工业纯铝

1. 性能特点

工业纯铝是指铝的质量分数 $w_{Al} = 99.00\% \sim 99.85\%$ 时的纯铝，其通常含有 Fe、Si、Cu、Zn 等杂质。工业纯铝呈银白色，具有面心立方晶格，无同素异晶转变，主要性能特点如下：

①熔点为 660℃；密度为 2.7g/cm^3，是除 Mg 和 Be 外最轻的工程金属，具有很高的比强度和比刚度。

②导电性、导热性好，仅次于 Au、Cu 和 Ag。

③在大气中有良好的耐蚀性，无磁性。

④对光和热的反射能力强，耐核辐射，受冲击不产生火花。

⑤强度、硬度很低，塑性很高，无冷脆性。

⑥冷变形强化可提高其强度，但塑性会有所降低，通常利用合金化来提高其强度。杂质含量越多，其导电性、导热性、耐蚀性及塑性越差。

2. 主要用途

工业纯铝的强度低，抗拉强度仅为 50MPa，纯铝通常制成管、棒、箔等型材使用或用于配制合金和脱氧剂，也可用来制造耐大气腐蚀的器皿及包覆材料、电线、电缆等各种导电材料和各种散热器等导热元件。

能力知识点 2　铝合金的分类及强化

铝合金是向铝中加入适量的 Si、Cu、Mg、Mn 等合金元素，进行固溶强化和第二相强化而得到的，由此可提高纯铝的强度并保持纯铝的特性。一些铝合金还可经冷变形强化或热处理，使强度显著提高。

1. 铝合金的分类

二元铝合金一般形成固态下局部互溶的共晶相图，如图 5－4 所示。根据铝合金的成分和工艺特点，可将铝合金分为变形铝合金和铸造铝合金。

(1)变形铝合金　常用铝合金中，凡成分在 D' 点以左的合金，加热时能形成单相固溶体组织，具有良好的塑性，适于压力加工，故称为变形铝合金。变形铝合金又可分为两类：不可热处理强化的铝合金是指成分在 F 点以左，在加热过程中始终处于单相固溶体状态，成分不随温度变化的变形铝合金；可热处理强化的铝合金是指成分在 F 点与 D′ 点之间，其 α 固溶体成分随温度变化的变形铝合金。

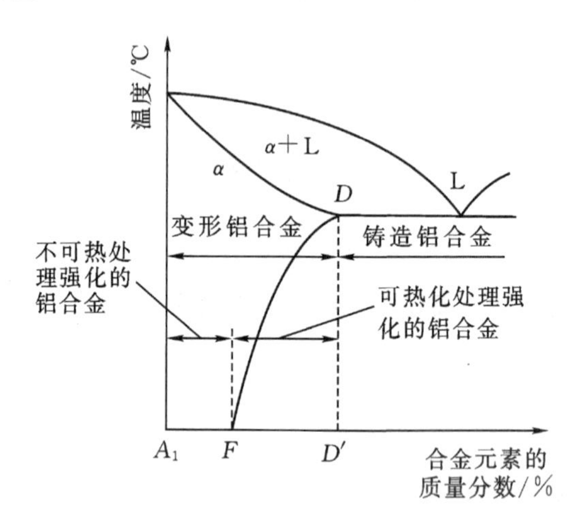

图 5－4　二元铝合金相图

(2)铸造铝合金　成分在 D' 点以右的铝合金，具有共晶组织，塑性较差，但熔点低，流动性好，适于铸造，故称为铸造铝合金。

2. 铝合金的强化及热处理

铝合金的主要强化机理有热处理(时效强化)、固溶强化、冷变形(加工硬化)强化、变质处理(细晶强化)、第二相(过剩相)强化、回归处理和退火等。近年来还通过添加颗粒、晶须、纤维等进行复合强化。这些强化手段中，通过时效处理产生沉淀强化对提高室温强度最重要。

能力知识点 3　变形铝合金

变形铝合金均是以压力加工(轧、挤、拉等)方法，制成各种型材、棒料、板、管、线、箔等半成品供应，供应状态有退火态、淬火自然时效态、淬火人工时效态等。

1. 变形铝合金的分类、牌号与代号

变形铝合金根据其性能特点和用途可分为防锈铝合金(代号 LF)、硬铝合金(代号 LY)、超硬铝合金(代号 LC)及锻铝合金(代号 LD)。

GB/T16474－1996 规定，变形铝合金和铝合金采用四位数字体系和四位字符体系表达牌号。牌号的第一位数字表示铝及铝合金的组别，见表 5－1。第二组数字或字母表示纯铝或铝合金的改型情况，字母 A 表示原始纯铝，数字 0 表示原始合金，B ～ Y 或 1 ～ 9 表示原始合金改型情况。牌号最后两位数字用以标识同一组中不同的铝合金，纯铝则表示铝的最低质量分数(%)。

例如：在四位数字体系牌号中，工业纯铝有1070、1060等；Al—Mn合金有3003等；Al—Mg合金有5052、5086等。在四位字符体系牌号中，有3A21、2A01、7A04等。

表5-1 变形铝合金的组别

组别	牌号系列
以铜为主要合金元素的铝合金	2×××
以锰为主要合金元素的铝合金	3×××
以硅为主要合金元素的铝合金	4×××
以镁为主要合金元素的铝合金	5×××
以镁和硅为主要合金元素的铝合金，并以 Mg_2Si 相为强化相的铝合金	6×××
以锌为主要合金元素的铝合金	7×××
以其他元素为主要合金元素的铝合金	8×××
备用合金组	9×××

2. 常用的变形铝合金

(1)防锈铝合金　防锈铝合金是不可热处理强化的铝合金，锻造退火后为单相固溶体组织，抗蚀性高，塑性及焊接性能好，切削性较差，常用拉延法制造各种薄板容器，如油罐、油箱、管道等。也用于受力小、质量轻、耐蚀的结构件。

(2)硬铝合金　硬铝合金是Al—Cu—Mg合金并含有少量的Mn。硬铝合金的耐蚀性差，尤其不耐海水腐蚀，所以硬铝板材的表面常包有一层纯铝，以提高其耐蚀性，包铝板材在热处理后强度降低。硬铝合金的加工工艺性能优良，可以加工成板、棒、管、型材等，广泛应用于航空、汽车和机械中。

(3)超硬铝合金　超硬铝合金是Al—Zn—Mg—Cu系合金。该合金具有优良的耐海水腐蚀性能，既属于防锈铝合金，也是工业上使用的室温力学性能最高的变形铝合金，R_m 可达600MPa，既可通过热处理强化，也可以采用冷变形强化，其时效强化效果最好，强度、硬度高于硬铝，故称为超硬铝。主要用于要求质量轻、受力较大的结构件，如飞机大梁、起落架、桁架等。

(4)锻铝合金　锻铝合金按成分不同，可分为两类，一类是Al—Cu—Mg—Si合金，常用牌号有2A50、2A14等；另一类是Al—Cu—Mg—Fe—Ni合金，又称耐热锻铝合金，常用代号有2A70、2A80等，主要用于制造在150～225℃工作温度范围内的铝合金零件，如发动机的压气机叶片、超音速飞机的蒙皮、隔框、桁条等。

常用变形铝合金的牌号、化学成分、处理状态、力学性能及用途见表5-2。

表 5-2 常用变形铝合金的牌号、化学成分、处理状态、力学性能及用途

类别		牌号	代号	化学成分(质量分数)/%					处理状态①	力学性能②			用途举例
				Cu	Mg	Mn	Zn	其他		R_m/Mpa	$A_{11.3}$/%	硬度HBw	
不可热处理强化的铝合金	防锈铝合金	5A05	LF5	0.1	4.8～5.5	0.3～0.6	0.2	Si0.5 Fe0.5	M	280	20	70	焊接油箱、油管、焊条、铆钉以及中等载荷零件及制品
		3A21	LF21	0.2	0.05	1.0～1.6	0.1	Si0.6 Ti0.15 Fe0.7	M	130	20	30	焊接油箱、油管、焊条、铆钉以及轻载荷零件及制品
可热处理强化的铝合金	硬铝合金	2A01	LY1	2.2～3.0	0.2～0.5	0.2	0.10	Si0.5 Ti0.15 Fe0.5	线材CZ	300	24	70	工作温度小于100℃的结构用中等强度铆钉
		2A11	LY11	3.8～4.8	0.4～0.8	0.4～0.8	0.3	Si0.7 Fe0.7 Ni0.1 Ti0.15	板材CZ	420	18	100	中等强度结构零件,如骨架、模锻的固定接头、螺旋桨叶片、螺栓和铆钉
		2A12	LY12	3.8～4.9	1.2～1.8	0.3～0.9	0.3	Si0.5 Ni0.1 Ti0.15 Fe0.5	板材CZ	470	17	105	高强度结构零件,如骨架、蒙皮、隔框、肋、梁、铆钉等150℃以下工作的零件
	超硬铝合金	7A04	LC4	1.4～2.0	1.8～2.8	0.2～0.6	5.0～7.0	Si0.5 Fe0.5 Cr0.1～0.25	CS	600	12	150	结构中主要受力件,如飞机大梁、桁架、加强框、蒙皮、接头及起落起
	锻铝合金	2A50	LD5	1.8～2.6	0.4～0.8	0.4～0.8	0.3	Ti0.15 Ni0.1 Fe0.7 Si0.7～1.2	CS	420	13	105	形状复杂的中等强度锻件及模锻件
		2A70	LD7	1.9～2.5	1.4～1.8	0.2	0.3	Ti0.02～0.1 Ni0.9～1.5 Fe0.9～1.5 Si0.35	CS	415	13	120	内燃机活塞、高温下工作的复杂锻件、板材,可在高温下工作的结构件
		2A14	LD10	3.9～4.8	0.4～0.8	0.4～1.0	0.3	Ti0.15 Ni0.1 Fe0.7 Si0.6～1.2	CS	480	19	135	承受重载荷的锻件和模锻件

注:①表示包铝板材退火状态;CZ表示包铝板材淬火自然时效状态;CS表示包铝板材人工时效状态。

②防锈铝合金为退火状态指标;硬铝合金为“淬火+自然时效”状态指标;超硬铝合金为“淬火+人工时效”状态指标;锻铝合金为“淬火+人工时效”状态指标。

能力知识点4　铸造铝合金

铸造铝合金的铸造性能良好，可获得各种近乎最终使用形状和尺寸的毛坯铸件，但塑性较低，不能承受压力加工。

1. 铸造铝合金的分类、牌号及代号

铸造铝合金按主要添加元素的不同，铸造铝合金可分为 Al－Si 系、Al－Cu 系、Al－Mg 系、Al－Zn 系。

铸造铝合金的牌号是由“Z＋Al＋合金元素符号＋数字”组成的。其中，“Z”是“铸”字汉语拼音首字母，合金元素符号后的数字是该元素的百分含量。例如，ZAlSi12 表示叫 $w_{Si}=10\%\sim13\%$ 的铸造铝合金。

铸造铝合金的代号是由“铸铝”字汉语拼音首字母“ZL”加3位数字组成。第1位表示合金类别，第2、3位表示合金的顺序号。例如，ZL102 表示2号的 Al－Si 系铸造铝合金。

2. 常用的铸造铝合金

(1) Al－Si 合金　Al－Si 系合金又称硅铝明，这类合金密度小，有优良的铸造性能、一定的强度和良好的耐蚀性，但塑性较差。如 ZAlSi12 是一种共晶成分合金，常称为简单硅铝明。若在铸造铝合金中加入 Cu、Mg、Mn 等合金元素从而获得多元铝－硅合金，也称特殊硅铝明，如 2L105、2L107 等。

(2) Al－Cu 合金　Al－Cu 合金的优点是强度最高，加工性能好，表面粗糙度小，耐热性好，可进行时效强化，但它的铸造性能和耐蚀性差。常用代号有 ZL201、ZL202、ZL203 等，主要用来制造要求较高强度或高温下不受冲击的零件。

(3) Al－Mg 合金　Al－Mg 合金密度小，强度和塑性均高，耐蚀性优良，但铸造性能差，耐热性低。常用代号有 ZL301、ZL303，主要用于舰船和动力机械零件，也可用来代替不锈钢制造某些耐蚀零件，如氨用泵体等。

(4) Al－Zn 合金　Al－Zn 合金铸造性能好，经变质处理和时效处理后强度较高，价格便宜，但耐蚀性、耐热性差。常用代号有 ZL401、ZL402，主要用于制造工作温度不超过 200℃、结构形状复杂的汽车、仪表、飞机零件等。

常用铸造铝合金的牌号、化学成分、处理状态、力学性能及用途见表5－3，应用如图5－5所示。

表5－3　常用铸造铝合金的牌号、代号、化学成分、处理状态、力学性能及用途(GB/T 1173—1995)

类别	牌号	代号	化学成分(质量分数)/%						处理状态		力学性能			用途举例
			Si	Cu	Mg	Mn	其他	Al	铸造①	热处理②	R_m/MPa	$A_{11.3}$/%	HBW	
铝—硅合金	ZAlSi12	ZL102	10.0～13.0	—	—	—	—	余量	SB J SB J	F F T2 T2	145 155 135 145	4 2 4 3	50 50 50 50	形状复杂、低载的薄壁零件，如仪表、水泵壳体、船舶零件等
铝—硅合金	ZAlSi5CuIMg	ZL105	4.5～5.5	1.0～1.5	0.4～0.6	—	—	余量	J J	T5 T7	235 175	0.5 1	70 65	工作温度在225℃以下的发动机曲轴箱、汽缸体等
	ZAlSi7Cu4	ZL107	6.5～7.5	3.5～4.5	—	—	—	余量	SB J	T6 T6	245 275	2 2.5	90 100	强度、硬度较高的零件

续表 5-3

类别	牌　号	代号	化学成分(质量分数)/%						处理状态		力学性能			途举例
			Si	Cu	Mg	Mn	其他	A1	铸造①	热处理②	R_m/MPa	$A_{11.3}$/%	HBW	
铝—铜合金	ZAlCu5Mn	ZL201	—	4.5～5.3	—	0.6～1.0	Ti 0.15～0.35	余量	S S	T4 T5	295 335	8 4	70 90	工作温度小于300℃的零件,如内燃机汽缸头、活塞等
	ZAlCu4	ZL203	—	4.0～5.0	—	—	—	余量	J J	T4 T5	205 225	6 3	60 70	中等载荷、形状比较简单的零件,如支架等
铝—镁合金	ZAlMg10	ZL301	—	—	9.5～11.0	—	—	余量	S	T4	280	10	60	承受冲击载荷、在大气或海水中工作的零件,如水上飞机、舰船配件等
	ZAlMg5Sil	ZL303	0.8～1.3		4.5～5.5	0.1～0.4		余量	S J	F	145	1	55	
铝—锌合金	ZAlZnllSi7	ZL401	6.0～8.0	—	0.1～0.3	—	Zn 9.0～13.0	余量	J	T1	245	1.5	90	承受高静载荷或冲击载荷、不能进行热处理的铸件,如仪表零件、医疗器械等
	ZAlZn6Mg	ZL402	—	—	0.5～0.65	—	Cr 0.4～0.6 Zn 5.0～6.5 Ti 0.15～0.25	余量	J	T1	235	4	70	

注:①J 表示金属型;S 表示砂型;B 表示变质处理。

②F 表示铸态;T1 表示人工时效;T2 表示退火;T4 表示固溶处理后自然时效;T5 表示固溶处理+不完全工时效;T6 表示固溶处理+完全人工时效;T7 表示固溶处理+稳定化处理。

(a)铝镁合金的地铁车体外板

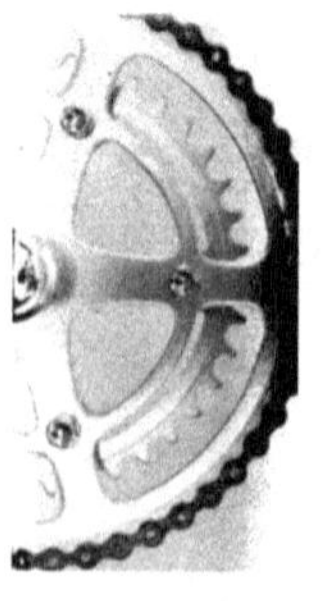

(b)铝铜合金的链轮齿

(c)铝硅合金的活塞杆

(d)铝镁硅合金的窗框

图 5-5　铝合金应用示例

能力知识点5 新型铝合金

1. 新型高强铝合金

新型高强铝合金是在传统高强铝合金的基础上，调整合金元素含量，添加Co等元素，应用快速凝固（RS）技术而获得的细晶粒、低偏析、并且有细小Co相的铝合金，其性能比传统熔炼（IM）工艺得到的高强铝合金更优良。其中7090和7091具有高强度，较高抗应力腐蚀性能，广泛地应用于飞机结构中的主要受力构件，如大梁、桁条、隔框、蒙皮、翼肋、接头、起落架、液压系统等。此外，在汽车和其他方面也有重要应用。

2. 新型耐热铝合金

传统铝合金的使用温度多低于200℃，发展新型耐热铝合金的目标是可使其应用于300℃、350℃甚至更高的温度。耐热铝合金即耐热硬铝的Al－Cu－Mn合金。为防止铝合金在高温下的组织不稳定而添加了Fe、Ni、Ce、Co、Cr、Ti、V等元素，这些元素和铝形成各种金属间化合物，同时还有碳化物和氧化物，它们在高温下都很稳定。目前发展的新型耐热铝合金均属于上述类型。

3. 超塑铝合金

超塑成形可以简化结构、减少工序、节省原材料并降低成本，因此发展了一些超塑铝合金。有些是专为超塑成形用的铝合金，有些是通过特殊工艺使现有铝合金产生超塑性，主要方式为细化晶粒。

4. 泡沫铝

泡沫铝是在金属铝基体中分散着无数气孔的类似泡沫状的超轻金属材料，一般孔隙率为40%～98%，具有良好的透流性、吸声性、阻尼性、减振性、电磁屏蔽性等。同时，它还具有良好的力学性能（如比强度和刚度），特别是泡沫铝独特的对压缩载荷的响应特征使其具有优异的吸能性，是一种比高分子泡沫材料性能更加优异的冲击性能及防护材料。

任务2 铜及铜合金

铜及其合金在电气、仪表、造船及机械制造等工业部门中获得了广泛应用，但其储量较小，价格昂贵。现代工业上使用的主要有工业纯铜、黄铜和青铜，白铜应用较少。

能力知识点1 工业纯铜

纯铜呈玫瑰红色，工业纯铜的含铜量为$w_{Cu}=99.5\%\sim99.95\%$，呈紫红色，故又称紫铜。纯铜具有面心立方晶格，无同素异构转变。密度为8.9g/cm^3，熔点为1083℃。导电性和导热性良好，具有抗磁性，在大气和淡水中有良好的耐腐蚀性能。强度、硬度不高，塑性、韧性、及焊接性良好，适于进行各种冷、热加工。

工业纯铜中常含有0.1%～0.5%的杂质，其中P、Si、As的存在会显著降低导电性；Pb、Bi会使铜出现热脆性；O和S会使铜出现冷脆性。工业纯铜除配制合金外，主要用于制造电线、电缆、冷冻器材、通信器材及防磁仪器等，如图5-6所示。

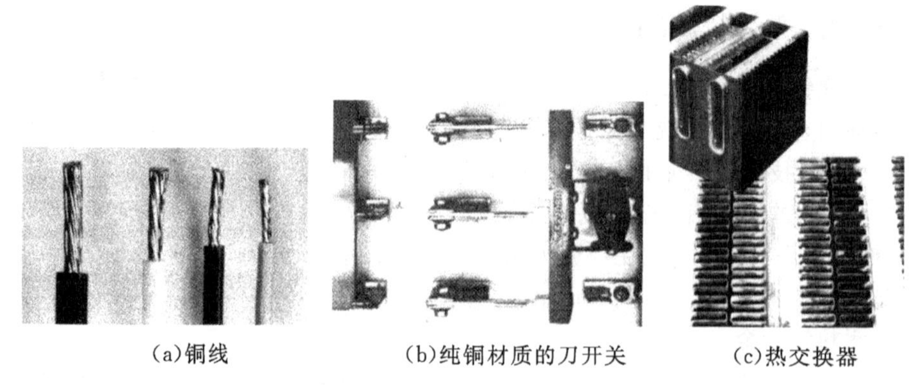

(a)铜线　　(b)纯铜材质的刀开关　　(c)热交换器

图 5-6　纯铜应用举例

能力知识点2　铜合金

工业纯铜的强度低,不适合做结构材料。工业上常对纯铜进行合金化处理,加入一些如 Zn、Al、Sn、Mn、Ni 等合金元素,获得强度和韧性都满足要求的铜合金。按化学成分不同,铜合金分为黄铜、白铜和青铜。在普通制造业中,应用较多的是黄铜和青铜。

1. 黄铜

黄铜是指添以 Zn 为主要添加元素、呈金黄色的铜合金。按成分不同分为普通黄铜和特殊黄铜;按加工方式不同分为加工黄铜和铸造黄铜。

(1)普通黄铜　以铜和锌组成的二元铜合金称为普通黄铜。普通黄铜的牌号由"H+数字"组成。其中"H"是"黄"字汉语拼音首字母,数字表示平均含铜量。如 H62 表示 Cu 的质量分数为 62%、其余为 Zn 的普通黄铜。

当 $w_{Zn} < 32\%$ 时,强度和塑性都随 w_{Zn} 的增加而提高,适于冷变形加工;当 $w_{Zn} = 30\% \sim 32\%$ 时,塑性最高。当训 $w_{Zn} > 32\%$ 时,塑性下降,不宜冷变形加工,但高温下塑性好,可进行热变形加工;当 $w_{Zn} = 40\% \sim 45\%$ 时,强度最高。当 $w_{Zn} > 45\%$ 时,强度和塑性均急剧下降,脆性很大,在工业上已无实用价值。

当黄铜的 $w_{Zn} < 7\%$ 时,耐海水和大气腐蚀性好;当 $w_{Zn} > 7\%$ 时,经冷变形加工后有残留应力存在,在海水或潮湿的大气中,尤其是在含有氨的环境中,易产生应力腐蚀开裂,为消除应力,应在冷变形加工后进行去应力退火。

(2)特殊黄铜　特殊黄铜是在普通黄铜的基础上加入 Pb、Al、Sn、Mn、Si 等元素后形成的铜合金。相应称之为铅黄铜、铝黄铜、锡黄铜等,它们具有比普通黄铜更高的强度、硬度、耐蚀性和良好的铸造性能。

特殊黄铜的牌号由"H+主加合金元素+数字-数字"组成,数字依次表示含铜量和加入元素的含量。如牌号 HSn62-1 表示加入 Sn 的特殊黄铜,其中 $w_{Cu} = 61\% \sim 63\%$、$w_{Sn} = 0.75\% \sim 1.1\%$、余量为 Zn 的特殊黄铜。

(3)铸造黄铜　加工方法为铸造的黄铜,称为铸造黄铜。其牌号是由"Z+Cu+合金元素符号+数字"组成。如 ZCuZn16Si4 是指 $w_{Cu} = 79.0\% \sim 81.0\%$、$w_{Si} = 2.5\% \sim 4.5\%$,余量为 Zn 的普通铸造黄铜。

常用加工黄铜的代号、化学成分、力学性能及用途见表 5-4,常用铸造黄铜的牌号、化学成分、铸造方法、力学性能及用途见表5-5，应用举例如图5-7所示。

(a)巨型油轮的推进器　(b)声乐器　(c)手表的冲裁齿轮

图5-7　黄铜应用举例

表5-4　常用加工黄铜的代号、化学成分、力学性能及用途(GB/T 5231—2001)

类别	代号	化学成分(质量分数)/%						力学性能			用途举例
		Cu	Pb	Al	Sn	其他	Zn	P_m/MPa	$A_{11.3}$/%	HBW	
普通黄铜	H96	95.0～97.0	0.03	—	—	Fe0.1 Ni0.5	余量	450	2	—	冷凝、散热管、汽车水箱带、导电零件
	H85	84.0～86.0	0.03	—	—	Fe0.1 Ni0.5	余量	550	4	126	蛇形管、冷却设备制作、冷凝器管
	H70	68.5～71.5	0.03	—	—	Fe0.1 Ni0.5	余量	660	3	150	弹壳、造纸用管、机械电器零件
	H68	67.0～70.0	0.03	—	—	Fe0.1 Ni0.5	余量	660	3	150	复杂冷冲件和深冲件、散热器外壳
	H62	60.5～63.5	0.08	—	—	Fe0.15 Ni0.5	余量	500	3	164	销钉、铆钉、螺帽、垫片、导管、散热器
	H59	57.0～60.0	0.5	—	—	Fe0.3 Ni0.5	余量	500	10	103	销钉、铆钉、螺帽、垫片、导管、散热器
铅黄铜	HPb63-3	62.0～65.0	2.4～3.0	—	—	Fe0.1 Ni0.5	余量	650	4	—	要求可加工性极高的钟表、汽车零件
	HPb61-1	58.0～62.0	0.6～1.2	—	—	—	余量	610	4	—	高加工性的一般结构件
	HPb59-1	57.0～60.0	0.8～1.9	—	—	Fe0.5 Ni1.0	余量	650	16	140	热冲压及切削加工零件，如销子、螺钉、垫片等
铝黄铜	HAl67-2.5	66.0～68.0	0.5	2.0～3.0	—	Fe0.6 Ni0.5	余量	650	12	17	海船冷凝器管及其他耐蚀零件
	HAl60-1-1	58.0～61.0	0.4	0.7～1.5	—	Fe0.7～1.5 Ni0.5	余量	610	4	—	齿轮、蜗轮、衬套、轴及其他耐蚀零件
	HAl59-3-2	57.0～60.0	0.1	2.5～3.5	—	Fe0.5 Ni2.0～3.0	余量	650	16	140	船舶、电机等在常温下工作的高强度耐蚀零件
锡黄铜	HSn90-1	88.0～91.0	0.03	—	0.25～0.75	Fe0.1 Ni0.5	余量	520	5	148	汽车、拖拉机弹性套管及耐蚀减摩零件
	HSn62-1	61.0～63.0	0.1	—	0.7～1.1	Fe0.1 0.5	余量	700	4	—	船舶、热电厂中高温耐蚀冷凝器管
	HSn60-1	59.0～61.0	0.3	—	1.0～1.5	Fe0.1 Ni1.5	余量	700	4	—	船舶焊接结构用焊条

表 5－5　常用铸造黄铜的牌号、化学成分、铸造方法、力学性能及用途(GB/T1176－1987)

类别	牌号 (旧牌号)	化学成分(质量分数)/%					铸造方法	力学性能			用途举例
		Cu	Al	Mn	Si	其他		R_m/Mpa	$A_{11.3}$/%	HBW	
普通铸造黄铜	ZCuZn38 (ZH62)	60.0～63.0				Zn 余量	S J	285 295	30 50	60 70	一般结构件和耐蚀零件，如法兰、阀座、支架、手柄、螺母等
铸造铝黄铜	ZCuZn25Al6Fe3Mn3 (ZHAl66－3－2)	60.0～66.0	4.5～7.0	1.5～4.0		Fe2.0～4.0 Zn 余量	S J	725 740	10 7	160 170	高强度耐磨零件，如桥梁支撑板、螺母、螺杆、耐磨板、滑块、蜗轮等
	ZCuZn31Al2 (ZHAl67－2.5)	66.0～68.0	2.0～3.0			Zn 余量	S J	295 390	12 15	80 90	适于压力铸造的零件，如电机、仪表等压铸件；机械制造业耐蚀零件等
铸造锰黄铜	ZCuZn38Mn2Pb2 (ZHMn58－2－2)	57.0～60.0		1.5～2.5		Pb1.5～2.5 Zn 余量	S J	245 345	10 18	70 70	一般用途的结构件，如套筒、衬套、轴瓦、滑块等
	ZCuZn40Mn2 (ZHMn58－2)	57.0～60.0		1.0～2.0		Zn 余量	S J	345 390	420 25	80 90	在空气、淡水、海水、蒸汽(<300℃)和流体燃料中工作的零件及阀体、阀杆、泵、管接头等
	ZCuZn40Mn3Fel (ZHMn55－3－1)	53.0～58.0		3.0～4.0		Fe0.5～1.5 Zn 余量	S J	440 490	18 15	100 110	耐海水腐蚀的零件及在 300℃以下工作的管配件、船舶螺旋桨等大型零铸件

2. 青铜

青铜原指铜锡合金，但工业上将除黄铜和白铜以外，铜合金中不含有锡而含其他特殊添加元素的合金也称为青铜。青铜包含锡青铜、铝青铜、铍青铜和硅青铜等。按生产方式不同，分为加工和铸造青铜，如图 5－8 所示。

(a)加工青铜蜗轮

(b)铸造青铜球阀

图 5－8　青铜

青铜牌号表示由“Q＋主加元素符号＋数字－数字”组成。“Q”是“青”字汉语拼音首字母，数字依次是主加元素的含量、其他合金元素的含量。例如 QSn4－3，表示 $w_{Sn}=3.5\%\sim4.5\%$、$w_{Zn}=2.7\%\sim3.3\%$、余量为 Cu 的锡青铜。铸造青铜的牌号前加“Z”。

(1)锡青铜　其中含锡元素的称为普通青铜，也叫锡青铜。锡青铜是我国使用得最早的有色合金之一。压力加工锡青铜含锡量一般小于 10％，适宜于冷热压力加工。经硬化后，强度、硬度提高，但塑性有所下降。铸造锡青铜含锡量一般为 10％～14％，适宜用来生产强度和密封性要求不高，但形状复杂是铸件。

(2)无锡青铜　不含锡元素的称为特殊青铜，又称无锡青铜。常见的有铝青铜、铍青铜、铅青铜、锰青铜等。

以 Al 为主加元素的铜合金称为铝青铜，$w_{Al}=5\%\sim10\%$，其耐蚀性、耐磨性高于锡青铜与黄铜，并有较高的耐热性、硬度、韧性和强度，但其铸造性能、焊接性能较差。加工铝青铜主要用于制造各种要求耐蚀的弹性元件及高强度零件；铸造铝青铜用于制造要求有较高强度和耐磨性的摩擦零件。

常用加工青铜的代号、化学成分、力学性能及用途见表 5－6。常用铸造青铜的牌号、化学成分、力学性能及用途见表 5－7。

表 5－6　常用加工青铜的代号、化学成分、力学性能及用途(GB/T 5231－2001)

类别	代号	化学成分(质量分数)/%				力学性能			用途举例
		主加元素	其他			R_m/Mpa	$A_{11.3}$/%	HBw	
锡青铜	QSn4－3	Sn 3.5～4.5	Zn 2.7～3.3	杂质总和 0.2,Cu 余量		550	4	160	弹性元件，化工机械耐磨零件和抗磁零件
	QSn4－4－2.5	Sn 3.0～5.0	Zn 3.0～5.0	Pb 1.5～3.5	杂质总和 0.2,Cu 质量	660	2～4	160～180	航空、汽车、拖拉机用承受磨擦的零件，如轴套等
	QSn4－4－4	Sn 3.0～5.0	Zn 3.0～5.0	Pb 3.5～4.5	杂质总和 0.2,Cu 余量	600	2～4	160～180	航空、汽车、拖拉机用承受磨擦的零件，如轴套等
	QSn6.5～0.1	Sn 6.0～7.0	Zn0.3	杂质总和 0.1 P0.1～0.25,Cu 余量		750	10	160～200	弹簧接触片，精密仪器中的耐磨零件和抗磁零件
铝青铜	QAl5	Al	杂质总和 1.6 Mn、Zn、Ni、Fe 各 0.5,Cu 余量			750	5	200	弹簧
	QAl9－2	Al 8.0～10.0	Mn 1.5～2.5	Zn 1.0	杂质总和 1.7,Cu 余量	700	4～5	160～200	海轮上的零件，在 250℃以上工作的管配件和零件
	QAl9－4	Al 8.0～10.0	Fe 2.0～4.0	Zn 1.0	杂质总和 1.7,Cu 余量	900	5	160～200	船舶零件和电气零件
	QAl10－3－1.5	Al 8.5～10.0	Fe 2.0～4.0	Mn 1.0～2.0	杂志总和 0.75,Cu 余量	800	9～12	160～200	船舶用高强度耐蚀零件，如齿轮、轴承等

表 5-7 常用铸造青铜的牌号、化学成分、力学性能及用途(GB/T 1176— 1987)

类别	牌号 (旧牌号)	化学成分(质量分数)/%			铸造方法	力学性能			用途举例
		主加元素	其他			R_m/Mpa	$A_{11.3}$/%	HBw	
铸造锡青铜	ZCuSn3Zn8Pb5Nil (ZQSn3-7-5-1)	Sn 2.0～4.0	Zn6.0～9.0 Pb4.0～7.0 Ni0.5～1.5	Cu 余量	S J	175 215	8 10	60 71	在各种液体燃料、海水、淡水和蒸汽(<225℃)中工作的零件及压力小于 2.5MPa 的阀门和管配件
	ZCuSn3Znl1Pb4 (ZQSn3-12-5)	Sn 2.0～4.0	Zn9.0～13.0 Pb3.0～6.0	Cu 余量	S J	175 215	8 10	60 65	在海水、淡水和蒸汽中工作的零件及压力小于 2.5MPa 的阀门和管配件
	ZCuSn5Pb5Zn5 (ZQSn5-5-6)	Sn 4.0～6.0	Zn4.0～6.0 Pb4.0～6.0	Cu 余量	S J	200 200	13 13	70 90	在较高负荷、中等滑动速度下工作的耐磨、耐蚀零件,如轴瓦、缸套、活塞、离合器、蜗轮等
	ZCuSn10Pb1 (ZQPb10-1)	Sn 9.0～11.5	Pb 0.5～1.0	Cu 余量	S J	220 310	3 2	90 115	在高负荷、高滑动速度下工作的耐磨零件,如连杆、轴瓦、衬套、缸套、蜗轮等
铸造铅青铜	ZCuPb10Sn10 (ZQPb10-10)	Pb 8.0～11.0	Sn 9.0～11.0	Cu 余量	S J	180 220	7 5	62 65	表面压力高且存在侧压的滑动轴承、轧辊、车辆轴承及内燃机的双金属轴瓦等
	ZCuPb17Sn4Zn4 (ZQPb17-4-4)	Pb 14.0～20.0	Sn3.5～5.0 Zn2.0～6.0	Cu 余量	S J	150 175	5 7	55 60	一般耐磨件、高滑动速度的轴承等
	ZCuPb30 (ZQPb30)	Pb 27.0～33.0	Cu 余量		J	—	—	40	高滑动速度的双金属轴瓦、减摩零件等

3. 新型铜合金

新型铜合金包括弥散强化型高导电铜合金、高弹性铜合金、复层铜合金、铜基形状记忆合金和球焊铜丝等。弥散强化型高导电铜合金的典型合金为氧化铝弥散强化铜合金和 TiB_2 粒子弥散强化铜合金,具有高导电、高强度、高耐热性等性能,可用于制作大规模集成电路引线框及高温微波管。高弹性铜合金的典型合金为 Cu－Ni－Sn 合金和沉淀强化型 Cu4NiSiCrAl 合金。复层铜合金和铜基形状记忆合金是功能材料。球焊铜丝可代替半导体连接用球焊金丝。

任务 3　其他非铁金属、合金介绍

能力知识点 1 钛及钛合金

钛及钛合金的主要优点是质量轻、比强度高、耐高温、耐腐蚀以及具有良好的低温韧性等,是一种理想的轻质结构材料,特别适用于航天、航空、造船和化工工业等要求比强度高的器件。钛资源丰富,有着广泛的应用前景。但目前加工条件复杂、成本比较昂贵,在一定程度上限制其应用。

1. 工业纯钛

(1)纯钛性能　钛是银白色的金属,密度小(8.9g/cm³),熔点高(1725℃),热膨胀系数小,导热性差。纯钛塑性好、强度低,经冷塑性变形可显著提高工业纯钛的强度,容易加工成形,可制成细丝和薄片。钛在大气和海水中有优良的耐蚀性,在硫酸、盐酸、硝酸、氢氧化钠等介质中都很稳定。钛的抗氧化能力优于大多数奥氏体不锈钢。

(2)晶体结构　钛在固态有两种结构,882.5℃ 以上直到熔点为体心立方晶格,称 β－Ti 。

882.5℃以下转变为密排六方晶格，称α-Ti。

(3)牌号及用途　工业纯钛按纯度分为4个等级：TA0、TA1、TA2和TA3。其中“T”为“钛”的汉语拼音首字母，后面的数字增加，则纯度降低、强度增大、塑性降低。

工业纯钛是航空、航天、船舶常用的材料，为α-Ti，其板材、棒材常用于制造350℃以下工作的低载荷件，如飞机骨架、蒙皮、隔热板、热交换器、发动机部件、海水净化装置及柴油机活塞、连杆和电子产品(如笔记本电脑外壳)等。

2. 钛合金

根据合金在平衡和亚稳状态下不同的相组成，钛合金可分为三类：α钛合金、β钛合金和(α+β)钛合金。牌号分别以TA、TB、TC加上编号来表示，若为铸造钛合金则在牌号前冠以“Z”。

(1)α钛合金　α钛合金是α相固溶体组成的单相合金，不论在一般温度还是较高的实际应用温度下，均是α相，组织稳定，耐磨性高于纯钛，抗氧化能力强。高温500～600℃下仍保持其强度和抗蠕变性能，但不能进行淬火强化，室温强度不高，通常在退火状态下使用。

典型牌号为TA7，成分为Ti-5Al-2.5Sn，具有较高的室温强度、高温强度及优越的抗氧化性和耐蚀性，还具有优良的低温性能，使用温度不超过500℃，主要用于制造导弹的燃料罐、超音速飞机的涡轮机匣等，杂质含量低时可制造低温结构件。

(2)β钛合金　β钛合金是β相固溶体组成的单相合金，未经热处理就可以具有较高的强度，淬火时效后合金得到进一步强化，室温强度可达1372～1666MPa，但热稳定性差。

典型牌号为TB1，成分为Ti-5Al-13V-11Cr，一般在350℃以下使用，适于制造压气机叶片、轴、轮盘等重载回转件以及飞机构件等。

(3)(α+β)钛合金　(α+β)钛合金是双相合金，具有良好的综合力学性能，组织温度性好，具有良好的韧性、塑性和高温形变性能，适合锻造、焊接和切削加工。除TC1、TC2、TC7外，均可通过淬火和时效进行强化。热处理后强度可提高50%～100%，但热稳定性稍差于α钛合金。

典型牌号为TC4，成分为Ti-6Al-4V，经淬火及时效处理后，强度高、塑性好，在400℃时组织稳定，蠕变强度较高，并且具有良好的低温韧性以及良好的耐海水应力腐蚀及耐热盐应力腐蚀的能力，适于制造在400℃以下长期工作的零件、要求一定高温强度的发动机零件以及在低温下使用的火箭、导弹的液氢燃料箱部件等，如图5-9所示。

图5-9　火箭的壳体和发动机的材质是钛合金

能力知识点2　镁及镁合金

镁的密度为1.7g/cm^3，是很轻的金属，但由于它容易引起化学反应，而且容易被腐蚀，所以不可能以纯镁的形式使用它。必须通过添加其他元素，抑制其缺点，提高其性能，这就是镁合金。镁合金最多以铸件形式使用。工业中有添加铝、锌、锰、镐等元素的镁合金铸件和压铸件，以及热轧板、棒材、管材等。

有时用镁来减轻零件的重量。但由于它热处理后的抗拉强度也不高，所以不能用于有强度要求的零件。

注意：对镁合金进行切削加工时产生的切屑，若使用稍微不太锋利的切削刀具进行切削，因切削热的作用切屑就会燃烧起来。尤其较细的切屑因表面积越大更容易燃烧。

一定要及时拿开已燃烧起来的切屑，以防止火焰传到其他切屑上。为降低切屑的温度，也可以把铸铁的切屑撒到它的上面，但绝不可以用水浇它。水会助长化学反应，所以很危险。

能力知识点 3 锆及锆合金

锆金属和钛金属相似。这种金属一般不常用，但它是制造原子反应堆燃料棒被覆管的重要材料，如图 5 - 10 所示。因为它除了耐蚀性和高温强度之外，还具有吸收热中子的截面积小这一原子反应堆所必需的条件。它以泽卡洛伊锆合会的形式被使用。

照相机用的闪光灯泡内部就是被密封的细锆线(用箔切成的)和氧气。

图 5 - 10 用锆合金制造的原子反应堆燃料棒被覆管

能力知识点 4 锌及锌合金

锌作为铁板的防锈镀膜材料被大家所熟知。一般把镀锌的铁板叫做镀锌板。除此以外，镀锌工艺还广泛应用于其他钢铁材料的防锈领域。

锌易腐蚀且强度低，所以除了用它制造印刷制版和电池的负电极之外，锌本身几乎无法使用。但它作为合金元素广泛应用于像黄铜一样的合金材料中，如图 5 - 11 所示。

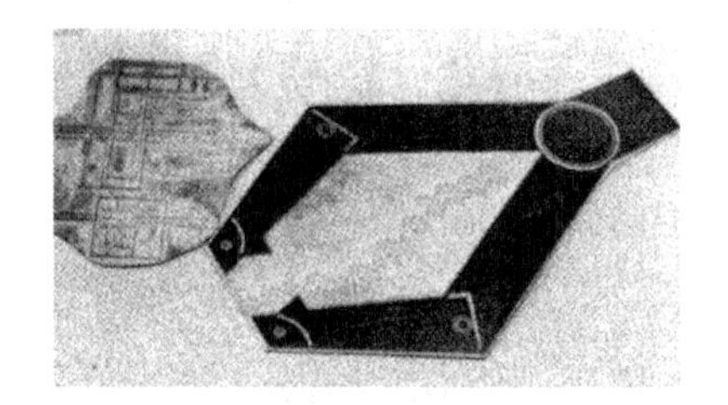

(a)干电池负电极　　(b)活版印刷用的锌凸版

图5-11 锌应用

制造机械零件用的锌是压铸的铸造锌合金，添加了铝、铜、镁等元素，如图5-12所示。锌合金随着时间的流逝将发生收缩，即尺寸变小，这是它的特点。而这种收缩在室温下经过5周后就会终止，因此应该充分考虑这一因素之后再利用它。

图5-12 用锌合金压铸的微型车模

能力知识点5 铅及铅合金

铅具有其他金属所没有的特殊性质，即密度大（$11.34g/cm^3$）、较软、熔点低（327.5℃）、延展性大、起润滑作用、耐蚀性很强等。它被应用于能够发挥其特性的领域。

我们都直接能看到的用纯铅制造的蓄电池的电极和通信电缆等产品。纯铅在机械领域一般不直接使用，像易切削钢添加铅元素是为了提高材料的可加工性。因为铅很难固溶，所以材料中有铅元素就容易进行切削加工。

用铅制作轴承合金是利用了它的润滑性和柔软性。而使用铅和锡的合金制造焊锡、活字印制铅合金、熔断器的熔丝、自动消火栓等都是利用了铅的低熔点特性。此外，绘画颜料筒是利用压延方法在铅的两侧粘贴上锡的材料进行冲压而制成的，如图5-13所示。

(a)活字合金

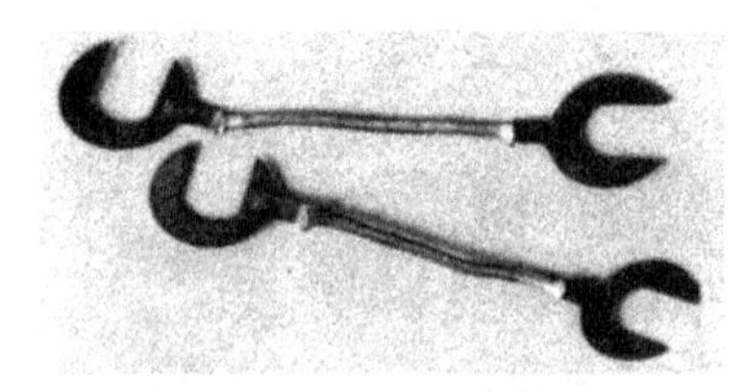

(b)保险丝

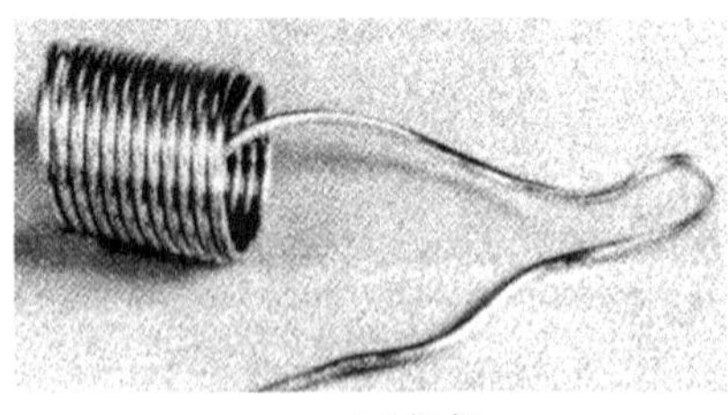

(c)焊锡

(d)绘画颜料筒

图 5-13　铅锡合金的应用

能力知识点 6　锡及锡合金

锡和铅一样，是低熔点金属，它在较低的温度下就可被熔化。因为锡的硬度和强度都很低，所以用纯锡可对铁板进行镀锡处理。以前把锡箔叫做银纸，用它进行香烟和巧克力的内部包装，但现在已被价格更低的铝箔所代替了。

锡和锌、铅一样，锡的合金被应用于各种领域。

能力知识点 7　铬及铬合金

在以不锈钢为主的各种合金里经常出现这种铬元素的名称，但它的常见形式是镀铬。因为它闪闪发光，而且不易生锈，所以用途较为广泛，如图 5-14 所示。

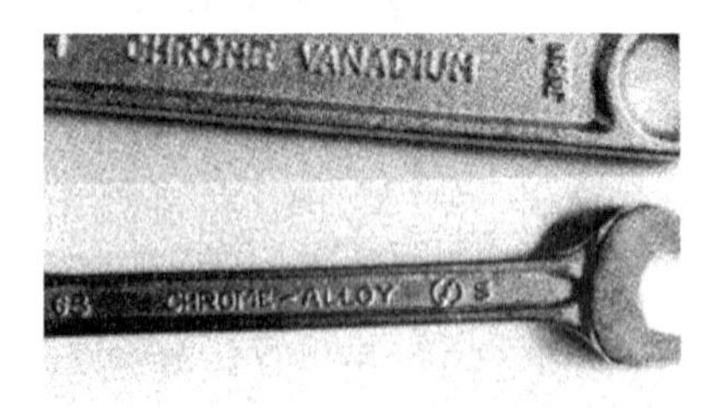

(a)上半部分为铬钒合金、下部为铬钢的工具

(b)电车上用的电阻器

图 5-14　铬合金

若把工件的内孔磨大了，可以对其进行镀铬处理，使其尺寸恢复到公差范围之内。把铬添加到铁里制成的合金可以制作电热线。电车上用的电阻器就是铬的质量分数为 14%～15% 的铁铬合金。

镀铬层会形成极小的气泡孔洞，一接触到雨水，水就会渗进去，并和母体铁形成铁锈，从而引起镀层的脱落，造成镀层斑点。

能力知识点8　镍及镍合金

镍是耐蚀性很强的金属，常用于镀膜和制造合金材料。作为镍金属的合金材料而被大家所熟知的有不锈钢、白铜等。

以镍为主要成分(质量分数为63%～70%)的镍铜合金具有耐腐蚀，特别是耐酸腐蚀，力学性能也好，而且还耐高温，所以用于高温化学领域。在添加了不同含量的硫、铝、硅等化学元素后，还可以获得具有不同特性的高电阻、低电阻系数、高耐热合金。此外还有添加钼、铁、硅等元素的耐盐酸镍基合金和镍铬铁耐热合金。因为镍合金很“粘”，所以它是很难进行切削加工的金属材料之一。

镍铬合金线是电热线的典型产品，它是用以镍为主要成分的镍铬合金材料制成的，火化塞中心的电极温度极高，而且，它还被周围不导热的磁性材料所包围，所以采用耐蚀性高的镍金属制造，如图5-15所示。

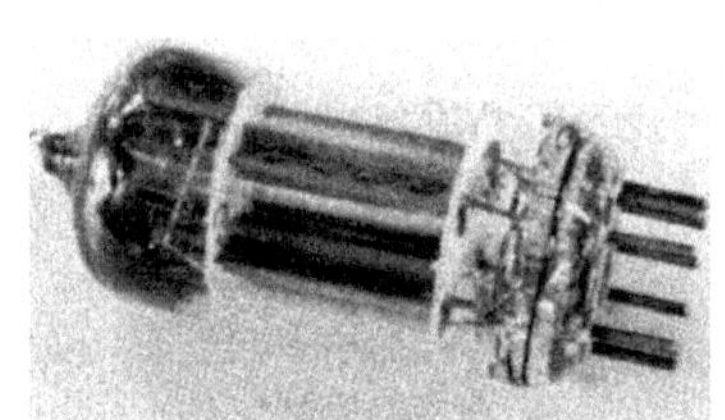

(a)镍制造的真空管的内部电极

(b)火花塞中心的电极用镍制造

(c)镍铬合金的电热线材料

图5-15　镍及镍合金的应用

能力知识点9　锰及锰合金

锰只以少量被添加到各种合金材料中，是用于提高材料淬火性能的有效金属，也是铸造锰黄铜、铸造铝青铜和不锈钢的不可缺少的金属。炼钢时锰铁合金作为脱氧剂和脱硫剂被大量使用。

此外，锰还用于制造干电池的阳极材料二氧化锰，如图5-16所示。

图5-16　干电池的阳极材料为二氧化锰

任务4 滑动轴承合金与粉末冶金

能力知识点1 滑动轴承合金

滑动轴承是用以支撑轴进行工作的重要部件。与滚动轴承相比,滑动轴承具有承压面积大、工作平稳、无噪声以及拆卸方便等优点,广泛用于机床主轴轴承、发动机轴承以及其他动力设备的轴承上,如图5-17所示。

图5-17 发动机曲轴用的各种轴承

1. 滑动轴承合金的工作条件及性能要求

用于制造滑动轴承中的轴瓦及内衬的合金称为轴承合金。轴承合金即特指滑动轴承合金。滑动轴承工作时,其轴瓦和轴发生强烈的摩擦,同时滑动轴承承受周期性交变载荷。由于轴的制造成本高,所以应首先考虑使轴磨损最小,然后再尽量提高轴承的耐磨性。

因此,滑动轴承合金应具备:①较高的抗压强度和疲劳强度;②高的耐磨性,良好的磨合性和较小的摩擦因数;③足够的塑性和韧性;④良好的耐蚀性和导热性,较小的膨胀系数和良好的工艺性。

2. 滑动轴承合金的成分和组织特征

滑动轴承合金的成分和组织特点:

(1)轴承材料基体应与钢铁互溶性小 因轴颈材料多为钢铁,所以为减少轴瓦与轴颈的黏结性和擦伤性,轴承材料的基体应采用对钢铁互溶性小的金属,即与金属铁的晶体类型、晶格常数、电化学性能等差别大的金属,如锡、铅、铝、铜、锌等。这些金属与钢铁配对运动时,与钢铁不易互溶或形成化合物。

(2)滑动轴承合金组织应软硬兼备 滑动轴承合金组织应由多个相组成,如软基体上分布着硬质点,或硬基体上嵌镶软质点。如图5-18所示。

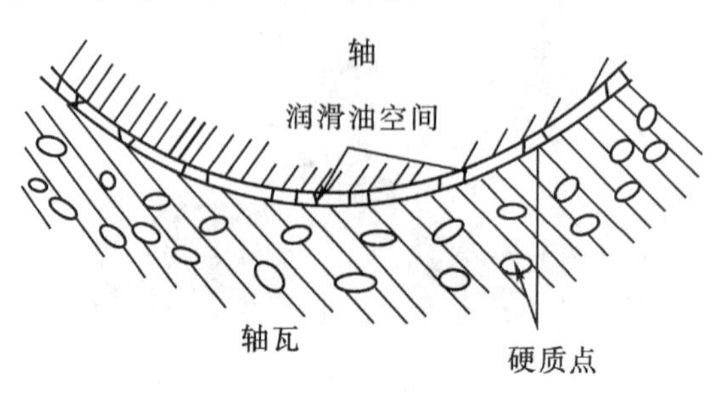

图5-18 轴承理想表面示意图

①软基体上均匀分布着硬质点。此类滑动轴承合金在运转时，软基体受磨损凹陷而贮存润滑油，减小摩擦。硬质点凸出于基体上，支撑轴颈，承受载荷，抵抗磨损，并与轴颈形成大量的点接触，降低轴和轴瓦之间的摩擦因数，减少轴和轴承的摩擦和磨损。另外，软基体能承受冲击和振动，使轴颈和轴瓦很好地磨合，并能嵌藏外来小硬物，防止轴颈被擦伤。但此类滑动轴承合金承载能力不高。

②硬基体上均匀分布着软质点。此类滑动轴承合金的硬基体硬度应略低于轴颈硬度。工作时，组织中的软质点被磨损以贮存润滑油，硬基体承受载荷并抵抗磨损。其摩擦因数低，承载能力高，但磨合性差。

(3)滑动轴承合金中应含有适量的低熔点元素　轴承合金中的低熔点元素有锡、铅等。低熔点金属一般都是柔软的金属，这样合金能够有效地容纳和包嵌外来异物，从而保护轴不受损伤。锡基轴承合金有低的摩擦因数和良好的韧性、导热性和耐蚀性。铅合金的自润性、磨合性和减震性好，噪声小，砷的质量分数高达2.5%～3%的铅合金，适于制作高载荷、高转速、抗温升的重型机器轴承。

3. 滑动轴承合金的分类及牌号

滑动轴承合金按主要成分可分为锡基、铅基、铝基、铜基等。

滑动轴承合金的牌号由“Z＋基体合金元素符号＋主加合金元素符号＋数字＋辅加合金元素符号＋数字”组成。合金元素符号后的数字是以名义百分数表示的该合金元素的质量分数。如牌号为ZSnSb11Cu6的轴承合金表示$w_{Sb}=10\%\sim12\%$、$w_{Cu}=5.5\%\sim6.5\%$、余量为锡的铸造锡基轴承合金。

4. 常用的滑动轴承合金

(1)锡基轴承合金(锡基巴氏合金)　锡基轴承合金是以锡为主并添加少量锑和铜的合金。锡基轴承合金的特点有：摩擦系数和膨胀系数小，对轴颈磨损小；具有良好的塑性、减摩性、耐蚀性、导热性、耐冲击性和工艺性；抗咬合能力强，嵌藏性较好。主要缺点是抗疲劳强度较差，且随温度升高强度急剧下降，最高运转温度为110℃。广泛用于制作航空发动机、汽轮机、内燃机等大型机器的高速轴瓦。典型牌号是ZSnSb11Cu6。

(2)铅基轴承合金(铅基巴氏合金)　铅基轴承合金是在铅锑合金的基础上加入锡、铜等元素形成的合金。其突出的优点是成本低、高温强度好、亲油性好、有自润滑性，适用于润滑较差的场合。但导热性、耐蚀性及减摩性均比锡基轴承合金差。广泛用于制造汽车、拖拉机、轮船、减速器等承受中、低载荷的中速轴承。典型牌号是ZPbSb16Cu2。

(3)铜基轴承合金　有些青铜(如铅青铜、锡青铜、铝青铜等)也可用于制造轴承，这类青铜统称为铜基轴承合金。

铅青铜是硬基体软质点类型的轴承合金。同巴氏合金相比，它具有较高的抗疲劳强度和承载能力，优良的耐磨性、导热性和低摩擦系数，能在较高温度(250℃)下正常工作。铅青铜适于制造大载荷、高速度的重要轴承，例如航空发动机、高速柴油机的轴承等，典型牌号是ZCuPb30。青铜由于具有较高的强度，也适于制造高速度、高载荷的柴油机轴承。典型牌号是ZCuSn10Pb1。

(4)铝基轴承合金　铝基轴承合金密度小，导热性、耐热性、耐蚀性好，疲劳强度高，价格低，但膨胀系数大，抗咬合性差。目前应用较多的是高锡铝基轴承合金。它是以铝和锡为主要成分的合金的，具有优良的导热性，较高的承载能力、疲劳强度与硬度，良好的耐磨、耐热和耐蚀性，已在许多机器上取代了铅基巴氏合金和其他一些轴承材料，用于制造高速、重载汽车、拖拉机和内燃机车上的发动机轴承，典型牌号是 ZAlSn6Cu1Ni1 。

(5)多层轴承合金　将滑动轴承合金镶铸在钢基轴瓦上，形成一层薄的内衬材料，可制成双金属轴承；还可以用两层或三层减摩材料复合制成多层轴承合金，这样既发挥了滑动轴承合金的优良性能，又增强了支承强度。

锡基、铅基轴承合金及不含锡的铅青铜的强度比较低，承受不了太大的压力，使用时常将其镶铸在钢的轴瓦上，形成一层薄而均匀的内衬，做成双金属轴承。

(6)珠光体灰铸铁　珠光体灰铸铁的显微组织由硬基体(珠光体)与软质点(石墨)构成。石墨有润滑作用，铸铁可承受较大压力，且价格低廉，但摩擦因数较大，导热性差，只适于制造低速($v < 2\text{m/s}$)的不重要轴承。

(7)粉末冶金减摩材料　用粉末冶金减摩材料制成的多孔含油轴承的寿命长、成本低，并可实现自动润滑，如图 5-19 所示。

图 5-19　烧结含油轴承

能力知识点 2　粉末冶金

粉末冶金材料是以几种金属粉末或金属与非金属粉末为原料，通过配料、压制成形、烧结和后处理等工艺过程而制成的材料。生产粉末冶金材料的方法称为粉末冶金法。

粉末冶金法可以生产用普通熔炼法无法生产的具有特殊性能的材料，如机器制造中的减摩材料、结构材料、摩擦材料及硬质合金以及其他工业中使用的难熔金属材料、特殊电磁性能材料、过滤材料、无偏析高速钢等。

当合金的组元在液态下互不溶解或各组元的密度相差悬殊时，只能用粉末冶金法制取合金。粉末冶金法也是一种少屑或无屑、生产率高、材料利用率高、节省生产设备的精密加工方法，可使压制品达到或接近零件所要求的形状、尺寸精度和表面粗糙度，在机械、化工、交通部门、轻工、电子、遥控、火箭、宇航等部门得到越来越广泛的应用。

任务 5　金属材料的质量检验

原材料是否合乎要求，在加工过程中是否产生各种缺陷，产品使用过程中的质量跟踪等，都需要通过检验来分析和控制。所以，在机械制造工业中，材料及毛坯的检验是保证产品质量和提高产品使用寿命的重要措施。我们需要了解金属材料的常用检验方法，并能根据生产实际进行适当的选用。

能力知识点1　成分检验方法

1. 化学分析

化学分析是确定材料成分的重要方法，可以进行定性和定量分析。定性分析是确定合金中所含的元素；而定量分析则是确定合金元素的含量。化学分析的精度较高，但需要较长的时间，费用也较高。常用的化学分析的方法有：

(1)滴定法　将标准溶液(已知浓度的溶液)滴入被测物质的溶液中，使之发生反应，待反应结束后，根据所用标准溶液的体积，计算出被测元素的含量。

(2)比色法　利用光线分别透过有色的标准溶液和被测物质溶液，比较透过光线的强度，以测定被测元素的含量。由于高灵敏度、高精度的光度计和新型的显色剂的出现，这种方法在工业中得以广泛的应用。

(3)现场化学试验　现场化学试验的方法很多且简单，可用来识别许多金属材料。通过在试件表面涂抹某些化学试剂，并观察其变化情况就可初步判别材料。如10%硝酸酒精溶液迅速腐蚀碳钢；浓硫酸铜溶液可在钢的表面留下铜色斑点，但在奥氏体不锈钢上不留痕迹。

2. 光谱分析

金属原子在激发状态下是否具有其固定光谱是这种元素存在的标志，光谱的强度是该元素含量多少的标志。光谱的强度随金属中该元素的含量变化，光谱强度越大，说明该元素的含量越高。用摄谱仪拍摄光谱的照片，再用光度计测量光谱的强度，对照该标准元素的光谱强度，便可计算出合金中该元素的含量。

光谱分析也常被称为分光检验，具有分析迅速、成本低、分析精度较高、消耗材料少的优点，因此，在生产实践中得到了广泛的应用。

3. 火花鉴别

火花鉴别是基于钢材在磨削时，由于成分不同而产生特定类型的火花，通过观察火花的形态，可对材料的成分作初步分析。这种方法快速简便，是车间、现场鉴别某些钢种的常用方法。

火花是由砂轮磨削下的金属颗粒在空气中被氧化而发出的光。火花在空气中出现的轨迹，称为流线。碳元素在空气中强烈氧化而产生的火花为爆花，爆花的形式随含碳量和其他元素的含量、温度、氧化性及组织结构等因素而变化。爆花的形式及流线，在火花鉴别中占有重要的地位。这种方法只能定性地鉴别碳钢和合金钢，并且观察者要有较强的实践经验，如图5-20所示。

火花识别不但可以鉴别碳钢和上述合金钢，还可以识别其他钢种和部分非铁金属。钢的磨削火花会随着磨削条件的不同(比如：砂轮的类型、粒度，磨削力的大小等)而有所差异，要正确地识别火花，就要多练习、多观察。

能力知识点2　组织分析

1. 低倍分析

低倍分析是指用肉眼或低倍放大镜来观察、分析金属及其合金的组织状态。这种方法简便易行，生产中常用此法检查材料的宏观缺陷，特别是对失效零件的断口进行观察和分析，以便找出失效原因。断口一般可分为脆性断口、延性断口和疲劳断口。

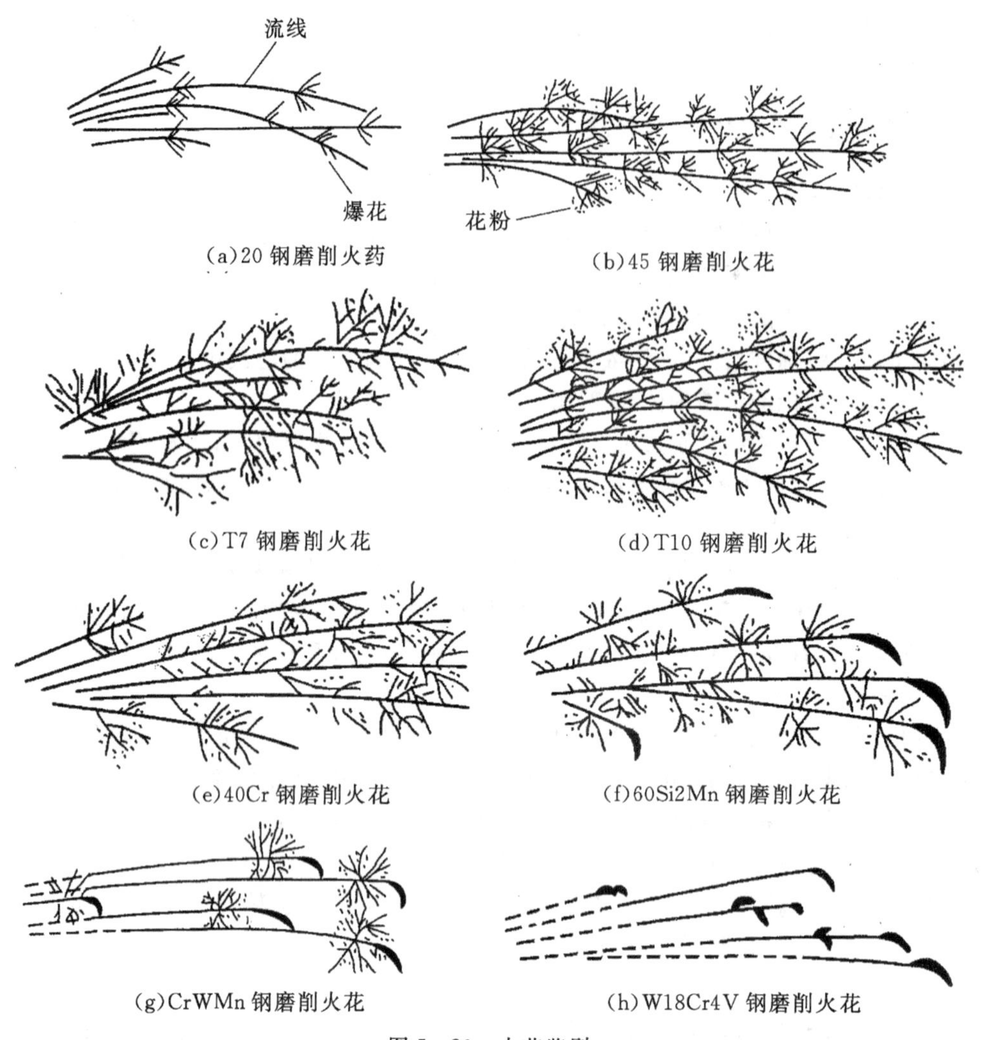

(a)20钢磨削火药　(b)45钢磨削火花

(c)T7钢磨削火花　(d)T10钢磨削火花

(e)40Cr钢磨削火花　(f)60Si2Mn钢磨削火花

(g)CrWMn钢磨削火花　(h)W18Cr4V钢磨削火花

图5-20　火花鉴别

(1)脆性断口　脆性断裂形成的断口称为脆性断口。脆性断裂多为穿晶断裂,断口沿一定的结晶平面迅速发展而成,断口一般较平整,有金属光泽,呈结晶状。

(2)延性断口　延性断口是金属材料由于其中某些区域的剧烈滑移而发生分离形成的断口。发生这种断口的材料大都是塑性较好的材料。延性断口一般呈纤维状杯锥断口,先断开的中心部位呈纤维状或多孔状,后断开的周围呈锥状,锥部较平滑且呈暗灰丝状。

(3)疲劳断口　低倍观察时,可在疲劳断口看到两个区域。在疲劳源周围是平滑而细密的区域——疲劳区。在这个区域内,环绕着疲劳源有贝壳状条纹的停歇线分布。其余部分为静力破坏区,其外貌随断裂的机理不同而有所差异,脆性断裂呈结晶状,延性断裂呈纤维状。

2. 显微分析

显微分析是用较大放大倍率的光学金相显微镜或电子显微镜来观察和研究金属及其合金的组织结构。

(1)光学显微镜　利用光学金相显微镜对金属磨面进行观察分析,可观察到金属组织的结构、夹杂物、成分偏析、晶界氧化、表面脱碳、显微裂纹等,还可以观察钢的渗碳层、氮化层、渗铝层的厚度和特征。

(2)电子显微分析　近代金属研究已深入到“超显微结构”领域，普通光学显微镜的放大倍数已不能满足需要。光学显微镜是依靠光线通过透镜产生折射而聚焦；电子显微镜是依靠电子束在电磁场内的偏转使电子束聚焦，电子显微镜比光学显微镜具有更高的放大率和分辨率。

透射电子显微镜是利用电子枪发射的电子射线束，经过电磁透镜进行聚焦。聚焦后的电子束透过极薄的试件，借电磁物镜放大成中间像，投射在中间像荧光屏上，再经过一组电磁透镜将中间像放大后，投射到荧光屏上进行观察，或投射到底片上感光。其实际分辨率可达0.2～100nm。可观察到金属组织结构的细节。

扫描电子显微镜兼有光学显微镜和电子显微镜的优点，既能进行表面形貌的观察，又能进行成分分析和晶体分析等，因此得到了广泛应用，是一种先进的综合分析和检测仪器。

能力知识点3　无损探伤

无损探伤是在不破坏零件的条件下，对零件的表面或内部缺陷进行检测。无损探伤的主要方法有磁力探伤、射线探伤、超声波探伤、渗透探伤等。检验时应根据被检查零件的导磁性、尺寸大小、形状以及缺陷的位置和特点等来正确选择探伤方法。

1. 磁力探伤

磁力探伤是基于有缺陷的零件，在磁化时缺陷附近会出现磁场的变化或局部磁现象。磁力探伤有湿法和干法两种。湿法就是把磁化零件浸在悬浮铁粉的溶液中，观察铁粉的聚集情况，常用于检查光滑零件的表面是否有微小裂纹等缺陷。干法是在磁化的零件上撒铁粉，常用来检查焊接件、大型铸造或锻造毛坯以及其他粗糙表面零件的缺陷。

2. 射线探伤

射线探伤是利用射线透过物体后，射线强度发生变化的原理来分析零件内部缺陷的方法，探伤应用的射线是X射线和γ射线。射线探伤的实质是根据被测零件与其内部缺陷介质对射线能量衰减程度的不同而产生的射线透过工件后的强度差异，这种差异可用X射线感光胶片记录下来，或用荧光屏、图像增强器、射线探测器等来观察，从而评定零件的内部质量。

3. 超声波探伤

频率大于20kHz的声波称为超声波。用于探伤的超声波的频率为0.4～25MHz，其中常用1～5MHz的超声波。

若物体内部有缺陷，射入的超声波碰到缺陷后立即会被反射回来。它是根据超声波的强度、角度、波形来判断缺陷位置及状态。

4. 渗透探伤

渗透探伤常用来检查非金属及非磁性金属零件的表面缺陷，是目前无损探伤常用的方法之一。

渗透探伤是利用液体的某些特性对零件表面缺陷进行良好的渗透，用显像剂涂抹在零件表面，残留在缺陷内的渗透液显示出缺陷痕迹。由此来判断零件表面缺陷的部位、类型和大小等。

5. 液晶探伤

液晶探伤是近年来才开始应用的一种探伤方法。使用的是胆甾醇派生物溶液，这种溶液具有固态光学晶体的很多特性，固称为液晶。把液晶均匀涂在要检验缺陷的零件上，加热后空冷至30℃，零件上存在缺陷部位的颜色会不同于其他部分，因而能判断出缺陷的存在。这种方法多用于检查多层电子电路板、蜂窝结构及飞机零件等。

练习 5

一、根据要求完成下列表格填充

非铁合金及粉末冶金材料

<table>
<tr><th colspan="4">类别</th><th>典型牌号或代号</th><th>用途举例</th></tr>
<tr><td rowspan="8">铝合金</td><td rowspan="4">变形铝合金</td><td colspan="2">防锈铝合金</td><td>3A21(LF21)、5A05(LF5)</td><td>焊接油箱、油管、焊条等</td></tr>
<tr><td colspan="2">硬铝合金</td><td></td><td></td></tr>
<tr><td colspan="2">超硬铝合金</td><td></td><td></td></tr>
<tr><td colspan="2">锻铝合金</td><td></td><td></td></tr>
<tr><td rowspan="4">铸造铝合金</td><td colspan="2">Al—Si 合金</td><td></td><td></td></tr>
<tr><td colspan="2">Al—Cu 合金</td><td></td><td></td></tr>
<tr><td colspan="2">Al—Mg 合金</td><td></td><td></td></tr>
<tr><td colspan="2">Al—Zn 合金</td><td></td><td></td></tr>
<tr><td rowspan="6">铜合金</td><td rowspan="2">黄铜</td><td colspan="2">普通黄铜</td><td></td><td></td></tr>
<tr><td colspan="2">特殊黄铜</td><td></td><td></td></tr>
<tr><td rowspan="4">青铜</td><td colspan="2">锡青铜</td><td></td><td></td></tr>
<tr><td rowspan="3">无锡青铜</td><td>铝青铜</td><td></td><td></td></tr>
<tr><td>铍青铜</td><td></td><td></td></tr>
<tr><td>铅青铜</td><td></td><td></td></tr>
<tr><td colspan="4">钛合金</td><td></td><td></td></tr>
<tr><td colspan="4">镁合金</td><td></td><td></td></tr>
<tr><td rowspan="3">滑动轴承合金</td><td colspan="3">锡基轴承合金</td><td></td><td></td></tr>
<tr><td colspan="3">铅基轴承合金</td><td></td><td></td></tr>
<tr><td colspan="3">铜基轴承合金</td><td></td><td></td></tr>
<tr><td rowspan="3">硬质合金</td><td colspan="3">钨—钴类硬质合金</td><td></td><td></td></tr>
<tr><td colspan="3">钨—钛—钴类硬质合金</td><td></td><td></td></tr>
<tr><td colspan="3">万能硬质合金</td><td></td><td></td></tr>
</table>

二、名称解释

1. 固溶处理、时效

2. 硬质合金、粉末冶金

3. 滑动轴承合金

4. 变形铝合金、铸造铝合金

5. 青铜、黄铜、白铜

三、分析讨论

硬质合金在组成、性能和制造工艺方面有哪些特点？磨用P01等材料制成的刃具时，能否用水冷却，为什么？

项目 6　非金属材料

【教学基本要求】

1. 知识目标

(1)了解高分子材料、陶瓷材料和复合材料的成分、结构、分类及性能特点；

(2)熟悉常用塑料和橡胶、复合材料的性能特点及用途。

2. 能力目标

(1)区分高分子材料、陶瓷材料和复合材料的性能和应用。

(2)根据需要选择高分子材料、陶瓷材料和复合材料。

【思维导图】

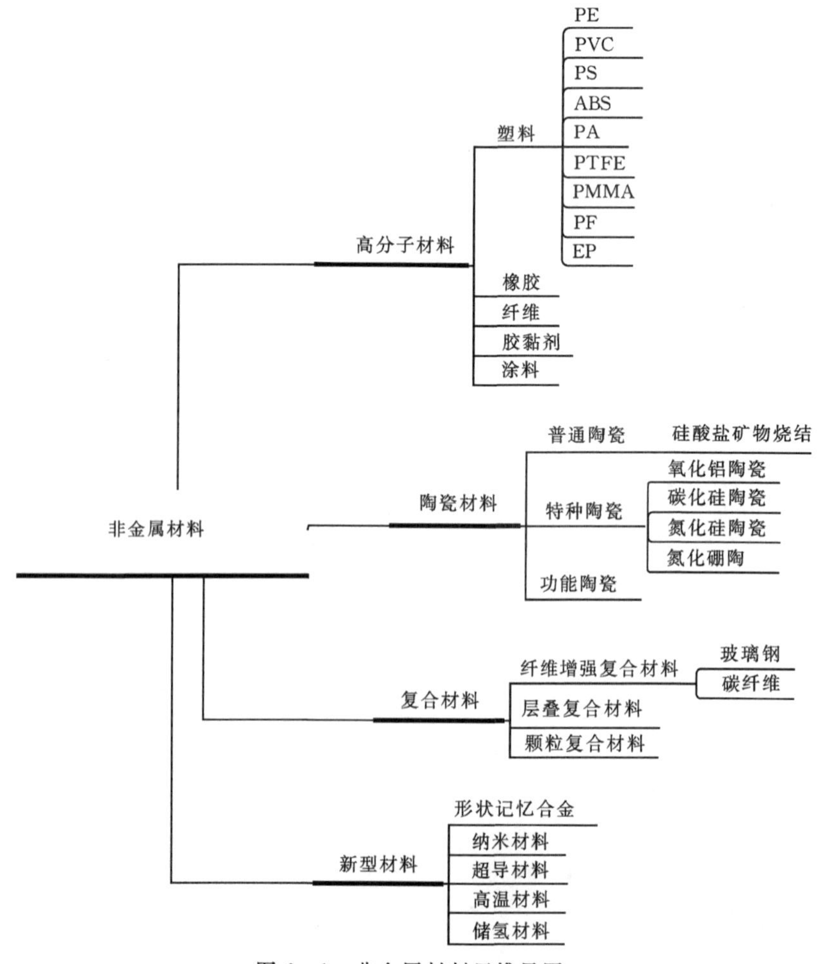

图 6-1　非金属材料思维导图

【引导案例】

实例1　陶瓷刀具

陶瓷刀具有耐磨、高密度、高硬度、无毛细孔、不会藏污纳垢、非金属铸造不会生锈、切食物无金属味残留、轻薄锐利、易拿易切、清洗容易等优点，具有许多金属制刀具无法取代的特性。

市面上的陶瓷刀大多是用一种纳米材料“氧化锆”加工而成。用氧化锆粉末在2000℃高温下用300t的重压配上模具压制成刀坯，然后用金刚石打磨之后配上刀柄就做成了成品陶瓷刀。

图6-2　陶瓷刀

陶瓷刀具有以下优点。

①耐磨性好，可加工传统刀具难以加工或根本不能加工的高硬材料，因而可免除退火加工所消耗的电力；并因此也可提高工件的硬度，延长机器设备的使用寿命；

②不仅能对高硬度材料进行粗、精加工，也可进行铣削、刨削、断续切削和粗车等冲击力很大的加工；

③陶瓷刀片切削时与金属摩擦力小，切削不易粘接在刀片上，不易产生积屑瘤，且能进行高速切削。所以在条件相同时，工件表面粗糙度比较低。

④刀具耐用度比传统刀具高几倍甚至几十倍，减少了加工中的换刀次数，保证被加工工件的小锥度和高精度。

⑤耐高温，红硬性好。可在1200℃下连续切削。所以陶瓷刀的切削速度可以比硬质合金高很多。可进行高速切削或实现“以车、铣代磨”，切削效率比传统刀具高3～10倍，达到节约工时、电力、机床数30％～70％或更高的效果。

⑥氮化硅陶瓷刀具主要原料是自然界很丰富的氮和硅，用它代替硬质合金，可节约大量W、Co、Ta和Nb等重要的金属。

陶瓷刀的莫氏硬度为9，仅次于世界上最硬的物质——钻石(莫氏硬度为10)，所以只要使用时不摔至地面、不用外力撞击、不去剁或砍，正常使用的情况下永久都不需要磨刀。基于保安方面的考虑，生产商一般都在刀身内混入金属粉，使金属探测器都可以侦测出陶瓷刀。

实例2　电池的材料与寿命

1. 干电池

干电池也叫锰锌电池，所谓干电池是相对于伏打电池而言，所谓锰锌是指其原材料。针对其他材料的干电池如氧化银电池，镍镉电池而言。锰锌电池的电压是15V。干电池是消耗化学原料产生电能的。它的电压不高，所能产生的持续电流不能超过1安培。

2. 铅蓄电池

蓄电池是应用最广泛的电池之一。用一个玻璃槽或塑料槽，注满硫酸，再插入两块铅板，一块与充电机正极相连，一块与充电机负极相连，经过十几小时的充电就形成了一块蓄电池。它的正负极之间有2伏的电压。蓄电池的好处是可以反复多次使用。另外，由于它的内阻极小，所以可以提供很大的电流。用它给汽车的发动机供电，瞬时电流可达20多安培。蓄电池充电时是将电能贮存起来，放电时又把化学能转化为电能。铅酸电池为500次左右，而且记忆效应明显。

3. 镍镉电池

镍镉电池是一种流行的蓄电池。这种电池以氢氧化镍(NiOH)及金属镉(Cd)作为产生电能的化学品。对比其他种类的蓄电池，镍镉电池的优势是：放电时电压变化不大，内阻小，对轻度的过充过放相对镍氢电池和锂电池来说容忍度较大。是最早应用于手机、超科等设备的电池种类，它具有良好的大电流放电特性、耐过充放电能力强、维护简单。镍镉电池可重复500次以上的充放电，经济耐用。其内部抵制力小，既内阻很小，可快速充电，又可为负载提供大电流，而且放电时电压变化很小，是一种非常理想的直流供电电池。由于废弃镉镍电池对环境的污染，该系列的电池将逐渐被性能更好的金属氢化物镍电池所取代。

4. 锂电池

以锂为负极的电池。它是60年代以后发展起来的新型高能量电池。锂电池的优点是单体电池电压高，比能量大，储存寿命长，目前通用的磷酸铁锂充电1500次，没有记忆效应，充电1500次后约85%的存储能力，高低温性能好，可在－40～150℃使用。缺点是价格昂贵，安全性不高。另外电压滞后和安全问题尚待改善。

实例3　化工设备用工程塑料

化工行业中的各种设备及零件也大量使用工程塑料。例如：耐酸酚醛塑料用于制作搅拌器、管件、阀门、设备衬里等；硬聚氯乙烯塑料可用于制造塔器、贮槽、离心泵、管道、阀门等；聚四氟乙烯塑料常用于制造耐蚀、耐温的密封元件及无油润滑的轴承、活塞环及管道。

F－4换热器以聚四氟乙烯为主要原料制成，具有极好的耐腐蚀、极好的表面不黏性和较高的使用温度范围，是解决强腐蚀、强氧化介质传热的理想设备。F－4换热器除了在高温下能与元素氟、熔融状态金属及其铵溶液、三氟化氯、六氟化铀及全氟煤油发生反应外，其他百余种强腐蚀、强氧化性化学物质均不与其发生反应。因而在产工艺允许的范围内采用换热器能产生巨大的经济效益。

传统的普通金属换热器易腐蚀、能耗较高、传热系数变化大；用石墨、陶瓷等材料制成的换热器易碎、体积大、导热性能差、效率低；用贵稀金属材料制成的换热器价格昂贵。而塑料换热器在很大程度上克服了上述缺点，它具有化学稳定性好、耐腐蚀、能耗较低和成本较低等优点，具有广泛应用的前景。

非金属材料是指除金属材料以外的其他材料的总称，包括高分子材料、陶瓷材料、复合材料和新型材料。

非金属材料具有金属材料无法比拟的一些特异性能，如塑料的质轻、绝缘、耐磨、隔热、美观、耐腐蚀、易成形；橡胶的高弹性、吸振、耐磨、绝缘等；陶瓷的高硬度、耐高温、抗腐蚀等。同时非金属材料来源广泛，自然资源丰富，成形工艺简便，所以在生产中得到了迅速发展，在某些生产领域中已成为不可取代的材料。复合材料是由几种不同材料复合而成的。它的最大特点是材料间可以优势互补，是一类很有发展前途的新型工程材料。

任务 1　高分子材料

能力知识点 1　高分子材料特征

高分子材料是由分子量很大（一般大于 1000）的高分子化合物为主要成分的材料。高分子材料主要有塑料、橡胶、合成纤维及胶粘剂等。

高分子化合物的分子量虽然大，但其化学组成却比较简单，都是由一种或几种简单的低分子化合物（单体）以共价键形式重复连接而成的。由一种或几种单体通过共价键重复连接而形成的链称为大分子链，大分子链中的重复结构单元称为链节，链节的重复个数称为聚合度。

例如，由数量足够多的乙烯（$CH_2=CH_2$）作单体，通过聚合反应打开它们的双键便可生成聚乙烯。其反应式为

$$nCH_2=CH_2 \rightarrow [-CH_2-CH_2-]$$

这里“$-CH_2-CH_2-$”结构单元即链节，而链节的重复个数 n 即聚合度。

高分子材料的应用状态多样、性能各异，其性能不同的原因是不同材料的高分子成分、结合力及结构不同。高分子化合物的结构复杂，按其研究单元不同可分为两类：大分子链结构（分子内结构）和大分子聚集态结构（分子间结构）。

1. 大分子链结构

大分子链结构是指大分子的结构单元的化学组成、键接方式、空间构型、大分子链的形态及构象。

大分子链的主价力为原子之间、链节之间的相互作用是强大的共价键。它的大小取决于链的化学组成，又是直接影响高分子化合物性质的重要因素，如熔点、强度等。大分子分子之间的作用力为次价力，这种结合力较主价力小得多，但因大分子链特别长，所以总的次价力超过了主价力，以致高分子材料受拉时，不是大分子链间先滑动，而是大分子链先断裂。

大分子链的几何形态可以分成两种：线型结构和体型结构。

(1)线型结构　线型结构一些是整个大分子链呈细长链状，分子直径与长度之比可达以上，通常蜷曲呈不规则的线团状，受拉时可伸展呈直线状，如图 6-3(a)所示；另一些聚合物大分子链带有一些小支链，整个大分子链呈枝状，如图 6-3(b)所示。其特点是：弹性和塑性良好，在加工成形时，大分子链能够蜷曲、收缩、伸直，易于加工，并可反复使用；在一定溶剂中可溶胀、溶解；加热时将软化并熔化。属于这类结构的高分子材料有聚乙烯、聚氯乙烯、未硫化的橡胶及合成纤维等。

(2)体型结构　体型结构是大分子链之间通过支链或化学键交联起来，在空间呈网状，也称网状结构，如图 6－3(c)所示。其特点是脆性大，弹性和塑性差，但具有较好的耐热性、难溶性、尺寸稳定性和力学强度，加工时只能一次成形(在网状结构形成之前进行)。热固性塑料、硫化橡胶等是属于这类结构的高分子材料。

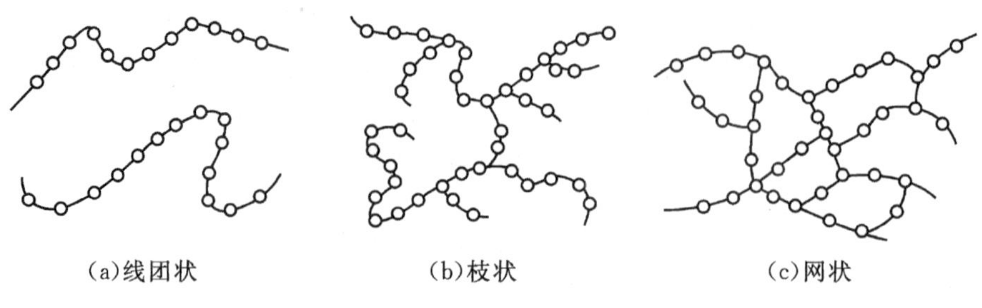

(a)线团状　　(b)枝状　　(c)网状

图 6－3　大分子于链的形状示意图

2. 大分子聚集态结构

大分子聚集态结构是指内部大分子链之间的几何排列和堆砌结构，也称超分子结构。根据分子在空间排列的规整性，可将高分子化合物分为结晶型、部分结晶型和无定型三类。结晶型高分子化合物的分子排列规整有序，其聚集状态也称晶态；无定型高分子化合物的分子排列杂乱不规则，其聚集状态也称非晶态；部分结晶型高分子化合物的分子排列情况介于二者之间，其聚集状态也称部分晶态。如图 6－4 所示。

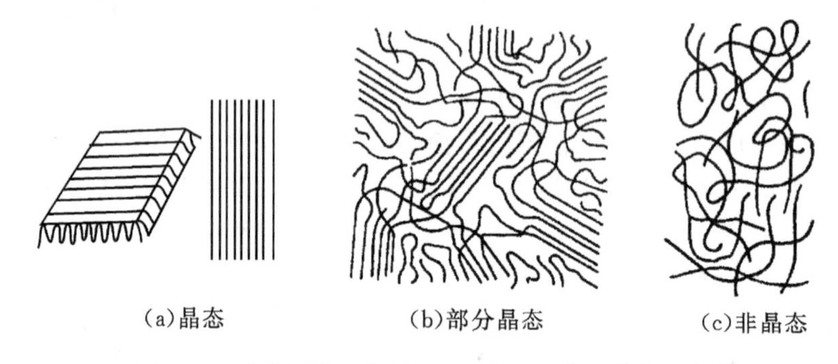

(a)晶态　　(b)部分晶态　　(c)非晶态

图 6－4　高分子化合物的三种大分子聚集态结构示意图

在实际生产中获得完全晶态高分子化合物是很困难的，大多数高分子化合物都是部分晶态或非晶态化合物。晶态结构在高分子化合物中所占的质量百分数或体积百分数称为结晶度。结晶度越高，分子间作用力越强，高分子化合物的强度、硬度、刚度和熔点越高，耐热性和化学稳定性也越好；同时，与键运动有关的性能，如弹性、延伸率、冲击韧度则降低。

能力知识点 2　塑料

塑料是以树脂为主要成分，加入各种添加剂，在一定温度和压力下塑造成一定形状，并在常温下能保持既定形状的高分子有机材料。

1. 塑料的组成

(1)树脂　树脂是指受热时通常有软化或熔融范围，软化时受外力作用具有流动性，常温下呈固态或半固态或液态的有机聚合物。它是塑料最基本的也是最重要的成分，在塑料中占

30%～100%，也起黏接其他物质的作用。树脂的种类、性能、数量决定了塑料的类型和主要性能，因此，绝大多数塑料就是以所用树脂命名的。如聚氯乙烯塑料就是以聚氯乙烯树脂为主要成分的。

(2)添加剂　为改善塑料性能而必须加入的物质称为添加剂。常用的有填料(填充剂)，它是为改善塑料的某些性能(如强度等)、扩大应用范围、减少树脂用量、降低成本而加入的一些物质，在塑料中其含量可达40%～70%。例如，加入石棉粉可以提高塑料的热硬性，加如云母可以提高塑料的电绝缘性等。此外，还有增塑剂、固化剂、稳定剂(防老化剂)、润滑剂、着色剂及发泡剂、催化剂、阻燃剂、抗静电剂等。并非每种塑料都要加入上述全部的添加剂，应根据塑料品种和使用要求适当选择。

2. 塑料的分类

(1)按树脂加热和冷却时表现的性质分类

①热塑性塑料。热塑性塑料受热软化，冷却后变硬，此过程可多次重复进行。它的变化只是一种物理变化，化学结构基本不变。特点是力学性能较好，成形工艺简单，耐热性、刚性较差，使用温度低于120°。常用品种有聚乙烯、聚酰胺(尼龙)、聚苯乙烯、聚四氟乙烯、丙烯腈一二烯一乙烯共聚物(ABS)等。

②热固性塑料。热固性塑料加热时软化，可塑造成形，但固化后再受热将不再软化，也不溶于溶剂，只能塑制一次。其特点是有较好的耐热性和抗蠕变性，受压时不易变形，但强度不高，成形工艺复杂，生产率低。常用品种有酚醛塑料、氨基塑料、环氧塑料等。

(2)按塑料应用范围分类

①通用塑料。通用塑料是指产量大、价格低、用途广的塑料。主要包括六大品种：聚氯乙烯、聚乙烯、聚苯乙烯、聚丙烯、氨基塑料和酚醛塑料，占塑料总产量的75%以上，用于社会生活各个方面。

②工程塑料。工程塑料是指具有良好的强度、刚度、韧性、绝缘性、耐蚀性以及耐热性、耐磨性和尺寸稳定性等的塑料，可替代金属制作一些机械零件和工程结构件。主要有0.9～2.2g/cm³，有机玻璃、尼龙、聚碳酸酯、聚四氟乙烯、聚甲醛等。

③特种塑料。特种塑料是指具有特种性能和特种用途的塑料，如医用塑料、耐高温塑料等。这类塑料产量少、价格贵，只用于特殊需要的场合。

3. 塑料的性能特点

①密度小，不添加任何填料或增强材料的塑料的相对密度为0.9～2.2g/cm³，常见的泡沫塑料的密度仅为0.02～0.2g/cm³。

②比强度高，如玻璃纤维增强的环氧塑料，比强度比一般钢材高2倍左右。

③耐蚀性好，如聚四氟乙烯即使是在煮沸的“王水”中也不受影响。

④绝缘性好，可制造高频、中频或低频绝缘材料。

⑤减摩性、自润滑性好、消音吸振。

⑥强度低，耐热性差(一般在100℃以下工作，少数可以在200℃左右工作)，热膨胀系数大(为金属的10倍)，导热性差，易老化，易燃烧等。

4. 常用塑料简介

常用塑料的名称(代号)、特性及用途见表6-1。

表 6-1 常用塑料的名称(代号)、特性及用途

类别	名称	代号	主要特性	主要用途示例	
热塑性塑料	聚乙烯	PE	高压聚乙烯:柔软、透明、无毒;塑料袋 低压聚乙烯:刚硬、耐磨、耐蚀、电绝缘性好		输送管
	聚氯乙烯	PVC	强度较高、耐蚀性较好。软质聚氯乙烯:伸长率高、制品柔软、耐蚀性和电绝缘性良好		管接头
	聚苯乙烯	PS	耐蚀性、电绝缘性、透明性好、刚度、强度较大、耐热性、耐磨性不高,抗冲击性差,易燃、易脆裂		泡沫盒
	丙烯腈—丁二烯—苯乙烯共聚物	ABS	强度较高、冲击韧性较好,耐磨性和耐热性良好,化学稳定性和绝缘性较高,易成形,机械加工性好,耐高、低温性能差,易燃、不透明		注塑零件
	聚酰胺	PA	强度、韧性、耐磨性、耐蚀性、吸振性、自润滑性良好,成形性好,无毒、无味。蠕变值较大,导热性较差,吸水性好,成形收缩率大		尼龙件
	聚四氟乙烯	PTFE	优异的耐化学腐蚀性,优良的耐高、低温性能,摩擦因数小,吸水性小,硬度强度低,抗压强度不高,成本较高	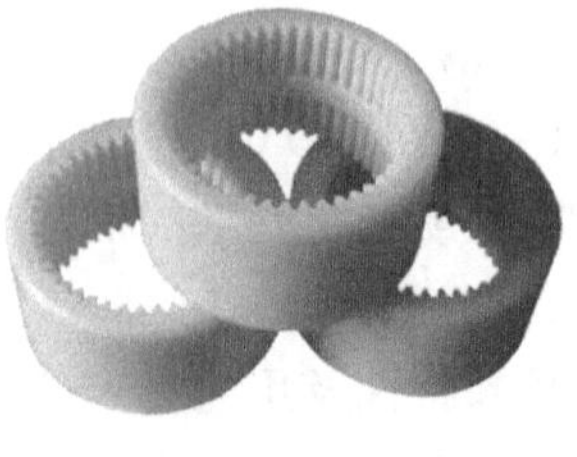	工程件

续表 6－1

类别	名称	代号	主要特性	主要用途示例	
热塑性塑料	聚甲基丙烯酸甲酯	PMMA	透光率92%，相对密度为玻璃的50%，强度、韧性较高，耐紫外线、防大气老化，易成形，硬度不高、不耐磨，易溶于有机溶剂，耐热性、导热性差，膨胀系数大		亚克力产品
热固性塑料	酚醛塑料	PF	具有一定的强度和硬度，较高的耐磨性、耐热性，良好的绝缘性和耐蚀性，刚度大、吸湿性差，变形小，成形工艺简单，价格低廉。缺点是质脆，不耐碱		电木板
	环氧塑料	EP	比强度高，韧性较好，耐热、耐寒、耐蚀、绝缘，防水、防潮、防霉，具有良好的成形工艺性和尺寸稳定性。有毒，价格高		钢管涂料（万能胶）

能力知识点3　橡胶

橡胶是具有高弹性的高分子材料，在较小的载荷下可以产生很大的变形，当载荷去除后又能很快恢复原状，是常用的弹性材料、密封材料、传动材料、防震和减震材料。

1. 橡胶的组成

(1)生胶 未加配合剂的天然或合成橡胶统称为生胶。生胶是橡胶制品的主要成分，起着黏接其他配合剂的作用，并决定了橡胶制品的性能。

(2)配合剂

配合剂是指用以改善和提高橡胶制品的性能而加入的物质。常用的配合剂有硫化剂、硫化促进剂、增塑剂、填充剂、防老剂等。

①硫化剂的作用是使橡胶变得富有弹性，目前采用最多的硫化剂为硫磺。

②硫化促进剂主要作用是促进硫化，缩短硫化时间并降低硫化温度。常用的硫化促进剂

有 MgO、ZnO 和 CaO 等。

③增塑剂的主要作用是提高橡胶的塑性，使之易于加工和与各种配料混合，并降低橡胶的硬度、提高耐寒性等，常用增塑剂主要有硬酯酸、精制蜡和凡士林等。

④防老化剂可防止橡胶制品在受光、热等介质的作用时出现变硬、变脆，提高使用寿命，主要靠加入石蜡、密蜡或其他比橡胶更易氧化的物质，在橡胶表面形成稳定的氧化膜，抵抗氧的侵蚀。

⑤填充剂的作用是提高橡胶的强度和降低成本，常用的有炭黑、MgO、ZnO 和 CaO 等。

(3)增强材料 其作用是提高橡胶的力学性能，如强度、硬度、耐磨性和刚性等。常用的增强材料是各种纤维织物、金属丝及编织物。如在传送带、胶管中加入帆布、细布，在轮胎中加入帘布、在胶管中加入钢线等。

2. 橡胶的分类

(1)按原料来源不同分类 可分为天然橡胶和合成橡胶。天然橡胶是指从橡树中流出的乳胶经凝固、干燥、加压等工序制成的片状生胶，再经硫化工序所制成的一种弹性体。天然橡胶的主要化学成分是聚异戊二烯。合成橡胶是指以石油产品为主要原料，经过人工合成制得的一类高分子材料。其品种较多，如丁苯橡胶、顺丁橡胶等。

(2)按应用目的不同分类 可分为通用橡胶和特种橡胶，具体特点及应用见表 6－2。通用橡胶的用量一般较大，主要用于轮胎、输送带、胶管和胶板等；特种橡胶是指用于高温、低温、酸、碱、油、辐射下使用的橡胶制品。

3. 橡胶的性能特点

极好的弹性。橡胶的主要成分是具有高弹性的高分子物质，受到较小的外力作用就能产生很大的变形(变形量在 100～1000)，取消外力后又能恢复原状。具有很高的可挠性、伸长率、良好的耐磨性、电绝缘性、耐腐蚀性、隔音、吸振以及与其他物质易于粘结等优点。

4. 橡胶的用途

在机械工业中，橡胶主要用于以下产品的制造。

①轮胎、动静密封元件，如旋转轴密封、管道接口密封。

②各种胶管，如用于输送水、油、气、酸、碱等的管路。

③减振、防振件，如机座减振垫片、汽车底盘橡胶弹簧。

④传动件，如 V 带、传动滚子。

⑤ 运输胶带。

⑥电线、电缆和电工绝缘材料。

⑦制动件等。

通用橡胶价格较低，用量较大，其中丁苯橡胶是产量和用量最大的品种，占橡胶总产量的 60％～70％，顺丁橡胶的发展最快；特种橡胶的价格较高，主要用于要求耐寒、耐热、耐腐蚀等场合。常用橡胶的种类、性能及用途见表 6－2。

表 6-2　常用橡胶的种类、性能及用途

类别	橡胶品种	代号	主要性能	主要用途示例	
通用橡胶	天然橡胶	NR	弹性和力学性能较高，电绝缘性、耐碱性良好；耐油、耐溶剂、耐臭氧老化性差，不耐高温及强酸		密封圈
	丁苯橡胶	SBR	较好的耐磨性、耐热性、耐油及抗老化性，价格低廉；生胶的强度低、弹性低、粘结性差，可通过与天然橡胶混合取长补短		轮胎
	顺丁橡胶	BR	以弹性好、耐磨而著称，比丁苯橡胶耐磨性高 26%；强度较低，加工性能差，抗撕性差		高尔夫球
	氯丁橡胶	CR	弹性、绝缘性、强度、耐碱性可与天然橡胶媲美，耐油、耐溶剂、耐氧化、耐老化、耐酸、耐热、耐燃烧，透气性好；耐寒性差，密度大，生胶稳定性差	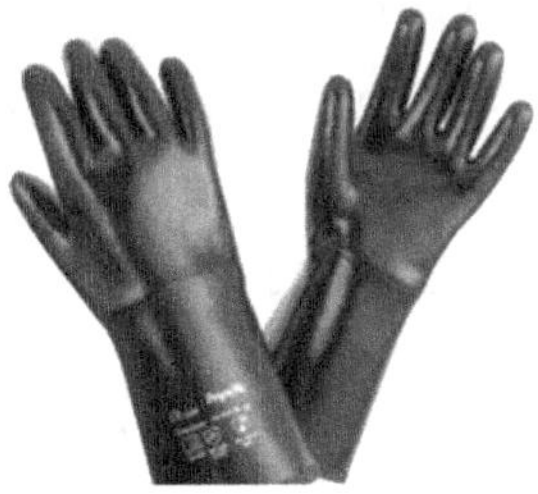	防化手套
特种橡胶	丁腈橡胶	NBR	耐油性、耐水性好；耐寒性、耐酸性和绝缘性差	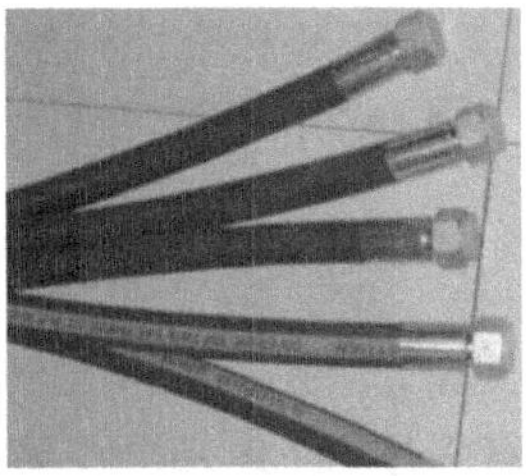	油管

续表 6-2

类别	橡胶品种	代号	主要性能	主要用途示例	
特种橡胶	硅橡胶	SR	高耐热性和耐寒性，在 −100～350℃ 保持良好的弹性，耐老化性和绝缘性良好；强度低，耐磨性、耐酸性差，价格较贵		硅橡胶垫 SR1000
	氟橡胶	FPM	耐腐蚀、耐油、耐多种化学药品侵蚀，耐热性好，最高使用温度为 300℃；价格昂贵，耐寒性差，加工性能不好		热缩管

5. 橡胶的维护保养

为保持橡胶的高弹性，延长其使用寿命，在橡胶的储存、使用和保管过程中需注意以下问题。

①光、氧、热及重复的屈挠作用，都会损害橡胶的弹性，应注意防护。

②橡胶中如含有少量变价金属(铜、铁、锰)的盐类，都会加速其老化，应根据需要选用合适的橡胶配方。

③不使用时，尽可能使橡胶件处于松弛状态。

④运输和储存过程中，避免日晒雨淋，保持干燥清洁，不要与酸、碱、汽油、有机溶剂等物质接触，远离热源。

⑤橡胶件如断裂，可用室温硫化胶浆胶结。

能力知识点 4 纤维

纤维是指长度比其直径大 100 倍、均匀条状或丝状的高分子材料。

1. 纤维的分类

纤维主要由天然纤维、人造纤维和合成纤维组成。人造纤维是用自然界的纤维加工制成，如称为“人造丝”、“人造棉”的粘胶纤维、硝化纤维和醋酸纤维等。合成纤维以石油、煤、天然气为原料制成，发展很快。

2. 常用合成纤维

合成纤维主要分为 6 大类，主要合成纤维的性能与用途见表 6-3。

(1)涤纶又叫的确良，高强度、耐磨、耐蚀、易洗快干，是很好的衣料。

(2)尼龙在我国称为锦纶，强度大、耐磨性好、弹性好，主要缺点是耐光性差。

(3)腈纶在国外称为开司米纶，其质地柔软、轻盈，保暖好，有人造毛之称。

(4)维纶原料易得，成本低，性能与棉花相似且强度高，缺点是弹性较差，织物易起皱。

(5)丙纶发展很快,纤维以轻、牢、耐磨著称,缺点是可染性差,日晒易老化。

(6)氯纶难燃、保暖、耐晒、耐磨,弹性也好,由于染色性差、热收缩大,限制了应用。

表6-3 主要合成纤维的性能与用途

化学名称		聚酯纤维	聚酰胺纤维	聚丙烯腈	聚乙烯醇缩醛	聚丙烯	聚氯乙烯
商品名称		涤纶(的确良)	棉纶(尼龙)	腈纶(人造毛)	维纶	丙纶	氯纶
强度	干态	优	优	中	优	优	中
	湿态	优	中	中	中	优	中
密度/ g/cm^3		1.38	1.14	1.14～1.17	1.26～1.3	0.91	1.39
吸湿率		0.4～0.5	3.5～5	1.2～2.0	4.5～5	0	0
软化温度/℃		238～240	180	190～230	220～230	140～150	60～90
耐磨性		优	最优	差	优	优	中
耐光性		优	差	最优	优	差	中
耐酸性		优	中	优	中	中	优
耐碱性		中	优	优	优	优	优
特点		挺括不皱、耐冲击、耐疲劳	结实耐磨	蓬松耐晒	成本低	轻、坚固	耐磨不易燃
主要用途		渔网、高级帘子布、缆绳、帆布	渔网、工业帘子、降落伞、运输带	制作碳纤维及石墨纤维原料	渔具、过滤网、缆绳、工业帆布	军用绳索、渔网、水龙带、合成纸	导火索皮、劳保用品、帐篷

能力知识点5 胶粘剂

胶粘剂统称为胶,以粘性物质为基础,并加入各种添加剂组成。

1. 胶粘剂的特性

胶粘剂可将各种零件、构件牢固地胶接在一起,有时可部分代替铆接或焊接等工艺。由于胶粘工艺操作简便,接头处应力分布均匀,接头的密封性、绝缘性和耐蚀性较好,且可连接各种材料,所以在工程中应用日益广泛。

2. 胶粘剂的分类

胶粘剂分为天然胶粘剂和合成胶粘剂两种。天然胶粘剂包括浆糊、虫胶和骨胶等,合成胶粘剂主要有环氧树脂、氯丁橡胶等。

通常,人工合成树脂型胶粘剂组成为:粘剂(如酚醛树脂、聚苯乙烯等)、固化剂、填料及各种附加剂(增韧剂、抗氧剂等)。

3. 胶粘剂的使用

胶粘剂不同,形成胶接接头的方法也不同。有的接头在一定的温度和时间条件下由固化形成;有的加热胶接,冷凝后形成接头;还有的需先溶入易挥发溶液中,胶接后溶剂挥发形成接头。

不同材料也要选用不同的胶粘剂，两种不同材料胶接时，可选用两种材料共同适用的胶粘剂。此外，正确设计胶接接头，是获得高质量接头的关键。接头的形状和尺寸是否合理，以能否获得合理的应力分布为判断原则。胶接的操作工艺（表面处理、涂胶、固化等）必须严格按有关规程实施，这也是获得高质量接头的重要条件。

能力知识点6　涂料

涂料就是通常所说的油漆，是一种有机高分子胶体的混合溶液，涂在物体表面上能干结成膜。

1. 涂料的作用

①保护功能起着避免外力碰伤、摩擦，防止腐蚀的作用。

②装饰功能起着使制品表面光亮美观的作用。

③特殊功能可作为标志使用，如管道、气瓶和交通标志牌等。

2. 涂料的组成

涂料是由粘接剂、颜料、溶剂和其他辅助材料组成。

粘接剂是主要的膜物质，一般采用合成树脂，它决定了膜与基体层粘接的牢固程度。颜料也是涂膜的组成部分，不仅使涂料着色，而且能提高涂膜的强度、耐磨性、耐久性和防锈能力。溶剂是涂料的稀释剂，其作用是稀释涂料，以便于施工，涂料干结后溶剂挥发掉。辅助材料通常有催干剂、增塑剂、固化剂和稳定剂等。

3. 常用涂料

酚醛树脂涂料是应用最早的合成涂料，有清漆、绝缘漆、耐酸漆和地板漆等。

氨基树脂涂料的涂膜光亮、坚硬，广泛用于电风扇、缝纫机、化工仪表、医疗器械和玩具等各种金属制品。

醇酸树脂涂料涂膜光亮，保光性强，耐久性好，广泛用于金属和木材的表面涂饰。

有机硅涂料耐高温性能好，耐大气腐蚀、耐老化、适于高温环境下使用。

环氧树脂涂料的附着力强，耐久性好，适用于作金属底漆，也是良好的绝缘涂料。

聚氨脂涂料的综合性能好，特别是耐磨性和耐蚀性好，适用于列车、地板、舰船甲板、纺织用的纱管以及飞机外壳等。

任务2　陶瓷材料

陶瓷材料是指以天然硅酸盐（黏土、石英和长石等）或人工合成化合物（氮化物、氧化物和碳化物等）为原料，经过制粉、配料、成形、高温烧结而成的无机非金属材料。

1. 陶瓷的组织结构

陶瓷的性能与其组织结构有密切关系。陶瓷是由天然或人工的原料经高温烧结成的致密固体材料，其组织结构比金属复杂得多，其内部存在晶体相、玻璃相和气相，如图6-5所示。这三种相的相对数量、形状和分布对陶瓷性能的影响很大。

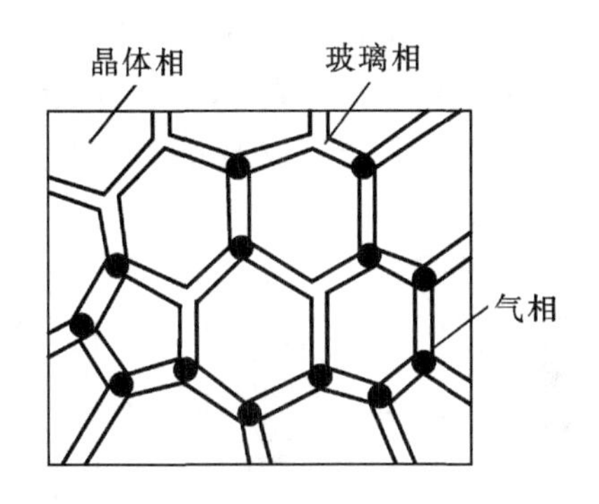

图6-5　陶瓷的组织结构示意图

2. 陶瓷的分类

(1)普通陶瓷　普通陶瓷采用天然的硅酸盐矿物原料(如长石、粘土和石英等)烧结而成，主要组成元素是硅、铝、氧，普通陶瓷来源丰富、成本低、工艺成熟。此类陶瓷按性能特征和用途又可分为日用陶瓷、建筑陶瓷、电绝缘陶瓷和化工陶瓷等。

(2)特种陶瓷　特种陶瓷采用高纯度人工合成的原料，利用精密控制工艺成形烧结制成，一般具有某些特殊性能，以适应各种需要。根据其主要成分，分为氧化物陶瓷、氮化物陶瓷、碳化物陶瓷和金属陶瓷等；特种陶瓷具有特殊的力学、热、电、化学、光学、磁、声等性能。

3. 陶瓷的性能

(1)力学性能　与金属比较，陶瓷刚度大，硬度非常高，抗压强度较高，但抗拉强度较低，塑性和韧性很差。

(2)热性能　陶瓷材料熔点高(大多在2000℃以上)，在高温下具有极好的化学稳定性；陶瓷的导热性低于金属材料，是良好的隔热材料。温度变化时，陶瓷具有良好的尺寸稳定性。

(3)电性能　大多数陶瓷具有良好的电绝缘性，因此大量用于制作各种电压(1～110kv)的绝缘器件。铁电陶瓷(钛酸钡 $BaTiO_3$)具有较高的介电常数，可用于制作电容器，铁电陶瓷在外电场的作用下，还能改变形状，将电能转换为机械能(具有压电材料的特性)，可用于扩音机、电唱机、超声波仪、声纳和医疗用声谱仪等。少数陶瓷还具有半导体的特性，可制作整流器。

(4)化学性能　陶瓷在高温下不易氧化，并对酸、碱、盐具有良好的抗腐蚀能力。

(5)光学性能　陶瓷还可用作固体激光器材料、光导纤维材料和光储存器等，透明陶瓷可用于高压钠灯管。磁性陶瓷(铁氧体如 $MgFe_2O_4$、$CuFe_2O_4$、Fe_3O_4)在录音磁带、唱片、变压器铁心、大型计算机记忆元件方面有着广泛的应用。

4. 陶瓷制品的生产过程

陶瓷制品种类繁多，其生产工艺过程各不相同，一般都要经历原料制备、成形和烧结三个阶段。

原料制备是指采用机械或物理或化学方法制备粉料的过程。原料的加工质量直接影响其成形加工工艺性能和陶瓷制品的使用性能。因此，各种各样的原料制备工艺都以提高成形加工工艺性能和陶瓷制品的使用性能为核心。例如，为了控制制品的晶粒大小，要将原料粉碎、磨细到一定的粒度；对原料要精选，去除杂质，控制纯度；为了控制制品的使用性能，要按一定比例配料;原料加工后,根据成形工艺要求,制备成粉料、浆料或可塑泥团。

成型是指用某些工具或模具将坯料制成一定形状、尺寸、密度和强度的坯型(或生坯)的过程。陶瓷制品的成形,可以采用可塑成形、压制成形、注浆成形(见图 6-6 所示)等方法。

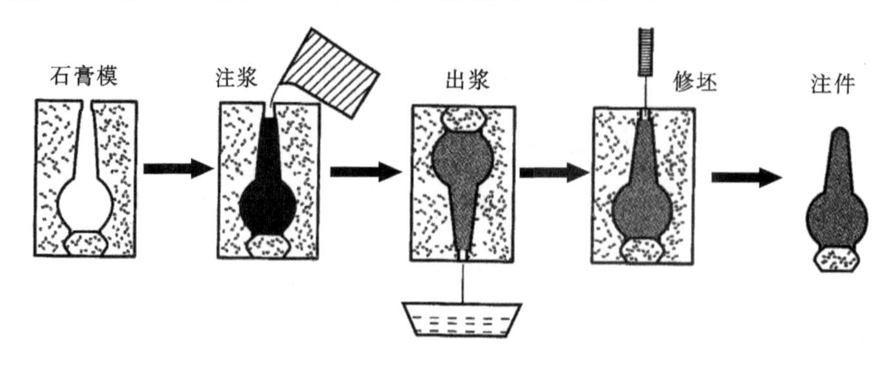

图 6-6　注浆成形示意图

未经烧结的陶瓷坯料是由许多固体颗粒堆积的,称为生坯。生坯颗粒之间除了点接触外,尚存在许多空隙,没有足够的强度,必须经过高温烧结后才能使用。因此,成形以后的生坯经初步干燥后,经涂釉烧结或直接送去烧结。高温烧结时,陶瓷内部要发生一系列物理化学变化及相变,如体积变小、密度增加、强度、硬度提高、晶粒发生相变等,使陶瓷制品达到所要求的物理性能和力学性能。

5. 常用的陶瓷材料

(1)普通陶瓷　普通陶瓷质地坚硬,绝缘性、耐蚀性、工艺性都好,能耐 1200℃高温,成本低廉。使用温度一般为−15～100℃,冷热骤变温差不大于 50℃,抗拉强度低,脆性大。除用作日用陶瓷外,工业上主要用作绝缘的电瓷和对酸碱有耐蚀性的化学瓷,有时也可做承载较低的结构零件用瓷。

(2)特种陶瓷　特种陶瓷又称现代陶瓷、精细陶瓷或高性能陶瓷。特种陶瓷的原料是人工提炼的,即纯度较高的金属氧化物、碳化物、氮化物、硅化物等化合物。这类陶瓷具有一些独特的性能,可满足工程结构的特殊需要。常见以下几种:

①氧化铝(刚玉)陶瓷。主要组成物为 Al_2O_3,一般含量大于 45%。氧化铝陶瓷具有各种优良的性能,耐高温,可在长期使用,耐腐蚀,高强度,强度为普通陶瓷的 2～3 倍,高者可达 5～6 倍。氧化铝陶瓷的缺点是脆性大,不能承受环境温度的突然变化。可用作坩埚、发动机火花塞、高温耐火材料、热电偶套管和密封环等,也可作刀具和模具。

②碳化硅陶瓷。主要组成物是 SiC,这是一种高强度、高硬度的耐高温陶瓷,在 1200～1400℃使用仍能保持高的抗弯强度,是目前高温强度最高的陶瓷。它还具有良好的导热性、抗氧化性、导电性和高的冲击韧度,也是良好的高温结构材料。可用于火箭尾喷管喷嘴、热电偶套管、炉管等高温下工作的部件;利用其导热性可制作高温下的热交换器材料;利用其高硬度和耐磨性制作砂轮、磨料等。

③氮化硅陶瓷。主要组成物是 Si_3N_4,这是一种高温强度高、高硬度、耐磨、耐腐蚀并能自润滑的高温陶瓷,线膨胀系数在各种陶瓷中最小,使用温度高达 1400℃,具有极好的耐腐蚀性,除氢氟酸外,能耐其他各种酸的腐蚀,并能耐碱和各种金属的腐蚀,还具有优良的电绝缘性和耐辐射性。可用作高温轴承、在腐蚀介质中使用的密封环、热电偶套管,也可用作金属切削

刀具。

④氮化硼陶瓷。氮化硼有六方氮化硼和立方氮化硼。

六方氮化硼陶瓷导热性、耐热性好，有自润滑性能，在高温下耐腐蚀、绝缘性好，用于高温耐磨材料和电绝缘材料、耐火润滑剂等。

立方氮化硼陶瓷(CBN)是一种切削工具陶瓷，硬度高，仅次于金刚石，热稳定性和化学稳定性比金刚石好。可制成刀具、磨具和拉丝模等，用于淬火钢、耐磨铸铁、热喷涂材料和镍等难加工材料的切削加工。

(3)功能陶瓷　功能陶瓷通常具有特殊的物理性能，常用功能陶瓷的组成、特性及应用见表6-4。

表6-4　常用功能陶瓷的组成、特性及应用

种类	性能特征	主要组成	用途
介电陶瓷	绝缘性	Al_2O_3、Mg_2SiO_4	集成电路基板
	热电性	$PbTiO_3$、$BaTiO_3$	热敏电阻
	压电性	$PbTiO_3$、$LiNbO_3$	振荡器
	强介电性	$BaTiO_3$	电容器
光学陶瓷	荧光、发光性	Al_2O_3CrNd 玻璃	激光
	红外透过性	CaAs、CdTe	红外线窗口
	高透明度	SiO_2	光导纤维
	电发色效应	WO_3	显示器
磁性陶瓷	软磁性	$ZnFe_2O$、$\gamma-Fe2O_3$	磁带、各种高频磁心
	硬磁性	SrO、Fe_2O_3	电声器件、仪表及控制器件的磁心
半导体陶瓷	光电效应	CdS、Ca_2Sx	太阳电池
	阻抗温度变化效应	VO_2、NiO	温度传感器
	热电子放射效应	LaB_6、BaO	热阴极

任务3　复合材料

能力知识点1　复合材料的概念

复合材料是由两种或两种以上不同化学性质或不同组织结构的材料经人工组合而成的合成材料。

自然界中，许多物质都可称为复合材料，如树木是由纤维素和木质素复合而成，纤维素抗拉强度大，比较柔软，木质素则将众多纤维素粘结成刚性体；动物的骨骼是由硬而脆的无机磷酸盐和软而韧的蛋白质骨胶组成的复合材料。人们早就利用复合原理，在生产中创造了许多人工复合材料，如混凝土是由水泥、砂子和石头组成的复合材料；轮胎是纤维和橡胶的复合体等。

复合材料既保持了各组分材料的性能特点，同时通过叠加效应，使各组分之间取长补短，相互协同，形成优于原材料的特性，取得多种优异性能，这是任何单一材料所无法比拟的。例如：玻璃和树脂的强度和韧性都很低，可是由它们组成的复合材料（玻璃钢）却具有很高的强度和韧性，而且重量轻。

能力知识点2　复合材料的组成及分类

1. 组成

复合材料通常具有多相结构，其中一类为基体相，起粘结作用，另一类组成物为增强相，起提高强度和韧性的作用。基体相可由金属、树脂、陶瓷等构成。增强相的形态有细粒状、短纤维、连续纤维、片状等。

2. 分类

（1）按基体材料类型分类

①金属基复合材料。如纤维增强金属和铝聚乙烯复合薄膜等。

②高分子基复合材料。如纤维增强塑料、碳碳复合材料和合成皮革等。

③陶瓷基复合材料。如金属陶瓷、纤维增强陶瓷和钢筋混凝土等。

（2）按增强材料类型分类

①纤维增强复合材料。纤维增强复合材料结构如图 6－7(a)所示。有玻璃纤维、碳纤维、硼纤维、碳化硅纤维和难熔金属丝等。

②层叠复合材料。层叠复合材料结构如图 6－7(b)所示。有双金属和填充泡沫塑料等。

③粒子增强复合材料。粒子增强复合材料结构如图 6－7(c)所示。有金属离子与塑料复合、陶瓷颗粒与金属复合等。

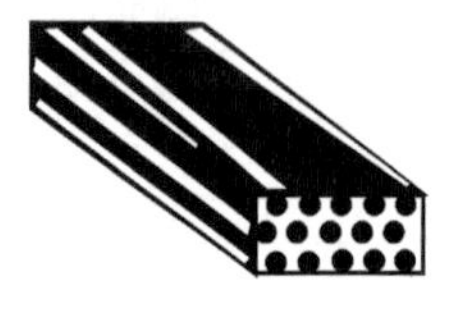

(a)纤维增强复合材料

(b)层叠复合材料

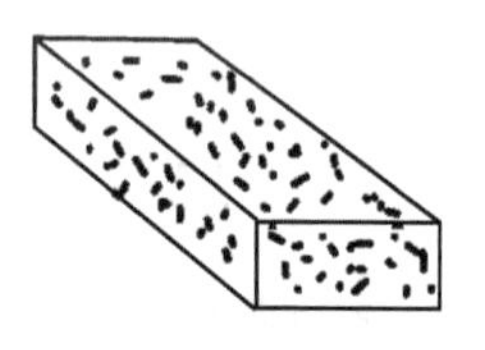

(c)粒子增强复合材料

图 6－7　复合材料结构示意图

（3）按复合材料用途分类

①结构复合材料。通过复合，材料的力学性能得到显著提高，主要用作各类结构零件，如利用玻璃纤维优良的抗拉、抗弯、抗压及抗蠕变性能，可用来制作减摩、耐磨的机械零件。

②功能复合材料。通过复合，使材料具有一些其他特殊的物理、化学性能，从而制成多功能的复合材料，如雷达用玻璃钢天线罩就是具有良好透过电磁波性能的磁性复合材料。

能力知识点3　复合材料的性能特点

复合材料是各向异性的非匀质材料，与传统材料相比，具有以下性能特点：

1. 比强度和比模量高

比强度与比模量是指材料的强度、弹性模量与其相对密度之比。比强度越大，同样承载能力下零件自重越轻；比模量越大，零件刚性越好。复合材料的比强度和比模量比金属要高得多。例如用同等强度的树脂基复合材料和钢制造同一结构件时，质量可以减轻70%以上。部分金属材料与复合材料的性能比较见表6-5。

表6-5 部分金属材料与复合材料的性能比较

材料名称	密度/g/cm^3	弹性模量/(10^2GPa)	抗拉强度/MPa	比模量/(10^2m)	比强度/(0.1m)
钢	7.8	2100	1030	0.27	0.13
硬铝	2.8	750	470	0.26	0.17
玻璃钢	2.0	400	1060	0.21	0.53
碳纤维—环氧树脂	1.45	1400	1500	0.21	1.03
硼纤维—环氧树脂	2.1	2100	1380	1.00	0.66

2. 疲劳强度高

纤维增强复合材料的基体中密布着大量细小纤维，当发生疲劳破坏时，裂纹的扩展要经历非常曲折和复杂的路径，且纤维与基体间的界面处能有效阻止疲劳裂纹的进一步扩展，因此其疲劳强度很高。例如，大多数金属的疲劳强度是其抗拉强度的30%～50%，而碳纤维—聚酯树脂复合材料的疲劳强度是其抗拉强度的70%～80%。

3. 减振能力好

机构的自振频率与材料比模量的平方根成正比，由于复合材料的比模量大，自振频率很高，不易产生共振，同时纤维与基体的界面具有吸振能力，故减振性能好。例如对相同形状和尺寸的梁进行振动实验，同时起振时，轻合金梁需9s才能停止振动，而碳纤维复合材料的梁却只需2.5s就停止振动。

4. 高温性能好

大多数增强纤维可提高耐高温性能，使材料在高温下仍保持相当的强度。例如，铝合金在400℃时强度已显著下降，若以碳纤维或硼纤维增强铝材，则能显著提高材料的高温性能，400℃时的强度与模量几乎与室温下一样。同样，用钨纤维增强钴、镍及其合金，可将这些材料的使用温度提高到1000℃以上。而石墨纤维复合材料的瞬时耐高温性可达2000℃。

5. 断裂安全性高

复合材料的基体中有大量细小纤维，过载时部分纤维断裂，载荷会迅速重新分配到未被破坏的纤维上，不致造成构件存瞬间完全丧失承载能力而断裂。

6. 成形工艺性好

对于形状复杂的零部件，根据受力情况可以一次整体成形，减少了零件、紧固件的接头数目，提高了材料的利用率。

复合材料是近代重要的工程材料，已大量用于飞机结构件、汽车、轮船、压力容器、管道和传动零件等，且应用量呈逐年增加的趋势。

能力知识点4　常用复合材料

1. 纤维增强复合材料

纤维增强复合材料常用的是以树脂、金属等为基体，以无机纤维为增强材料的复合材料。它既保持了基体材料的一些特性，又有无机纤维高模量、高强度的性能。纤维增强复合材料主要有以下四种：

(1)玻璃纤维复合材料　玻璃纤维增强塑料通常称为玻璃钢。其成本低，工艺简单，是目前应用最广泛的复合材料。它的基体可以是热塑性塑料，如尼龙、聚碳酸酯和聚丙烯等；也可以是热固性塑料，如环氧树脂、酚醛树脂和有机硅树脂等。

在化学工业中，采用玻璃钢的反应罐、储罐、搅拌器和管道，节省了大量金属；在汽车、航天领域中，玻璃钢壳汽车配件广泛应用，波音747喷气式客机上，有一万多个用玻璃钢制作的部件；玻璃钢在建筑业的作用也越来越大，许多新建的体育馆、展览馆、商厦的巨大屋顶都是由玻璃钢制成的，其不仅质轻、强度大，还能透过阳光。

(2)碳纤维复合材料　碳纤维是将各种纤维中，目前主要使用的是聚丙烯腈系碳纤维。在隔绝空气中经高温碳化制成，一般在2000℃烧成的是碳纤维，若在2500℃以上石墨化后可得到石墨纤维，或称高模量碳纤维。

碳纤维比玻璃纤维的强度略高，而弹性模量则是玻璃纤维的4～6倍，并且具有较好的高温力学性能，可以和树脂、碳、金属以及陶瓷等组成复合材料。常与环氧树脂、酚醛树脂、聚四氟乙烯等复合，不但保持了玻璃钢的优点，而且许多性能优于玻璃钢，不足之处是碳纤维与树脂的结合力不大，具有明显各向异性。

碳纤维复合材料多用于齿轮、活塞和轴承密封件；航天器外层、人造卫星和火箭机架、壳体等；也可用于化工设备、运动器材(如羽毛球拍、钓鱼杆等)、医学领域；发达国家还大量采用碳纤维增强的复合建筑材料，使建筑物具有良好的抗震性能。

(3)硼纤维复合材料　硼纤维是在直径约为10μm的钨丝、碳纤维上或其他芯线上沉积硼元素制成直径约为100μm的硼纤维增强材料。其强度和弹性模量高，耐辐射，可导电、导热。

(4)有机纤维增强复合材料　常用的是以合成树脂为基体，以芳香族聚酰胺纤维(芳纶)增强的。这类纤维的密度是所有纤维中最小的，而强度和弹性模量都很高。主要品种有凯芙拉(Keylar)、诺麦克斯(Nomex)等。凯芙拉材料在军事上有“装甲卫士”之称号，可提高坦克、装甲车的防护性能。有机纤维与环氧树脂结合的复合材料已在航空、航天工业方面得到应用。可用于轮胎帘子线、传动带和电绝缘件等。

2. 层叠复合材料

层叠复合材料是用几种性能不同的板材经热压胶合而成。根据复合形式分为夹层结构的复合材料、双层金属复合材料、塑料一金属多层复合材料。

夹层复合材料已广泛应用于飞机机翼、船舶、火车车厢、运输容器、安全帽和滑雪板等；将两种膨胀系数不同的金属板制成的双层金属复合材料可用于测量和控制温度的简易恒温器等；SF型三层复合材料(如钢一铜一塑料)可制作在高应力、高温及低温、无润滑条件下的轴承。

3. 颗粒复合材料

颗粒复合材料是由一种或多种颗粒均匀地分布在基体中所组成的材料。粒子的尺寸越小，增强效果越明显，颗粒的直径小于0.01～0.1μm的称为弥散强化材料。按需要不同，加入金属粉末可增加导电性；加入Fe_3O_4磁粉可改善导磁性；加入MoS_2可提高减摩性；而陶瓷颗粒增强的金属基复合材料具有高的强度、硬度、耐磨性、耐蚀性和小的膨胀系数，常用于制作刀具、重载轴承及火焰喷嘴等高温工作零件。

任务4 新型材料

能力知识点1 形状记忆合金概念与分类

1.形状记忆合金概念

在研究Ti－Ni合金时发现：原来弯曲的合金丝被拉直后，当温度升高到一定值时，它又恢复到原来弯曲的形状。人们把这种现象称为形状记忆效应，具有形状记忆效应的金属称为形状记忆合金(SMA)。迄今为止，已有10多个系列、50多个品种形状记忆合金。形状记忆合金已广泛应用于人造卫星、机器人和自动控制系统、仪器仪表和医疗设备。近年来，又在高分子聚合物、陶瓷、玻璃材料、超导材料中发现形状记忆现象。

形状记忆合金是因热弹性马氏体相变及其逆向转变而具有形状记忆效应。这种效应分为两种情况：材料在高温下制成某种形状，在低温下将其任意变形，若将其加热到高温时，材料恢复高温下的形状，但重新冷却时材料不能恢复低温时的形状，这是单程记忆效应；若低温下材料仍能恢复低温下的形状，就是双程记忆效应。

2.形状记忆合金分类

目前形状记忆合金主要分为Ti－Ni系、Cu系和Fe系合金等。Ti－Ni系形状记忆合金是最具有实用化前景的形状记忆材料，其室温抗压强度可达1000MPa以上，密度较小为$6.45g/cm^3$，疲劳强度高达480MPa，而且还具有很好的耐蚀性。近年来又发展了一系列改良的Ti－Ni合金，如在合金中加入微量的Cu、Fe、Cr等元素，可以进一步扩大Ti－Ni材料的应用范围。

3.形状记忆高聚物

高聚物材料的形状记忆机理与金属不同，目前开发的形状记忆高聚物具有两相结构，一是固定成品形状的固定相，二是在某种温度下能可逆的发生软化和固化的可逆相。固化相的作用是记忆初始形态，第二次变形和固定是由可逆相来完成的。凡是有固定相和软化一固化可逆相的聚合物都可以做形状记忆高聚物。根据固定相的种类，其可分为热固性和热塑性两类，如聚乙烯类结晶性聚合物、苯乙烯一丁二烯共聚物。

4.形状记忆合金的应用

形状记忆材料的应用已遍及航空、航天、机械、电子、能源、医学以及日常生活中。具有形状记忆效应和超弹性的合金已发现很多，但目前已进入实用化的主要有Ni－Ti合金和Cu－Zn－Al合金。

①工业领域形状记忆合金可用于各种管接头、电路的连接、自动控制的驱动器和热机能量转换材料等。大量使用形状记忆材料的是各种管接头。由于在记忆温度以下马氏体非常软，接头内径很容易扩大，在此状态下，把管子插入接头内，加热后接头内径即可恢复原来的尺寸，完成管道的连接过程，因为形状恢复力很大，故连接很严密，很少有漏油、脱落等事故发生。自动拉紧铆钉应用如图6－8所示。

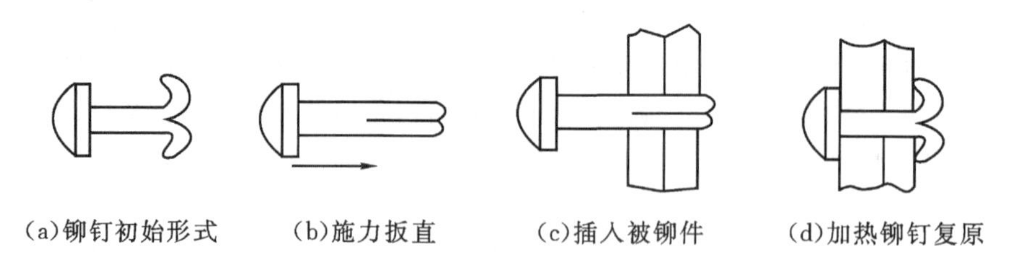

图 6-8　自动拉紧铆钉的应用

②医疗领域记忆合金在临床医疗领域内有着广泛的应用，例如人造骨骼、伤骨固定加压器、牙科正畸器、各类腔内支架、栓塞器、心脏修补器、血栓过滤器、介入导丝和手术缝合线等。记忆合金在现代医疗中正扮演着不可替代的角色。

③日常生活记忆合金在日常生活也同样实用。仅以记忆合金制成的弹簧为例，把这种弹簧放在热水中，弹簧的长度立即伸长，再放到冷水中，它会立即恢复原状。利用形状记忆合金弹簧可以控制浴室水管的水温，在热水温度过高时通过“记忆”功能，调节或关闭供水管道，避免烫伤。也可以制作成消防报警装置及电器设备的保安装置。当发生火灾时，记忆合金制成的弹簧发生形变，启动消防报警装置，达到报警的目的。还可以把用记忆合金制成的弹簧放在暖气的阀门内，用以保持暖房的温度，当温度过低或过高时，自动开启或关闭暖气的阀门。

④航空航天领域记忆合金有很多成功的应用。人造卫星上庞大的天线可以用记忆合金制作，发射人造卫星之前，将抛物面天线折叠起来装进卫星体内，火箭升空把人造卫星送到预定轨道后，只需加温，折叠的卫星天线因具有“记忆”功能而自然展开，恢复抛物面形状，如图 6-9 所示。

图 6-9　记忆合金制作的卫星天线自动打开

能力知识点 2　纳米材料

“纳米”(Nanometer)是一种度量单位，1 纳米为百万分之一毫米。纳米基本单元的颗粒或晶粒尺寸至少在一维上小于 100nm，且必须具有与常规材料截然不同性能的一类材料。

1. 纳米材料的分类

(1)按结构分　三维纳米材料、二维纳米材料、一维纳米材料、零维纳米材料。

（2）按化学组成分　纳米金属、纳米晶体、纳米陶瓷、纳米玻璃、纳米高分子、纳米复合材料等。

（3）按材料物性分　纳米半导体、纳米磁性材料、纳米非线性材料、纳米超导材料等。

（4）按材料用途分　纳米电子材料、纳米生物医用材料、纳米敏感材料、纳米光电子材料、纳米储能材料等。

2. 纳米材料的主要特性

（1）基本物理效应

①小尺寸效应。纳米微粒的熔点降低、金属纳米微粒都呈黑色。

②表面效应。纳米微粒尺寸小，表面能高、表面原子具有高的活性，极不稳定，很容易与其他原子结合。

③量子尺寸效应。量子尺寸效应会导致纳米微粒的磁、光、声、热、电等性能与宏观材料的特性有明显的不同。例如，金属普遍是良导体，而纳米金属在低温下都是呈现电绝缘体。

（2）扩散及烧结性能　纳米材料具有较高的扩散率，使一些通常较高温度才能形成的稳定相在较低温度下就可以存在，同时烧结温度也大大降低。

（3）超塑性　材料在特定条件下可产生非常大的塑性变形而不断裂的特性被称为超塑性。如陶瓷材料在高温时具有超塑性，可以通过使晶粒的尺寸降到纳米级来实现其室温超塑性。

（4）力学性能　与传统材料相比，纳米结构材料的力学性能有显著的变化，一些材料的强度和硬度成倍的提高，这方面还没有形成比较系统的理论。

（5）光学性能　纳米金属粉末对电磁波有特殊的吸收作用，可作为军用高性能毫米波隐形材料、红外线隐形材料和结构式隐形材料以及手机辐射屏蔽材料。

（6）电学性能　纳米材料的电阻高于同类粗晶材料。纳米半导体材料的介电常数随测量频率减少呈明显上升趋势，同常规的半导体材料有很大的不同。

3. 纳米材料的主要应用

有科学家预言，在21世纪纳米材料将是“最有前途的材料”，纳米技术甚至会超过计算机和基因学，成为“决定性技术”。

（1）传感器方面的应用　由于纳米材料具有大的比表面积、高的表面活性及与气体相互作用强等原因，纳米微粒对周围环境十分敏感，如光、温、气氛、湿度等，因此可用作各种传感器，如温度、气体、光、湿度等传感器。

（2）催化方面的应用　纳米微粒由于尺寸小、表面原子数占较大的百分数、表面的键态和电子态与颗粒内部不同、表面原子配位不全等导致表面活性增加，使它具备了作为催化剂的基本条件。

（3）光学方面的应用　纳米微粒由于小尺寸效应使其具有常规大块材料不具备的光学特性，如光学非线性、光吸收、光反射、光传输过程中的能量损耗等都与纳米微粒的尺寸有很强的依赖关系。

（4）医学方面的应用　由于纳米微粒的尺寸一般比生物体内的细胞、红血球小得多，可以利用纳米微粒进行细胞分离、细胞染色及利用纳米微粒制成特殊药物或新型抗体进行局部定向治疗。科学家们设想利用纳米技术制造出分子机器人，在血液中循环，对身体各部位进行检测、诊断，并实施特殊治疗。

（5）电子功能材料方面的应用　20世纪80年代日本就利用金属超微粒制备了高密度磁

带。磁性存储技术在现代技术中占有举足轻重的地位。为了进一步提高磁存储的密度和容量，就需要不断减小磁头的体积，同时还要减小磁记录介质的厚度。因此薄膜磁头材料与薄膜磁存储介质是磁件材料当前发展的主要方向之一。

纳米材料还可作防红外线、防雷达的隐身材料。例如用 WCo 微粒、铁氧体微粒制成的吸波材料，在国防中有重要应用。

能力知识点 4　超导材料

1. 超导现象

超导材料是近年发展最快的功能材料之一。超导体是指在一定温度下材料电阻变为零，物质内部失去磁通成为完全抗磁性的物质。

超导现象是荷兰物理学家昂内斯(Onnes)在 1911 年首先发现的。他在检测水银低温电阻时发现，温度低于 4.2K 时电阻突然消失，这种零电阻现象称为超导现象。出现零电阻的温度称为临界温度 T_c。T_c 是物质常数，同一种材料在相同条件下有确定值，T_c 的高低是超导材料能否实际应用的关键。1933 年，迈斯纳(Meissner)发现超导的第二个标志，即完全抗磁。当金属在超导状态时，它能将通过其内部的磁力线排出体外，称为迈斯纳效应。

超导材料的两个最基本的宏观特性是零电阻和完全抗磁性。

2. 超导技术的研究与发展

T_c 值越高，超导体的使用价值越大。由于大多数超导材料的值都太低，必须用液氦才能降到所需温度，这样不仅费用昂贵而且操作不便，因而许多科学家都致力于提高值的研究工作。

1973 年应用溅射法制成 Nb_3Ge 薄膜，T_c 从 4.2K 提高到 23.2K。到 20 世纪 80 年代中期，超导材料研究取得突破性进展，中国、美国和日本等国家都先后获得 T_c 高达 90K 以上的高温超导材料，而后又研制出了超过 120K 的高温超导材料。

3. 超导材料的应用

(1)电力系统方面　超导电力储存是目前效率最高的储存方式。利用超导输电可大大降低目前高达 7%左右的输电损耗。超导磁体用于发电机，可大大提高电机中的磁感应强度，提高发电机的输出功率。利用超导磁体实现磁流体发电，可直接将热能转换为电能，使发电效率提高 50%～60%。

(2)运输方面　超导磁悬浮列车在车底部安装许多小型超导磁体，在轨道两旁埋设一系列闭合的铝环。列车运行时，超导磁体产生的磁场相对于铝环运动，铝环内产生的感应电流与超导磁体相互作用，产生的浮力使列车浮起。列车速度越高，浮力越大。磁悬浮列车速度可达 500km/h。

(3)其他方面　超导材料可用于制作各种高灵敏度的器件，利用超导材料的隧道效应可制造运算速度极快的超导计算机等。

能力知识点 5　高温材料

高温材料一般是指在 600℃以上，甚至在 1000℃以上能满足工作要求的材料，这种材料在高温下能承受较高的应力并具有相应的使用寿命。常见的高温材料是高温合金，出现于 20 世纪 30 年代，其发展和使用温度的提高与航天航空技术的发展紧密相关。

1. 高温材料的分类

(1)铁基高温合金　铁基高温合金由奥氏体不锈钢发展而来。这种高温合金在成分中加入比较多的 Ni 以稳定奥氏体基体。现代铁基高温合金有的 Ni 含量甚至接近 50%。另外,加入 10%～25%的 Cr 可以保证获得优良的抗氧化及抗热腐蚀能力;W 和 Mo 主要用来强化固溶体的晶界,Al、Ti、Nb 起沉淀强化作用。我国研制的 Fe－Ni－Cr 系铁基高温合金有 GH1 140、GH2 130、K214 等,用作导向叶片的工作温度最高可达 900℃。一般而言,这种高温合金抗氧化性和高温强度都还不足,但其成本较低,可用于制作一些使用温度要求较低的航空发动机和工业燃气轮机部件。

(2)镍基高温合金　这种合金以 Ni 为基体,Ni 含量超过 50%,使用温度可达 1000℃。镍基高温合金可溶解较多的合金元素,可保持较好的组织稳定性。高温强度、抗氧化性和抗腐蚀性都较铁基合金好,现代喷气发动机中,涡轮叶片几乎全部采用镍基合金制造。镍基高温合金按其生产方式可分为变形合金与铸造合金两大类。由于使用温度越高的镍基高温合金,其锻造性能越差,因此,现今耐热温度高的零部件大多选用铸造镍基高温合金制造。

(3)高温陶瓷材料　高温高性能陶瓷正在得到普遍关注。以氮化硅陶瓷为例,已成为制造新型陶瓷发动机的重要材料。其不仅有良好的高温强度,而且热膨胀系数小,导热系数高,抗热振性能好。用高温陶瓷材料制成的发动机可在比高温合金更高的温度下工作,效率得到了很大提高。

2. 高温合金的应用

高温材料的应用范围日益广泛,从锅炉、蒸汽机、内燃机到石油、化工用的各种高温物理化学反应装置、核反应堆的热交换器、喷气涡轮发动机和航天飞机的多种部件都有广泛的使用。高新技术领域对高温材料的使用性能不断提出要求,促使高温材料的种类不断增多,耐热温度不断提高,性能不断完善。反过来,高温材料的性能提高,又扩大了其应用领域,推动了高新技术的发展。

能力知识点 6　储氢材料

氢是一种洁净、无污染、发热值高的二次能源,作为可替代原子能、太阳能、地热、风能的转化产物,具有广阔的发展前景。氢气燃烧可以释放大量的热能,单位质量氢的热能是汽油的 3 倍,而其燃烧后的产物是水,不污染环境,不破坏生态平衡,因而氢是清洁、高品质、理想的新能源。

储氢合金是一种能在晶体的空隙中大量储存氢原子的合金材料,能以金属氢化物的形式吸收氢,加热后又能释放氢,是一种安全、经济而有效的储氢方法。并不是所有与氢作用能生成金属氢化物的金属(或合金)都可以作为储氢材料。目前研究和已投入使用的储氢合金主要有稀土系、钛系、镁系几类,达到产业化水平的主要是以 LaNi5 型为主的 AB5 型合金,容量一般为 300～330mAh/g。

储氢合金普遍用于合成化学的催化加氢与脱氢、镍氢电池、氢能燃料汽车、用于海水淡化的金属氢化物压缩机、金属氢化物热泵、空调与制冷,氢化物热压传感器和传动装置等。储氢材料既可以作为固体储氢介质,又可以作为镍氢电池的负极活性材料,是燃料电池与镍氢电池的关键技术之一,是新能源材料中的一类重要材料。

练习 6

一、填空题

1.塑料是指以________为主要成分,再加入其他________剂在一定温度与压力下塑制成形的材料或制品的总称。

2.根据树脂在加热和冷却时所表现的性质,可将塑料分为热________性塑料和热________性塑料两类。

3.生胶是指未加配合剂的________橡胶或________橡胶的总称。

4.陶瓷材料按其成分和来源,分为________陶瓷(传统陶瓷)和________陶瓷(近代陶瓷)两大类。

5.陶瓷制品种类繁多。其生产工艺过程各不相同。一般都要经历________、________和________烧结三个阶段。

6.按复合材料的增强剂种类和结构形式的不同,复合材料可分为________增强复合材料、________增强复合材料和________增强复合材料三类。

二、简答题

1.什么是工程塑料?其主要品种有哪些?

2. 非金属材料具有金属材料以外的什么特性?

3. 橡胶有什么特点和应用?

4.什么是特种陶瓷,有何应用?

5.列举常见的涂料,并说明各自的用途。

6.什么是复合材料?

项目 7 工程材料的合理选用

【教学基本要求】

1. 知识目标

(1)了解零件的失效分析；

(2)熟悉选材的原则、方法和步骤；

(3)熟悉典型零件的选材。

2. 能力目标

(1)零件的失效分析；

(2)典型零件的选材及热处理工艺安排。

【思维导图】

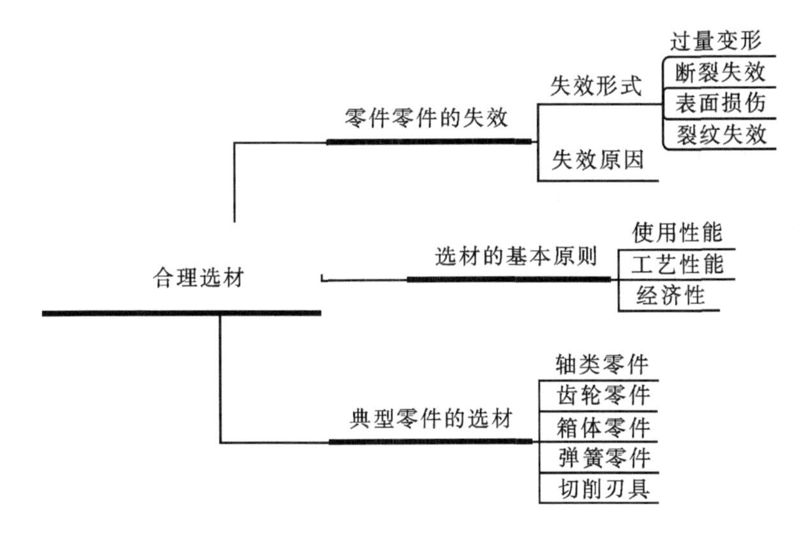

图 7-1 工程材料选材思维导图

【引导案例】

实例 1 175A 型农用内燃机曲轴零件的选材

内燃机曲轴承受弯曲、扭转、剪切、拉压、冲击等交变应力的作用，会造成曲轴的扭转、弯曲和振动，产生附加应力；各个部位应力分布不均；同时，曲轴颈部与轴承有滑动摩擦，会造成曲轴的疲劳断裂和轴颈严重磨损。如图 7-2 所示为 175A 型农用内燃机曲轴。

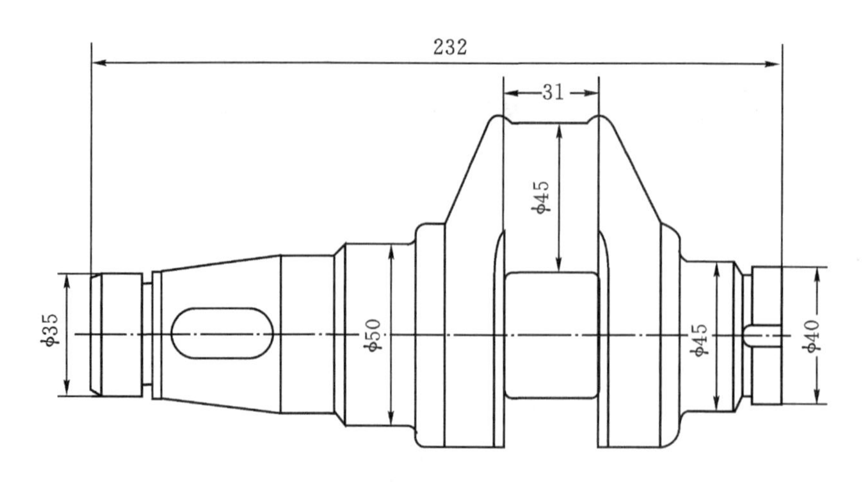

图 7-2　175A 型农用内燃机曲轴简图

因此，要求曲轴的材料具有高强度、一定的冲击韧性、足够的弯曲、扭转疲劳强度和刚度，轴颈表面有高硬度和耐磨性，$R_m \geqslant 750$MPa，整体硬度为240～260HBW，轴颈表面硬度≥50HRC，A ≥ 2%，$a_k \geqslant 150$kJ·m^{-2}。

曲轴的加工方法不同，所用的材料也不相同，锻造曲轴常用优质中碳钢和中碳合金钢，如35、40、45、35Mn2、40Cr、35CrMo 钢等；铸造曲轴常用铸钢、球墨铸铁、珠光体可锻铸铁及合金铸铁等，如 ZG270－500、QT600－3、QT700－2、KTZ450－06、KTZ550－04 等。

根据 175A 型农用内燃机曲轴的工作条件和性能要求可选 QT700－2。

加工工艺路线：铸造 → 高温正火（950～960℃风冷）→ 高温回火（500～550℃）→ 切削加工 → 轴颈气体渗氮（500～520℃炉冷等温渗氮或 550～560℃炉冷二段渗氮）→ 精磨。

其热处理工艺曲线如图 7-3 所示。

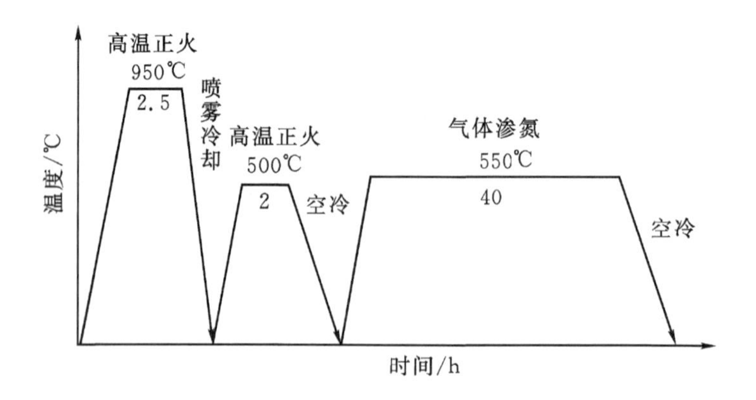

图 7-3　QT700－2 制造曲轴的热处理工艺曲线

热处理工序的作用：

(1)高温正火　高温正火可获得细的珠光体、少量破碎的铁素体和弥散分布的游离碳化物，可获得较高的强度和韧性。

(2)高温回火　高温回火可消除正火过程中产生的内应力，调整硬度，改善切削加工性。

(3)渗氮　渗氮可保证在不改变组织及加工精度的前提下，使曲轴的轴颈表面得到高硬度、高耐磨性、高疲劳强度和良好的耐腐蚀性。也可以采用对轴颈进行表面淬火和喷丸处理来提高其耐磨性和疲劳强度。

实例 2　普通车床中的变速箱齿轮零件的选材

普通车床中的变速箱齿轮是主传动系统中传递动力的齿轮，其工作转速较高，轮齿表面要求有较高的硬度 51 ～ 56HRC，以保证耐磨性，同时还要求有一定的强度和心部硬度及韧性。如图 7 - 4 所示。

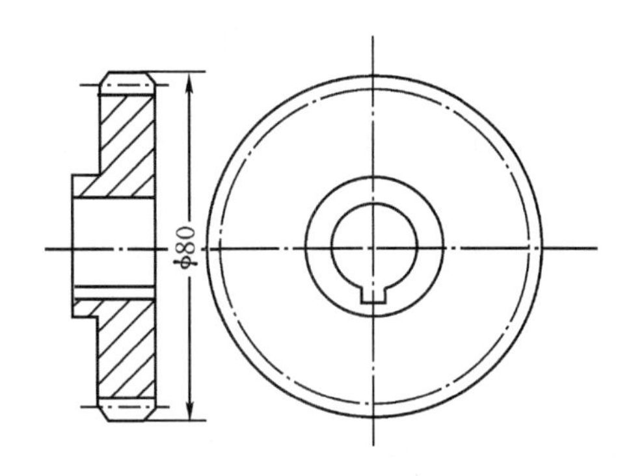

图 7 - 4　车床传动齿轮

与汽车、拖拉机变速箱齿轮相比，一般机床齿轮工作时相对比较平稳，承受冲击负荷很小，传递的动力也不大，不需要采用化学热处理(如渗碳)，整体的强度、韧性由调质可以达到要求。选用淬透性适当的调质钢经调质处理后，再经高频表面淬火和低温回火即可达到要求。因此，通常选用 45 钢，若淬透性要求高，则选用合金调质钢。

用 45 钢制造机床齿轮的加工工艺路线：

下料 → 锻造 → 正火(840～860℃空冷) → 机加工 → 调质(840～860℃水淬，500～550℃回火) → 精加工 → 高频表面淬火(880～900℃水冷) → 低温回火(200℃回火) → 精磨。

其热处理工艺曲线如图 7 - 5 所示。

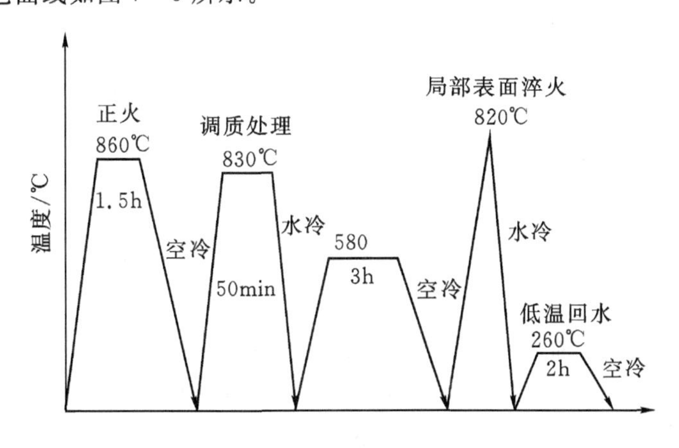

图 7 - 5　45 钢制造机床变速箱齿轮的热处理工艺曲线

热处理工序的作用：

(1)正火　正火可消除锻造过程中产生的应力，均匀组织，调整硬度，改善齿轮表面的加工质量，细化晶粒，为高频淬火做组织准备。

(2)调质　调质可提高齿轮心部的强度和韧性，使齿轮具有较高的综合力学性能，以提高齿轮抗弯曲载荷和交变载荷的能力。

(3)高频淬火＋低温回火　高频淬火可以提高轮齿表面的硬度（52HRC以上）和耐磨性，使轮齿的表面产生残余压应力，提高齿面的抗疲劳破坏的能力；低温回火可消除淬火应力。

任务1　机械零件的失效

任何零件无论质量多高，都不可能无限期的使用，总会因各种原因而失效报废。达到正常的使用寿命后的失效是不可避免的，但许多零件的寿命是远低于设计寿命，发生的是早期失效。这种情况会造成生产安全隐患，容易引发重大安全事故，因此需要给予足够的重视。在工程材料的选材初始，就必须对零件在使用过程中可能产生的失效形式、失效原因进行分析，为选材及后续加工控制提供安全依据。

能力知识点1　失效的概念及形式

1. 零件的失效

机械零件丧失正常的工作能力称为失效。

失效特征表现为：

①零件完全破坏、不能正常工作；

②零件能工作但达不到设计的功能或效果；

③零件损坏不严重但继续工作不安全。

上述情况发生任何一种，都认为零件已失效。例如，齿轮在工作过程中因磨损而不能正常啮合及传递动力、主轴在工作过程中因变形而失去精度等均属于失效。

注意：零件达到设计的预期寿命后发生的失效属于正常失效；低于设计预期寿命发生的失效属于非正常失效。还有一种称为突发性失效，如化工厂爆炸。

2. 零件失效的形式

(1)过量变形失效　过量变形失效是指零件因变形量超过允许范围而造成的失效。主要有由过量弹性变形、过量塑性变形所造成的失效。例如高温下工作时，螺栓发生松脱，就是过量弹性变形转换为塑性变形而造成的失效。

(2)断裂失效　断裂失效是指零件因完全断裂而无法工作的失效。断裂形式主要有塑性断裂、脆性断裂、疲劳断裂、蠕变断裂等。例如钢丝绳在吊运中的断裂；在交变载荷作用下的轴、齿轮、弹簧等的断裂。

(3)表面损伤失效　表面损伤失效是指零件在工作中，因机械或化学作用使其表面损伤而造成的失效。表面损伤失效主要有表面磨损失效、表面腐蚀失效、表面疲劳失效(疲劳点蚀)。例如齿轮经长期工作后齿表面磨损导致精度降低，这种现象属于表面损伤失效。

(4)裂纹失效　裂纹失效是指零件内外的微裂纹在外力作用下扩散，造成零件断裂的现象。裂纹的产生往往是材料选取的不当，工艺制定不合理造成的。例如，锻件中的裂纹，往往因为钢中的含硫量较高、混入铜等低熔点金属及夹杂物含量过多，造成晶界强度被削弱；或锻后冷却速度过快，未及时进行退火处理，容易产生表面裂纹。

实际上，零件失效的形式往往不是单一的，但总是一种方式起主导作用。例如齿轮的失效往往先有点蚀、剥落，后出现断齿等；轴类零件在轴颈处因摩擦而发生磨损失效，在应力集中处则发生疲劳断裂。当几种失效形式同时存在，形成更复杂的失效形式，如腐蚀疲劳断裂、蠕变疲劳和腐蚀磨损等。

能力知识点2　零件失效的原因

1. 设计不合理

零件的结构形状、尺寸设计不合理易引起失效。例如：结构设计中存在尖角、尖锐缺口和过小的过渡圆角等缺陷，产生应力集中引起失效；对零件的实际工作条件（温度及介质等变化）估计不足，安全系数小，达不到实际要求的承载力等。

2. 选材不合理

零件设计中选材不当或选用的材料质量较差易引起失效。例如：某钢材锻造时出现裂纹，经成分分析，硫含量超标，断口也呈现出热裂特征，由此判断是材料不合格造成的。

3. 加工工艺安排不合理

零件或毛坯在冷、热加工过程中，由于工艺方法、工艺参数不正确等，常会出现某些缺陷，导致失效。例如：冷加工中表面粗糙度值过大、刀痕纹路较深或磨削时产生较高的残余应力或裂纹；铸件中有气孔、疏松、夹杂甚至裂纹；锻造产生的过热、过烧以及带状组织；热处理的氧化、脱碳、变形、开裂等都会造成零件的失效。

4. 安装使用不合理

机器在装配和安装过程中，不符合技术要求，如装配过紧、过松，或安装时固定不紧、润滑不好等都可造成失效；使用过程中，操作、维护、保养不当或违规使用，均有可能使零件失效。

任务2　选材的基本原则

选材是一项十分重要的工作，尤其是一台机器中关键零件的选材是否恰当，直接影响到产品的使用性能、使用寿命及制造成本。要做到合理选材，就必须全面分析零件的工作条件、受力性质和大小、失效形式；然后综合各种因素，选择满足零件的使用性能要求的材料，然后再兼顾材料的加工工艺、制造成本等。

能力知识点1　使用性能的考虑

在进行零件选材时，应根据零件的工作条件和失效形式确定材料应具有的主要性能指标，这是保证零件安全可靠、经久耐用的先决条件。

零件的工作条件主要指：

（1）受力情况　受力情况包括载荷形式（拉伸、压缩、弯曲、扭转等）、载荷性质（静载、循环变载、冲击载荷、载荷分布等）和大小、载荷的特点（均布载荷或集中载荷等）以及受摩擦情况等。

（2）工作环境　工作环境包括工作温度、环境介质的性质、是否有腐蚀性等。

(3)特殊性能要求　特殊性能要求包括导电、导热以及密度、外观、色泽等。

当材料性能不能满足零件工作条件时,零件就不能正常工作或早期失效。

一般零件的使用性能主要是指材料的力学性能。零件工作条件不同,失效形式不同,其力学性能指标要求也不同,如表7-1所示。

表7-1　几种常用零件的工作条件、常见失效形式及要求的主要力学性能指标

零件	工作条件			常见失效形式	要求的主要力学性能
	应力类型	载荷性质	受载状态		
紧固螺丝	拉、剪应力	静载		过量变形、断裂	强度、塑性
传动轴	弯、扭应力	循环、冲击	轴颈摩擦、振动	疲劳断裂、过量变形、轴颈磨损	综合力学性能
传动齿轮	压、弯应力	循环、冲击	摩擦、振动	断齿、磨损、疲劳断裂、接触疲劳	表面高强度及疲劳强度、心部强度、韧性
弹簧	扭、弯应力	交变、冲击	振动	弹性失稳、疲劳破坏	弹性极限、屈强比、疲劳强度
冷作模具	复杂应力	交变、冲击	强烈摩擦	磨损、脆断	硬度、足够的强度、韧性

能力知识点2　工艺性能的考虑

工艺性能是指材料能否保证顺利地加工制造成零件的性能。当某些材料仅从零件的使用要求来考虑是合适的,但无法加工制造,或加工困难、制造成本高时,这些均属于选材不合理。表7-2对材料的工艺性能进行了简单的概括。

表7-2　材料的工艺性能主要评定指标及应用

工艺性能	评定指标	应用
铸造性能	流动性、收缩性	铸铁优于铸钢。同种材料中成分越靠近共晶点的合金,其铸造性能越好
锻压性能	塑性和变形抗力	碳钢比合金钢锻压性能好。低碳钢的锻压性能优于高碳钢
焊接性能	常用碳当量	低碳钢和低合金高强度结构钢焊接性能良好;碳与合金元素含量越高,焊接性能越差
切削加工性能	用最高切削速度、切削力大小、表面粗糙度值的大小、断屑难易程度和刃具磨损来综合评定	一般当材料硬度值为170～230HBS时,切削加工性能好
热处理工艺性能	淬透性、淬硬性、变形、开裂倾向、耐回火性和氧化脱碳倾向评定	一般碳钢的淬透性差,强度较低,加热时易过热,淬火时易变形、开裂;合金钢的淬透性优于碳钢
粘结固化性能	成型中各组分间的粘结固化倾向	高分子、陶瓷、复合材料,粉末冶金材料

能力知识点3　经济性的考虑

从选材经济性原则考虑，应尽可能选用货源充足、价格低廉、加工容易的材料，而且应尽量减少所选材料的品种、规格，以简化供应、保管等工作。但是，仅仅考虑材料的费用及零件的制造成本并不是最合理的，还应尽量提高该产品的性价比。

某大型内燃机的曲轴，用珠光体球墨铸铁生产，成本较低，使用寿命3～4年，如改为40 Cr调质再表面淬火后使用，成本为前者的2倍左右，但使用寿命近10年，可见，虽然采用球墨铸铁生产曲轴成本低，但就性价比来说，用40 Cr来生产曲轴更为合理，而且曲轴是内燃机的重要零件，质量好坏直接影响整台机器的运行安全及使用寿命，因此为提高此类关键零件的使用寿命，即使材料价格和制造成本较高，全面来看其经济性仍然是合理的。

任务3　典型零件选材实例

金属材料、高分子材料、陶瓷材料及复合材料是目前最主要的机械工程材料，它们有各自的特点和最合适的用途。但金属材料能满足决大多数零件的工作要求，因此它能广泛的用于制造各种重要的机械零件和工程结构。

能力知识点1　轴类零件的选材

轴类零件是机器中最基本的零件之一，其主要作用是支撑传动零件，如齿轮、带轮等，并传递运动和动力。轴质量的好坏直接影响到机器的精度和使用寿命。

1. 轴类零件的工作条件、失效形式及性能要求

①传递一定的扭矩，承受一定的交变弯曲和拉、压载荷，易发生疲劳断裂，要求具有良好的综合力学性能，包括强度、塑性、韧性以及高的疲劳强度。

②轴颈承受较大的摩擦，易发生磨损失效，要求具有高的硬度和良好的耐磨性。

③承受大载荷或一定的冲击载荷，易引起过量变形和断裂失效，要求具有足够的刚度和较高的强韧性。

④特殊性能要求，如高温中工作的轴要求抗蠕变性能要好，在腐蚀性介质中工作的轴要求耐蚀性好等。

2. 轴类零件选材原则

主轴的材料及热处理工艺的选择应根据其工作条件、失效形式及技术要求来确定。主要原则如下：

①主轴的材料常采用碳素钢与合金钢，碳素钢中的35、45、50等优质中碳钢具有较高的综合力学性能，应用较多，其中以45钢用得最为广泛。为了改善材料力学性能，应进行正火或调质处理。

②合金钢具有较高的力学性能，但价格较贵，多用于有特殊要求的轴。合金钢对应力集中的敏感性较高，因此设计合金钢轴时，更应从结构上避免或减少应力集中现象，并减少轴的表面粗糙度值。

③当主轴尺寸较大、承载较大时，可采用合金调质钢，如将40Cr、40CrMn、35CrMo等进行调质处理后再使用。

④对于表面要求耐磨的部位，应调质后再进行表面淬火，当主轴承受重载荷、高转速且冲击与变动载荷很大时，应选用合金渗碳钢，如将 20Cr、20CrMnTi 等进行渗碳淬火后再使用。

⑤对于在高温、高速和重载条件下工作的主轴，必须具有良好的高温力学性能，常采用 25Cr2Mo1VA、38CrMoAl 等合金结构钢。

3. 应用举例

实例 1　卧式车床主轴

如图 7－6 所示为一卧式车床主轴，其作用是支撑传动零件、传递运动和动力。

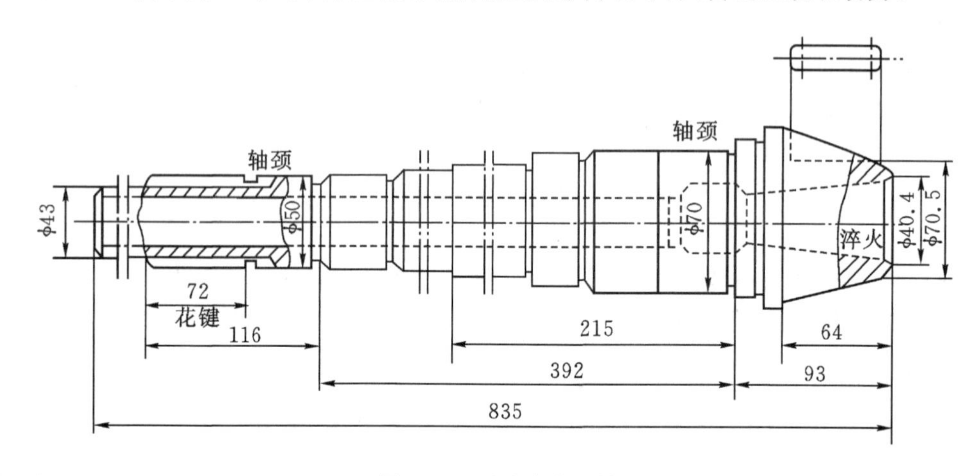

图 7－6　卧式车床主轴

(1)工作条件及性能要求　图中主轴在工作中主要承受扭转力和弯曲力的作用，整个截面上受力不均，表面应力大、心部应力小，冲击力较小，运转较平稳；主轴大端内锥孔、外圆锥面工作时需经常与顶尖、卡盘有相对摩擦；花键部位与齿轮有相对滑动或碰撞。

因此该主轴在滚动轴承中运转，要求整体具有良好的综合力学性能，硬度为 220～250HBW；锥孔与外圆锥面要求硬度为 45～50HRC；花键表面硬度为 48～53HRC。

(2)材料选择　车床主轴属于中速、中等载荷的轴类零件，可选 45 钢经正火、调质处理，使整体达到良好的综合力学性能和硬度要求；锥孔与外圆锥面采用局部盐浴加热、水冷、低温回火；花键部分采用高频加热淬火、低温回火，均可达到硬度要求。

45 钢价格低，锻造性能和切削加工性能都比较好，虽然淬透性较差，但主轴工作时应力主要分布在表面层，因此选用 45 钢即可满足使用要求。

(3)加工工艺路线

下料→锻造→正火(850～870℃空冷)→粗加工→调质(840～860℃盐淬至 150 左右再空冷，550～570℃回火)→半精加工(花键除外)→局部淬火、回火(锥孔、外圆锥面 830～850℃盐淬，220～250℃回火)→粗磨(外圆、外圆锥面、锥孔)→铣花键→花键高频感应淬火、回火(890～900℃高频感应加热，喷水冷却，180～200℃回火)→精磨(外圆、外圆锥面、锥孔)。

该主轴结构形状较简单，一般情况下调质、淬火时不会出现开裂，但主轴较长，进行整体淬火会产生较大变形，难以保证锥孔与外圆锥面对两轴颈的同轴度要求，因此改为锥部淬火与花键淬火分开进行，可以保证使用质量要求。其热处理工艺曲线如图 7－7 所示。

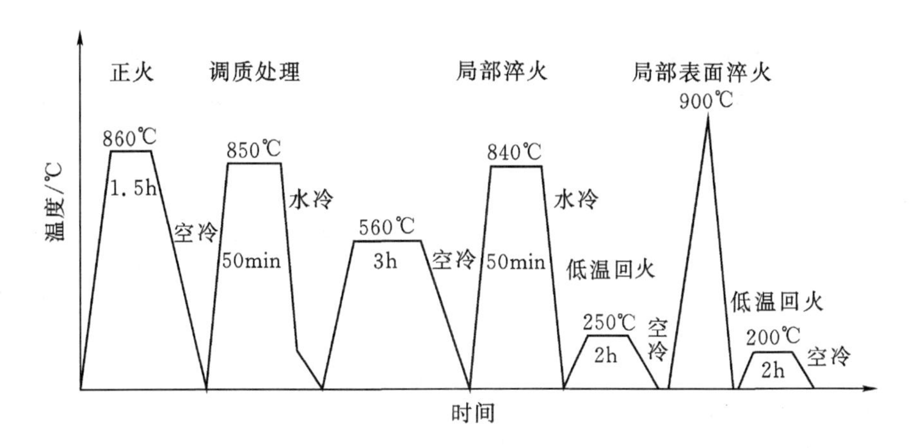

图7-7　45钢制造车床主轴的热处理工艺曲线

(4)热处理工序的作用

①正火。正火可均匀组织、细化晶粒,为后续热处理作组织准备;消除锻造应力,调整硬度,改善切削加工性能。

②调质处理。调质处理可获得回火索氏体组织,使主轴整体具有较好的综合力学性能,为表面淬火作组织准备。

③淬火及回火。内锥孔、外锥体局部淬火、回火以及花键部分高频感应加热表面淬火,可得到高硬度、高耐磨性及高疲劳强度,再经低温回火消除应力,可防止磨削时产生裂纹,并保持高硬度和高耐磨性。

能力知识点2　齿轮零件的选材

齿轮是机械工业中应用最广泛的零件之一,主要用于传递扭矩、调节速度和改变转向。

1. 齿轮的工作条件、主要失效形式及其对材料性能的要求

①用于传递扭矩,齿根承受较大的交变弯曲应力,易发生疲劳断裂,所以要求具有高的弯曲疲劳强度。

②由于齿面相互滑动和滚动,承受较大的接触应力和摩擦,易发生齿面磨损、齿面疲劳点蚀等,所以要求具有高的硬度、耐磨性和接触疲劳强度。

③由于换挡、启动或啮齿不良。齿部承受一定的冲击载荷,易发生过载断裂,所以要求齿轮心部要有足够的强度和韧性。

④要求具有良好的切削加工性能和热处理性能,组织内部缺陷在允许的范围内。

2. 齿轮类零件常用材料及选用

齿轮的选材主要依据工作条件(如圆周速度、载荷性质与大小以及精度要求等)来确定。

(1)钢铁材料　根据齿轮的性能要求,齿轮常用材料可选用低、中碳钢或低、中碳合金钢,并对轮齿表面进行强化处理。使轮齿表面有较高的强度和硬度,心部有较好的韧性。对于一些轻载、低速、不受冲击、精度和结构紧凑性要求不高的不重要的齿轮,常采用灰口铸铁并进行适当热处理。近年来球墨铸铁的应用范围越来越广,对于润滑条件差而要求耐磨的齿轮及要求耐冲击、高强度、高韧性和耐疲劳的齿轮,可用贝氏体球墨铸铁代替渗碳钢。一些尺寸较大、形状复杂、不易锻造、用铸铁又满足不了性能要求的齿轮可采用铸钢制作。

(2)非铁合金及非金属材料　承受载荷较轻,速度较低的齿轮,常选用非铁合金制造,如仪器、仪表齿轮常选用黄铜、铝青铜等制造;随着高分子材料性能的不断完善,用工程塑料制造的齿轮也在越来越多的场合得到应用。

机床、汽车、航空齿轮的选材及热处理见表 7-3。工程塑料齿轮的选材与应用见表 7-4。

表 7-3　机床、汽车、航空齿轮的选材及热处理

齿轮工作条件	材料牌号	热处理工艺	硬度要求
低载、要求耐磨、小尺寸机床主轴	15	900～950℃渗碳 780～900℃淬火	58～63HRC
低速、低载不重要变速箱齿轮和挂轮架齿轮	45	800～840℃正火	156～217HBS
低速、低载机床齿轮	45	820～840℃水淬 500～550℃回火	200～250HBS
中速、中载、重载机床齿轮	45	高频淬火,水冷, 300～340℃回火	45～50HRC
高速、中载、要求齿面硬度高的机床齿轮	45	高频淬火,水冷, 180～200℃回火	54～60HRC
中速或中载的高速机床走刀箱、变速箱齿轮	40Cr、42SiMn	调质,高频淬火,乳化液冷却,260～300℃回火	50～55HRC
高速、高载、齿部要求高硬度的机床齿轮	40Cr、42SiMn	调质,高频淬火,乳化液冷却,260～300℃回火	54～60HRC
高速、中载、受冲击的机床齿轮,如龙门铣床电动机齿轮	20Cr、20Mn2B	900～950℃渗碳,直接淬火或 800～880℃油淬,180～200℃回火	58～63HRC
高速、高载、受冲击的齿轮,如立式车床重要齿轮	20CrMnTi 20SiMnVB	900～950℃渗碳,降温至 820～850℃直接淬火,180～200℃回火	58～63HRC
汽车变速齿轮及圆锥齿轮	20CrMnTi 20CrMnMo	900～950℃渗碳,降温至 820～850℃直接淬火,180～200℃回火	58～64HRC
航空发动机大尺寸、重载、高速齿轮	18Cr2Ni4WA 37Cr2Ni4A 40CrNiMoA	调质、氮化	>850HV
航空高速齿轮	12CrNi3A 12Cr2Ni4A	900～920℃渗碳,850～870℃一次淬火,油冷,780～800℃二次淬火,油冷,150～170℃回火	58～63HRC

表 7-4　工程塑料齿轮的选材与应用

塑料品种	性能特点	适用范围
尼龙 6 尼龙 66	有较高的疲劳强度与耐振性，但吸湿性强	在中等载荷或低载、中等温度(80℃以下)、少或无润滑条件下工作
尼龙 610 尼龙 1010	强度与耐热性略差，但吸湿性较弱，尺寸稳定性较好，良好的韧性和刚度，耐疲劳，耐油，耐腐蚀，自润滑性好	同上，可在湿度波动较大的情况下工作
MC 尼龙	强度、刚度均较前两种高，耐磨性也较好	适用于铸造大型齿轮及蜗轮等
尼龙	强度、刚度、耐热性均优于未增强者，尺寸稳定性也显著提高	在高载荷、高温下使用，传动效果好，速度较高时应用油润滑
聚甲醛	耐疲劳，刚度高于尼龙，吸湿性很弱，耐磨性好，但不宜成形，易老化	在中等轻载荷、中等温度和无润滑条件下工作
聚碳酸酯	成型收缩率特小，精度高，抗冲击、抗蠕变性好，但耐热疲劳强度较差，并有应力开裂倾向	可大量生产，一次加工；可在冲击较大的情况下工作，当速度较高时用油润滑
ABS	韧性和尺寸稳定性、强度高，耐磨、耐蚀，耐水和油，易成形加工	冲击工况，低浓度酸碱工况
玻璃纤维增强聚碳酸酯	强度、刚度、耐热性可与尼龙媲美，尺寸稳定性超过增强尼龙，但耐磨性较差	在较高载荷、较高温下使用的精密齿轮，当速度较高时用油润滑
聚苯醚(PPO)	较上述未增强者优先，成形精度高，耐蒸汽，但有应力开裂倾向	适用于在高温水或蒸汽中工作的精密齿轮
聚酰亚胺(PI)	强度、耐热性高，成本也高	载 260℃以下长期工作的齿轮

3. 应用举例

实例 1　汽车变速箱齿轮

图 7-8 所示为一载重量为 8t 的汽车变速箱齿轮，通过它可改变发动机、曲轴和主轴齿轮的速比。

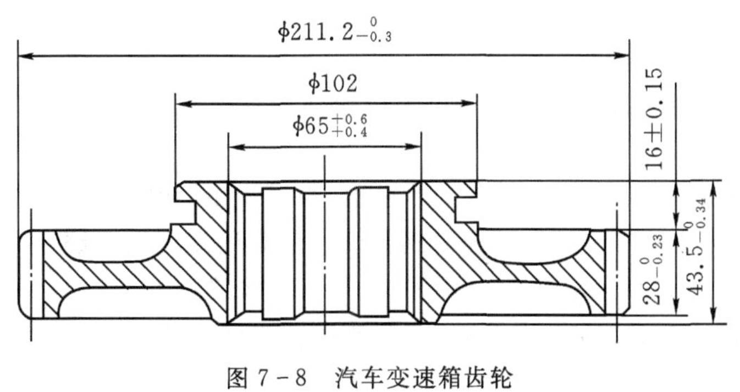

图 7-8　汽车变速箱齿轮

(1)工作条件及性能要求　齿轮在使用过程中受一定冲击,负载较重,轮齿表面要求耐磨。为防止在冲击力的作用下轮齿折断,要求齿轮心部有高的强度和韧性。其热处理技术条件为:轮齿表层含碳量为 $w_C = 0.80\% \sim 1.05\%$,齿面硬度为 58 ~ 63HRC,齿轮心部硬度为 33 ~ 45HRC,心部强度 $R_m > 1000MPa$,$R_{-1} > 440MPa$,$a_k \geqslant 95J \cdot cm^{-2}$。

(2)材料选择　若选调质钢 45、45Cr 钢淬火,均不能满足使用要求(表面硬度只能达到 50 ~ 56HRC)。38CrMoAl 钢为氮化钢,氮化层较薄,适用于转速高、压力小、不受冲击的场合,不适于制造此汽车变速箱齿轮。合金渗碳钢 20Cr 钢经渗碳淬火后,虽然表面能达到力学性能要求,材料来源也比较充足,成本也较低,但是淬透性低,易过热,淬火变形歼裂倾向较大,仍不能满足使用要求。

合金渗碳钢 20CrMnTi 钢经渗碳热处理后,齿面可获得高硬度(58 ~ 63HRC)和高耐磨性,并且该钢含有 Cr、Mn,具有较高的淬透性,油淬后可保证齿轮心部获得强韧结合的组织,具有较高的冲击韧性;同时,该钢含有 Ti,不易过热,渗碳后仍保持细晶粒,可直接淬火,变形较小;此外,20CrMnTi 钢的渗碳速度较快,表面碳的质量分数适中,过渡层平缓,经渗碳处理后具有较高的疲劳强度,可满足使用要求。因此该载货汽车变速箱齿轮选用 20CrMnTi 钢制造比较适宜。

(3)加工工艺路线

下料 → 齿坯锻造 → 正火(950～970℃空冷) → 机加工 → 渗碳(920～950℃渗碳、6～8h) → 预冷淬火(预冷至 870～880℃油冷) → 低温回火 → 喷丸 → 校正花键孔 → 磨齿。

其热处理工艺曲线如图 7-9 所示。

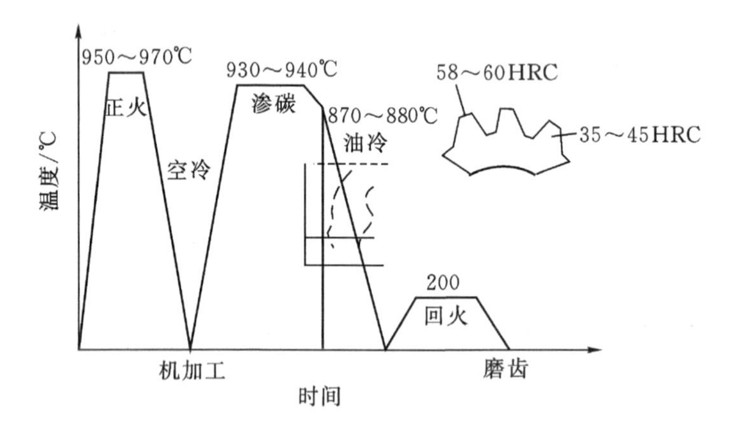

图 7-9　20CrMnTi 钢制造汽车变速齿轮的热处理工艺曲线

(4)热处理工序的作用

①正火。正火可均匀组织、细化晶粒,为后续热处理作组织准备;消除锻造应力,调整硬度,改善切削加工性能。

②渗碳。渗碳可提高轮齿表层碳的质量分数,保证渗碳层的深度。

③淬火+低温回火。淬火可使齿面达到所要求的高硬度和高耐磨性,而心部具有较高的强度和足够的韧性;低温回火是为了消除淬火应力及减少脆性。

此外,喷丸可增大渗碳层表面的压应力,提高疲劳强度,消除氧化皮。

能力知识点3　箱体零件的选材

1.箱体的工作条件、性能要求

箱体形状一般比较复杂，目的是保证其内部各个零件的正确位置，使各零件运动协调平稳。箱体主要承受各零件的重量以及零件运动时的相互作用力，以支撑零件为主；箱体对内部各零件运动产生的振动有缓冲作用。

性能要求如下：足够的抗压性能；较高的刚度，防止变形；良好的吸振性；良好的成形工艺性；其他特殊性能，如比重轻等。

2.箱体零件材料的选用

由于箱体形状比较复杂、壁厚较薄、体积较大，一般选用铸造毛坯成形，根据力学性能要求常用灰铸铁、球墨铸铁、铸钢等。工作平稳的箱体可用HT150、HT100、HT250等；受力较小，要求导热良好、重量轻的箱体可用铸造铝合金；受力较大的箱体可考虑铸钢；单件生产时可用低碳钢焊接而成。箱体加工前一般要进行时效处理，目的是消除毛坯的内应力。

能力知识点4　弹簧零件的选材

弹簧是一种重要的机械零件，主要作用是利用材料的弹性和弹簧本身的结构特点，在载荷作用下产生变形时，把机械能或动能转变为形变能；在恢复变形时，把形变能转变为动能或机械能。按形状不同，弹簧可分为螺旋弹簧(压缩、拉伸、扭转弹簧)、板弹簧、片弹簧和蜗卷弹簧等。

1.弹簧的工作条件、失效形式及性能要求

弹簧在工作的过程中承受压缩、拉伸、扭转等应力的作用，起缓冲、减振或复原作用的弹簧还要承受交变应力和冲击载荷的作用。此外，某些弹簧还受到腐蚀介质和高温的作用。弹簧常见的失效形式有塑性变形、疲劳断裂和腐蚀断裂等。性能要求见合金弹簧钢部分。

2.弹簧零件常用材料及选用

(1)弹簧钢　根据生产特点的不同，弹簧钢可分为如下两类：

①冷轧(拔)弹簧用材。以盘条、钢丝或薄钢带(片)供应，用来制作小型冷成形螺旋弹簧、片簧等。

②热轧弹簧用材。通过热轧方法加工成圆钢、方钢、盘条、扁钢，用以制造尺寸较大，承载较重的螺旋弹簧或板簧。弹簧热成形后要进行淬火及回火处理。

(2)不锈钢 0Cr18Ni9、1Cr18Ni9、1Cr18Ni9Ti等不锈钢通过冷轧(拔)加工成带或丝材，制造在腐蚀性介质中使用的弹簧。

(3)黄铜、锡青铜、铝青铜、铍青铜　都具有良好的导电性、非磁性、耐蚀性、耐低温性及弹性，用于制造电器、仪表弹簧及在腐蚀性介质中工作的弹性元件。

3. 应用举例

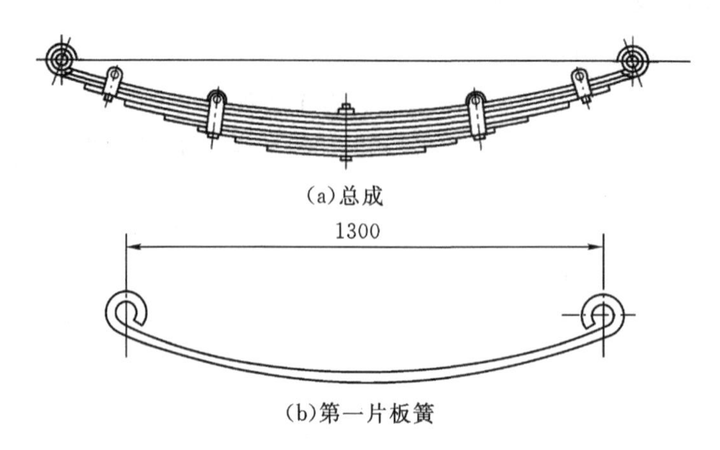

图 7-10 汽车板簧总成及第一片板簧结构示意图

实例 1 汽车板簧(图 7-10)

汽车板簧用于缓冲和吸振，承受很大的交变应力和冲击载荷的作用，需要高的屈服强度和疲劳强度。轻型汽车选用 65Mn、60Si2Mn 钢制造；中型或重型汽车用 50CrMn、55SiMnVB 钢制造；重型载重汽车大截面板簧用 55SiMnMoV、55SiMnMoVNb 钢制造。

用 60Si2Mn 钢制作汽车板簧的加工工艺路线为：

下料(扁钢) → 校直 → 机加工 → 淬火(加热到 880℃，弯片降温至 850～830℃，油淬) → 回火(加热温度为 400℃～550℃，60～80℃热水冷却)。

其热处理工艺曲线如图 7-11 所示。淬火后组织为马氏体。中温回火后，组织为回火托氏体，其屈服强度不低于 1100MPa，硬度为 42～47HRC，冲击韧性为 250～300kJ/m²，并且具有较高的弹性和疲劳强度。

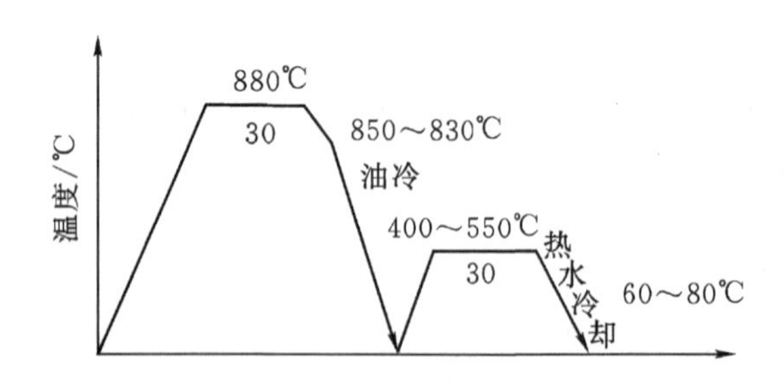

图 7-11 60Si2Mn 钢制造汽车板簧的热处理工艺曲线

实例 2 火车螺旋弹簧

火车螺旋弹簧用于机车和车厢的缓冲和吸振，使用条件和性能要求与汽车板簧相近。常用材料有 50CrMn、55SiMnMoV 钢，其加工艺路线为：

热轧钢棒下料 → 两头制扁 → 热卷成形 → 淬火 → 中温回火 → 喷丸强化 → 端面磨平。

实例3　气门弹簧

内燃机气门弹簧是一种压缩螺旋弹簧。其用途是在凸轮、摇臂或挺杆的联合作用下，使气门打开和关闭，承受应力不是很大，可采用淬透性比较好、晶粒细小、有一定耐热性的50CrVA钢制造。其加工艺路线为：

冷卷成形 → 淬火(850～860℃油淬) → 中温回火(520℃) → 喷丸强化 → 两端磨平。

淬火回火后组织为回火屈氏体，弹性好，屈服强度和疲劳强度高，有一定的耐热性。气门弹簧也可用冷拔后经油淬及回火后的钢丝制造，绕制后经300～350℃加热消除冷卷弹簧时产生的内应力。

能力知识点5　切削刀具的选材

切削加工使用的车刀、铣刀、钻头、锯条、丝锥、板牙等工具统称为刃具。制造刃具的材料有非合金工具钢、低合金刃具钢、高速钢、硬质合金和陶瓷等，可根据刃具的使用条件和性能要求不同进行选用。

1. 简单的手用刃具

手锯锯条、锉刀、木工刨刀、凿子等简单、低速手用刃具的热硬性和强韧性要求不高，主要的使用性能是高硬度、高耐磨性。因此可用非合金工具钢T8、T10、T12钢等制造，如锉刀选择T12钢，其加工工艺路线为：

热轧钢板(带)下料 → 锻(轧)柄部 → 球化退火 → 机加工 → 淬火 → 低温回火。

2. 低速切削、形状较复杂的刃具

丝锥、板牙、拉刀等可用低合金刃具钢9SiCr、CrWMn制造。因钢中加入了Cr、W、Mn等元素，使钢的淬透性和耐磨性大大提高，耐热性和韧性也有所改善，故可在低于300℃的温度下使用。

3. 高速切削用的刃具

(1)用高速钢制造　有W18Cr4V、W6Mo5Cr4V2钢等。如选择W18Cr4V钢制造车刀，其加工工艺路线为：

热轧棒材下料 → 锻造 → 退火 → 机加工 → 加工淬火 → 回火 → 精加工 → 表面清理。

其热处理工艺曲线如图7-12所示。

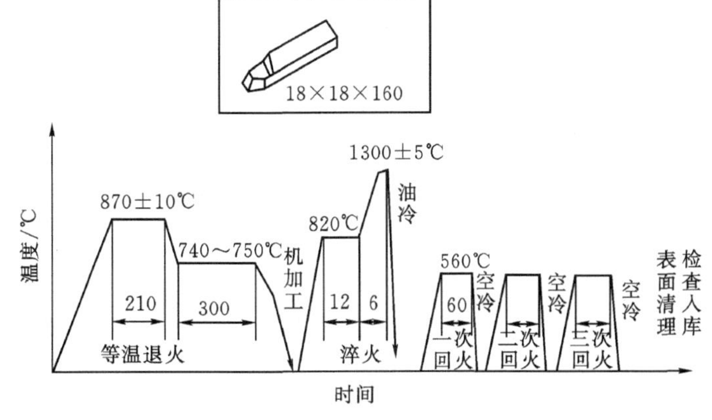

图7-12　W18Cr4V钢制造车刀的热处理工艺曲线

(2)用硬质合金制造　粗加工的车刀头常选择 YG8、YT5 等，精加工的车刀头常选择 YG3、YT15 等，用钎焊的方法将刀头焊接在非合金钢制造的刀杆或刀盘上，用于高速强力切削和难加工材料的切削。

(3)用陶瓷制造　陶瓷硬度极高、耐磨性好、热硬性极高。热压氮化硅(Si3N4)陶瓷显微硬度为 5000HV，耐热温度可达 1400℃。立方氮化硼的显微硬度可达 8000～9000℃，允许的工作温度达 1400～1500℃。陶瓷刃具的形状一般为正方形、等边三角形，制成不重磨刀片，装夹在夹具中使用。它用于各种淬火钢、冷硬铸铁等高硬度、难加工材料的精加工和半精加工。陶瓷刃具抗冲击能力较低，易崩刃。

练习 7

一、填空

1. 零件失效的原因有__________、__________、__________、__________。
2. 选材的基本原则有__________、__________、__________。
3. 齿轮零件的主要失效形式有__________、__________、__________。
4. 轴类用合金材料有__________、__________、__________、__________。

二、简答

1. 一般机械零件常见的失效形式有哪几种？

2. 为了减少零件的变形和开裂，一般应采取什么措施？

三、指出下列零件在选材和热处理条件方面的错误，并提出改进措施：

1. 要求表面耐磨的凸轮，选用 45 钢，热处理为淬火＋回火，60～63HRC。

2. 直径 30mm，要求有良好综合力学性能的传动轴，热处理技术条件：调质，40～45HRC。

3. 弹簧(钢丝直径 15mm)，材料 45 钢，热处理为淬火＋回火，55～60HRC。

4. 传动平稳的低速齿轮，材料为 45 钢，热处理技术条件为渗碳＋淬火＋回火，58～62HRC。

项目 8　零件毛坯成型基础

【教学基本要求】

1. 知识目标

(1)铸造成型的类型及特点；

(2)锻造成型的类型及特点；

(3)焊接成型的类型及特点。

2. 能力目标

(1)铸造成型的应用；

(2)锻造成型的应用；

(3)焊接成型的应用。

【思维导图】

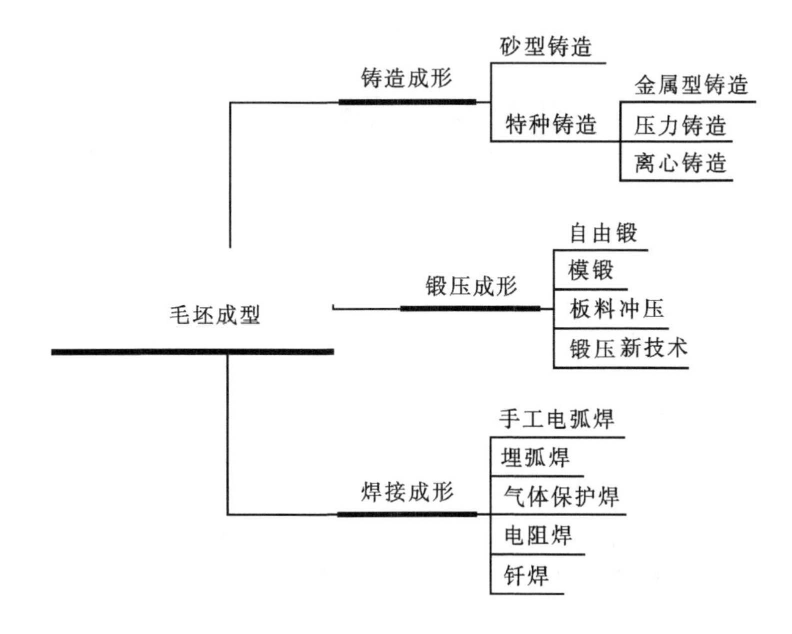

图 8－1　毛坯成型思维导图

【引导案例】

实例 1　轮辋的成型方法

关于轮辋如图 8－2 所示，通俗的解释轮辋是金属部分最外面的一圈，而轮毂是轮子金属部分最里面的一圈，中间连接轮毂和轮辋的就叫做轮辐。从设计的角度思考，轮辐当然要越复杂越好，轮辋的尺寸也要越大越好，但从工程师的角度来说，轮毂当然是越简单越好，尺寸也是要根据使用情况来优化。螺栓的数量主要取决于车重，乘用车一般不超过 6 颗。这是因为螺栓数量会影响轮毂面的受力，不利于轮毂。不过螺栓数量太少将会大幅提高螺栓强度需求，5 颗最常见。

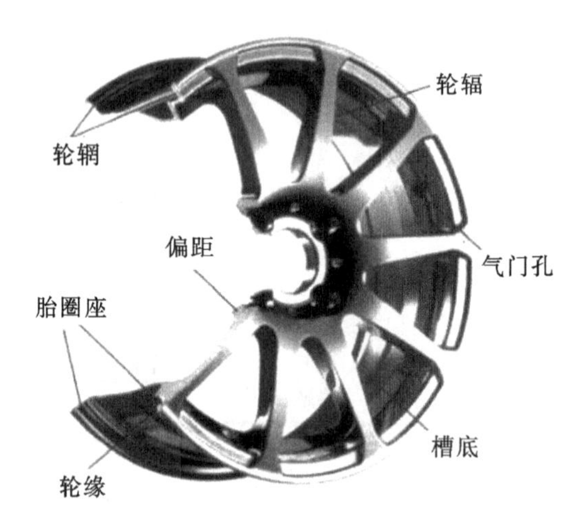

图 8－2　车轮的构成

1. 铸造轮辋(wǎng)

轮辋的铸造方法主要有：

(1)重力铸造　重力铸造是把液态的铝合金倒进铸模里冷却成型，其生产效率较低。该工艺比较适合售后改装市场的精细化快速化销售的要求，是使用最久的工艺。

(2)低压铸造　低压铸造是一种利用气体压力将液态金属压入铸型，并使铸件在一定的压力作用下结晶凝固的铸造方法。这种方法可使液态金属迅速填满模具，因气压不会过于强烈，所以能在不卷入空气的前提下提高金属密度，其密度比无加压的重力铸造强 30%。低压铸造生产效率高，产品合格率高，铸件力学性能好，铝液得用率高，适合大批量配套生产。

(3)低压铸造＋旋压　在轮毂轻量化趋势的要求下，低压铸造＋轮辋热旋压(铸旋)是目前轮辋加工中比较安全和经济适用的一种加工方法，低压铸造能满足外观需求，轮辋经过热旋压成型，在组织上有明显的纤维流线，大大提高了车轮的整体强度和耐腐蚀性。由于材料强度高、产品重量轻，材料分子间隙小，是现在市场上颇受好评的一种工艺。

2. 锻造轮辋

锻造使用钢制模子，将加热软化的铝块置于其中，用冲压的方法使其成型，待冷却之后再经过机械加工制成。在生产过程中铝块经过不断冲压成型，其分子结构会变得非常紧密，所以可以承受很高的压力。因而在相同尺寸相同强度下，锻造轮毂比铸造轮毂质量更轻。所以在造型设计上,可以设计出一些比较活泼的细条幅,设计的自由度也更高一些,但价格高周期长,如图 8－3 所示。

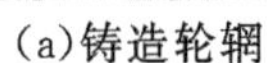

(a)铸造轮辋

(b)锻造轮辋

图 8－3　轮辋的制造方式

通过锻造能消除金属的铸态疏松,焊合孔洞等,铝的密度更高,对比锻造与铸造会发现铸造的成品会有骨质疏松的状态。如图 8－4 所示,在显微镜下观察,铸造轮毂金属分子排列松散颗粒较大,锻造铝合金轮毂的金属分子排列非常紧密。金属分子排列的越紧密,轮毂的韧性就越高,抗冲击力,强度,承载性就越好。

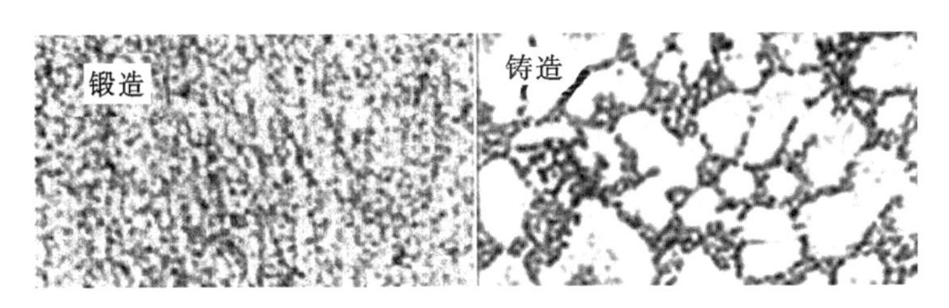

图 8－4　铸造和锻造显微组织比较

实例 2　汽车车身激光焊接

除了材料和结构设计,焊接工艺也是会对车身安全产生影响的一个重要因素。现代汽车制造业普遍采用人工与机器焊接相配合的方法,人工主要焊接一些小的钣金件和机器不便操作的地方,而机器主要对车身大的钣金件、安全性要求比较高的地方进行焊接。冲压成型后的零部件被送到焊装车间,以夹具定位后再用点焊机焊接。一部中型车的车身大约有三四千个焊点,一般都是利用机器人把车身的六大部件依次定位焊接成形,包括地板总成、左右侧围、顶盖、后搁板和仪表台上部。焊后的车体装上四个车门和发动机盖及后备箱盖,就变成了完整的车身,如图 8－5 所示。

图 8-5　车身焊接

德国汽车制造业使用激光焊接技术，是利用偏光镜反射激光产生光束，使其集中在聚焦装置中，从而产生巨大能量的光线。如果工件靠近焦点，在几毫秒内就会熔化。相对于传统的焊接方法，这种工艺的优点是工件变形极小、焊缝的深度较广，而且不会因为传统的搭焊浪费原材料，强度也有所保证，加工的精度更高。在激光焊接中，光束焦点位置的控制最关键，只有焦点处于最佳位置范围内，才能获得最大的熔深和最好的焊缝形状，因此就要求夹具和零件的尺寸都要非常准确，从而生产出来的产品也会更加精密可靠。

激光焊接和普通的焊接相比较，普通焊接原理可以理解为将金属液化，然后冷却后溶为一起，汽车的车身是由上下左右四块钢板焊接而成的，普通的焊接都是点焊，通过一个一个的焊点把钢板连接到一起；激光焊接是利用激光的高温，将两块钢板内的分子结构打乱，分子重新排列使得两块钢板中的分子溶为一体。所以从物理学上讲，激光焊接是把两块钢板变成了一块钢板，因此相比普通焊接来说，拥有更高的强度。

任务 1　铸造成形基础

能力知识点 1　铸造概述

1. 铸造

铸造是指将熔融金属浇注、压射或吸入铸型型腔中，待其凝固后而得到具有一定形状、尺寸和性能的铸件的成形方法。

根据生产方法的不同，铸造可分为砂型铸造和特种铸造两大类。

2. 特点

与其他金属加工方法相比，铸造具有以下特点：

①可铸造出形状十分复杂的铸件，铸件的尺寸和重量几乎不受限制。

②铸造原材料价格低廉，铸件的成本较低。

③铸件的形状和尺寸与零件很接近，因而节省了金属材料及加工的工时。

④铸造缺点有晶粒较粗大，化学成分不均匀，力学性能较低。

3. 应用

铸造成形应用广泛，常用于制造承重的各类结构件，如各种机器的底座、各类箱体、机床床身、汽缸体等零件的毛坯，如图 8－6 所示。此外，一些有特殊性能要求的构件，如球磨机的衬板、轧辊等也常采用铸造方法制造。

(a)砂型铸造制品　(b)熔模铸造的不锈钢制品　(c)低压铸造制品

图 8－6　铸造成形应用

能力知识点 2　砂型铸造

砂型铸造是用型砂紧实成形的铸造方法。砂型铸造简便易行，原材料来源广，成本低，见效快，在目前的铸造生产中占主导地位，约占铸件总量的 90%。

砂型铸造可分为湿砂型铸造和干砂型铸造两种。湿砂型不经烘干可直接进行浇注；干砂型是经烘干才能浇注的高黏土砂型。

通用毛坯的砂型铸造工艺过程如图 8－7 所示，图 8－8 为某套类毛坯的砂型铸造工艺过程。

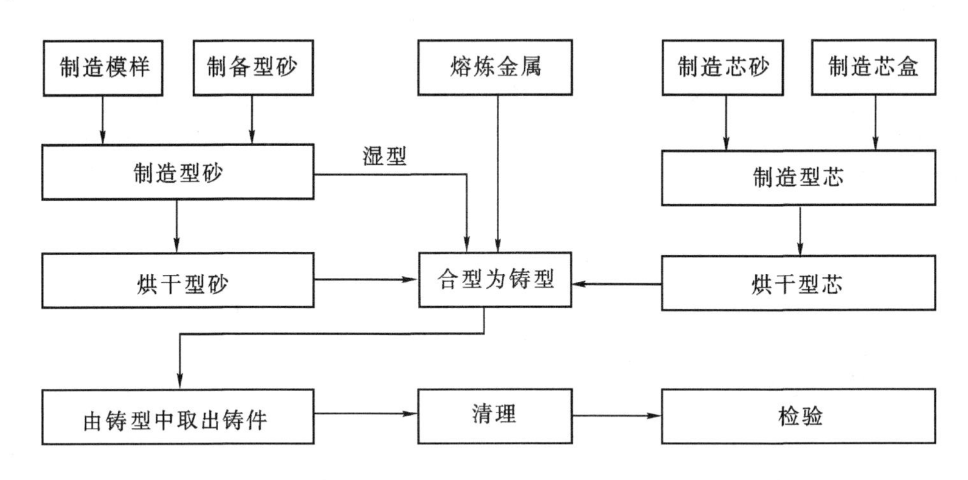

图 8－7　通用毛坯砂型铸造工艺过程

由图 8－7 和图 8－8 可见，砂型铸造的生产工序一般包括如下步骤：

制造模样 → 制备造型材料 → 造型(制造砂型) → 造芯(制造砂芯) → 烘干(用于干砂型铸造) → 合型 → 熔炼 → 浇注 → 落砂 → 清理与检验。

其中造型、造芯是砂型铸造的重要环节，对铸件的质量影响很大。

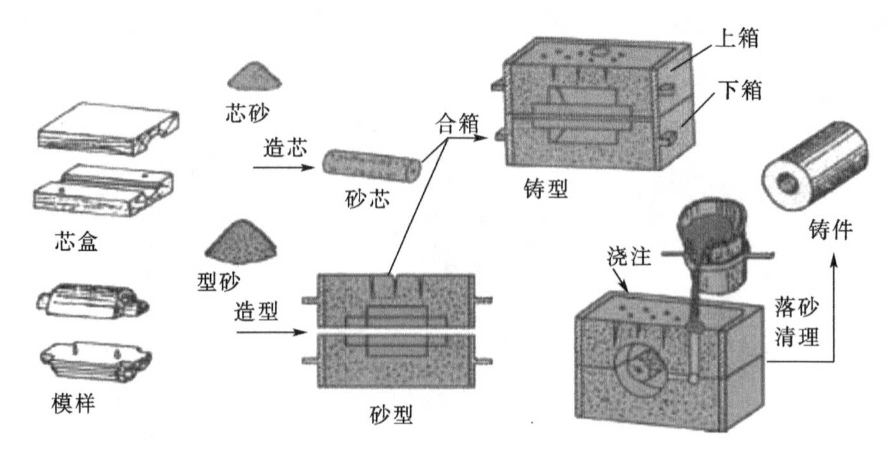

图 8-8　套类毛坯的砂型铸造工艺过程

1. 模样和芯盒

模样和芯盒是用来造型和造芯的基本工艺装备，模样和铸件的外形相适应；芯盒用于制造芯，其内腔与芯的形状和尺寸相适应。单件或小批生产时，模样和芯盒可用木材制作，大批量生产时，可用铝合金和塑料等材料来制作。

2. 砂型

铸型是由型砂、金属或其他耐火材料制成，其包括形成铸件形状的空腔、型芯和浇冒口系统。

用型砂制成的铸型称为砂型，砂型用砂箱支撑时，砂箱也是铸型的组成部分。

砂型的制作是砂型铸造工艺过程中的主要工序。制造砂型时，借助模样造型和芯盒造芯，以实现铸件的外形和内形的要求。

3. 造型材料

造型材料是指用于制造砂型(芯)的材料，主要包括型砂和芯砂。

型砂主要由原砂、粘结剂、附加物、水、旧砂按比例混合而成。根据型砂中采用粘结剂种类的不同，型砂可分为粘土砂、树脂砂、水玻璃砂和油砂等。

型砂与芯砂应具备如下性能：足够的强度；较高的耐火性；良好的透气性；较好的退让性。

4. 造型

根据生产性质不同，造型方法可分别采用手工造型或机器造型。

(1)手工造型　全部用手工或手动工具完成的造型工序。根据铸件的形状特点，可采用整体模造型、分块模造型、挖砂造型、活块造型、三箱造型和刮板造型等。

(2)机器造型　用机器全部完成或至少完成紧砂操作的造型工序，主要用于成批大量生产。按紧砂方式不同，常用的造型机有震压造型、微震压实造型、高压造型、抛砂造型、射砂造型和气流冲击造型等，其中以震压式造型机最为常用。震压式造型机适合于中、小型铸型，主要优点是结构简单、价格低，但噪声大、生产率不够高、铸型的紧实度不高。

5. 造芯

(1)造芯方法　芯的主要作用是形成铸件的内腔或局部外形。制造型芯的过程称造芯，造芯也可分为手工造芯或机器造芯。常用的手工造芯的方法为芯盒造芯，芯盒通常由两半组成，芯盒造芯的示意图如图8-9所示。手工造芯主要应用于单件、小批量生产中。机器造芯是利用造芯机来完成填砂、紧砂和取芯的，生产效率高，型芯质量好，适用于大批量生产。

(2)型芯的固定　型芯在砂型中靠与砂型接触的芯头来定位和稳固支撑。芯头必须有合适的尺寸和形状，使型芯在型腔中定位准确，支撑稳固，以免型芯在浇注时飘浮、偏斜或移动。

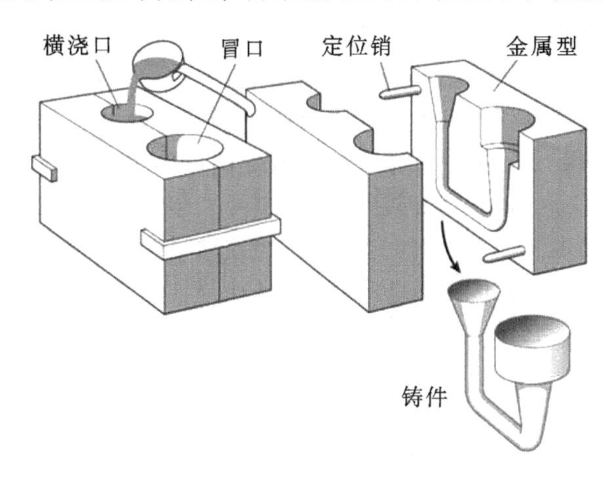

图8-9　芯盒造芯示意图

6. 浇注系统及冒口

(1)浇注系统　把液态金属引入型腔的通道称为浇注系统，简称浇口。浇注系统的作用是：保证熔融金属平稳、均匀、连续地充满型腔；阻止熔渣、气体和砂粒随熔融金属进入型腔；控制铸件的凝固顺序；供给铸件冷凝收缩时所需补充的金属熔液(补缩)。典型的浇注系统包括浇口杯、直浇道、横浇道、内浇道和冒口几部分，如图8-10所示。

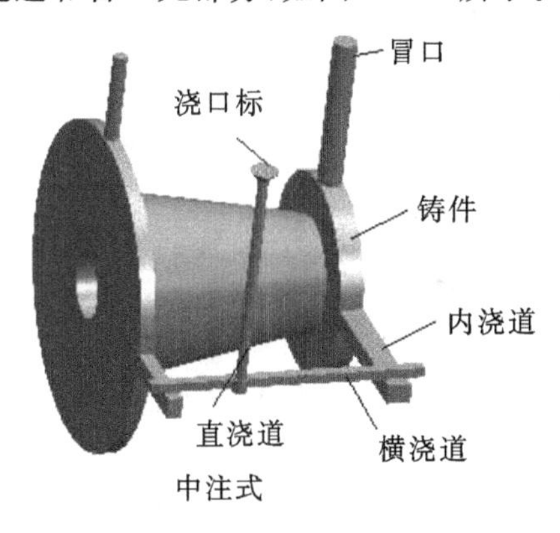

图8-10　浇注系统

(2)冒口　冒口是在铸型内储存供补缩铸件用熔融金属的空腔。除补缩外，冒口有时还起排气和集渣的作用。

7. 合型

将铸型的各个组元如上型、下型、型芯和浇口杯等组合成一个完整铸型的操作过程称为合型，又称合箱。合型前应对砂型和型芯的质量进行检查，若有损坏，需要进行修理；为检查型腔顶面与芯顶面之间的距离需要进行试合型，称为验型。合型时要保证铸型型腔几何形状和尺寸的准确及型芯的稳固。

合型后，上、下型应夹紧或在铸型上放置压铁，以防止浇注时上型被熔融金属顶起，造成射箱(熔融金属流出箱外)或跑火(着火的气体溢出箱外)等事故。

8. 熔炼与浇注

熔炼是指使金属由固态转变成熔融状态的过程。熔炼的主要任务是提供化学成分和温度合适的熔融金属。

(1)熔炼　铸铁的熔炼设备主要有冲天炉、电炉等。

(2)浇注　金属液应在一定的温度范围内按规定的速度注入铸型。浇注时铁液应以适宜的流量和线速度定量地浇入铸型，速度过快，铸型中的气体来不及排出易产生气孔，并易形成冲砂。浇注速度过慢，使型腔表面烘烤时间过长，导致砂层翘起脱落，产生结疤、夹砂等缺陷。浇注时既可采用手动浇注，也可采用自动烧注，自动浇注通常用于自动造型线和离心铸管机等。

9. 落砂、清理及检验

(1)落砂　用手工或机器使铸件与型砂、砂箱分开的操作。

(2)清理　采用铁锤敲击、机械切割或气割等方法清除铸件表面粘砂、型砂、多余金属(包括浇冒口、飞翅和氧化皮)的过程。

(3)检验　用肉眼或借助于尖嘴锤找出铸件表层或皮下的铸造缺陷，如气孔、砂眼、粘砂、缩孔、冷隔和浇不足等，对铸件内部的缺陷还可采用耐压试验、磁粉探伤、超声波探伤、金相检验、力学性能试验等方法。如图 8－11 所示。

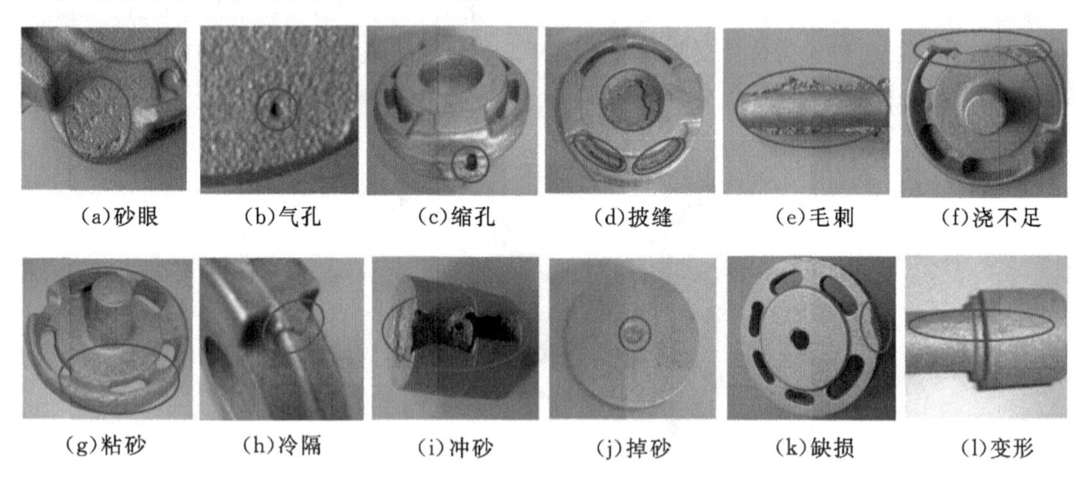

(a)砂眼　(b)气孔　(c)缩孔　(d)披缝　(e)毛刺　(f)浇不足

(g)粘砂　(h)冷隔　(i)冲砂　(j)掉砂　(k)缺损　(l)变形

图 8－11　砂型铸造几种常见缺陷示意图

能力知识点 3　特种铸造

特种铸造是指与砂型铸造不同的其他铸造方法。可列入特种铸造的方法有近 20 种，常用的有金属型铸造、压力铸造、离心铸造、熔模铸造、陶瓷型铸造和实型铸造等。特种铸造在提高铸件精度和表面质量、提高生产率、改善劳动条件等方面具有独特的优点。

1. 金属型铸造

金属型铸造是指在重力的作用下将液态金属浇入金属型中获得铸件的方法。金属型可连续使用几千次甚至数万次，故又称“永久型”。

(1)材料与结构　金属型常采用铸铁或铸钢制造，按分型面不同，金属型有整体式、垂直分型式、水平分型式等。垂直分型式金属型由底座、固定半型、活动半型等部分组成，浇注系统在垂直的分型面上，为改善金属型的通气性，在分型面处开有0.2～0.4mm深的通气槽。移动活动半型、合上铸型后进行浇注，铸件凝固后移开活动半型取出铸件，如图8-12所示。

图8-12　金属型合模后倾转浇注

(2)工艺要点　由于金属型的导热快、无退让性、无透气性，易使铸件出现冷隔与浇不足、裂纹、气孔等缺陷。因此金属型铸造必须采取一定的工艺措施：浇注前应将铸型预热，并在内腔喷刷一层厚0.3～0.4mm的涂料，以防出现冷隔与浇不足缺陷，并延长金属型的寿命；铸件凝固后应及时开型取出铸件，以防铸件开裂或取出铸件困难。

(3)特点　金属型使用寿命长，生产率高；铸件的晶粒细小、组织致密，力学性能比砂型铸件高约25%；铸件的尺寸精度高、表面质量好；铸造车间无粉尘和有害气体的污染，劳动条件得以改善。不足之处是金属型制造周期长、成本高、工艺要求高，不能生产形状复杂的薄壁铸件，否则易出现浇不足和冷隔等缺陷；受铸型材料的限制，浇注高熔点的铸钢件和铸铁件时，金属型的寿命会降低。

(4)应用范围　目前金属型铸造主要用于大批量生产形状简单的铝、铜、镁等非铁金属及合金铸件，如铝合金活塞、油泵壳体，铜合金轴瓦、轴套等。

2. 压力铸造

压力铸造是指熔融金属在高压下被快速压入铸型中，并在压力下凝固的铸造方法，简称“压铸”。常用的压射压力为5～150MPa，充型速度为0.5～50m/s，充型时间为0.01～0.2s。

(1)工艺过程　压铸工艺是在专门的压铸机上完成的，压铸机的主要类型有冷压室压铸机和热压室压铸机两类。图8-13为卧式冷压室压铸机工艺过程原理图。冷压室压铸机的熔化炉与压室分开，压室和压射冲头不浸于熔融金属中，浇注时将定量的熔融金属浇到压室中，然后进行压射。压铸机主要由合型机构、压射机构和顶出机构组成，压铸机的规格通常以合型力的大小来表示。

(2)特点　压力铸造生产率高，便于实现自动化；铸件的精度高、表面质量好；组织细密、性能好，能铸出形状复杂的薄壁铸件。但压力铸造设备投资大，压铸型制造周期长、成本高；受压型材料熔点的限制，目前压力铸造不能用于高熔点铸铁和铸钢件的生产；由于浇注速度大，常有气孔残留于铸件内，因此铸件不宜热处理，以防气体受热膨胀，导致铸件变形破裂。

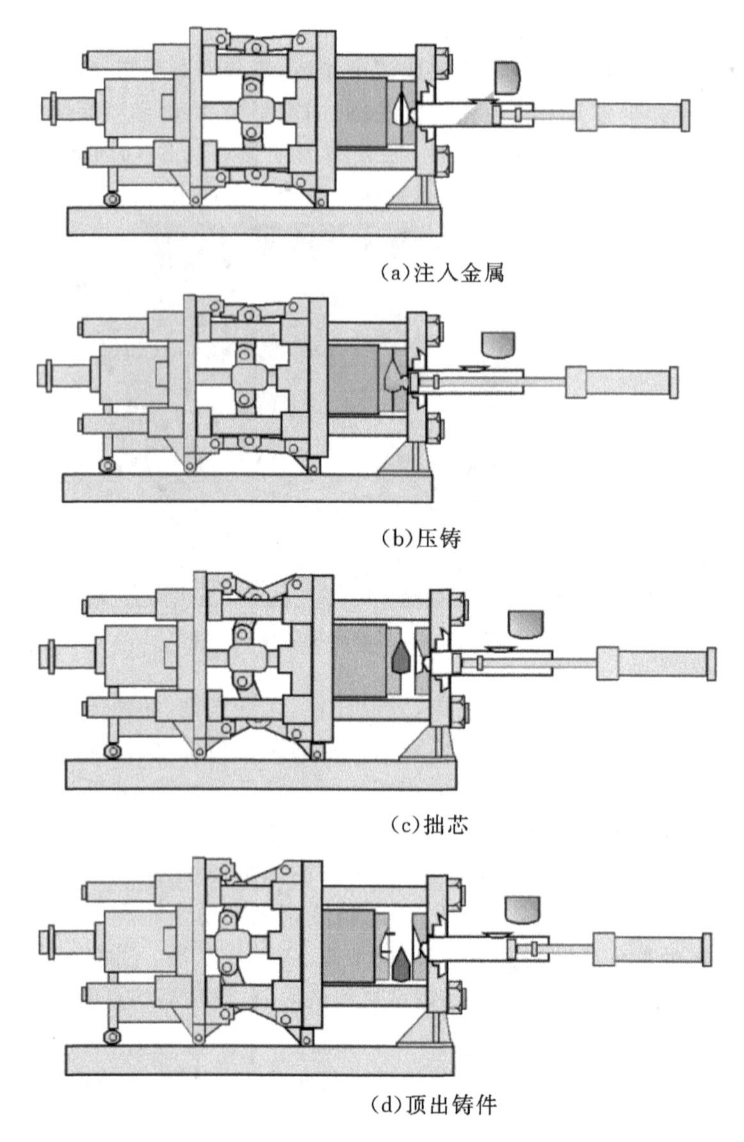

(a)注入金属

(b)压铸

(c)抽芯

(d)顶出铸件

图 8-13　卧式冷压室压铸机工作原理图

(3)适用范围　目前压力铸造主要用于大批量生产铝、锌、铜、镁等非铁金属与合金件。如汽车、仪表、计算机、航空、摩托车和日用品等行业各类中小型薄壁铸件,如发动机汽缸体、汽缸盖、仪表壳体、电动转子、照相机壳体、各类工艺品和装饰品等。

3. 离心铸造

离心铸造是指将金属浇入绕水平、倾斜或立轴旋转的铸型,在离心力的作用下凝固成铸件的铸造方法。离心铸造多用于简单的圆筒体,铸造时不用型芯便可形成内孔。

(1)铸造方法　离心铸造机按旋转轴的方位不同,可分为立式、卧式和倾斜式三种类型。立式机适宜铸造直径大于高度的圆环类铸件,卧式机适宜铸造长度大于直径的套类和管类铸件。立式和卧式离心铸造如图 8-14 所示。

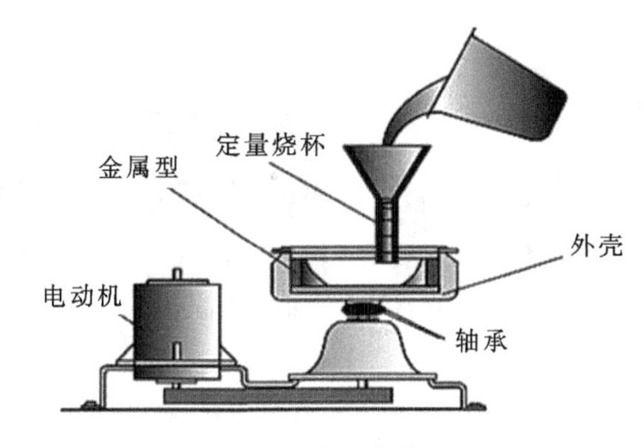

(a)立式离心铸造

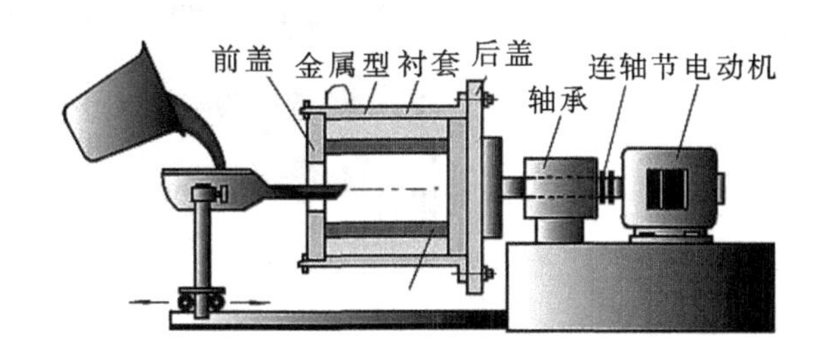

(b)卧式离心铸造

图 8-14 离心铸造方法

(2)特点　离心铸造可省去浇注系统和型芯，比砂型铸造省工省料，生产率高，成本低；铸件在离心力的作用下结晶，组织致密，基本上无缩孔和气孔等缺陷，力学性能好；便于双金属铸件的铸造。但铸件的内孔尺寸误差大、表面粗糙；铸件的比重偏析大，金属中的熔渣等密度小的夹杂物易集中在内表面。

(3)应用　离心铸造广泛用于大口径铸铁管、缸套、双金属轴承、活塞环和特殊钢无缝管坯等的生产。

4. 熔模铸造

熔模铸造是用易熔材料制成模样，在模样上涂挂若干层耐火涂料，待硬化后熔出模样形成无分型面的型壳，经高温焙烧后即可浇注并获得铸件的方法。由于易熔材料通常采用蜡料，故这种方法又称为“失蜡铸造”。

(1)工艺过程　熔模铸造的主要工艺过程如图 8-15 所示。说明如下：

①蜡模制造。首先根据要求的标准铸件的形状和尺寸，用钢、铜或铝合金制造压型；然后将熔化成糊状的蜡质材料(常用 50％石蜡＋50％硬脂酸)压入压型中，待冷却凝固后取出，修去分型面上的毛刺后得到单个的蜡模。为能一次铸出多个铸件，可将多个蜡模粘合在一个蜡制的浇注系统上，构成蜡模组。

②型壳制造。在蜡模组上涂挂耐火涂料层以制成具有一定强度的耐火型壳。首先将蜡模浸入涂料中(石英粉＋水玻璃、硅酸乙酯等)，取出后撒上石英粉(砂)，再浸入氯化铵的溶液中进行硬化。重复上述过程 4～6 次，制成 5～10mm 厚的耐火型壳。待型壳干燥后，置于 90％～95％的

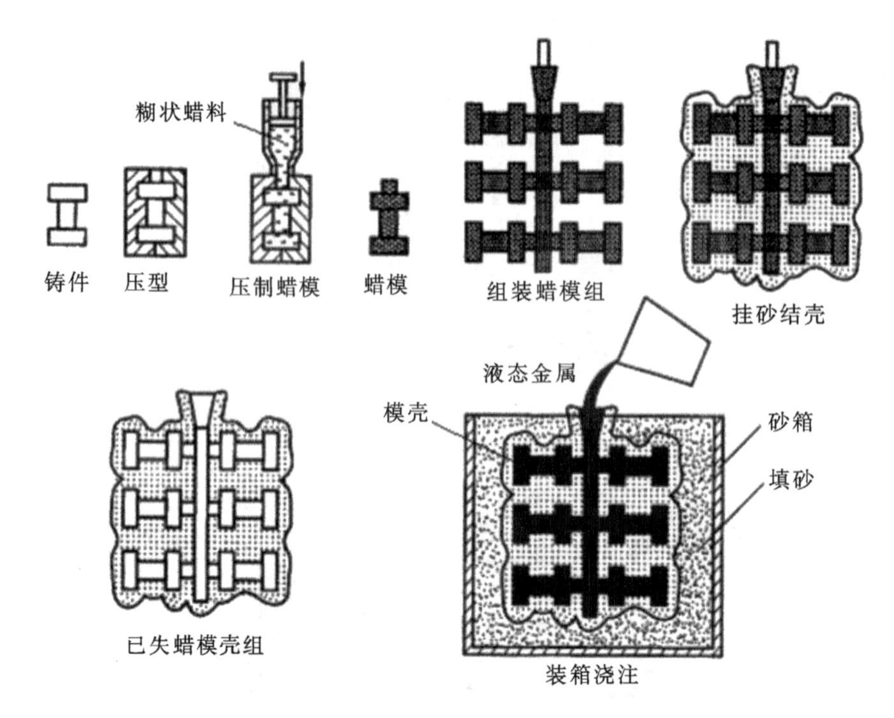

图 8－15　熔模铸造的主要工艺过程

热水中浸泡，熔出蜡料即得到一个中空的型壳。

③焙烧、浇注。将型壳在 850～950℃的炉内进行焙烧，去除残留的蜡料和水份，并提高型壳的强度；将焙烧后的型壳趁热置于砂箱中，并在其周围填充砂子或铁丸固定，即可进行浇注。

(2)特点　熔模铸造是一种精密铸造工艺，铸件的尺寸精度高、表面质量好，适应性强，能生产出形状特别复杂的铸件，适合于高熔点和难切削合金，生产批量不受限制。但熔模铸造的工艺复杂、生产周期长、成本高，不适宜大件铸造。

(3)应用　熔模铸造适合于形状复杂、精密的中小型铸件(质量一般不超过 25kg)；可生产高熔点、难切削的合金铸件，如形状复杂的涡轮发电机、增压器、汽轮机的叶片和叶轮；可生产复杂刀具；还可生产各种不锈钢、耐热钢和磁钢等精密铸件。

5. 实型铸造

实型铸造又称消失模铸造、气化模铸造，是用泡沫塑料代替木模和金属模样，造型后不取出模样，当浇入高温金属液时泡沫塑料模样气化消失，金属液填充模样的位置，冷却凝固后获得铸件的方法。图 8－16 为实型铸造工艺过程示意图。

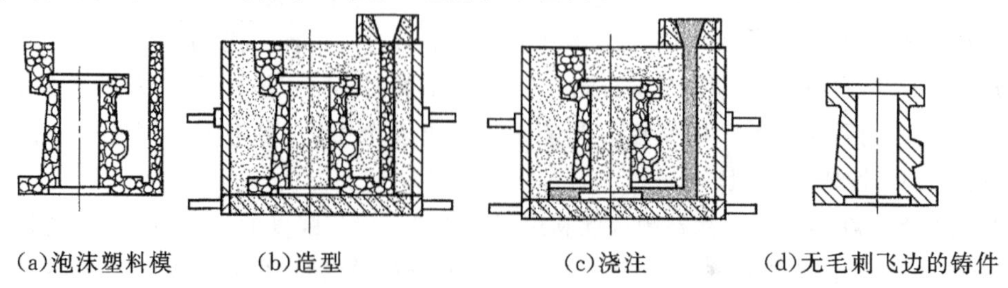

图 8－16　实型铸造工艺过程示意图

(1)特点　实型铸造时不用起模、不用型芯、不合型,大大减化了造型工艺,并减少了由制芯、取模、合型引起的铸造缺陷及废品;由于采用了干砂造型,使砂处理系统大大简化,极易实现落砂,改善了劳动条件;由于不分型,铸件无毛刺飞边,使清理打磨工作量减少50%以上。但实型铸造气化模造成空气污染;泡沫塑料模具设计生产周期长,成本高,因而要求产品有相当的批量后才有经济效益;生产大尺寸的铸件时,由于模样易变形,须采取适当的防变形措施。

(2)应用　实型铸造适照于备类合金,适合于结构复杂甚至相当复杂、难以起模或活块和外芯较多的铸件,如模具、汽缸头、管件、曲轴、叶轮、壳体、艺术品、床身、机座等。

任务2　锻压成形基础

能力知识点1　锻压概述

锻压是一种对坯料施加外力,使其产生塑性变形,改变其尺寸、形状,用于制造机械零件或毛坯的成形方法。锻压包括锻造和冲压。

1. 锻造

(1)锻造的作用及应用　通过锻造能消除金属在冶炼过程中产生的铸态疏松等缺陷,优化微观组织结构,同时由于保存了完整的金属流线,锻件的力学性能一般优于同样材料的铸件。负载高、工作条件严峻的重要零件,除形状较简单的可用轧制的板材、型材或焊接件外,多采用锻件。

(2)始锻温度　指开始锻造的温度,一般始锻温度应尽可能高一些,一方面金属的塑性可以提高,另一方面又可延长锻造的时间。但加热温度过高,金属将产生过热或过烧的缺陷,使金属塑性急剧降低,可锻性变差。通常将变形允许加热达到的最高温度定为始锻温度。一般金属材料的始锻温度应比其熔点低100～200℃。

(3)终锻温度　指终止锻造的温度,一般终锻温度应尽可能低一些,这样可延长锻造时间,减少加热次数。但温度过低,金属塑性降低,变形抗力增大,可锻性同样变差,金属还会产生加工硬化,甚至发生开裂。通常将变形允许的最低温度定为终锻温度。

(4)锻造的方法和种类　根据成形方式不同,锻造分为自由锻和模锻两大类,锻造方法如图8-17所示。自由锻按锻造时工件受力来源不同,又分为手工自由锻与机器自由锻,手工自由锻劳动强度大,目前已逐步被机器自由锻和模锻所替代;模锻按所用锻造设备不同,又分为锤上模锻和胎模锻。

2. 板料冲压

利用冲模使板料产生分离或变形,以获得零件的加工方法,称为板料冲压。板料冲压一般在室温下进行,故称为冷冲压;只有当板料厚度超过8mm时,才采用热冲压。

能力知识点2　自由锻

自由锻是利用冲击力或压力使金属在上、下两个砧铁(砧座与锤头)之间产生变形,从而获得所需形状及尺寸的锻件,由于坯料在砧铁之间受力变形时,沿变形方向可自由流动,不受限制,故而得名,也称自由锻造。坯料在砧铁间受力变形时,可向各个方向变形,不受限制。自由锻分手工自由锻和机器自由锻两种,手工自由锻生产率低,劳动强度大,只适用于小锻件及修配工作。

自由锻工序分为基本工序、辅助工序和精整工序三类。基本工序是达到锻件基本成形的工序，包括镦粗、拔长、冲孔、弯曲、切割、扭转等，最常用的是镦粗、拔长和冲孔。辅助工序是为基本工序操作方便而进行的预变形工序，如压钳口、倒棱和压肩等。精整工序是修整锻件的最后尺寸和形状，消除表面的不平和歪扭，使锻件达到图样要求的工序，如修整鼓形、平整端面和校直弯曲等。

1. 镦粗

使毛坯高度减小、横断面积增大的锻造工序称为镦粗，如图 8－17 所示。镦粗一般用来制造齿轮坯或盘饼类毛坯，或为拔长工序增大锻造比及为冲孔工序作准备等。为了防止坯料在镦粗时产生轴向弯曲，坯料镦粗部分的高度不应大于坯料直径的 2.5～3 倍。局部镦粗时，可只对所需镦粗部分进行加热，然后放在垫环上锻造，以限制变形范围。

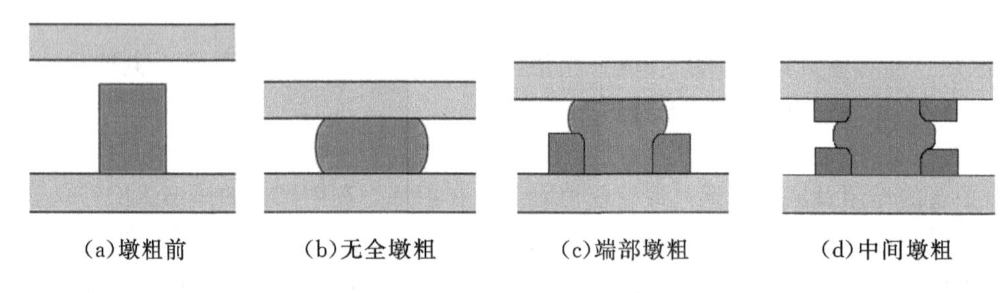

(a)墩粗前　(b)无全墩粗　(c)端部墩粗　(d)中间墩粗

图 8－17　镦粗

2. 拔长

使毛坯横截面积减小、长度增加的锻造工序称为拔长，如图 8－18 所示。拔长用来制造轴杆类毛坯，如光轴、连杆、台阶轴和拉杆等较长的锻件。拔长需用夹钳将坯料钳牢，锤击时应将坯料绕其轴线不断翻转，常用方法有两种：一种是反复 90°翻转锤击，此法操作方便，但变形不均匀；另一种是沿螺旋线翻转锤击，该法坯料变形和温度变化较均匀，但操作不方便。空心毛坯的拔长是加芯轴进行变形，一般用于锻造长筒类锻件。

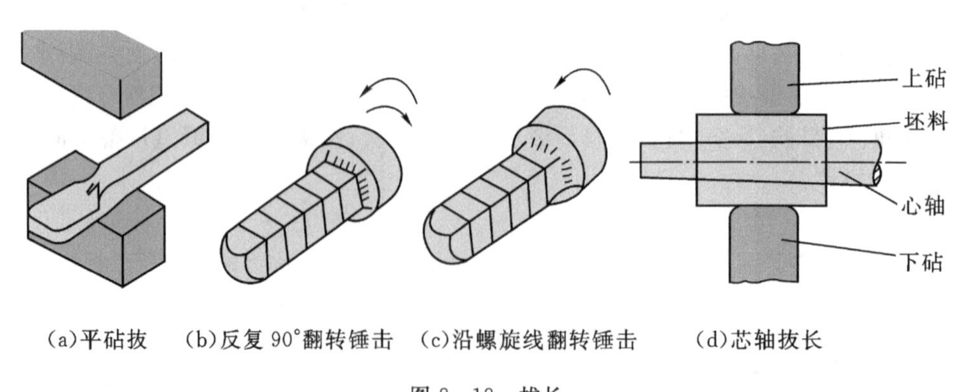

(a)平砧拔　(b)反复 90°翻转锤击　(c)沿螺旋线翻转锤击　(d)芯轴拔长

图 8－18　拔长

3. 冲孔

在坯料上冲出通孔或不通孔的锻造工序称为冲孔。冲孔常用于制造带孔齿轮、套筒、圆环及重要的大直径空心轴等锻件。为减小冲孔深度和保持端面平整，冲孔前通常先将坯料镦粗。

冲孔后大部分锻件还需芯棒拔长、扩孔或修整。冲孔分双面冲孔和单面冲孔两种。

双面冲孔时，先试冲一凹痕，检查孔的位置无误后，在凹痕中撒少许煤粉以利于冲子的取出，然后用冲子冲深至坯料厚度的2/3～3/4，再翻转坯料将孔冲穿。单面冲孔是直接将孔冲穿，主要用于较薄的坯料，如图8－19所示。

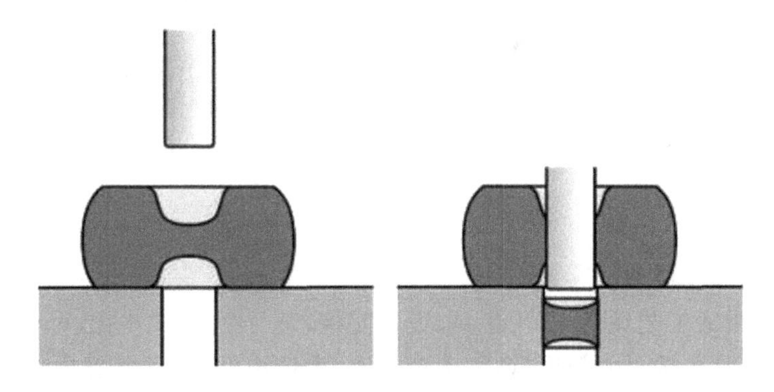

图8－19　冲孔

4. 弯曲

采用特定的工模具将毛坯弯成所规定的外形的锻造工序称为弯曲，弯曲方法主要有锻锤压紧弯曲法和垫模弯曲法两种，如图8－20所示。坯料弯曲变形时，金属的纤维组织未被切断，并沿锻件的外形连续分布，可保证力学性能不致削弱。质量要求较高并具有弯曲轴线的锻件，如角尺和吊钩等都是利用弯曲工序来锻制的。

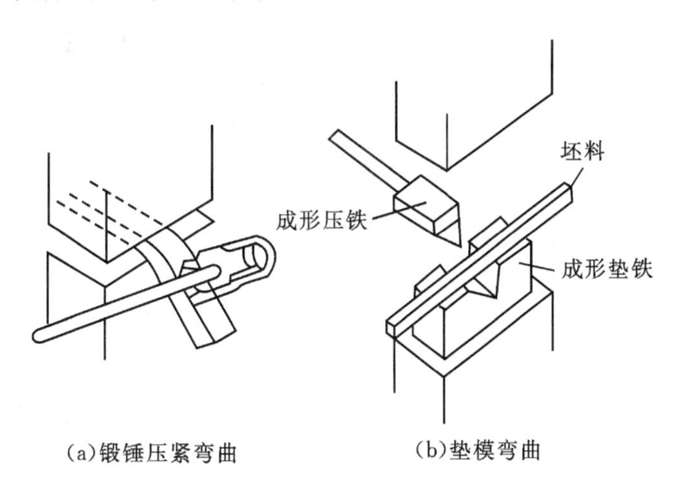

图8－20　弯曲

5. 切割

把板材或型材等切成所需形状和尺寸的坯料或工件的锻造工序称为切割，如图8－21所示。

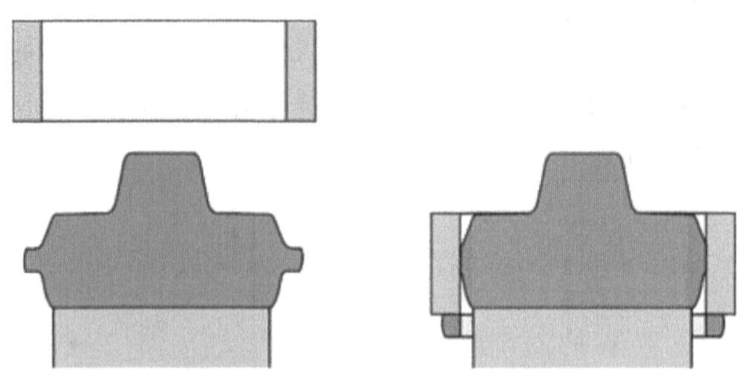

图 8－21　切割

6. 自由锻的特点及应用

(1)特点　自由锻工艺灵活，所用工具、设备简单，通用性大，成本低，可锻造小至几克大至数百吨的锻件。但自由锻尺寸精度低，加工余量大，生产率低，劳动条件差，强度大，要求工人技术水平高。

(2)应用　自由锻是大型锻件的主要生产方法，因为自由锻可以击碎钢锭中粗大的铸造组织，锻合钢锭内部气孔、缩松等空洞，并使流线状组织沿锻件外形合理分布。自由锻是生产水轮发电机机轴、涡轮盘等重型锻件惟一可行的方法，在重型机械制造中占有重要的地位。对中小型锻件从经济上考虑，只在单件小批生产中才采用自由锻。

能力知识点 3　模锻

利用模具使毛坯变形而获得锻件的锻造方法称为模锻。与自由锻比较，模锻具有模锻件尺寸精度高、形状可以很复杂、质量好、节省金属和生产率高等优点。此外，在大批量生产时，模锻件的成本较低。其不足之处是锻件质量较小，受锻模设备吨位的限制，模锻件质量一般在150kg 以下；模锻设备投资大，每种锻模只可加工一种锻件，在小批量生产时模锻不经济；工艺灵活性不如自由锻。

模锻适用于中、小型锻件的成批和大量生产，广泛应用于汽车、拖拉机、飞机、机床和动力机械等工业中。

模锻分为锤上模锻和胎模锻两类。

1. 锤上模锻

锤上模锻简称模锻，是在模锻锤上利用模具(锻模)使毛坯变形而获得锻件的锻造方法。

(1)模锻设备　常用的锤上模锻设备有模锻空气锤、螺旋压力机、平锻机和模锻水压机等。锻模紧固在锤头(或滑块)与砧座(或工作台)上。锤头沿导向性良好的导轨运动。砧座通常与模锻设备的机架连接成整体。

(2)锻模结构　使坯料成形而获得模锻件的工具称为锻模。锻模由上模和下模组成。上模靠楔铁紧固在锤头上，随锤头一起作上下往复运动，下模用紧固楔铁固定在模座上。上、下模合在一起，其中间部形成的空间称为模膛。根据作用不同，模膛分成制坯模膛和模锻模膛两大类；根据模锻件的复杂程度不同，锻模又分单膛锻模和多膛锻模。

单膛锻模是在一副锻模上只有终锻模膛，如齿轮坯模锻件，就可将截下的圆柱形坯料直接放入单膛锻模中成形，如图 8－22 所示。多膛锻模是在一副锻模上具有两个以上模膛的锻模，

图 8－23 为弯曲连杆的多模膛锻模及其模锻过程。

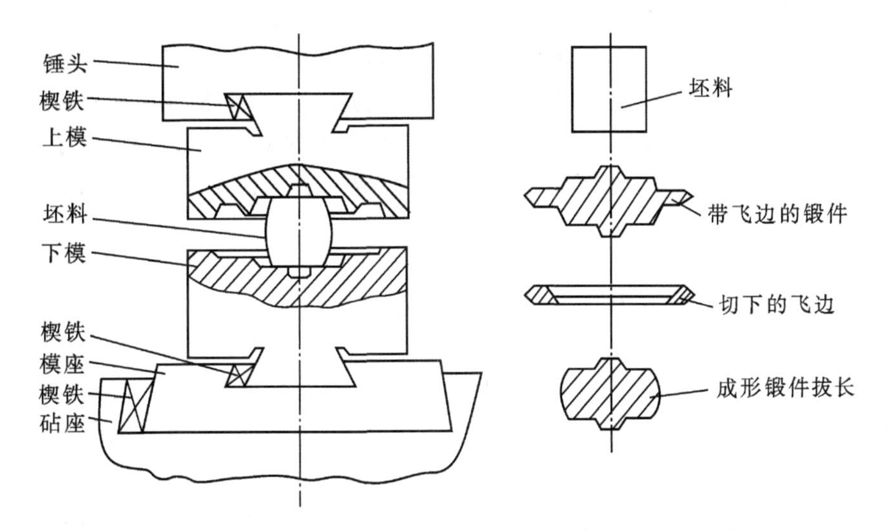

图 8－22　单模膛锻模及其锻件成形过程

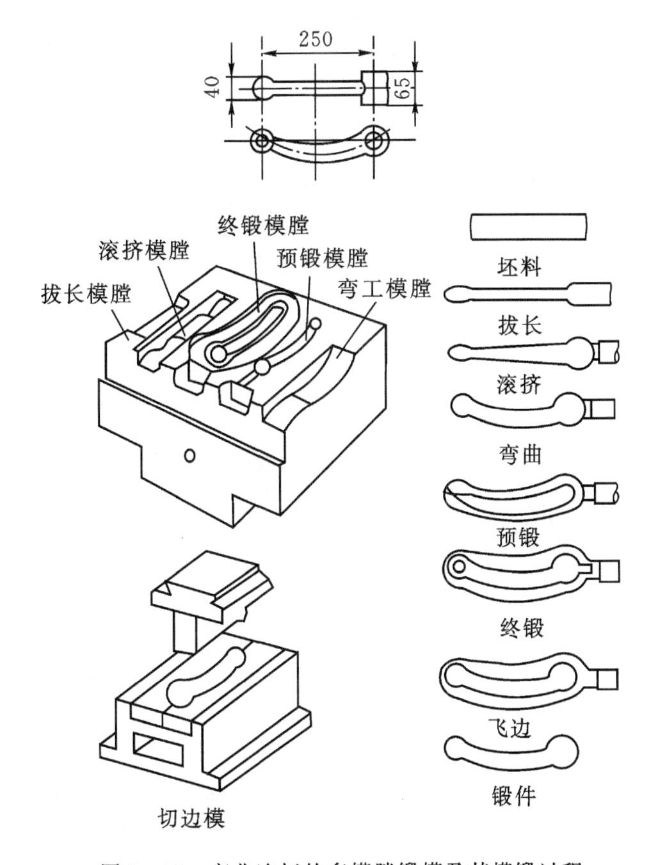

图 8－23　弯曲连杆的多模膛锻模及其模锻过程

形状复杂的锻件应先用制坯模膛将坯料经几次变形，逐步锻成与锻件断面形状近似的毛坯，以利于金属均匀变形，顺利充满模膛，从而获得准确形状的模锻件。图 8－22 中的拔长、滚挤、弯曲等模膛，都属制坯模膛。

模锻模膛是锻件最终成形的模膛，包括预锻模膛和终锻模膛。

预锻模膛是复杂锻件制坯以后预锻变形用的模膛，目的是使毛坯形状和尺寸更接近锻件，在终锻时更容易充填终锻模膛，同时改善坯料锻造时的流动条件和提高终锻模膛的使用寿命。

终锻模膛是使坯料最后成形得到与锻件图一致的锻件的模膛。为了使终锻时锤击力比较集中，锻件受力均匀及防止偏心、错移等缺陷，终锻模膛一般设置在锻模的居中位置。终锻成形后的锻件，周围存在较薄的飞边，可在压力机上用切边模切除。

2. 胎模锻

胎模锻是在自由锻设备上使用可移动模具（胎模）生产模锻件的一种锻造方法。胎模不固定在锤头或砧座上，只在使用时才放到下砧上去。

（1）胎模锻的应用特点　胎模锻前，通常先用自由锻制坯，再在胎模中终锻成形。它既具有自由锻简单、灵活的特点，又兼有模锻能制造形状复杂、尺寸准确的锻件的优点，因此适于小批量生产中用自由锻成形困难、模锻又不经济的复杂形状锻件。

（2）胎模的种类　根据胎模的结构特点，胎模可分成制坯整形模、成形模和切边冲孔模等。

①摔模是用于锻造回转体或对称锻件的一种简单制坯整形胎模，如图 8－24(a)所示，这类胎模是最为常用，用于锻件成形前的整形、拔长、制坯和校正。用摔模锻造时，须不断旋转锻件，适用于锻制回转体锻件，如光轴和台阶轴等。

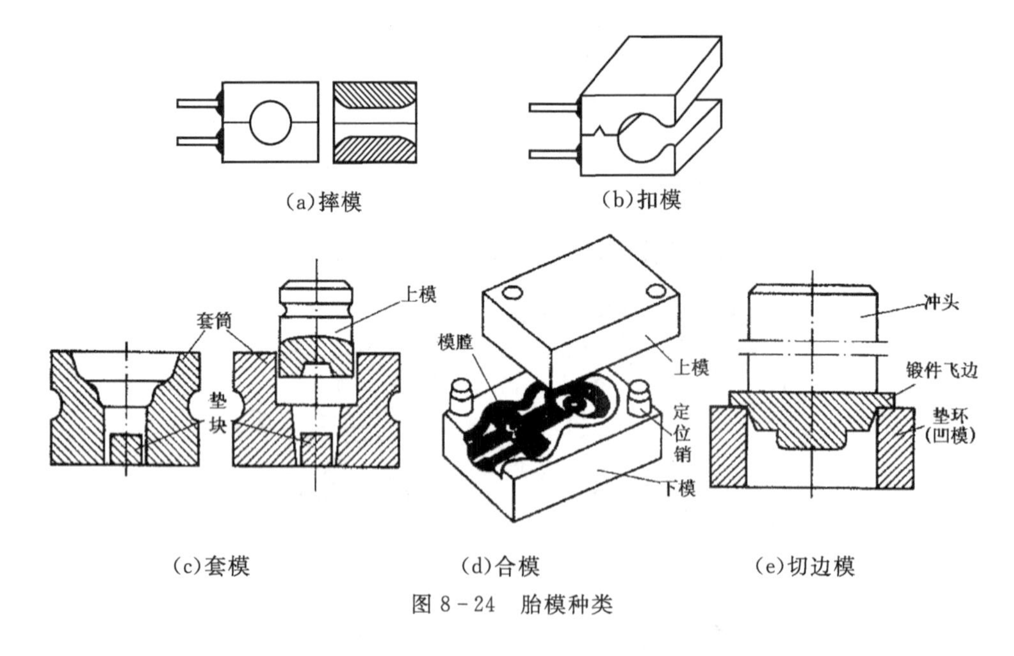

图 8－24　胎模种类

②扣模、套模、合模分别如图 8－24(a)、(b)、(c)所示，均为成形模。扣模由上扣和下扣组成，或只有下扣，而以上砧块代替上扣。扣模既能制坯，也能成形，锻造时，锻件不转动，可移动。扣模用于非回转体杆料的制坯、弯曲或终锻成形。套模分开式和闭式两种，开式套模只有下模，上模由上砧块代替，适用于回转体料的制坯或成形，锻造时常产生小飞边；闭式套模锻造时，坯料在封闭模膛中变形，无飞边，但产生纵向毛刺，除能完成制坯或成形外，还可以冲孔。

③合模一般由上、下模及导向装置组成，如图 8－24(d)所示，用于形状复杂的非回转体锻

件的成形。

④由于材料的各向异性，拉深后得到的拉深件周边高度一般不一致。对于端部要求平齐、美观的零件就需要补充一道切边工序。如果拉深件为圆筒形件，虽然可以用车床切边，但是其工作效率低且难以装夹，并有可能发生变形。用切边模具来完成这一道工序，如图 8-24(e)所示，不仅工作效率高而且制件质量良好。

能力知识点4 板料冲压

使板料经分离或成形而得到制件的工艺统称为冲压。

1. 板料冲压的特点

板料冲压工艺广泛应用于汽车、拖拉机、农业机械、航空、电器、仪表以及日用品等工业部门。板料冲压所用的原材料通常是塑性较好的低碳钢、塑性高的合金钢、铜合金、铝合金等的薄板料、条带料。板料冲压具有下列特点：

①可冲压形状复杂的零件，废料较少；

②冲压件有较高的尺寸精度和表面质量，互换性好；

③冲压件的重量轻、强度和刚度好，有利于减轻结构重量；

④冲压操作简单，工艺过程便于实现机械化自动化，生产率高，成本低；

但冲模制造复杂，模具材料及制作成本高。冲压只有大批量生产时才能充分显示其优越性。

2. 板料冲压设备

板料冲压生产中常用的设备有剪床和冲床。剪床用来把板料剪成一定宽度的条料，以供下一步的冲压工序用。冲床用来实现冲压工序，制成所需形状和尺寸的成品零件。

3. 板料冲压的基本工序

冲压工艺过程：选择冲压设备 → 设计制造冲模 → 安装调试冲模 → 冲压 → 检测。

板料冲压的基本工序分为分离工序和成形工序两大类。分离工序是使板料的一部分和另一部分分开的工序，包括冲裁和切断等；成形工序是使板料发生塑性变形，以获得规定形状工件的工序，主要包括弯曲和拉深、收口与翻边等。

(1)剪切 剪切是使板料按不封闭轮廓部分分离的工序。其分离部分的材料发生弯曲，称为切口，如图 8-25 所示。

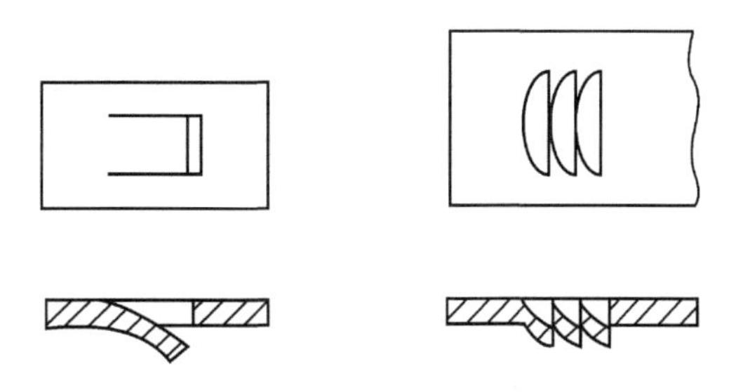

图 8-25 切口

(2)冲裁 利用冲模将板料以封闭的轮廓与坯料分离的冲压工序称为冲裁，是落料和冲孔的总称。这两个工序的模具结构和板料变形过程是相同的，只是作用不同。落料时，冲下的部分是工件成品，带孔的周边是废料，如图 8－26 所示；而冲孔时则相反，冲下部分是废料，周边是成品。

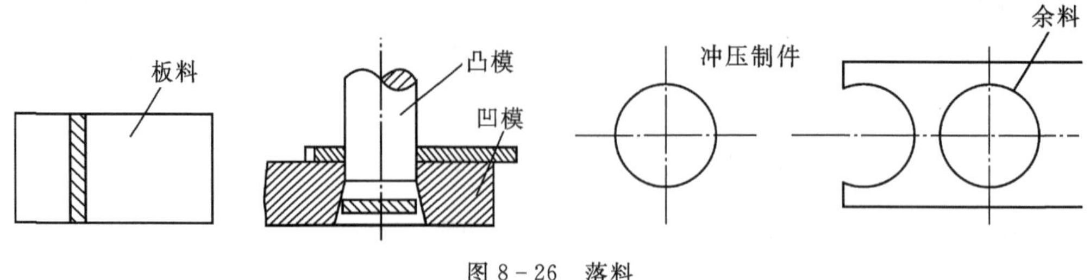

图 8－26　落料

(3)弯曲　弯曲是将板料、型材或管材在弯矩作用下弯成一定角度的工序，如图 8－27 所示。弯曲时，材料内侧受压，外侧受拉；塑性变形集中在与凸模接触的狭窄区域内。坯料越厚，内弯曲半径越小，则压缩及拉伸应力越大，越容易弯裂。为防止产生裂纹，可采取措施为：选用塑性好的材料；限制最小弯曲半径；使弯曲方向与坯料流线方向一致，防止坯料的表面划伤，以免产生应力集中。

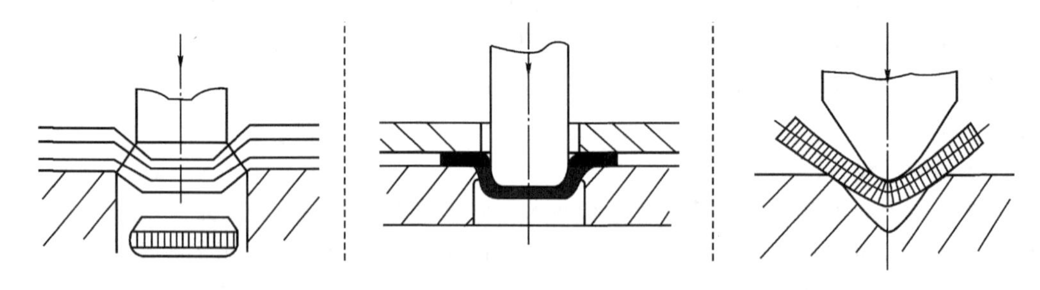

图 8－27　冲裁、拉伸、弯曲

(4)翻边　在板料或半成品上，使材料沿其内孔或外缘的一定曲线翻成竖立边缘的变形工序。若零件所需凸缘的高度较大，翻边时极易破裂，可采用先拉深后冲孔，再翻边的工艺。

(5)成形　通过局部变形使坯料或半成品改变形状的工艺称为成形。

能力知识点 5　锻压新技术

1. 精密模锻

精密模锻是在普通的模锻设备上锻制形状复杂的高精度锻件的一种模锻工艺，如锥齿轮、汽轮叶片、航空零件、电器零件等。锻件公差可在±0.02mm 以下。精密模锻具有如下工艺特点：

①精确计算原始坯料的尺寸，否则会增大锻件尺寸公差，降低精度；

②需要仔细清理坯料表面，除净坯料表面的氧化皮、脱碳层及其他缺陷等；

③采用无氧化加热方法，尽量减少坯料表面形成氧化皮；

④精密模锻的锻件精度必须比锻件高两级。精锻模一定要有导柱、套筒结构以保证合模准确。为排除模膛中的气体，减小金属流动阻力，使金属更好地充满模膛，模膛内应开有排气小孔；

⑤严格控制模具温度、锻造温度、润滑条件及操作方法；

⑥精密模锻宜在刚度大、精度高的模锻设备上进行，如摩擦压力机或高速锤等。

2. 液态模锻

液态模锻是一种介于压力铸造和模锻之间的加工方法，它是将定量的金属直接浇入金属模内，然后在一定时间内以一定压力作用于液态或半液态金属上使之成形的一种方法。由于结晶过程是在压力下进行的，因而改变了常态下结晶的宏观及微观组织，使柱状晶变为细小的等轴晶。用于液态模锻的金属可以是各种类型的合金，如铝合金、铜合金、灰铸铁、碳素钢、不锈钢等。

3. 超塑性成形

超塑性是指金属或合金在特定条件下进行拉伸试验，其伸长率超过100%以上的特性，如纯钛可超过300%，锌铝合金可超过1000%。特定的条件是指一定的变形温度、一定的晶粒度、低的形变速率。目前常用的超塑性成形材料主要是锌铝合金、铝基合金、铁合金及高温合金。超塑性状态下的金属在变形过程中不产生缩颈现象，变形应力可比常态下降低几倍至几十倍。因此此种金属极易成形，可采用多种工艺方法制出复杂的零件。

任务3　焊接成形基础

能力知识点1　焊接概述

焊接是一种低成本、高可靠连接材料的工艺方法。到目前为止，还没有另外一种工艺比焊接更为广泛地应用于材料间的连接。焊接技术已发展成为融材料学、力学、热处理学、冶金学、自动控制学、电子学、检验学等学科为一体的综合性学科。

1. 简介

焊接是现代工业生产中广泛应用的一种金属连接方法，是通过加热或加压或两者兼用，并且用或不用填充材料，使焊件达到原子(分子)间结合的一种方法。

2. 特点

与机械连接、铆接、粘接等其他连接方法相比，焊接具有质量可靠(如气密性好)、生产率高、成本低、工艺性好等优点。

3. 分类

按焊接过程的特点，焊接方法分为熔焊(如手工电弧焊、气焊等)、压焊(如电阻焊、摩擦焊等)和钎焊(如锡焊、铜焊等)三大类。

4. 生产过程

焊接的一般生产过程为：下料 → 装配 → 焊接 → 矫正变形 → 检验。

能力知识点2　手工电弧焊

手工电弧焊(又称为焊条电弧焊)是用手工操纵焊条进行焊接的电弧焊方法，是熔焊中最基本的焊接方法，它是利用焊条与工件间产生的电弧热，将工件和焊条熔化而进行焊接的方法，手工电弧焊设备简单、操作灵活方便，是目前焊接生产中应用最广泛的一种方法。

1. 电弧焊机

电弧焊机的作用是向负载(电弧)提供电能，电弧将电能转换成热能，电弧热能使焊条和工件熔化，并在冷却过程中结晶，从而实现焊接。

电弧焊机分为交流弧焊机和直流弧焊机。交流弧焊机又称为弧焊变压器，直流弧焊机有整流式直流弧焊机和旋转式直流弧焊机，整流式直流弧焊机又称为弧焊整流器。

2. 常用工具

除了电弧焊机外，手工电弧焊还常用到电焊钳、面罩、手锤、焊条保温筒、钢丝刷、皮手套、皮足盖、绝缘胶鞋等。

3. 电焊条

电焊条简称焊条，是手工电弧焊时的焊接材料，由焊芯和药皮两部分组成。焊芯是焊条内的金属丝，由特殊冶炼的焊条钢拉拔制成，主要起传导电流和填充焊缝的作用，同时可渗入合金。一般规定焊芯的直径和长度即为焊条的直径和长度。焊芯表面药皮由多种矿物质、有机物和铁合金等粉末用粘结剂按一定比例配制而成。主要起造气、造渣、稳弧、脱氧和渗合金等作用。

焊条按用途可分为碳素钢焊条、低合金钢焊条、不锈钢焊条、铸铁焊条、镍和镍合金焊条、铜和铜合金焊条、铝和铝合金焊条等；按药皮熔渣化学性质分为酸性焊条和碱性焊条两大类，熔渣中酸性氧化物多的称为酸性焊条，反之称为碱性焊条。酸性焊条有良好的工艺性，但焊缝的力学性能，特别是冲击韧度较差，只适合焊接强度等级一般的结构；碱性焊条的焊缝具有良好的抗裂性和力学性能，特别是冲击韧度较高，常用于焊接重要工件。

常用酸性焊条牌号有 J422、J502 等，碱性焊条牌号有 J427、J506 等。牌号中的“J”表示结构钢焊条，牌号中三位数字的前两位“42”或“50”表示焊缝金属的抗拉强度等级，分别为 420MPa 或 500MPa；最后一位数字表示药皮类型和焊接电源种类，1～5 为酸性焊条，使用交流或直流电源均可，6～7 为碱性焊条，只能用直流电源。

4. 基本操作

手工电弧焊的焊接步骤一般包括引弧、运条、接头、收尾和焊后清理等几个环节。

(1)引弧　是指使焊条和焊件之间产生稳定的电弧，使焊接过程顺利进行。引弧时，使焊条接触焊件表面形成短路，然后迅速将焊条向上提起 2～4mm 的距离，电弧即被引燃。

(2)运条　引弧后，即进入正常的焊接过程。为了形成良好的焊缝，首先要掌握好焊条与焊件之间的角度，焊条与其纵向移动方向成 70°～80°，与垂直焊接方向成 90°，其次，焊条要作三个方向的协调运动：向熔池方向逐渐的送进，沿焊接方向的移动，为了获得一定宽度的焊缝，焊条沿焊缝横向摆动。

(3)焊缝收尾　焊缝收尾时，要填满弧坑，因此，焊条在停止前移的同时，应在收弧处画一个小圈并自下而上慢慢将焊条提起，拉断电弧。

(4)焊后清理和检查　焊接结束后，焊缝表面被一层焊渣覆盖着，待焊缝温度降低后，用敲渣锤轻轻敲击除掉；焊件上焊缝两侧的飞溅金属，可用扁铲铲除，使用钢丝刷清理焊缝及其周围。清理干净的焊缝，可用肉眼及放大镜进行外观检查，必要时应用仪器检验。如发现焊缝有不允许存在的缺陷，需采用修补措施，若变形超过允许范围需进行矫正。

5. 焊接接头与坡口

在焊接前，应根据焊接部位形状、尺寸和受力的不同，选择合适的接头类型。常见的接头形式有对接接头、搭接接头、角接接头和 T 形接头四种，如图 8 - 28 所示。

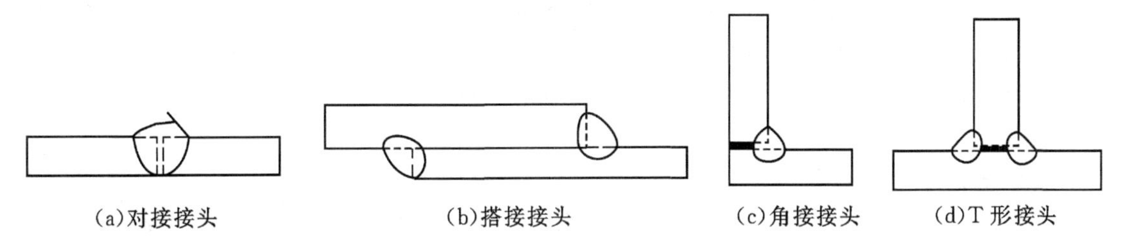

图 8-28　常见焊接接头类型

为了保证焊接质量,必须在焊接接头处开适当的坡口。坡口的主要作用是保证焊透,此外,坡口的存在还可形成足够容积的金属液熔池,以便焊渣浮起,不致造成夹渣。坡口的几何尺寸必须设计好,以便减少金属填充量,减少焊接工作量和减少变形。

对钢板厚度在 6mm 以下的双面焊,因手工焊的溶深可达 4mm,故可不开坡口,即 I 形坡口。对厚度在 6mm 以上的钢板,可采用 Y 形、X 形和 U 形坡口,如图 8-29 所示。

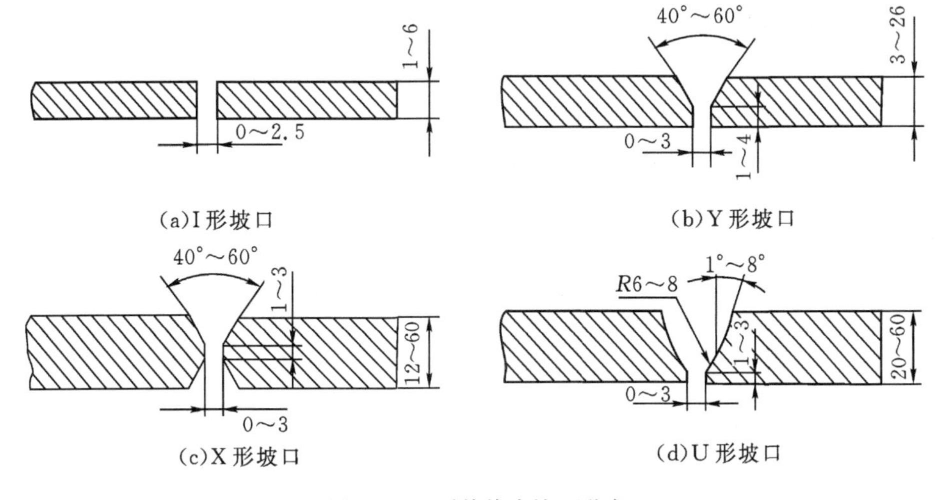

图 8-29　对接接头坡口形式

6. 焊缝位置设计

依焊接时焊缝在空间的位置不同,有平焊、立焊、横焊和仰焊四种,如图 8-30 所示。

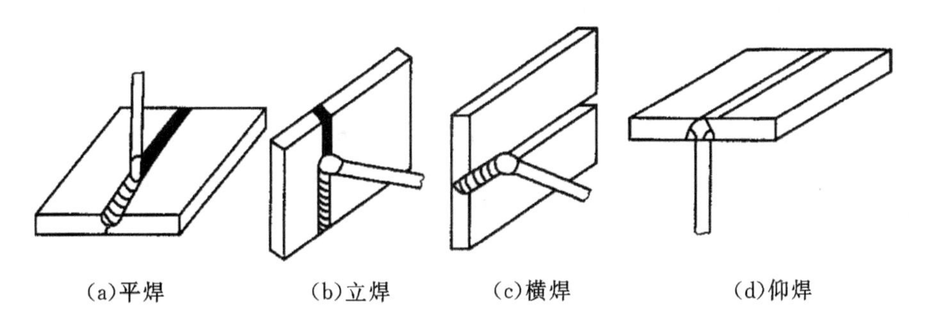

图 8-30　对接焊缝的空间位置

平焊操作容易，劳动条件好，生产率高，质量易于保证，应尽量将焊缝放在平焊位置上施焊。进行立焊、横焊和仰焊时，由于重力作用，被熔化的金属向下滴落而造成施焊困难，应尽量避免，若确需采用这些焊接位置时，则应选用直径较小的焊条、较小的电流及短的电弧等措施进行焊接。

7. 焊接参数

焊接参数是指影响焊缝形状、大小、质量和生产率的各种工艺因素的总称，主要包括焊条直径、焊接电流、焊接速度和弧长等。

(1)焊条直径　主要根据被焊工件的厚度、接头形式、焊接位置来选择。为了提高生产率，通常选用直径较粗的焊条，但一般不大于 6mm，表 8－1 为平焊对接时焊条直径的选择。

表 8－1　平焊对接时焊条直径的选择

钢板厚度/mm	≤1.5	2.0	3	4～7	8～12	≥13
焊条直径/mm	1.6	1.6～2.0	2.5～3.2	3.2～4.0	4.0～4.5	4.0～5.8

(2)焊接电流　其大小主要根据焊条直径确定，可参考表 8－2。焊接电流过小，焊接生产率较低，电弧不稳定，还可能焊不透工件；焊接电流过大，则引起熔化金属的严重飞溅，甚至烧穿工件。在工件厚度大、环境温度低等情况下，可选电流的上限；而在工件厚度小、非平焊位置焊接以及使用碱性焊条时，可选其下限。

表 8－2　焊接电流与焊条直径的关系

焊条直径/mm	1.6	2.0	2.5	3.2	4	5	6
焊接电流/A	25～40	40～65	50～80	100～130	160～210	200～270	260～300

(3)焊接速度　即单位时间内完成的焊缝长度，直接关系到焊接的生产率。焊接速度的快慢一般不作规定，由焊工自行掌握。一般原则是在保证焊接质量的前提下寻求高的生产率。

能力知识点 3　埋弧焊

1. 焊接过程

埋弧焊焊接过程示意图如图 8－31 所示。焊接时，先在焊接件接头上面覆盖一层颗粒状的焊剂，焊剂的作用与焊条药皮基本相同，电弧是在焊剂层下燃烧的。自动焊机能自动引弧，靠送进机构可自动送进焊丝并保持一定的弧长，由一辆小车自动载运焊剂、焊丝和送进机构沿着平行于焊缝的导轨等速前进，以实行焊接操作的自动化。焊后，部分熔剂熔化成焊渣，覆盖在焊缝表面，大部分未熔化的熔剂，可以回收重新使用。

图 8－32 为埋弧焊的纵向截面图。电弧引燃后，电弧周围的颗粒状焊剂被熔化成熔渣，与熔池金属有冶金反应。部分焊剂被蒸发，所生成的气体将电弧周围熔渣排开，形成一个封闭的熔池，使熔化的金属与空气隔离，并能防止金属熔液向外飞溅，减少电弧热能损失，同时还阻止弧光四射。

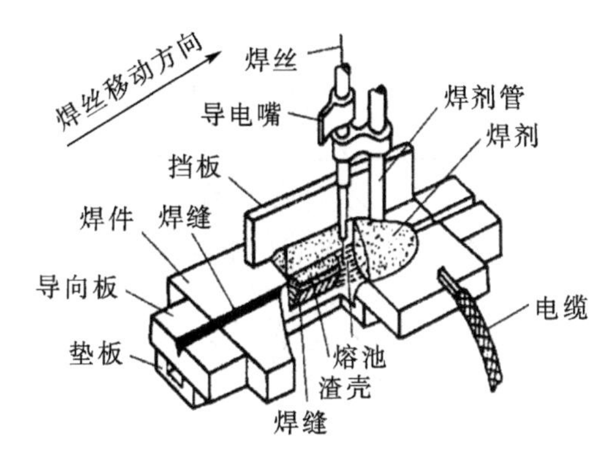

图8-31　埋弧焊焊接过程示意图

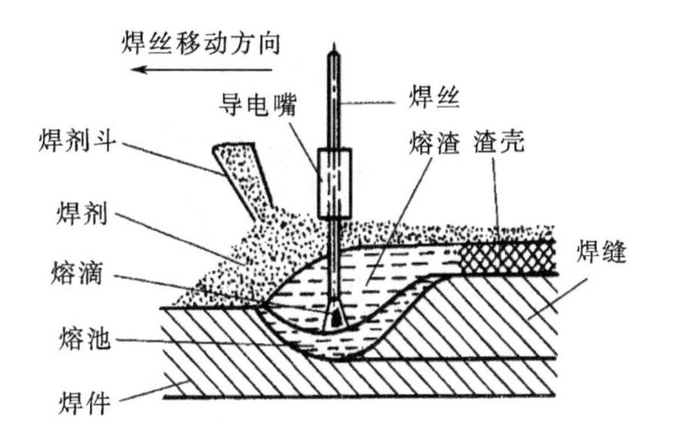

图8-32　为埋弧焊的纵向截面图

2. 生产特点

与手工电弧焊相比较，埋弧焊有下列优点：

(1)生产率高　埋弧焊焊接的过程中，不存在焊条发热和金属熔液飞溅问题，焊接电流大，常高达1000V以上，比手工电弧焊的电流高出6～8倍。同时，埋弧焊所用的焊丝是连续成卷的，可节省更换焊条的时间。因此，埋弧焊的生产率能比手工电弧焊提高5～10倍。

(2)节省金属材料　埋弧焊的电弧热量集中，焊件接头的熔深较大，厚度为20～25mm以下的工件，可以不开口就进行焊接。由于没有焊条头的浪费，飞溅损失也很小，因此可节省大量焊丝金属。

(3)焊接质量高　主要的原因是焊剂对金属熔液保护得比较严密，空气较难侵入，而且熔池保持液态的时间较长，冶金过程进行得较为完善，气体和焊渣也容易浮出。又因焊接过程能自动控制，所以焊接质量稳定，焊缝成形美观。

(4)劳动条件好　因为没有弧光，所以焊工不必带防护服装和面罩，焊接烟雾也较少。

3. 应用范围

①设备费用较贵，准备工作费时，所以只适用于批量生产和长焊缝的焊件。

②不能焊接薄的工件，以免烧穿，适合于焊接的钢板厚度为6～60mm。

③只能进行平焊，而且不能焊接任意弯曲的焊缝。

能力知识点4　气体保护焊

用外加气体作为电弧介质并保护电弧和焊接区的电弧焊称为气体保护电弧焊，简称为气体保护焊。最常用的气体保护电弧焊方法有氩弧焊和二氧化碳气体保护焊。

1. 氩弧焊

氩弧焊是以氩气作为保护气体的电弧焊。按所用电极的不同，可分为不熔化极氩弧焊和熔化极氩弧焊两种，分别如图8-33所示。

(1)不熔化极氩弧焊　不熔化极氩弧焊以高熔点的钨棒为电极。焊接时，钨棒并不熔化，只起产生电弧的作用。因为钨棒所能通过的电流密度有限，所以只适用于焊接厚度为6mm以下的薄件。

手工操作的不熔化极氩弧焊，在焊接3mm以下的薄件时，都采用弯边接头直接熔合，可

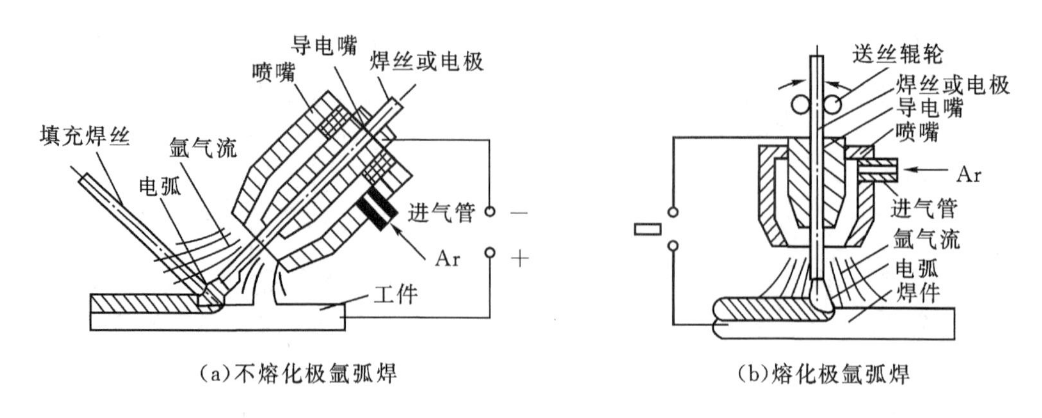

(a)不熔化极氩弧焊　　(b)熔化极氩弧焊

图 8-33　氩弧焊不意图

以不用填充金属;在焊接较厚的工件时,需用手工添加填充金属,或预先将焊丝安放在工件的接头中。焊接钢材时,多用直流电源正接法,以减少钨极的消耗。焊接铝、镁等合金时,则希望用直流电源反接法,因为这时的极间正离子撞击工件,能使熔池表面的氧化膜破碎,以利工件的焊合。不过,反接极会使钨极消耗较快,实际上多采用交流电焊接。

注意:用直流电源焊接时,所谓直流电源正接是指焊件接电源正极而焊条接电源负极,反之称为直流电源反接。

(2)熔化极氩弧焊　熔化极氩弧焊是以连续送进的金属焊丝为电极,因为可以用较大的焊接电流,适用于焊接厚度为 25mm 以下的焊件。自动的熔化极氩弧焊操作与埋弧焊相似,不同的是熔化极氩弧焊不用焊剂,焊接过程中没有冶金反应,氩气只起保护作用。因此,焊前必须把焊件的接头表面清理干净,否则某些杂质和氧化物会残留在焊逢内。

(3)氩弧焊的生产特点　氩弧焊的焊接质量较高,并能焊接各种金属。但因氩气的价格很贵,所以目前主要应用于铝、镁、钛及其合金的焊接,有时也用于合金钢的焊接。

2. 二氧化碳气体保护焊

二氧化碳气体保护焊是以 CO_2 作为保护气体,具有一定的氧化作用,因此二氧化碳气体保护焊不适用于焊接容易氧化的有色金属。焊接钢材时,为了保证焊缝的力学性能,补充被烧损的元素,并起一定的脱氧作用,必须应用锰、硅等元素含量较高的焊丝。

二氧化碳保护焊生产率较高、热影响区和焊接变形较小、明弧操作等。较突出的优点是 CO_2 价廉易得,焊接成本最低,只相当于埋弧焊或手工电弧焊的 40%左右。因此广泛应用于焊接 30mm 以下厚度的各种低碳钢和低合金结构工件;缺点是不宜焊接容易氧化的有色金属等材料,也不宜在有风的场地工作,电弧光强,熔滴飞溅较严重,焊缝成形不够光滑。

能力知识点 5　电阻焊

电阻焊又称接触焊,是电流通过焊件接头处的接触面及其临近区域产生的电阻热,将焊件加热到塑性状态或局部熔化状态,同时施加机械压力进行焊接的一种加工方法,因此属于压力焊。

为了提高生产率并防止热量散失,通电加热的时间极短,只有应用强大的电流才能迅速达到焊接所需要的高温。电阻焊需要大功率的焊机,通过交流变压器来提供低电压强电流的电源，焊接电流高达 5～100kA，通电时间则由精确的电气设备自动控制。

电阻焊的主要优点是生产率高、焊接变形较小、劳动条件好，而且操作简易和便于实行机械化、自动化。但设备费用高、耗电量大，接头形式和工件厚度受到限制。因此，电阻焊主要应用于大批量生产棒料的对接和薄板的搭接。

电阻焊分点焊、缝焊和对焊三种形式。

1. 点焊

点焊是一种用柱状电极加压通电，将搭叠好的工件逐点焊合的方法，如图 8－34 所示。因为两个工件接触面上所产生的热量被电极中的冷却水传走，温升有限，电极与工件不会被焊牢。

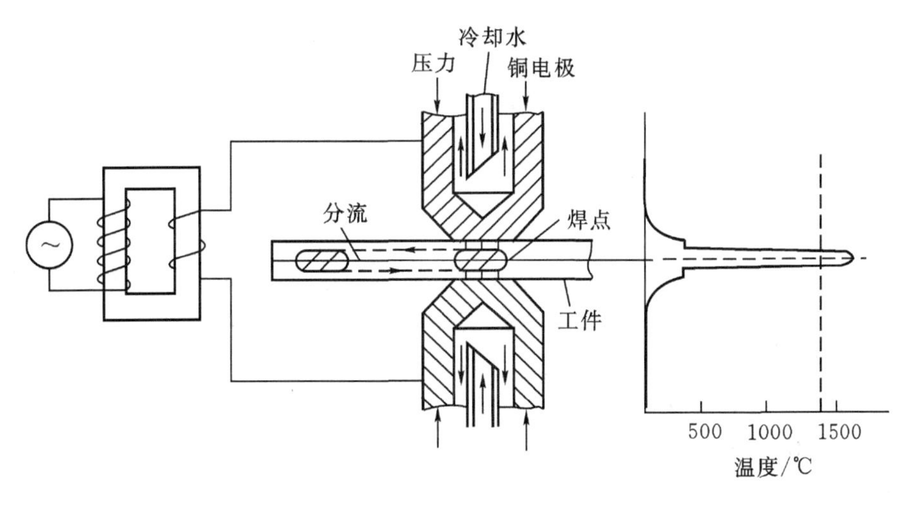

图 8－34　点焊示意图

(1)操作过程　施压—通电—断电—松开，这样就完成一个点焊。先施压，后通电，是为了避免电极与工件之间产生电火花烧坏电极和工件。先断电，后松开，是为了使焊点在压力下结晶，以免焊点缩松。对于收缩性较大的材料，如焊接较厚的铝合金板材，停电之后还要适当增加压力，以获得组织致密的焊点。焊完一点后，将工件向前移动一定距离，再焊第二点。相邻两点之间应保持足够的距离，以免部分电流通过附近已有的焊点，造成过大的分流，影响焊接质量。

(2)点焊的质量　主要与焊接电流、通电时间、电极压力和工件表面的清洁程度等因素有关。焊接电流太小、通电时间太短、电极压力不足、特别是接头表面没有清理干净，都有可能焊接不牢。焊接电流过大、通电时间过长，都会使焊点熔化过大；过大的电极压力，会将工件外表面压陷，如图 8－35 所示。

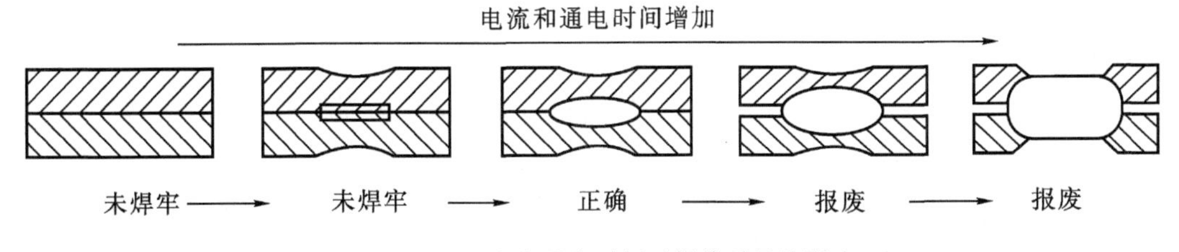

图 8－35　电流和通电时间对焊接质量的影响

(3)应用　点焊主要用于厚度为 4mm 以下的薄板搭接，这在钣金加工中最为常见。图 8-36 为几种典型的点焊接头形式。

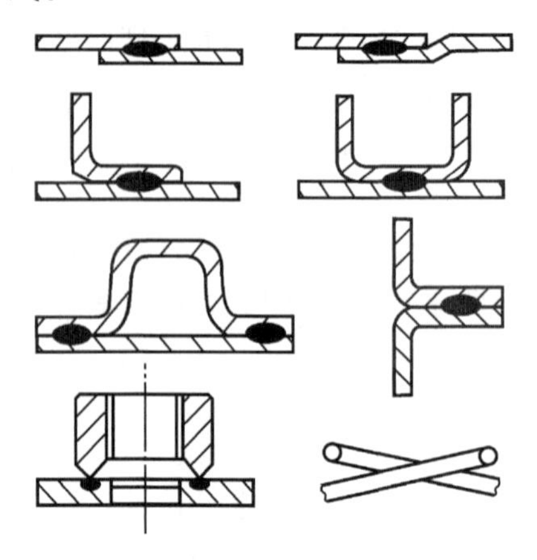

图 8-36　点焊接头形式

2. 缝焊

缝焊的电极是一对旋转的圆盘，叠合的工件在圆盘间通电，并随圆盘的转动而送进，于是就能得到连续的焊缝，将工件焊合，焊接过程与点焊相同，如图 8-37 所示。

由于很大的分流通过已经焊合的部分，所以焊接相同的工件时，所需要的电流约为点焊的 1.5～2 倍，为了节省电能并使工件和焊接设备有冷却时间，采用焊缝连续送进和间断通电的操作方法。虽然间断通电，但焊缝还是连续的，因为焊点相互重叠 50%以上。

缝焊密封性好，主要用于 3mm 以下要求密封性的容器和管道的焊接。

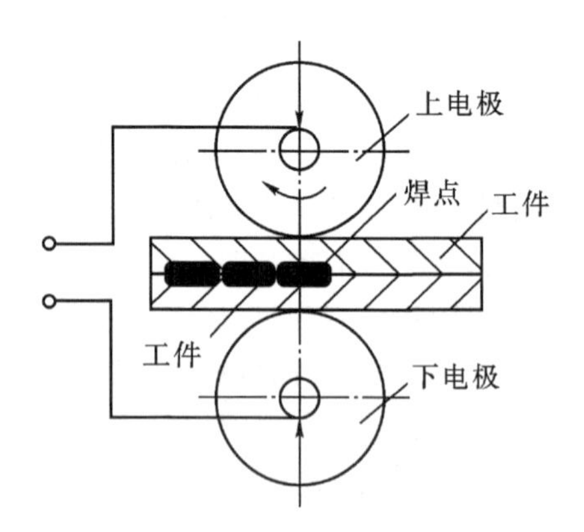

图 8-37　焊缝示意图

3. 对焊

对焊是将工件夹持在焊钳中，进行通电加热和施加顶锻压力而将工件焊合的焊接方法，如图 8-38 所示。

(1)电阻对焊　电阻对焊的操作是先施加顶锻压力，使工件接头紧密接触。然后通电，利用电阻热使工件接触面上的金属迅速升温到高度塑性状态；接着断电，同时增大顶锻压力，在塑性变形中使焊件焊合成一体。电阻对焊只适宜于直径小于 20mm 的棒料对接。

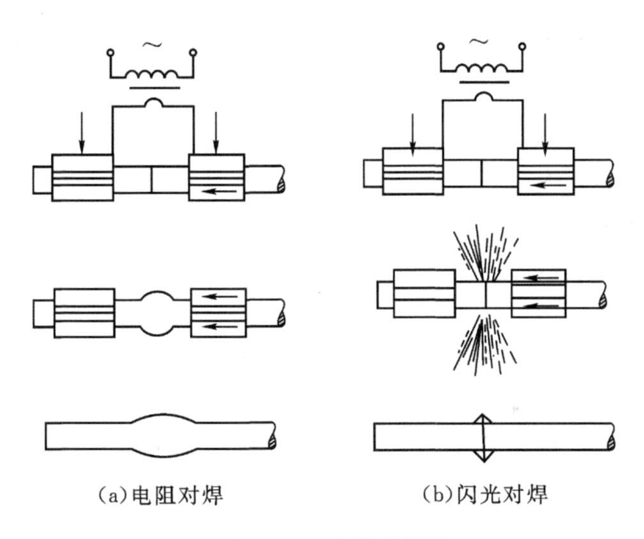

(a)电阻对焊　　(b)闪光对焊

图 8-38　对焊示意图

(2)闪光对焊　闪光对焊的操作是在没有接触之前接上电源,然后以轻微的压力使工件的端部接触。最先的小面积接触点迅速升温熔化,熔化的金属液体立即在电磁斥力作用下以火花形式从接触面中飞出,造成闪光现象。接着又有新的接触点金属被熔化后飞出,连续产生闪光现象。进行一定时间后,焊件的接头表面达到焊接温度,即可断电,同时迅速增加顶锻压力,使焊件焊合成一体。

与电阻对焊相比,闪光对焊的热量集中在接头表面,热影响区较小,而且接头表面的氧化皮等杂物能被闪光作用清除干净,因此焊接质量较高。闪光对焊所需的电流约为电阻对焊的1/5～1/2,消耗的电能也较少。闪光对焊能焊接各种大小截面的工件,能方便地焊接轴类、管子、钢筋等各种断面的棒料和金属丝,并能焊接某些异种金属,例如将高速钢的刀头焊接在中碳钢的刀柄上。

能力知识点 6　钎焊

钎焊是采用比母材熔点低的金属材料作钎料,将焊件和钎料加热到高于钎料熔点、低于母材熔点的温度,利用液态钎料润湿母材,填充接头间隙并与母材相互扩散实现连接焊件的方法。其特点是钎料熔化而焊件接头并不熔化。按所用钎料的熔点不同,钎焊分为软钎焊和硬钎焊两类。

1. 钎焊过程

将表面清洗好的工件以搭接形式装配在一起,将钎料放在接头的间隙附近或接头间隙中。当工件与钎料被加热到稍高于钎料熔点温度后,钎料熔化而工件未熔化,熔化的钎料借助毛细管作用被吸入和充满固态工件间隙之间,液态钎料与工件金属相互扩散溶解,冷凝后即形成钎焊接头,如图 8-39 所示。

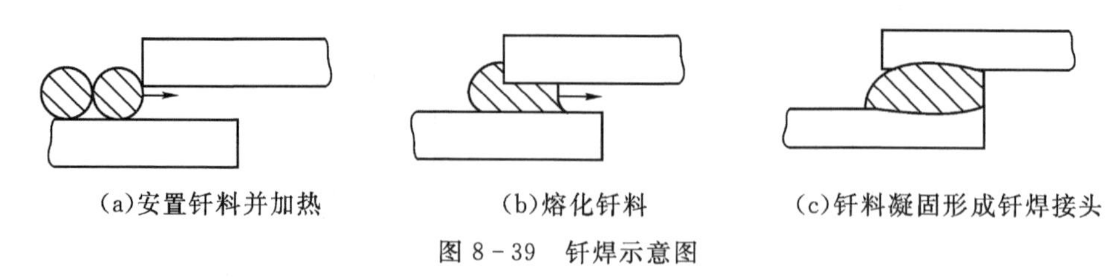

图 8－39　钎焊示意图

钎焊常用的加热方式有烙铁加热、火焰加热、电阻加热、感应加热、浸渍加热和炉中加热。

2. 软钎焊

软钎焊所用钎料的熔点在 450℃以下。常用的软钎料是锡铅合金，焊接接头强度一般不超过 70MPa。软钎料熔点低，熔液渗入接头间隙的能力较强，具有较好的焊接工艺性能。锡铅钎料还有良好的导电性，因此，软钎焊广泛应用于焊接受力不大的仪表、导电元件以及钢铁、铜和铜合金等材料的各种制品。

3. 硬钎焊

硬钎焊所用钎料的熔点都在 500℃以上。常用的硬钎料是黄铜和银铜合金，焊接接头强度都在 200MPa 以上。硬钎焊都应用于受力较大的钢铁和铜合金机件，以及某些工具的焊接。用银钎料焊接的接头具有较高的强度、导电性和耐腐蚀性，而且熔点较低，并能改善焊接工艺性能，但银钎料价格较贵，只用于要求较高的焊接件。耐热的高强度合金，须用镍铬合金作为钎料，并添加适量硅、硼等元素，以改善焊接工艺性能。

4. 钎焊工艺方法

钎焊机件的接头形式都采用板料搭接和管套件镶接，如图 8－40 所示，这样的接头之间有较大的结合面，以弥补钎料的强度不足，保证接头有足够的承载能力。接头之间还应有良好的配合，控制适当大小的间隙。间隙太大，不仅浪费钎料，而且会降低焊缝的强度。如果间隙太小，则会影响钎料熔液渗入，可能使结合面不能全部焊合。

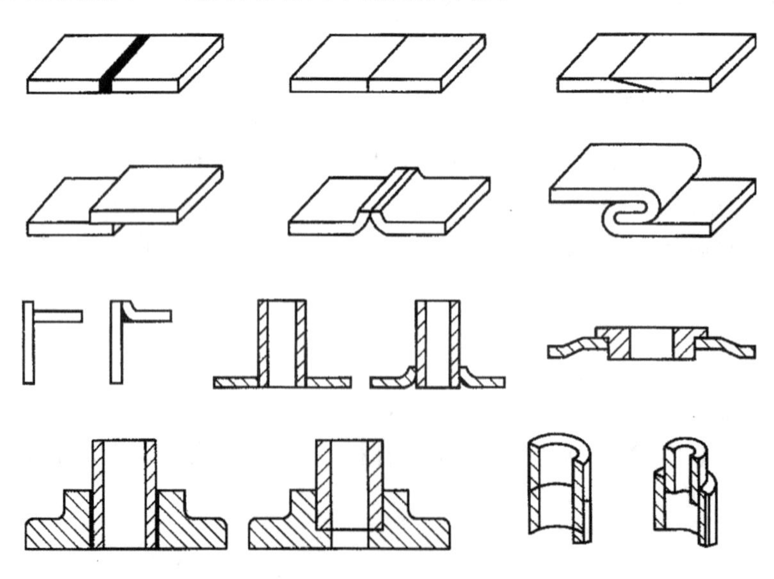

图 8－40　钎焊接头形式

焊接前应把表面的污物清除，钎焊过程中还要应用溶剂清除被焊金属表面的氧化膜，并增进钎料熔液渗入接头间隙的能力，以及保护钎料和工件接头表面免受氧化。软钎焊常用的溶剂为松香或氯化锌溶液，硬钎焊的主要溶剂是由硼砂、硼酸和碱性氟化物组成的。

5. 钎焊的特点及应用

与其他焊接方法相比，钎焊的主要优点如下：

①钎焊过程中，工件的温升较低，因此工件的结晶组织和力学性能变化很小，而且焊接应力和变形也很小，容易保证焊件形状和尺寸的准确度。

②钎焊可以焊接性能悬殊的异种金属，对工件厚度之差并无严格的限制。

③整体加热钎焊时，可以同时焊合很多条焊缝，生产率较高。

④钎焊接头外表光滑整齐，不需进行加工。

⑤钎焊设备简单，生产投资较低。

但是钎料强度较低，所以接头承载能力有限，并且耐热能力较差。一般钎料都是有色金属及其合金，价格较贵。

钎焊不适用于一般钢结构和重载构件的焊接，主要用于焊接精密仪表、电气零部件、异种金属焊件，以及制造某些复杂薄板构件（如蜂窝构件、夹层构件、板式换热器）等。

练习 8

一、填空

1. 手工造型的方法举例＿＿＿＿＿、＿＿＿＿＿、＿＿＿＿＿、＿＿＿＿＿。

2. 特种铸造有＿＿＿＿＿、＿＿＿＿＿、＿＿＿＿＿、＿＿＿＿＿。

3. 浇注系统一般由＿＿＿＿＿、＿＿＿＿＿、＿＿＿＿＿、＿＿＿＿＿组成。

4. 板料冲压的基本工序包括＿＿＿＿＿和＿＿＿＿＿两大类。

5. 常用胎膜有＿＿＿＿＿、＿＿＿＿＿、＿＿＿＿＿、＿＿＿＿＿等。

6. 焊接电弧由＿＿＿＿＿、＿＿＿＿＿、＿＿＿＿＿三部分组成。

7. 焊接位置分为＿＿＿＿＿、＿＿＿＿＿、＿＿＿＿＿、＿＿＿＿＿四种。

二、简答

1. 请简述铸造的应用范围。

2. 说明铸件的常见缺陷有哪些。

3. 说明锻压的作用及特点。

4. 叙述自由锻的基本工序有哪些。

5. 根据焊接过程的特点将焊接方法分成哪几类。

6. 请说明埋弧焊的优点。

附录

附录 1　新旧标准性能名称、符号对照

GB/T228－2002		GB/T228－1987	
性能名称	符号	性能名称	符号
屈服强度	—	屈服点	σ_s
上屈服强度	R_{eH}	上屈服点	σ_{sU}
下屈服强度	R_{eL}	下屈服点	σ_{sL}
规定非比例延伸强度	R_p	规定非比例伸长应力	σ_p
规定总延伸强度	R_t	规定总伸长应力	σ_t
规定残余延伸强度	R_r	规定残余伸长应力	σ_r
抗拉强度	R_m	抗拉强度	σ_b
屈服点延伸率	A_e	屈服点伸长率	δ_s
最大力总伸长率	A_{gt}	最大力下的总伸长率	δ_{gt}
最大力非比例伸长率	A_g	最大力下的非比例伸长率	δ_g
断裂总伸长率	A_t	—	—
断裂伸长率	A、$A_{11.3}$、A_{xmax}	断后伸长率	δ_5、δ_{10}、δ_{xmax}
断面收缩率	Z	断面收缩率	ψ

附录 2　压痕直径与布氏硬度对照表

球直径 D/mm				试验力——压头球直径平方的比率 $0.102\times F/D^2$					
				30	15	10	5	2.5	1
				试验力 F/N					
10				29420	14710	9807	4903	2452	980.7
	5			7355	2452	1226	612.9	245.2	—
		2.5		1839	612.9	306.5	153.2	61.29	—
			1	294.2	98.07	49.03	24.52	9.807	—
压痕平均直径 d/mm				布氏硬度 HBW					
2.40	1.200	0.6000	0.240	653	327	218	109	54.5	21.8
2.45	1.225	0.6125	0.245	627	313	209	104	52.2	20.9
2.50	1.250	0.6250	0.25	601	301	200	100	50.1	20.0
2.55	1.275	0.6375	0.255	578	289	193	96.3	48.1	19.3
2.60	1.300	0.6500	0.260	555	278	185	92.6	46.3	18.5
2.65	1.325	0.6625	0.265	534	267	178	89.0	44.5	17.8
2.70	1.350	0.6750	0.270	514	257	171	85.7	42.9	17.1
2.75	1.375	0.6875	0.275	495	248	165	82.6	41.3	16.5
2.80	1.400	0.7000	0.280	477	239	159	79.6	39.8	15.9
2.85	1.425	0.7125	0.285	461	230	154	76.8	38.4	15.4
2.90	1.450	0.7250	0.290	444	222	148	74.1	37.0	14.8
2.95	1.475	0.7375	0.295	429	215	143	71.5	35.8	14.3
3.00	1.500	0.7500	0.300	415	207	138	69.1	34.6	13.8
3.05	1.525	0.7625	0.305	401	200	134	66.8	33.4	13.4
3.10	1.550	0.7750	0.310	388	194	129	64.6	32.3	12.9
3.15	1.575	0.7875	0.315	375	188	125	62.5	31.3	12.5
3.20	1.600	0.8000	0.320	363	182	121	60.5	30.3	12.1
3.25	1.625	0.8125	0.325	.52	176	117	58.6	29.3	11.7
3.30	1.650	0.8250	0.330	341	170	114	56.8	28.4	11.4
3.35	1.675	0.8375	0.335	331	165	110	55.1	27.5	11.0
3.40	1.700	0.8500	0.340	321	160	107	53.4	26.7	10.7
3.45	1.725	0.8625	0.345	311	156	104	51.8	25.9	10.4
3.50	1.750	0.8750	0.350	302	151	101	50.3	25.2	10.1
3.55	1.775	0.8875	0.355	293	147	97.7	48.9	24.4	9.77

(续)

球直径 D/mm				试验力——压头球直径平方的比率 $0.102\times F/D^2$					
				30	15	10	5	2.5	1
				试验力 F/N					
10				29420	14710	9807	4903	2452	980.7
	5			7355	2452	1226	612.9	245.2	—
		2.5		1839	612.9	306.5	153.2	61.29	—
			1	294.2	98.07	49.03	24.52	9.807	—
压痕平均直径 d/mm				布氏硬度 HBW					
3.60	1.800	0.9000	0.360	285	142	95.0	47.5	23.7	9.50
3.65	1.825	0.9125	0.365	277	138	92.3	46.1	23.1	9.23
3.70	1.850	0.9250	0.370	269	135	89.7	44.9	22.4	8.97
3.75	1.875	0.9375	0.375	262	131	87.2	43.6	21.8	8.72
3.80	1.900	0.95000	0.380	255	127	84.9	42.4	21.2	8.49
3.85	1.925	0.9625	0.385	248	124	82.6	41.3	20.6	8.26
3.90	1.950	0.9750	0.390	241	121	80.4	40.2	20.1	8.04
3.95	1.975	0.9875	0.395	235	117	78.3	39.1	19.6	7.83
4.00	2.000	1.0000	0.400	229	114	76.3	38.1	19.1	7.63
4.05	2.025	1.0125	0.405	223	111	74.3	37.1	18.6	7.43
4.10	2.050	1.0250	0.410	217	109	72.4	36.2	18.1	7.24
4.15	2.075	1.0375	0.415	212	106	70.6	35.3	17.6	7.06
4.20	2.100	1.0500	0.420	207	103	68.8	34.4	17.2	6.88
4.25	2.125	1.0625	0.425	201	101	67.1	33.6	16.8	6.71
4.30	2.150	1.0750	0.430	197	98.3	65.5	32.8	16.4	6.55
4.35	2.175	1.0875	0.435	192	95.9	63.9	32.0	16.0	6.39
4.40	2.200	1.1000	0.440	187	93.6	62.4	31.2	15.6	6.24
4.45	2.225	1.1125	0.445	185	91.4	60.9	30.5	15.2	6.09
4.50	2.250	1.1250	0.450	179	89.3	59.5	29.8	14.9	5.95
4.55	2.275	1.1375	0.455	174	87.2	58.1	29.1	14.5	5.81
4.60	2.300	1.1500	0.460	170	85.2	56.8	28.4	14.2	5.68
4.65	2.325	1.1625	0.465	167	83.3	55.5	27.8	13.9	5.55
4.70	2.350	1.1750	0.470	163	81.4	54.3	27.1	13.6	5.43
4.75	2.375	1.1875	0.475	159	79.6	53.0	26.5	13.3	5.30
4.80	2.600	1.2000	0.480	156	77.8	51.9	25.9	13.0	5.19
4.85	2.425	1.2125	0.485	152	76.1	50.7	25.4	12.7	5.07
4.90	2.450	1.2250	0.490	149	74.4	49.6	24.8	12.4	4.96

(续)

球直径 D/mm				试验力——压头球直径平方的比率 $0.102\times F/D^2$					
				30	15	10	5	2.5	1
				试验力 F/N					
10				29420	14710	9807	4903	2452	980.7
	5			7355	2452	1226	612.9	245.2	—
		2.5		1839	612.9	306.5	153.2	61.29	—
			1	294.2	98.07	49.03	24.52	9.807	—
压痕平均直径 d/mm				布氏硬度 HBW					
4.95	2.475	1.2375	0.495	146	72.8	48.6	24.3	12.1	4.86
5.00	2.500	1.2500	0.500	143	71.3	47.5	23.8	11.9	4.75
5.05	2.525	1.2625	0.505	140	69.8	46.5	23.3	11.6	4.65
5.10	2.550	1.2750	0.510	137	68.3	45.5	22.8	11.4	4.55
5.15	2.575	1.2875	0.515	134	66.9	44.6	22.3	11.1	4.46
5.20	2.600	1.3000	0.520	131	65.5	43.7	21.8	10.9	4.37
5.25	2.625	1.3125	0.525	128	64.1	42.8	21.4	10.7	4.28
5.30	2.650	1.3250	0.530	126	62.8	41.9	20.9	10.5	4.19
5.35	2.675	1.3375	0.535	123	61.5	41.0	20.5	10.3	4.10
5.40	2.700	1.3500	0.540	121	60.3	40.2	20.1	10.1	4.02
5.45	2.725	1.3626	0.545	118	59.1	39.4	19.7	9.85	3.94
5.50	2.750	1.3750	0.550	116	57.9	38.6	19.3	9.66	3.86
5.55	2.775	1.3875	0.555	114	56.8	37.9	18.9	9.47	3.79
5.60	2.800	1.4000	0.560	111	55.7	37.1	18.6	9.28	3.71
5.65	2.825	1.4125	0.565	109	54.6	36.4	18.2	9.10	3.64
5.70	2.850	1.4250	0.570	107	53.5	35.7	17.8	8.92	3.57
5.75	2.875	1.4375	0.575	105	52.5	35.0	17.5	8.75	3.50
5.80	2.900	1.4500	0.580	103	51.5	34.3	17.2	8.59	3.43
5.85	2.925	1.4625	0.585	101	50.5	33.7	16.8	8.42	3.37
5.90	2.950	1.4750	0.590	99.2	49.6	33.1	16.5	8.26	3.31
5.95	2.975	1.4875	0.595	97.3	48.7	32.4	16.2	8.11	3.24
6.00	3.000	1.5000	0.600	95.5	47.7	31.8	15.9	7.96	3.18

附录3　黑色金属硬度与强度换算表

洛氏硬度		维氏硬度	布氏硬度	近似抗拉强度 σ_b/MPa	洛氏硬度		维氏硬度	布氏硬度	近似抗拉强度 σ_b/MPa
HRC	HRA	HV	HBW		HRC	HRA	HV	HBW	
65	83.9	856			43	72.1	411	401	1389
64	83.3	825			42	71.6	399	391	1374
63	82.8	795			41	71.1	388	380	1307
62	82.2	766			40	70.5	377	370	1258
61	81.7	739			39	70.0	367	360	1232
60	81.2	713		2607	38		357	350	1197
59	80.6	688		2496	37		347	341	1163
58	80.1	664		2391	36		338	332	1131
57	79.5	642		2293	35		329	323	1100
56	79.0	620		2201	34		320	314	1070
55	78.5	599		2115	33		312	306	1042
54	77.9	579		2034	32		304	298	1015
53	77.4	561		1957	31		296	291	989
52	76.9	543		1885	30		289	283	964
51	76.3	525	501	1817	29		281	276	940
50	75.8	509	488	1753	28		274	269	917
49	75.3	493	474	1692	27		268	263	895
48	74.7	478	461	1635	26		261	257	874
47	74.2	463	449	1581	25		255	251	854
46	73.7	449	436	1529	24		249	245	835
45	73.2	436	424	1486	23		243	240	816
44	72.6	423	413	1434	22		237	234	799

附录 4　合金元素规定含量界限值

非合金钢、低合金钢和合金钢的合金元素规定含量界限值(GB/T 13304－2008)

合金元素	合金元素规定含量界限值/%		
	非合金钢	低合金钢	合金钢
Al	＜0.10	—	≥0.10
B	＜0.0005	—	≥0.0005
Cr	＜0.30	0.30＜0.50	≥0.50
Co	＜0.10	—	≥0.10
Mn	＜1.00	1.00～＜1.40	≥1.40
Mo	＜0.05	0.05～＜0.10	≥0.10
Ni	＜0.30	0.30～＜0.50	≥0.50
Nb	＜0.02	0.02～＜0.06	≥0.06
Pb	＜0.40	—	≥0.40
Si	＜0.50	0.50～＜0.90	≥0.90
Ti	＜0.05	0.05～＜0.13	≥0.13
W	＜0.10	—	≥0.10
V	＜0.04	0.04～＜0.12	≥0.12
Zr	＜0.05	0.05～＜0.12	≥0.12
La 系(每一种元素)	＜0.02	0.02～＜0.05	≥0.05
其他规定元素(S、P、C、N 除外)	＜0.05	—	≥0.05

注:La 系元素含量也可视为混合稀土含量的总量。

附录 5　常用热处理工艺代号及技术条件的表示方法

热处理工艺类型	代号	表示方法
正火	Z	正火后硬度为 180～210HBW 时,标注为 Z195
调质	T	调质后硬度为 200～250HBW 时,标注为 T235
淬火	C	淬火后回火至 45～50HRC 时,标注为 C48
油淬	Y	油淬＋回火硬度为 30～40HRC 时,标注为 Y35
高频淬火	G	高频淬火＋回火硬度为 50～55HRC,标注为 G52
调质＋高频感应加热淬火	T-G	调质＋高频感应加热淬火硬度为 52～58HRC,标注为 T-G54
火焰表面淬火	H	火焰表面淬火＋回火硬度为 52～58HRC,标注为 H54
氮化	D	氮化层深 0.3mm,硬度＞850HV,标注为 D0.3-900
渗碳＋淬火	S-C	氮化层深 0.5mm,淬火＋回火硬度为 56～62HRC,标注为 S0.5-C59
氰化	Q	氰化后淬火＋回火硬度为 56～62HRC,标注为 Q59
渗碳＋高频感应加热淬火	S＋G	渗碳层深度 0.9mm,高频感应加热淬火后回火硬度为 56～62HRC,标注为 S0.9～G59

附录 6　思维导图总览

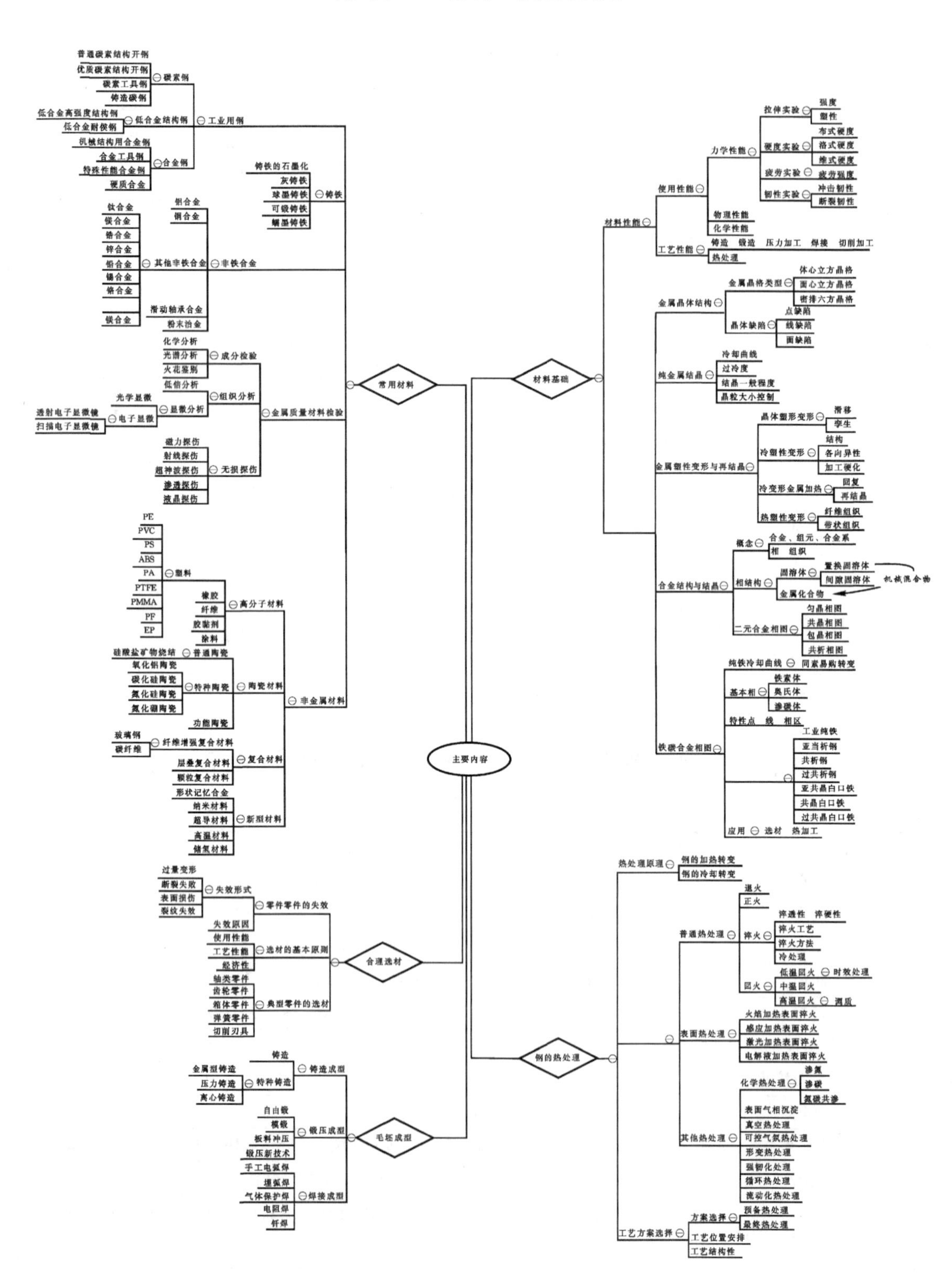
主要内容
常用材料
工业用钢
碳素钢
普通碳素结构开钢
优质碳素结构开钢
碳素工具钢
铸造碳钢
低合金结构钢
低合金高强度结构钢
低合金耐候钢
合金钢
机械结构用合金钢
合金工具钢
特殊性能合金钢
硬质合金
铸铁
铸铁的石墨化
灰铸铁
球墨铸铁
可锻铸铁
蠕墨铸铁
非铁合金
铝合金
铜合金
其他非铁合金
钛合金
镁合金
锆合金
锌合金
铅合金
锡合金
镍合金
镁合金
滑动轴承合金
粉末冶金
金属质量材料检验
成分检验
化学分析
光谱分析
火花鉴别
组织分析
低倍分析
显微分析
光学显微
电子显微
透射电子显微镜
扫描电子显微镜
无损探伤
磁力探伤
射线探伤
超神波探伤
渗透探伤
液晶探伤
非金属材料
高分子材料
塑料
PE
PVC
PS
ABS
PA
PTFE
PMMA
PF
EP
橡胶
纤维
胶黏剂
涂料
陶瓷材料
普通陶瓷
硅酸盐矿物烧结
特种陶瓷
氧化铝陶瓷
碳化硅陶瓷
氮化硅陶瓷
氮化硼陶瓷
功能陶瓷
复合材料
纤维增强复合材料
玻璃钢
碳纤维
层叠复合材料
颗粒复合材料
新型材料
形状记忆合金
纳米材料
超导材料
高温材料
储氢材料
合理选材
零件零件的失效
失效形式
过量变形
断裂失败
表面损伤
裂纹失效
失效原因
选材的基本原则
使用性能
工艺性能
经济性
典型零件的选材
轴类零件
齿轮零件
箱体零件
弹簧零件
切削刃具
毛坯成型
铸造成型
铸造
特种铸造
金属型铸造
压力铸造
离心铸造
锻压成型
自由锻
模锻
板料冲压
锻压新技术
焊接成型
手工电弧焊
埋弧焊
气体保护焊
电阻焊
钎焊
材料基础
材料性能
使用性能
力学性能
拉伸实验
强度
塑性
硬度实验
布式硬度
洛式硬度
维式硬度
疲劳实验
疲劳强度
韧性实验
冲击韧性
断裂韧性
物理性能
化学性能
工艺性能
铸造　锻造　压力加工　焊接　切削加工
热处理
金属晶体结构
金属晶格类型
体心立方晶格
面心立方晶格
密排六方晶格
晶体缺陷
点缺陷
线缺陷
面缺陷
纯金属结晶
冷却曲线
过冷度
结晶一般程度
晶粒大小控制
金属塑性变形与再结晶
晶体塑形变形
滑移
孪生
冷塑性变形
结构
各向异性
加工硬化
冷变形金属加热
回复
再结晶
热塑性变形
纤维组织
带状组织
合金结构与结晶
概念
合金、组元、合金系
相　组织
相结构
固溶体
置换固溶体
间隙固溶体
金属化合物
机械混合物
二元合金相图
匀晶相图
共晶相图
包晶相图
共析相图
铁碳合金相图
纯铁冷却曲线
同素异构转变
基本相
铁素体
奥氏体
渗碳体
特性点　线　相区
工业纯铁
亚共析钢
共析钢
过共析钢
亚共晶白口铁
共晶白口铁
过共晶白口铁
应用
选材　热加工
钢的热处理
热处理原理
钢的加热转变
钢的冷却转变
普通热处理
退火
正火
淬火
淬透性　淬硬性
淬火工艺
淬火方法
冷处理
回火
低温回火
时效处理
中温回火
高温回火
调质
表面热处理
火焰加热表面淬火
感应加热表面淬火
激光加热表面淬火
电解液加热表面淬火
其他热处理
化学热处理
渗氮
渗碳
氮碳共渗
表面气相沉淀
真空热处理
可控气氛热处理
形变热处理
强韧化处理
循环热处理
流动化热处理
工艺方案选择
方案选择
预备热处理
最终热处理
工艺位置安排
工艺结构性

参考文献

[1] 李用哲(译).金属材料常识. 北京:机械工业出版社,2011.
[2] 祝溪明.工程材料及热处理. 北京:中国人民大学出版社,2012.
[3] 丁仁亮.金属材料及热处理. 北京:机械工业出版社,2010.
[4] 李云涛,王志华.材料成型工艺与控制. 化学工业出版社,2010.
[5] 石爱军,王雪婷.金属加工与实训.北京:中国铁道出版社,2010.
[6] 宋杰.机械工程材料.大连理工大学出版社,2010.
[7] 张文灼,赵振学. 工程材料基础. 北京:机械工业出版社,2010.
[8] 齐宝森,吕宇鹏,徐淑琼.21 世纪新型材料. 化学工业出版社,2009.
[9] 刘春廷等. 工程材料及加工工艺. 化学工业出版社,2009.
[10] 丁建生.金属学与热处理.北京:机械工业出版社,2009.
[11] 王先逵.机械加工工艺手册(材料及其热处理单行本).3 版.北京:机械工业出版社,2008.
[12] 张力重,王志奎.图解金工实训. 华中科技大学出版社,2008.
[13] 陈扬,曹丽云. 机械工程材料. 东北大学出版社,2008.
[14] 于钧,王宏启. 机械工程材料. 冶金工业出版社,2008.
[15] 鞠鲁粤.工程材料与成形技术基础. 高教出版社出版,2007.
[16] 徐自力.工程材料. 华中科技大学出版社,2002.
[17] 丁厚福.工程材料. 武汉理工大学出版社,2001.
[18] 史美堂.金属材料及热处理. 上海科学技术出版社,1980.
[19] 显微实验室.42CrMo 轴承断裂失效分析.深圳市美信检测技术股份有限公司,2017.
[20] 金属平均晶粒度.深圳市美信检测技术股份有限公司,2016.